国防科技图书出版基金

星载一体化高分辨率光学遥感卫星总体设计

Design of High Resolution
Optical Remote Sensing Satellite
with Platform and Payload Integration

金 光 徐 伟 曲宏松 著

国防工业出版社

·北京·

图书在版编目（CIP）数据

星载一体化高分辨率光学遥感卫星总体设计/金光，徐伟，曲宏松著. —北京：国防工业出版社，2018.5
ISBN 978-7-118-11512-3

Ⅰ.①星… Ⅱ.①金… ②徐… ③曲… Ⅲ.①高分辨率—遥感卫星—设计 Ⅳ.①V474.2

中国版本图书馆 CIP 数据核字（2018）第 032022 号

※

国防工业出版社出版发行
（北京市海淀区紫竹院南路 23 号　邮政编码 100048）
北京嘉恒彩色印刷责任有限公司
新华书店经售

*

开本 710×1000　1/16　印张 27¼　字数 532 千字
2018 年 5 月第 1 版第 1 次印刷　印数 1—2000 册　定价 128.00 元

（本书如有印装错误，我社负责调换）

国防书店：(010)88540777　　发行邮购：(010)88540776
发行传真：(010)88540755　　发行业务：(010)88540717

致 读 者

本书由中央军委装备发展部**国防科技图书出版基金**资助出版。

为了促进国防科技和武器装备发展,加强社会主义物质文明和精神文明建设,培养优秀科技人才,确保国防科技优秀图书的出版,原国防科工委于1988年初决定每年拨出专款,设立国防科技图书出版基金,成立评审委员会,扶持、审定出版国防科技优秀图书。这是一项具有深远意义的创举。

国防科技图书出版基金资助的对象是:

1. 在国防科学技术领域中,学术水平高,内容有创见,在学科上居领先地位的基础科学理论图书;在工程技术理论方面有突破的应用科学专著。

2. 学术思想新颖,内容具体、实用,对国防科技和武器装备发展具有较大推动作用的专著;密切结合国防现代化和武器装备现代化需要的高新技术内容的专著。

3. 有重要发展前景和有重大开拓使用价值,密切结合国防现代化和武器装备现代化需要的新工艺、新材料内容的专著。

4. 填补目前我国科技领域空白并具有军事应用前景的薄弱学科和边缘学科的科技图书。

国防科技图书出版基金评审委员会在中央军委装备发展部的领导下开展工作,负责掌握出版基金的使用方向,评审受理的图书选题,决定资助的图书选题和资助金额,以及决定中断或取消资助等。经评审给予资助的图书,由中央军委装备发展部国防工业出版社出版发行。

国防科技和武器装备发展已经取得了举世瞩目的成就。国防科技图书承担着记载和弘扬这些成就,积累和传播科技知识的使命。开展好评审工作,使有限的基金发挥出巨大的效能,需要不断摸索、认真总结和及时改进,更需要国防科技和武器装备建设战线广大科技工作者、专家、教授、以及社会各界朋友的热情支持。

让我们携起手来,为祖国昌盛、科技腾飞、出版繁荣而共同奋斗!

国防科技图书出版基金
评审委员会

国防科技图书出版基金
第七届评审委员会组成人员

主 任 委 员 潘银喜

副主任委员 吴有生　傅兴男　赵伯桥

秘 书 长 赵伯桥

副 秘 书 长 许西安　谢晓阳

委 员 才鸿年　马伟明　王小谟　王群书
（按姓氏笔画排序）甘茂治　甘晓华　卢秉恒　巩水利
　　　　　　　　刘泽金　孙秀冬　芮筱亭　李言荣
　　　　　　　　李德仁　李德毅　杨　伟　肖志力
　　　　　　　　吴宏鑫　张文栋　张信威　陆　军
　　　　　　　　陈良惠　房建成　赵万生　赵凤起
　　　　　　　　郭云飞　唐志共　陶西平　韩祖南
　　　　　　　　傅惠民　魏炳波

序

  人类对太空的探索自古有之,随着21世纪科学技术的不断进步,航天技术也随之取得了飞跃的发展。以光学为核心的高性能航天光学遥感卫星是航天技术的重要组成部分,所获取的遥感图像广泛应用于国土资源、农业耕耘、天气预报、灾害预防、地质勘探、海洋监测、城市规划、测绘等各个方面,已经成为国民经济各领域重要的组成部分。

  传统光学遥感卫星系统主要分为两大部分:一部分是有特定用途的光学载荷;另一部分是卫星平台。光学载荷是装载在卫星中以光为信息传播的成像装置,卫星平台是保证光学载荷在轨正常运行的软、硬件系统。星载一体化的设计理念是以光学载荷为中心而展开航天光学遥感卫星的设计,设计时兼顾载荷与卫星平台的有机结合,从而优化系统整体性能。星载一体化设计包括:结构一体化设计(提高系统结构强度、刚度、稳定性);控管一体化设计(简化结构、提高精度、反应灵敏、降低功耗);功能一体化设计(相互协调,完成特殊的成像功能模式)。也就是在结构上实现光学载荷和卫星为一体,在控管上做到光学载荷和卫星统一指挥。特别是为了提高时间分辨力,实现敏捷灵巧成像(如卫星大姿态角下的沿轨纯侧摆推扫成像、非沿轨倾斜方向推扫成像、任意方向沿轨推扫成像、对同一景区多幅拼接推扫成像、对一个景区的凝视成像、对同一景区立体推扫成像等)方式时必须做到控管一体化。

  中国科学院长春光学精密机械与物理研究所空间新技术研究室(小卫星技术国家地方联合工程研究中心)自2006年成立至今一直致力于星载一体化技术的研究,不论是从理论上还是在实践中都做了很多工作,本书总结了作者及研究团队在高性能平台载荷一体化卫星技术方面取得的最新成果,系统、全面地阐述了星载一体化高分辨率光学遥感卫星总体设计的相关理论与方法,体现了作者的探索与创新。本书融科学性、指导性、实用性、可操作性为一体,为我国高性能光学遥感卫星技术的发展和应用提供了重要参考。

我国在高性能光学遥感卫星制造方面已取得了显著成果,相信在广大科技人员的共同努力下,必将在其理论、技术和工程应用方面取得创新性的突破,推进我国航天技术的蓬勃发展。

2018 年 3 月

王家骐为中国科学院院士。

前言

空间技术是目前世界上最具挑战性和广泛带动性的研究方向之一,是未来国家技术竞争新的制高点。发展空间技术是增强我国经济实力、科技实力、国防实力和民族凝聚力的重要举措。随着各项支撑技术的飞速发展,空间遥感日益成为国家的一个重要战略资源,在国民经济中发挥着至关重要的作用,并逐步朝着产业化的方向发展。测绘、地球环境监测、资源探索等领域对高性能对地观测卫星应用的需求越来越迫切。具体表现在:空间分辨率和幅宽要求不断提高;时间分辨率和图像定位精度要求不断提高;整星测试周期和发射方式要求不断提高;整星重量和功耗约束要求不断提高;卫星寿命与可靠性要求不断提高。

应用系统新的需求给对地观测卫星研制带来了新的挑战。目前,国际卫星研制的技术体制正在朝以载荷为中心的技术体制方向发展,在设计过程中将载荷和平台统筹考虑并实现有机结合,资源兼顾,达到系统最优组合。作者及其研究团队基于在卫星载荷设计方面积累的技术优势长期致力于整星一体化技术的研究工作,经过10余年的潜心研究,建立了高性能光学遥感卫星平台载荷一体化技术体系,并形成了一套完备的设计方法,实现了同等分辨率条件下的卫星设计体积更小、刚度更高、精度更准、性能更优。

光学遥感器分为胶片型相机和传输型相机,胶片型相机以胶片为记录介质且图像采用回收方式获取,而传输型相机包括可见光相机、红外相机、高光谱相机、超光谱相机等,本书重点围绕可见光相机介绍星载一体化技术。本书共分为10章。在结合国际高分辨率光学遥感卫星技术发展现状及趋势的基础上,从应用实践角度出发,系统介绍了星载一体化卫星设计理念(第2章);全面阐述了高分多光谱卫星设计方法,包括高分多光谱卫星总体设计(第3章),高分多光谱卫星光学相机设计(第4章),高分多光谱卫星分系统设计(第5章),高分多光谱卫星空间环境适应性及可靠性、安全性设计(第6章),高分多光谱卫星总装、测试及试验(第7章);系统性地说明了极清视频卫星总体及分系统设计(第8章)、技术验证卫星总体与分系统设计(第9章);最后给出了卫星在轨测试与应用领域(第10章)。内容安排上突出了平台载荷一体化卫星设计的系统性和工程实用性。

本书撰写过程中,得到作者所在团队——中国科学院长春光学精密机械与物理研究所空间新技术研究室(小卫星技术国家地方联合工程研究中心)全体成员的大力支持。感谢王旻、王天聪、王绍举、冯汝鹏、朴永杰、刘春雨、闫勇、李宗轩、杨秀彬、吴勇、张贵祥、范国伟、周美丽、郑亮亮、姚劲松、徐振、徐明林、陶淑苹、常琳、章家保、谢晓光、解鹏(以上人名按姓氏笔画排序)在文献资料搜集、插图整理和文稿校对等方面的辛勤付出。

  本书凝聚了作者及所在团队多年的科研成果,同时参考和引用了国内外许多专家、学者发表的相关著作和文章。航天科技集团五院西安分院,山东航天电子技术研究所,上海宇航系统工程研究所,上海空间电源研究所,西安微电子技术研究所,电子科技集团 54 所、18 所等单位为本书提供了部分相关素材。

  特别感谢本团队首席科学家王家骐院士 10 余年来对研究团队的悉心指导,王院士德高望重、治学严谨、对待工作认真负责,是研究团队每位成员人生道路上的榜样。

  特别感谢哈尔滨工业大学曹喜滨教授、孙兆伟教授、徐国栋教授、孔宪仁教授、林晓辉教授、耿云海教授、叶水驰教授、王峰教授的大力支持,陈健、李冬柏、李化义、陈雪芹、董立珉、邢雷和李晖等老师对本书也提出了许多宝贵意见。

  本书获得装备发展部的国防科技图书出版基金资助,立项过程中得到基金的评审专家的大力支持以及本书能顺利出版得到国防工业出版社的帮助。在此一并表示衷心的感谢!

  由于水平所限,本书难免存在错误和不足之处,敬请广大同行专家和读者不吝指正。

金光

2018 年 2 月

目录

第1章 绪论 ········· 001
1.1 高分辨率光学遥感卫星技术发展现状 ········· 001
1.1.1 美国高分辨率光学遥感卫星 ········· 002
1.1.2 欧洲高分辨率光学遥感卫星 ········· 006
1.1.3 其他高分辨率光学遥感卫星 ········· 009
1.2 高分辨率光学遥感卫星技术发展趋势 ········· 010
参考文献 ········· 013

第2章 星载一体化卫星设计理念 ········· 015
2.1 星载一体化概念与优势 ········· 015
2.2 星载一体化的实现方法 ········· 016
2.2.1 结构一体化 ········· 016
2.2.2 热控一体化 ········· 018
2.2.3 电子学一体化 ········· 020
2.2.4 机电热一体化多功能结构 ········· 022
参考文献 ········· 025

第3章 高分多光谱卫星总体设计 ········· 026
3.1 卫星主要技术指标与技术特点 ········· 026
3.2 卫星组成与工作原理 ········· 029
3.3 卫星轨道设计与分析 ········· 030
3.3.1 设计原则 ········· 030
3.3.2 轨道设计 ········· 032
3.3.3 轨道特性分析 ········· 034
3.4 卫星任务分析 ········· 039
3.4.1 高分辨相机需求分析 ········· 039
3.4.2 卫星姿态控制需求分析 ········· 040

  3.4.3　固存容量、数传码速率需求分析 ………………………………… 043
  3.4.4　数据传输模式与星地数传链路计算 ………………………………… 043
  3.4.5　整星能源需求分析 ………………………………………………… 044
3.5　星载一体化构型与分析 ……………………………………………………… 048
  3.5.1　坐标系与基准 ……………………………………………………… 049
  3.5.2　卫星总体构型 ……………………………………………………… 049
  3.5.3　卫星结构布局 ……………………………………………………… 049
  3.5.4　卫星质量特性 ……………………………………………………… 056
  3.5.5　卫星结构动力学分析 ……………………………………………… 057
3.6　入轨飞行程序与工作模式 …………………………………………………… 061
  3.6.1　入轨飞行程序概述 ………………………………………………… 061
  3.6.2　工作模式划分 ……………………………………………………… 062
  3.6.3　工作模式切换 ……………………………………………………… 063
3.7　星上颤振影响评价 …………………………………………………………… 065
  3.7.1　星上颤振源分析 …………………………………………………… 065
  3.7.2　卫星结构传力路径设计 …………………………………………… 066
  3.7.3　卫星颤振影响仿真 ………………………………………………… 067
  3.7.4　卫星颤振影响试验 ………………………………………………… 070

参考文献 ………………………………………………………………………………… 074

第4章　高分多光谱卫星光学相机设计 ……………………………………… 075

4.1　概述 …………………………………………………………………………… 075
4.2　高分多光谱卫星光学相机概况 ……………………………………………… 076
  4.2.1　相机主要功能 ……………………………………………………… 076
  4.2.2　相机主要性能 ……………………………………………………… 077
  4.2.3　相机主要技术指标 ………………………………………………… 078
4.3　光学系统设计 ………………………………………………………………… 078
  4.3.1　光学系统参数确定 ………………………………………………… 078
  4.3.2　光学系统选型 ……………………………………………………… 081
  4.3.3　光学系统设计 ……………………………………………………… 085
  4.3.4　优势对比分析 ……………………………………………………… 095
4.4　高分辨成像像移补偿设计 …………………………………………………… 104
  4.4.1　像移补偿数学模型 ………………………………………………… 104
  4.4.2　偏流角分析与计算 ………………………………………………… 110
  4.4.3　像移补偿设计结论 ………………………………………………… 117

4.4.4 偏流调整策略与方法 ············ 117
4.5 相机结构与机构设计 ············ 121
4.5.1 反射镜组件设计 ············ 122
4.5.2 焦平面组件设计 ············ 127
4.5.3 调焦机构设计 ············ 128
4.5.4 调偏流机构设计 ············ 129
4.5.5 桁架组件设计 ············ 130
4.5.6 主背板组件设计 ············ 131
4.6 相机控制器设计 ············ 132
4.6.1 功能概述 ············ 132
4.6.2 架构组成 ············ 132
4.6.3 相机控制软件 ············ 140
4.7 CCD 成像电子学设计 ············ 146
4.7.1 功能概述 ············ 146
4.7.2 架构组成 ············ 148
4.7.3 焦平面驱动预放设计 ············ 148
4.7.4 视频处理单元设计 ············ 151

参考文献 ············ 155

第5章 高分多光谱卫星分系统设计 ············ 157
5.1 结构与机构分系统 ············ 157
5.1.1 分系统概述 ············ 157
5.1.2 中心承力筒设计 ············ 159
5.1.3 仪器设备安装板设计 ············ 163
5.1.4 桁架杆设计 ············ 167
5.1.5 太阳电池阵设计 ············ 168
5.2 综合电子分系统 ············ 170
5.2.1 分系统概述 ············ 170
5.2.2 一体化中心计算机 ············ 171
5.2.3 系统总线 ············ 174
5.2.4 星务综合管理软件 ············ 175
5.3 姿态控制分系统 ············ 177
5.3.1 分系统概述 ············ 177
5.3.2 姿态控制部件配置与布局 ············ 178
5.3.3 系统工作模式设计 ············ 186

5.3.4　姿态确定算法设计 …………………………………… 191
　　5.3.5　姿态控制算法设计 …………………………………… 192
　　5.3.6　姿态控制系统故障模式判别与故障对策 …………… 194
5.4　遥测遥控分系统 ……………………………………………… 198
　　5.4.1　分系统概述 …………………………………………… 198
　　5.4.2　测控应答机设计 ……………………………………… 199
　　5.4.3　遥测遥控处理单元设计 ……………………………… 199
　　5.4.4　微波网络及天线设计 ………………………………… 199
　　5.4.5　遥测遥控信息流设计 ………………………………… 200
5.5　高速数传分系统 ……………………………………………… 201
　　5.5.1　分系统概述 …………………………………………… 201
　　5.5.2　数据处理器设计 ……………………………………… 202
　　5.5.3　编码调制器设计 ……………………………………… 203
　　5.5.4　X波段滤波器、行波管组件及数传天线设计 ………… 203
　　5.5.5　固存模块设计 ………………………………………… 204
　　5.5.6　与高分辨相机接口设计 ……………………………… 205
5.6　热控分系统 …………………………………………………… 206
　　5.6.1　分系统概述 …………………………………………… 206
　　5.6.2　主动及被动热控措施 ………………………………… 207
　　5.6.3　外热流计算与分析 …………………………………… 207
　　5.6.4　散热面设计 …………………………………………… 209
　　5.6.5　舱内设备热控设计 …………………………………… 209
　　5.6.6　舱外设备热控设计 …………………………………… 211
　　5.6.7　高分辨相机热控设计 ………………………………… 211
5.7　电源分系统 …………………………………………………… 214
　　5.7.1　分系统概述 …………………………………………… 214
　　5.7.2　太阳电池阵电路设计 ………………………………… 216
　　5.7.3　锂离子蓄电池组设计 ………………………………… 218
　　5.7.4　电源控制器设计 ……………………………………… 219
5.8　总体电路分系统 ……………………………………………… 223
　　5.8.1　分系统概述 …………………………………………… 223
　　5.8.2　配电热控管理单元设计 ……………………………… 225
　　5.8.3　电缆网设计 …………………………………………… 234
　　5.8.4　整星接地设计 ………………………………………… 242
　　5.8.5　卫星与地面接口设计 ………………………………… 242

5.9 新产品试验分系统 ... 243
    5.9.1 分系统概述 ... 243
    5.9.2 小型控制力矩陀螺设计 ... 244
    5.9.3 大容量固态盘存储器设计 ... 251
    5.9.4 0-1/数字一体化太阳敏感器设计 ... 255
参考文献 ... 260

第6章 高分多光谱卫星空间环境适应性及可靠性、安全性设计 ... 263

6.1 卫星剩磁设计 ... 263
    6.1.1 磁指标分配 ... 263
    6.1.2 磁源控制 ... 263
    6.1.3 剩磁测试 ... 264
6.2 卫星EMC及空间静电放电防护设计 ... 264
    6.2.1 接地与屏蔽 ... 264
    6.2.2 卫星射频系统天线布局与工作频率分析 ... 265
    6.2.3 接地与搭接 ... 266
6.3 可靠性设计 ... 267
    6.3.1 可靠性指标分配与预计 ... 267
    6.3.2 系统/单机冗余设计 ... 268
    6.3.3 裕度设计 ... 270
    6.3.4 软件可靠性设计 ... 270
    6.3.5 故障隔离和接口可靠性设计 ... 270
6.4 安全性设计 ... 271
    6.4.1 星箭分离及帆板展开安全性设计 ... 271
    6.4.2 锂离子蓄电池安全性设计 ... 272
    6.4.3 CAN总线安全性设计 ... 273
    6.4.4 双机切换安全性设计 ... 274
    6.4.5 系统用电安全性设计 ... 274
    6.4.6 关键部件安全性设计 ... 274
参考文献 ... 275

第7章 高分多光谱卫星总装、测试及试验 ... 276

7.1 卫星总装 ... 276
    7.1.1 总装技术状态与流程 ... 277

  7.1.2 单机安装与电缆网铺设 ················ 278
  7.1.3 总装过程热控实施 ···················· 280
  7.1.4 总装后精度检测 ······················ 282
 7.2 卫星综合测试与试验 ························ 285
  7.2.1 电性能综合测试 ······················ 286
  7.2.2 整星极性测试 ·························· 294
  7.2.3 整星质量特性测试 ···················· 295
  7.2.4 力学试验 ······························ 296
  7.2.5 太阳翼展开与光照试验 ·············· 297
  7.2.6 热试验 ································ 299
  7.2.7 整星磁测试与补偿 ···················· 302
参考文献 ·· 304

第8章 极清视频卫星总体与分系统设计 ···· 305

 8.1 视频星总体设计 ···························· 305
  8.1.1 卫星指标及技术特点 ················ 305
  8.1.2 低成本极清视频设计理念 ·········· 307
  8.1.3 凝视视频成像原理 ···················· 308
  8.1.4 视频星整星构型与布局 ············ 308
  8.1.5 整星工作模式 ·························· 310
  8.1.6 整星热设计与分析 ···················· 312
  8.1.7 整星供配电设计 ······················ 313
 8.2 视频星分系统设计 ·························· 314
  8.2.1 视频相机 ······························ 314
  8.2.2 结构分系统 ···························· 318
  8.2.3 综合管理分系统 ······················ 320
  8.2.4 测控分系统 ···························· 322
  8.2.5 数传分系统 ···························· 325
  8.2.6 姿态控制分系统 ······················ 326
  8.2.7 电源分系统 ···························· 331
  8.2.8 热控分系统 ···························· 335
参考文献 ·· 337

第9章 技术验证卫星总体与分系统设计 ···· 338

 9.1 技术验证星总体设计 ························ 338

9.1.1 卫星指标与技术特点 338
9.1.2 智能仪器设计理念 340
9.1.3 技术验证星成像模式与原理 340
9.1.4 整星工作模式 345
9.1.5 整星构型与布局 346
9.1.6 整星热设计与分析 349
9.1.7 整星供配电设计 349
9.2 技术验证星分系统设计 351
9.2.1 相机分系统 351
9.2.2 结构分系统 357
9.2.3 综合管理分系统 360
9.2.4 测控分系统 362
9.2.5 数传分系统 364
9.2.6 姿态控制分系统 365
9.2.7 电源分系统 369
9.2.8 热控分系统 373
9.2.9 太阳帆板展开机构分系统 375
参考文献 378

第10章 卫星在轨测试与应用领域 379

10.1 高分多光谱卫星在轨测试 379
10.2 极清视频卫星在轨测试 384
10.3 技术验证卫星在轨测试 389
10.4 卫星遥感数据示例与应用领域 394

CONTENTS

Chapter 1　Introduction ········· 001

1.1　Development status of high resolution optical remote sensing satellite technology ········· 001
　　1.1.1　USA high resolution optical remote sensing satellite ········· 002
　　1.1.2　Europe high resolution optical remote sensing satellite ········· 006
　　1.1.3　Other high resolution optical remote sensing satellite ········· 009
1.2　Development trend of high resolution optical remote sensing satellite technology ········· 010
References ········· 013

Chapter 2　Platform and payload integration design ········· 015

2.1　Concept and advantages of platform and payload integration ········· 015
2.2　Implementation method of platform and payload integration ········· 016
　　2.2.1　Structural integration ········· 016
　　2.2.2　Thermal control integration ········· 018
　　2.2.3　Electronics integration ········· 020
　　2.2.4　Multifunctional structure of mechanical, electrical and thermal integration ········· 022
References ········· 025

Chapter 3　High resolution multispectral satellite overall design ········· 026

3.1　Satellite indexes and technical features ········· 026
3.2　Satellite composition and working principle ········· 029
3.3　Satellite orbit design and analysis ········· 030
　　3.3.1　Design principle ········· 030
　　3.3.2　Orbit design ········· 032

		3.3.3	Orbit characteristic analysis	034

- 3.4 Satellite mission analysis ... 039
  - 3.4.1 High resolution camera ... 039
  - 3.4.2 Satellite attitude control requirement analysis ... 040
  - 3.4.3 Memory capacity and data tranfer requirement analysis ... 043
  - 3.4.4 Data transfer mode and link computation ... 043
  - 3.4.5 Satellite energy demand analysis ... 044
- 3.5 Platform and payload integration configuration and analysis ... 048
  - 3.5.1 Coordinate system and benchmark ... 049
  - 3.5.2 Satellite configuration ... 049
  - 3.5.3 Satellite structure layout ... 049
  - 3.5.4 Satellite quality characteristics ... 056
  - 3.5.5 Satellite structures dynamic analysis ... 057
- 3.6 On-orbit flight program and work mode ... 061
  - 3.6.1 Overview of the on orbit flight program ... 061
  - 3.6.2 Work mode partition ... 062
  - 3.6.3 Work mode switching ... 063
- 3.7 Satellite flutter impact evaluation ... 065
  - 3.7.1 Satellite flutter source analysis ... 065
  - 3.7.2 Satellite structures transmission path design ... 066
  - 3.7.3 Satellite flutter impact simulation ... 067
  - 3.7.4 Satellite flutter impact experiment ... 070
- References ... 074

Chapter 4 High resolution multi spectral optical camera design ... 075

- 4.1 Introduction ... 075
- 4.2 High resolution multi spectral optical camera overview ... 076
  - 4.2.1 Main functions of camera ... 076
  - 4.2.2 Main performance of camera ... 077
  - 4.2.3 Main technical indexes of camera ... 078
- 4.3 Optical system design ... 078
  - 4.3.1 Optical system parameter determination ... 078
  - 4.3.2 Optical system type selection ... 081

	4.3.3	Optical system design	085
	4.3.4	Advantages comparative analysis	095
4.4	Image motion compensation design for high resolution imaging		104
	4.4.1	Image motion compensation mathematical model	104
	4.4.2	Drift angle analysis and calculation	110
	4.4.3	Image motion compensation design conclusion	117
	4.4.4	The strategies and methods of adjusting drift angle	117
4.5	Camera structure and mechanism design		121
	4.5.1	Reflector assembly design	122
	4.5.2	Focal plane assembly design	127
	4.5.3	Focusing mechanism design	128
	4.5.4	Drift adjusting mechanism design	129
	4.5.5	Truss structure design	130
	4.5.6	Main backplane assembly design	131
4.6	Camera controller design		132
	4.6.1	Function overview	132
	4.6.2	Architecture Composition	132
	4.6.3	Camera Control Software	140
4.7	CCD imaging electronics design		146
	4.7.1	Function overview	146
	4.7.2	Architecture Composition	148
	4.7.3	Pre discharge design of focal plane drive	148
	4.7.4	Video processing unit design	151
References			155

Chapter 5 High resolution multispectral satellite subsystem design 157

5.1	Structure and mechanism subsystem		157
	5.1.1	Subsystem overview	157
	5.1.2	Center load tube design	159
	5.1.3	Installation plate for instrument and equipment design	163
	5.1.4	Truss bar design	167
	5.1.5	Solar array design	168
5.2	Integrated electronic subsystem		170
	5.2.1	Subsystem overview	170

	5.2.2	Integrated center computer design	171
	5.2.3	System bus design	174
	5.2.4	Reconfigurable functional unit design	175
5.3	Attitude control subsystem		177
	5.3.1	Subsystem overview	177
	5.3.2	Configuration and layout of attitude control components	178
	5.3.3	System work model design	186
	5.3.4	Attitude determination algorithm design	191
	5.3.5	Attitude control algorithm design	192
	5.3.6	Fault pattern discrimination and countermeasures of attitude control system	194
5.4	Telemetry and telecontrol subsystem		198
	5.4.1	Subsystem overview	198
	5.4.2	Measurement and control transponder design	199
	5.4.3	Telemetry and telecontrol unit design	199
	5.4.4	Microwave network and antenna design	199
	5.4.5	Remote control and telemetry information flow design	200
5.5	High speed data transmission subsystem		201
	5.5.1	Subsystem overview	201
	5.5.2	Data processor design	202
	5.5.3	Coded modulator design	203
	5.5.4	X band filter/traveling wave tube and data transmission antenna design	203
	5.5.5	Memory module design	204
	5.5.6	Design of interface with high resolution camera	205
5.6	Thermal control subsystem		206
	5.6.1	Subsystem overview	206
	5.6.2	Active and passive thermal control measures	207
	5.6.3	Calculation and analysis of external heat flow	207
	5.6.4	Cooling surface design	209
	5.6.5	Cabin equipment thermal control design	209
	5.6.6	Extra vehicular equipment thermal control design	211
	5.6.7	High resolution camera thermal control design	211
5.7	Power subsystem		214
	5.7.1	Subsystem overview	214

		5.7.2	Solar array circuit design	216
		5.7.3	Lithium ion battery design	218
		5.7.4	Power controller design	219
5.8	Total circuit subsystem			223
		5.8.1	Subsystem overview	223
		5.8.2	Design of distribution thermal management unit	225
		5.8.3	Cable network design	234
		5.8.4	Satellite grounding design	242
		5.8.5	Satellite to ground interface design	242
5.9	New product test subsystem			243
		5.9.1	Subsystem overview	243
		5.9.2	Design of miniature control moment gyroscope	244
		5.9.3	Design of large capacity solid state disk memory	251
		5.9.4	Design of OI/ digital integrated sun sensor	255
References				260

Chapter 6 Space environment adaptability, reliability and security design of high spectrum multispectral satellite ... 263

6.1	Satellite residual magnetism design		263
	6.1.1	Magnetic index distribution	263
	6.1.2	Magnetic source control	263
	6.1.3	Remanence test	264
6.2	Satellite EMC and space electrostatic discharge protection design		264
	6.2.1	Grounding and shielding	264
	6.2.2	Antenna layout and frequency analysis of satellite radio frequency system	265
	6.2.3	Grounding and lap joint	266
6.3	Reliability design		267
	6.3.1	Allocation and prediction of reliability index	267
	6.3.2	System / single machine redundancy design	268
	6.3.3	Margin design	270
	6.3.4	Software reliability design	270
	6.3.5	Fault isolation and interface reliability design	270
6.4	Security design		271
	6.4.1	Safety design of separation of satellite and rocket and deployment of windsurfing	271

6.4.2	Safety design of lithium ion battery	272
6.4.3	Design of CAN bus security	273
6.4.4	Security design of double computer switching	274
6.4.5	System safety design of power consumption	274
6.4.6	Security design of key components	274
References		275

Chapter 7   High resolution multispectral satellite assembly, test and experiment   276

7.1	Satellite assembly	276
	7.1.1 General assembly technical status and process	277
	7.1.2 Equipment installation and cable laying	278
	7.1.3 Thermal control implementation in assembly process	280
	7.1.4 Accuracyexamination after assembly	282
7.2	Satellite comprehensive test and experiment	285
	7.2.1 Comprehensive test of electrical performance	286
	7.2.2 Polarity test	294
	7.2.3 Quality characteristic test	295
	7.2.4 Mechanical experiment	296
	7.2.5 Solar sail deployment and illumination experiment	297
	7.2.6 Thermal experiment	299
	7.2.7 Magnetic test and compensation	302
References		304

Chapter 8   Extremely clear video satellite overall and subsystem design   305

8.1	Video satellite overall design	305
	8.1.1 Satellite indexes and technical features	305
	8.1.2 Low cost video satellite design concept	307
	8.1.3 Staring video imaging principle	308
	8.1.4 Video satellite configuration and layout	308
	8.1.5 Satellite working mode	310
	8.1.6 Satellite thermal design and analysis	312
	8.1.7 Design of satellite power supply and distribution	313
8.2	Design of Video Satellite subsystem	314
	8.2.1 Video camera	314
	8.2.2 Structural subsystem	318

  8.2.3 Comprehensive management subsystem 320
  8.2.4 Measurement and control subsystem 322
  8.2.5 Data transmission subsystem 325
  8.2.6 Attitude control subsystem 326
  8.2.7 Power distribution subsystem 331
  8.2.8 Thermal control subsystem 335
References 337

Chapter 9 Technical verification satellite overall and subsystem design 338

9.1 Technical verification satellite overall design 338
  9.1.1 Satellite indexes and technical features 338
  9.1.2 Intelligent instrument design concept 340
  9.1.3 Technology verification satellite imaging mode and principle 340
  9.1.4 Satellite working mode 345
  9.1.5 Satellite configuration and layout 346
  9.1.6 Satellite thermal design and analysis 349
  9.1.7 Design of satellite power supply and distribution 349
9.2 Technical verification satellite subsystem design 351
  9.2.1 Camera subsystem 351
  9.2.2 Structural subsystem 357
  9.2.3 Comprehensive management subsystem 360
  9.2.4 Measurement and control subsystem 362
  9.2.5 Data transmission subsystem 364
  9.2.6 Attitude control subsystem 365
  9.2.7 Power distribution subsystem 369
  9.2.8 Thermal control subsystem 373
  9.2.9 Solar panel deployment mechanism subsystem 375
References 378

Chapter 10 Satellite orbital test and application field 379

10.1 High resolution multispectral satellite orbital test 379
10.2 Extremely clear video satellite orbital test 384
10.3 Technical verification satellite orbital test 389
10.4 Examples and application fields of satellite remote sensing data 394

第1章
绪 论

1.1 高分辨率光学遥感卫星技术发展现状

自1957年苏联成功发射人类首颗人造卫星至今60年以来,各种用途的航天器被送至太空,已经在遥感、通信、导航、气象监测、深空探测等领域取得巨大突破[1]。尤其近年来,高分辨率光学遥感技术飞速发展,卫星遥感图像数据已经在各行各业得到了广泛应用。

随着遥感应用的逐渐深入,用户对图像信息提出的要求越来越高,需要分辨率更高的图像质量和更快、更灵活的图像生成模式。由于高分辨率光学遥感卫星具有极高的商业化价值,国际上各主要航天公司均采用"军、民、商"结合的模式陆续研制并发射了多种类型的高分辨率光学遥感卫星,有力地推动了高分辨率遥感卫星技术的发展。

美国空间成像公司于1999年发射的IKONOS-2卫星开创了高分辨率光学遥感卫星领域的先河[2],它首次在民用领域将光学遥感卫星分辨率提升至1m量级,之后高分辨率光学遥感卫星发展呈现跳跃式发展,尤其在近10年,米级、亚米级商业卫星层出不穷,观测谱段朝多光谱、高光谱方向发展,卫星在轨成像模式朝多样化、高机动能力方向发展[3,4]。目前,国际上进行光学遥感卫星全球商业化运营最具有代表性的有美国DigitalGlobe公司和法国EADS Astrium公司,并且均已经形成了具有代表性的几个系列卫星全面发展的局面。DigitalGlobe公司于2013年并购了美国另外一家卫星影像公司GeoEye,主营WorldView及GeoEye系列卫星;EADS Astrium公司则主营宽幅SPOT及高分Pleiades系列卫星,其前身为SPOT Image公司[5,6]。从同一系列卫星的发展趋势可以看出,0.5m甚至更高分辨率的卫星已经逐渐占据国际市场,高分辨率光学遥感卫星正朝更高空间分辨率、更多光谱分辨能力以及更快图像获取速率等方向发展[7]。

1.1.1 美国高分辨率光学遥感卫星

1. WorldView 系列卫星[8]

DigitalGlobe 公司的 WorldView 系列卫星目前已有 3 颗卫星在轨业务运营。

如图 1-1 所示,WorldView-1 和 WorldView-2 均采用了 BCP-5000 商业卫星平台,通过适配不同类型载荷的方式进行研制,具体卫星技术指标见表 1-1。

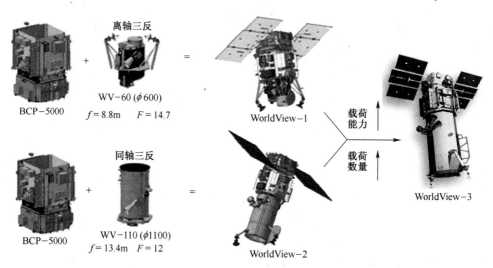

图 1-1　WorldView 系列卫星构型

表 1-1　WorldView 系列卫星主要技术指标

卫星 指标	WorldView-1	WorldView-2	WorldView-3
发射时间/年	2006	2009	2014
轨道高度/km	496	770	617
重访周期/天	5	1~2	1
分辨率/m	0.46	0.46(全色) 1.84(多光谱)	0.31(全色) 1.24(多光谱)
幅宽/km	17.6	16.4	16.4
量化等级/bit	11		
影像谱段	全色		
	—	8 谱段多光谱	
	—	—	8 谱段 SWIR 12 谱段 CAVIS

(续)

指标 \ 卫星	WorldView-1	WorldView-2	WorldView-3
卫星质量/kg	2500	2800	不小于2800(估计)
星上存储/Tbit		2	2.2
数传速度/(Mb/s)		800	1200
侧摆能力/(°)		±45	
运行寿命/年		7.25	10

由表 1-1 可见，WorldView-1 和 WorldView-2 均可获取优于 0.5m 的全色高分辨率图像，但 WorldView-1 仅能全色成像，WorldView-2 在其基础上增加了 8 个多光谱成像谱段，同时大口径、长焦距的相机配置间接提升了其工作轨道高度，卫星重访周期较 WorldView-1 也大幅缩短。

新一代 WorldView-3 卫星于 2014 年 8 月 13 日成功发射，刷新了目前商业卫星成像分辨率及成像谱段记录，在 617km 轨道高度除可获取 0.31m 分辨率全色和 1.24m 分辨率多光谱图像之外，还是第一颗能够提供 3.7m 分辨率短波红外的商业卫星，可透过雾霾、烟尘以及其他空气颗粒进行精确图像采集，WorldView-3 也是唯一一颗装备 CAVIS 载荷(云层、气溶胶、水汽、冰雪等气象条件下的大气校正设备)的卫星，可以对气象条件进行监测并进行数据的校正。WorldView-3 卫星的平均回访时间不到 1 天，每天能够采集多达 $6.8\times10^5 km^2$ 的范围，进一步提升了 DigitalGlobe 公司的数据采集能力。

WorldView 系列卫星无论是离轴三反光学系统还是同轴三反光学系统均是采用大口径、长焦距设计，充分体现了美国在光学设计、加工、装调与检测等技术上的优势；通过配备 4 个双平行布局安装的控制力矩陀螺使得整星具备至少优于 3.5(°)/s 的姿态机动能力，辅以双向扫描探测器，可实现同轨多点成像、同轨条带拼接成像、同轨立体成像以及同一目标多次成像。

WorldView 系列卫星虽然星敏感器与相机之间采用了共基准安装方式，可大幅提高姿态基准部件稳定性，并降低整星初始姿态基准误差，但是 WorldView 系列卫星仍称不上星载一体化设计，这是由于其载荷承力结构未与整星结构联合优化设计，细长形分舱式布局使得整星 X/Y 轴转动惯量较大且质量接近 3t，必须采用大角动量控制力矩陀螺(CMG)；同时 84 台(套)的星上电子学设备也未完全实现整星电子学系统的集成统一。

2. GeoEye 系列卫星[8]

GeoEye 系列由 GeoEye-1 和 GeoEye-2 两颗卫星组成，与 WorldView 系列采用标准化平台以及模块化分舱的设计理念不同，GeoEye 系列卫星从构型上继承原 IKONOS 卫星的技术理念，采用了平台与载荷的一体化设计，如图 1-2 所示。

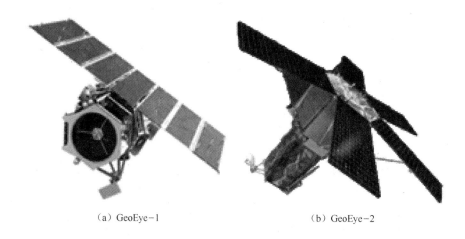

(a) GeoEye-1　　　　　　　　　　(b) GeoEye-2

图 1-2　GeoEye 系列卫星构型

作为原 GeoEye 公司的核心产品,GeoEye-1 卫星已在轨运行,其引领了商业高分辨率光学遥感卫星的技术发展。现由于 GeoEye 公司已并入 DigitalGlobe 公司,出于商业运营角度考虑,与 WorldView-3 卫星同为最新一代的 GeoEye-2 卫星在完成研制后保持地面存储状态,用于后续补网发射。GeoEye 系列卫星主要技术指标如表 1-2 所列。

表 1-2　GeoEye 系列卫星主要技术指标

卫星 指标	GeoEye-1	GeoEye-2
发射时间/年	2008	择机
轨道高度/km	681	681
重访周期/天	2~3	
分辨率/m	0.41(全色) 1.65(多光谱)	0.34(全色) 1.36(多光谱)
幅宽/km	15.2	14.5
量化等级/bit	11	
影像谱段	全色	全色 多光谱
卫星质量/kg	1955	未知
星上存储/Tbit	1	2.2
数传速度/(Mb/s)	740	1200
侧摆能力/(°)	±60	
运行寿命/年	10	

相对比于 WorldView 系列卫星而言,GeoEye 系列卫星不再采用在太阳同步轨道上保持整个轨道相机对地指向、太阳电池阵一维转动对日定向的运行模式,而是通过卫星姿态机动实现对日/对地模式转换,同时该系列卫星通过星载一体化设计使得整星转动惯量小、挠性扰动少,便于实现快速姿态机动和快速稳定。

正是由于 GeoEye 系列卫星采用了星载一体化设计,使得同样采用 ϕ1100mm 口径、13.3m 焦距同轴高分辨相机的 GeoEye-1 卫星在具备与 WorldView-2 卫星相当成像能力的同时,整星质量降低近 1t,大幅节省了研制及发射成本。同时,GeoEye-1 也是第一颗采用军用 GPS 的商业卫星,其地面无控制点定位精度达 3m,当加入一定数量控制点后,精度可达 0.5m 以内。值得一提的是,GeoEye 系列卫星虽然未采用控制力矩陀螺,但通过配置 8 台增强型反作用飞轮,仍可实现整星 2.4(°)/s 的机动能力,侧摆成像能力达到 ±60°。

3. Skysat 系列卫星[8]

无论是 WorldView 系列卫星还是 GeoEye 系列卫星,其最大投资者均为美国国家地理空间情报局(NGA),实现卫星商业化运营的同时,服务国家安全也是其重要目标,美军方拥有优先使用权。由于政府对卫星经营权的控制,使得商业用户获取到卫星图像数据的时效性较差。

来自硅谷的 Skybox 公司采用了全新的商业卫星运营模式开展微小视频卫星研制以革新现有遥感信息获取方式,该公司是第一家没有获得政府合同的商业太空公司,其 9100 万美元研发经费均来自各投融资渠道,无任何军方背景。图 1-3 为 Skysat 微小卫星及 24 颗星组网规划。

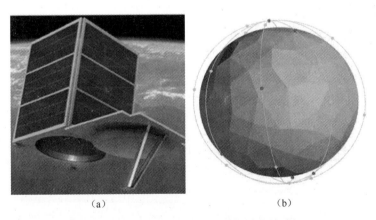

(a) (b)

图 1-3 Skysat 微小卫星及 24 颗星组网规划

Skysat-1 和 Skysat-2 卫星已分别于 2013 年和 2014 年发射入轨。每颗 Skysat 卫星可获取 0.9m 分辨率全色、2m 分辨率多光谱,幅宽 8km 的高分辨率图像,同时其可录制每秒 30 帧、采用 H.264 编码连续 90s 的 1.1m 分辨率高清视频影像,设计寿命 4 年,质量仅为 120kg。Skysat 也是首个使用 CMOS 面阵传感器的1m分辨率对地观测卫星,有效载荷占卫星研制成本较大份额,与传统线阵推扫成像方式不同,其采用框架式推扫形式获取多幅具有重叠部分的二维图像(图1-4),星上进行图像校正,利用合成时间延迟积分技术在地面进行处理以提高分辨率及信噪比。

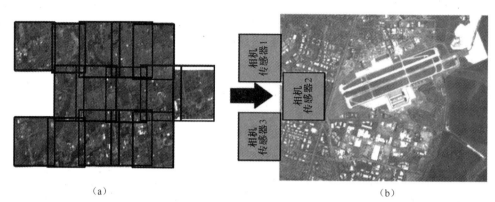

图1-4　Skysat叠加成像示意图

此外,Skybox公司充分借鉴了低成本CubeSat卫星设计理念:采用与"直播电视"相同的卫星宽带技术将图像及视频传回地面,通过优化视频传输技术,有效防止雨、雪等恶劣天气造成的衰减,使得卫星天线直径与大卫星相比大幅减小;将汽车上的综合电子技术引入卫星系统,采用有限资源提升卫星数据管理及计算能力;单机部件全部采用货架产品,Skysat-2卫星研制周期仅9个月。

依照Skybox公司规划,24颗低成本微小视频卫星组网后能够实现一天3~4次对地球上任一点进行成像,大幅提高视频获取的实时性,便于为金融、保险、矿山、油井等企业提供高价值服务,开辟了低成本微小卫星商业运营的先河。目前Skybox公司已被Google公司收购,用于实现"基因链大数据计划",其后续发展值得期待,但可以肯定的是随着互联网的发展。"大数据"概念必然会吸引更多参与者,带动卫星从商业化向产业化发展。

1.1.2　欧洲高分辨率光学遥感卫星

欧洲商业高分辨率光学遥感卫星[9]以法国为代表,其打破了美国对商用遥感卫星图像市场的垄断局面,而且较之美国的同类卫星,具有独特的设计理念和技术特点。如图1-5所示,法国EADS Astrium公司目前主要运营大幅宽SPOT系列和高分辨Pleiades系列共4颗卫星构成的遥感卫星星座,两个系列卫星在轨均呈180°相位分布,重访能力达2次/天(45°角、赤道处)并在分辨率上形成阶梯互补关系,各星主要技术指标如表1-3所列。

图1-5 法国新一代高分辨卫星星群关系

表1-3 SPOT及Pleiades系列卫星主要技术指标

卫星 指标	SPOT5	SPOT6/SPOT7	Pleiades1/2
发射时间/年	2002	2012/2014	2011/2013
轨道高度/km	830	694	
重访周期/天	2~3	1~3	
分辨率/m	5(全色) 10(多光谱)	2(全色) 8(多光谱)	0.7(全色) 2(多光谱)
幅宽/km	60		20
量化等级/bit	8	12	
影像谱段	全色 多光谱	全色 多光谱	全色 多光谱
卫星质量/kg	3000	714	900
星上存储/Gbit	90	850	750
数传速度/(Mb/s)	100	600	465
侧摆能力/(°)	±27	±35	±47
运行寿命/年	5	7	7

1. SPOT系列卫星

SPOT系列卫星主攻宽幅盖成像市场,多颗SPOT卫星在同一轨道高度上运行,形成卫星星座。早期的 SPOT 卫星具备侧视成像能力,可在不同轨道上对同一地区以不同侧视角进行观测,从而形成立体像对,是世界上首先具有立体成像能力的遥感卫星。SPOT1~SPOT4 卫星发射年代久远,有效载荷分辨率较低,SPOT5 在原基础上将分辨率提升了 1 倍,达 5m(超分辨后为 2.5m),同时特别增加了 2 台高分辨率立体成像仪(HRS),使其具备同轨立体成像能力,有效避免了侧视立体成像带来的辐射差;所携带的植被相机(HRVIR)幅宽 2250km,分辨率 1km,几乎每天都可实现全球覆盖。

随着技术的不断发展和市场的商业竞争,目前宽幅 SPOT 系列主要以更高分辨率的 SPOT6 和 SPOT7 为主,两者设计上完全一致,保持 60km 成像大幅宽的同时将成像分辨率进一步提升至 2m,兼顾大幅宽市场的同时拓展高分辨市场,两颗卫星在轨每天具备 $6×10^6 km^2$ 数据获取能力。

如图 1-6 所示,分别于 2012 年和 2014 年发射入轨的 SPOT6/SPOT7 已从原 SPOT 系列 MK2 卫星平台辅以载荷的设计理念发展为星载一体化的设计理念,整星质量由 3000kg 降低至 714kg,大幅降低研制及发射成本,与美国商业高分辨率光学遥感卫星设计理念及技术发展保持同步。关于 SPOT6/SPOT7 卫星进一步技术细节目前仍未有详细公开资料。

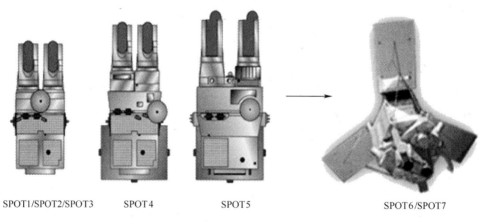

SPOT1/SPOT2/SPOT3　　SPOT4　　　　SPOT5　　　　　　　　SPOT6/SPOT7

图 1-6　SPOT 系列卫星构型

2. Pleiades 系列卫星[3]

Pleiades 系列卫星是一种便捷、灵巧的高分辨率光学遥感卫星,其突出的高分辨遥感性能,与 SPOT 系列卫星的宽覆盖遥感性能形成优势互补以占领市场。因此,以载荷为中心对 Pleiades 系列卫星进行了全新设计,对传感器也进行了较大的调整,卫星质量为 900kg,如图 1-7 所示。

与 SPOT 系列卫星采用改变传感器观测方向来实现对不同地区成像的工作方式不同,Pleiades 系列卫星采用了 4 个 Astrium-Teldix 公司生产的 CMG,以金字塔

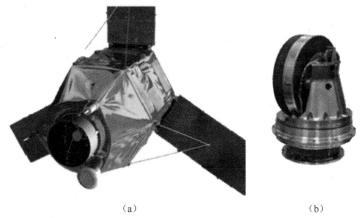

(a) (b)

图1-7 Pleiades 系列卫星构型及小型 CMG

构型安装作为主要的姿态执行机构。每个控制力矩陀螺的角动量为15N·m·s，单个 CMG 最大输出力矩可达45N·m，使得 Pleiades 系列卫星同样具备快速的姿态机动能力，小卫星即可实现 WorldView 系列卫星近3t卫星才能完成的成像方式，包括同轨多点成像、同轨立体成像等，尤为突出的是超高机动性能的 Pleiades 系列卫星还可以实现垂直轨道方向7个成像条带的拼接，形成140km超大幅宽。

1.1.3 其他高分辨率光学遥感卫星

日本积极发展小卫星高分辨率成像技术。2014年11月6日发射了具备新系统结构的"先进观测卫星"-1，该卫星质量小于500kg，全色分辨率优于0.5m，多光谱分辨率优于2m，成本约为 WorldView-2 卫星的1/5，具有高分辨率能力、高敏捷能力、低成本和小型化的特点。日本试图凭借这类卫星在国际卫星出口市场占据一席之地。

韩国以"阿里郎"（KOMPSAT）系列卫星为主要发展项目，带动韩国航天技术和产业的发展，为韩国军民用户以及国外商业用户提供卫星图像产品。2006年7月28日在俄罗斯联邦普列谢茨克发射的 KOMPSAT-2 卫星可获取1m分辨率全色图像以及4m分辨率多光谱图像。2012年5月18日在日本鹿儿岛县发射的 KMOPSAT-3 卫星，最高光学分辨率达0.7m。卫星平台在性能方面可与几吨量级的大型成像卫星相媲美。

印度自1988年第一次发射对地观测卫星以来，积极发展低轨高分辨率光学遥感卫星观测系统，并已经逐步实现在轨卫星的更新换代。2005—2010年，分别发射了 Cartosat-1、Cartosat-2、Cartosat-2A、Cartosat-2B 高分辨率遥感卫星，最高分辨率可达0.8m，卫星具备单轨立体成像能力，可在俯仰和侧摆方向实现45°大角度机动，极大地提高了卫星敏捷成像能力[10]。

1.2 高分辨率光学遥感卫星技术发展趋势

由于军事、商业、民用需求日益增加,各国争相大力发展航天产业,由美国、俄罗斯平分秋色逐步演变为以中国、韩国、日本、印度、以色列等新兴国家快速崛起参与竞争的诸侯争霸格局[4-6],尤其近十余年高分辨率光学遥感卫星的高性能化、小型化、低成本化、星群网络化、天地一体化等的发展趋势明显[11]。

1. 卫星性能大幅提升

卫星性能的提升主要体现在卫星载荷和平台的能力。

1) 空间分辨率提高

从20世纪70年代至今,遥感卫星的分辨率实现了20倍以上的提升,2014年6月,DigitalGlobe公司正式获取美国商务部批准,可以向其所有用户销售全色分辨率高达0.25m、多光谱分辨率1m的卫星图像数据,高分辨率遥感卫星大步迈入亚米级时代。

空间分辨率的提高主要得益于星载遥感器光学系统焦距、口径增加,光学材料、探测器、装调与检测技术的进步等方面。各国卫星普遍采用长焦距大 F 数光学系统,涵盖了同轴、离轴光学系统,其中高性能非球面反射式系统发展较快;反射镜材料选用高比刚度和热稳定性的碳化硅材料,相机采用碳纤维复合材料;装调技术也由传统人工装调、计算机辅助装调发展为在轨精密校准与检测。另外,自适应光学闭环校正技术、主动光学支撑技术、超稳平台技术等快速发展并得到应用。

2) 观测谱段增加

在传统的成像技术中,人们就知道黑白图像的灰度级别代表了光学特性的差异因而可用于辨别不同的材料,在此基础上,成像技术有了更高的发展,多光谱、高光谱甚至超光谱分析是自然科学中一种重要的研究手段,光谱技术能检测到被测物体的物理结构、化学成分等指标,极大地提高了卫星图片的应用价值。

从首颗多光谱卫星 Landsat 发展至今,遥感相机光谱数量日益增加,由几个谱段发展为目前几百个的观测谱段;光谱覆盖范围由可见光拓展到紫外、极紫外、短波红外、长波红外等。这些发展使卫星具备了在太空中分辨地面目标材料、组成、表面特性等传统探测方法无法获得的信息,也可在黑夜、云雾天气中进行观测。

3) 目标定位准确

国际上新一代高分辨光学遥感卫星很多采用星载一体化设计理念:将姿态控制器件与有效载荷共基准安装,以载荷为中心进行合理的结构布局和优化,这些手段提高了卫星指向精度和姿态控制稳定性,且随着姿态控制器件灵敏度的提升,卫星的指向精度由20世纪20年代末期的几十米发展为目前5m以内,姿态指向精度可达0.01°以内,具备对于敏感目标的精确观测、跟踪能力。

4) 多种工作模式,卫星机动能力增强

光学遥感卫星从单一的星下点推扫向敏捷机动的多模式工作方式发展:条带拼接成像模式、同轨多点目标连续成像模式、同轨立体成像模式等(图1-8),结合不同类型图像传感器,也产生了针对面阵CMOS传感器的凝视拍照、凝视视频等工作模式,还有快速机动大角度侧摆成像、非沿轨时间延迟积分推扫成像等新型成像方式[12]。

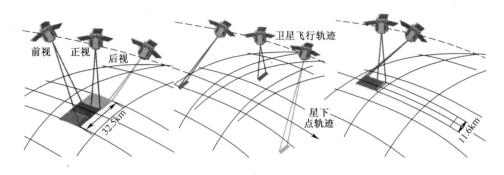

图1-8 卫星多模式成像

复杂多样的工作模式,使高分辨光学遥感卫星的图片采集范围和效率有效提升,如:WorldView-1卫星通过单轨10次条带拼接成像,一次过顶即可完成248km长朝韩"三八线"的成像任务;WorldView-2卫星通过同轨多点目标连续成像模式,200s内对于垂直轨道分布的200km距离内的28个点进行多点成像,包括姿态机动调整时间在内,单次成像时间小于7s。

2. 卫星小型化趋势明显

2012年前,小卫星(发射质量低于500kg的卫星)发射数量占全年发射数量的比值一直小于20%,而这一数值在近几年中产生了爆发式增长。2013年小卫星发射数量占比首次超过50%,而在2014年全球共成功发射小卫星162颗,占全球同期入轨航天器总数的61.8%,可以预测,未来小卫星发射数量将会进一步提升,各国对于多功能、高效能、低成本的小卫星研发投入的精力也越来越大,小卫星已成为世界航天活动高速发展的主要驱动力和重要发展领域[13]。

随着小卫星发射数量不断增长,全球每年的星均发射质量(每年成功发射的航天器总质量除以每年成功发射的航天器总数量)呈持续降低趋势,如图1-9所示。据美国空间作品咨询公司预测,2016年全球星均质量相比2012年将降低79%。

随着微电子、微光机电和集成电路技术不断发展,卫星小型化不断加速,成本

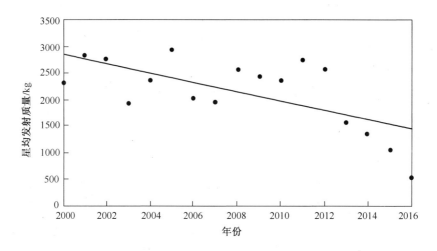

图 1-9　年度星均发射质量变化趋势

也在降低,性能快速提升,功能多样化。据预测 2014—2016 年,全球 50kg 以下微纳卫星发射总数可达到 650 颗以上。微纳卫星将逐步发挥航天技术创新的引领作用,并承担更多前沿技术和创新概念在轨飞行验证项目。

3. 轨道部署类型丰富

目前,全球高分辨光学遥感卫星在太阳同步轨道、静止轨道、低倾角轨道、大椭圆轨道等都有分布,并呈现出根据任务需求和观测目的不同,多轨道协同布局,低轨快速发展的趋势。

太阳同步轨道对于光学遥感类卫星来说,轨道特性和光照条件具有较大优势,因此近年来发射的高分辨光学遥感卫星大多分布于这类轨道上;静止轨道可实现卫星对目标持续不间断观测能力,并具备大范围巡查普查能力,但分辨率普遍不高;低倾角轨道可实现对特定目标信息快速获取,在一天内可进行多次高频率重访;大椭圆轨道卫星轨道衰减较慢,适合详查、普查能力均有要求的侦察卫星,在近地点获取高分辨率图片,远地点获取宽幅度图像,如美国 KH-12 军用卫星、以色列 Ofeq 系列军用卫星均分布在这类轨道上。

4. 卫星星座组网发展迅速

近年来,国外诸多商业遥感卫星公司均提出了庞大的卫星星座组网计划,并且有一些计划已经基本实施完毕或正在实施,尤其针对低轨道、低成本、高性能遥感小卫星,星座和星群的大规模出现已经是大势所趋。Skybox 公司的 24 颗视频星组网规划,目前已经有 2 颗卫星入轨;2014 年,美国行星实验室公司在 1 月 9 日、6 月 19 日、7 月 13 日和 10 月 28 日先后 4 次发射"鸽群"(Flock)系列卫星,前 3 次成功,最后 1 次失败,目前成功在轨运行 67 颗,可获得超高时间分辨率的图片。

通过星座组网,可显著提高卫星星座系统的时间分辨率和覆盖区域。通过快速、灵活、大规模部署及在轨重构,可大幅提高空间系统的生存能力和空间体系的弹性。星座多星、多任务、多路径和多模式综合应用,可形成新的工作体制,实现单颗大卫星难以实现的功能和性能。

5. 一箭超多星发射成为常态

目前,美国、印度、俄罗斯、中国等国家都具备了"一箭多星"的发射能力。2014年6月19日,俄罗斯"第聂伯"火箭成功完成了一箭三十八星发射,创造了"一箭多星"发射的新纪录,这也是在不到1年的时间里第4次打破该项纪录。我国在2015年完成了一箭二十星发射。"一箭多星"已成为小卫星发射的主流方式。

6. 新概念卫星层出不穷

对于高分辨率光学遥感卫星的成像质量来说,以现有的光学系统、航天材料、加工装调手段想要大幅提高卫星成像性能比较困难,因此各国在新概念卫星的研发上大力投入,如光学合成孔径遥感卫星、衍射光学遥感卫星等新技术卫星已经处于研发中,稀疏孔径成像技术、激光雷达成像技术、光场相机技术为核心的新概念新理论也逐步发展成熟。

对于卫星应用来说,各种新概念也是层出不穷的。为突破现有卫星体系架构在成本、研发周期、技术更新、抗毁能力等方面存在的局限性,美军提出"弹性"与"分散"概念。具体来说,将一颗卫星上的多个载荷或多项任务分散到多颗卫星上,由若干颗微小卫星组成一定形状的飞行轨迹,以分布方式构成一颗"虚拟卫星",这属于编队飞行范畴,通过星间协同工作,可实现单颗卫星难以实现的功能,如双星形成千米级别的干涉基线等。

纵观国内外光学遥感卫星的发展状况可以看出,卫星小型化、轻量化的发展趋势已经形成,而星载一体化正是实现卫星小型化、轻量化的一个切实可行的办法。所以,对星载一体化的研究将对新型高性能小卫星的研制产生积极而深远的影响。

参 考 文 献

[1] 郭明欣.我国小卫星的现状和发展趋势[J].科技资讯,2010,13:3.
[2] 徐伟,冯汝鹏.美欧商业高分辨率光学遥感卫星发展与启示[J].中国光学(增刊),2014:1-7.
[3] 徐伟.从Pleiades剖析新一代高性能小卫星技术发展[C].厦门:空间机电与空间光学会议,2012.
[4] 张召才,何慧东.2015年全球小卫星发展回顾[J].国际太空,2016,446:49-56.
[5] 朱鲁青,张召才.2013年国外微小卫星回顾[J].国际太空,2014,422:38-43.
[6] 刘佳.2014年世界遥感卫星回顾[J].国际太空,2014,434:56-62.
[7] 余金培,杨根庆,梁旭文.现代小卫星技术与应用[M].上海:上海科学普及出版社,2004.
[8] 朱仁璋,丛云天,等.全球高分光学星概述(一):美国和加拿大[J].航天器工程,2015,24(6):85-106.
[9] 朱仁璋,丛云天,等.全球高分光学星概述(二):欧洲[J].航天器工程,2016,25(1):95-117.
[10] Tatem A J,Goetz S J,Hay S I. Fifty years of earth-observation satellites[J]. American Scientist, 2008,96(1):390-398.

[11] Khorram S, Nelson S A C, Koch F H, et al. Remote sensing[M]. Berlin:Springer,2012.
[12] Jin Guang, Xu Wei, An Yuan, et al. CIOMP-1 light wight high resolution multispectral small satellite [C]. The 4s Symposium,2014.
[13] 童子军. 小卫星井喷为哪般[J]. 太空探索,2014,6:18-21.

第2章
星载一体化卫星设计理念

2.1 星载一体化概念与优势

卫星技术发展经历三大技术发展阶段,分别是轨道动力学技术发展阶段、平台及姿态控制(简称姿控)技术发展阶段和多元化载荷技术发展阶段。目前,国际卫星研制的技术体制正从以卫星平台为核心的平台体制向以卫星载荷为中心的技术体制方向发展,如 GeoEye1/GeoEye2、SPOT6/SPOT7 以及 Pleiades1/Pleiades2 均采用星载一体化的设计理念,四大卫星系列中占据三席。同时随着科学技术的进步,人们引入了许多新的设计思想和技术,包括微机电系统(MEMS)技术的应用、先进器件的选用、新型材料的应用、商用器件的选用以及一体化的设计思想等。采用星载一体化的设计思想从系统方案设计的角度达到微型化的目的,是减小卫星质量、体积、功耗以及成本的有效途径之一。

传统卫星一般由有效载荷和服务系统构成。服务系统组成卫星平台(或称为公用舱)。这种采用卫星平台和有效载荷舱分开设计的卫星称为模块化卫星。卫星平台就是一个能适应不同有效载荷配置,能够完成各自特定飞行使命,且通用性较强的公用舱。卫星模块化设计,其核心是卫星平台模块化设计。虽然卫星平台的使用可以避免不同卫星所需服务系统的重新研制,但是其针对性较差,其载荷与服务系统分舱设计,包络空间和质量都较大,不适于小卫星小型化和轻量化。

星载一体化顾名思义就是卫星平台与有效载荷的一体化设计,它包括结构一体化、热控一体化和电子学系统一体化。与传统的卫星设计相比,它以载荷为中心展开设计。在进行载荷和平台的设计时兼顾对方利益,而不是通过以往的接口协议来组织工作,这样的设计方法使载荷与平台有机结合,使系统整体的性能最优,最终使平台适应载荷,而不是平台与载荷单纯地最优组合。星载一体化设计打破了平台加载荷的传统方案,使卫星的研制以载荷为中心展开,使平台和载荷融为一体,做到"星既是载,载也是星"。利用星载一体化设计思想,可以使整星结构更加紧凑,布局更加合理,能够体现出现代小卫星"小、轻、快、省"等众多优点,是未来小卫星的发展方向[1,2]。

星载一体化光机结构设计优势在于：
(1) 载荷主承力结构即为星结构，集成度高；
(2) 卫星质心低，传力路径好，卫星基频高；
(3) 整星转动惯量小，有利于机动性能提高；
(4) 设备围绕载荷布局，外包络小便于发射；
(5) 敏感器件与光学系统共基准，定位精度高。

星载一体化综合电子设计优势在于：
(1) 资源整合，减少单机及元器件数量；
(2) 指令整合，减少指令类型及转发环节；
(3) 遥测整合，减少冗余遥测提高带宽；
(4) 功能整合，减少测试环节和流程；
(5) 性能整合，降低设备大小及功耗。

因此，我国高分辨光学遥感卫星也应采用星载一体化的设计以提高卫星整体性能的同时降低研制及发射成本，与国际高分辨率光学遥感卫星设计理念同步，提升国际竞争力。

2.2 星载一体化的实现方法

一体化的主要途径一般有两种：一种是将分系统间相同模块集成到一起；另一种是多任务中组件的交叉使用。从一体化的实现方法分类一般可以分为结构一体化、热控一体化和电子学系统一体化。

2.2.1 结构一体化

以往的卫星制造多是采用"黑匣子"的设计方法，先制造出各个独立的星上工作单元，然后将这些单元组装到连接结构上组成卫星。这些独立单元具有自己的支承结构和操纵控制电路，零部件和控制电路无法共用，最终使得卫星结构重叠，控制元器件数量增多，导致卫星质量的增加。地面设备这样做尚无大碍，但对卫星则大大提高发射成本，降低可靠度。

结构一体化[3-5]的关键在于取消传统卫星的单机概念，统筹设计所有星上各单元，去掉各单元的独立支承连接结构和壳体，采用统一的连接构件和壳体，建立整星统一的结构。其具体实现方法如下。

1. 以载荷为中心，围绕载荷布局

卫星结构是支撑卫星中有效载荷以及其他各分系统的骨架，其结构形式直接影响卫星的质量和体积，传统的卫星设计是载荷舱与服务舱分开设计，通过星载适配器连接,使得卫星包络空间较大。

星载一体化高集成、轻量化结构技术打破了传统卫星分舱设计的理念,将相机结构直接作为卫星主承力结构,星上仪器围绕相机布局,进而使相机结构与卫星结构合二为一,从直观上讲也就是相机即卫星,卫星即相机。整个设计过程紧紧围绕"星载一体化"这一概念展开,在设计时兼顾平台与载荷的相互利益,而不是通过以往的接口协议来组织工作,打破传统的各部分分界,尽量互相结合,减少构件,达到简化、多用、高度集成。整星布局围绕载荷展开设计时,载荷主承力结构与平台主承力结构直接相连,近似于应用同一承力结构,承力路径平滑,不会引起畸变,同时可降低卫星在发射状态时质心并提高整星基频。整星布局以载荷为中心围绕载荷展开,并且在仪器舱设备布置时,综合考虑卫星结构、控温要求、空间外热流、仪器热功耗等各种因素,进行仪器设备的合理布局。

被称为下一代性能极限小卫星的 Pleiades 卫星就是采用的这种以载荷为中心,围绕载荷进行布局的设计方法,其构型如图2-1所示,可见载荷与平台没有明显的界线,不像传统设计那样泾渭分明。

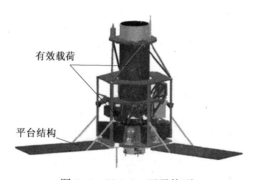

图2-1 Pleiades 卫星构型

2. 支撑连接结构一体化设计

支撑连接结构是星上比较大的结构部件,占有很大的空间和质量,例如采用一体化的设计思想将卫星的主承力结构、储箱支架、仪器安装板等集成在一起,可有效缩小卫星体积,减少质量和结构部件数量,提高结构功能密度。对安装精度要求高的卫星姿态确定器件(星敏感器、光纤陀螺、GPS等)直接安装在卫星背板上,提高安装精度,结构紧凑,节省了星内空间,一举多得。优化设计后,可有效提高整星有效载荷比。图2-2为主承力结构与仪器安装板的一体化[6]。

3. 附属结构一体化设计

随着卫星的不断小型化,星上的一些附属结构,例如航天电子设备机箱、电缆、航天电子设备封装的结构支撑或者与连接器关联的大的寄生质量所占的比例越来越大,对于这些寄生构件也需采用一体化设计方法。如图2-3所示的一体化航天器计算机,目前在小卫星上广泛使用。它以星载计算机为前提,整个卫星只使用一

图 2-2　主承力结构与仪器安装板的一体化

个 CPU 和多个功能卡，CPU 和功能卡通过底板通信和供电，与传统的单个的 CPU 和分立电子线路所组成的系统相比，只使用一个机箱，而且避免了传统设计多个机箱之间繁杂的电缆连接[7,8]。

图 2-3　一体化航天器计算机

采用一体化的结构设计方法，具有减小卫星结构质量、缩小体积、提高结构功能密度、减少结构部件数量等优点，非常适合小卫星自身的特点。采用一体化设计的小卫星结构，其质量可以减小 30%~40%。

2.2.2　热控一体化

以往的载荷设计不考虑热设计，载荷的热控由卫星平台完成，热控在载荷外部完成，效果不佳，功率大；星载一体化热设计，在载荷设计阶段考虑热控，将热控做到载荷内部，更好地保证载荷光机结构的精度，效果好，节省能源[9]。

为满足对地观测要求，空间光学小卫星一般设计为太阳同步轨道，并具有轨道周期短、进出阴影区频繁等特点，所以空间外热流变化较大。为最大程度地节省资源，以相机为中心展开总体布局的"星载一体化"光学小卫星其相机镜头一般直接裸露在外空中。相机镜头的漏热使相机内部产生温度梯度，从而产生热应力及热变形，并最终导致光学系统产生畸变而影响成像质量。为保证相机的工作性能，应采取相应的热控措施，使相机的温度控制在一定范围内，来保证光学系统的尺寸稳定性，以便相机正常工作。

一方面，太阳帆板展开产生的阴影、帆板背面热辐射以及卫星仪器舱散热面散热等因素，将对相机的热环境产生极大影响；另一方面，相机镜头外表面对太阳光的反射会对星体辐射散热产生影响；此外还有相机舱壁与卫星舱壁接触位置的热传导和非接触表面间的热辐射等。这些因素使相机与平台的换热过程紧紧耦合在一起，所以应充分发挥整星热控优势，从热分析阶段相机和平台联合建模开始，综合考虑两者相互作用对系统热控产生的影响，进行航天相机和卫星热控的一体化设计。在航天相机的热设计过程中，"星载一体化"的热设计主要体现在以下方面。

1. 光学和热控制的一体化设计

裸露在舱外的光学镜头在轨运行过程中将经受恶劣的空间环境，为保证光学系统的稳定性，在光学系统的选型和设计时必须与热控系统综合考虑。根据光学小卫星的轨道信息进行外热流计算，并依据结果计算出相机内部温度场分布。光学系统除了对象差进行必要的校正外，还应对温度变化造成光学系统的像面离焦进行分析，以便采取适当的热补偿措施，保持光学传递函数不变，从而满足航天相机的使用要求。

2. 光机结构和热控制的一体化设计

由于外热流的交替作用和冷黑空间的影响，光学小卫星在轨阶段将经受高低温交变的环境，考虑到整星布局以航天相机为中心进行展开，并在设计过程中以相机的主承力结构作为星上敏感部件的设计、装配基准，因此必须采取合理的热设计结构，以保证光学镜头以及整星结构的热稳定性。

目前常用的热结构设计包括：结构各个构件应尽量采用线胀系数小并且数值相近的材料；采用线胀系数补偿的办法使结构中线胀系数不一致的相连构件的位置或变形保持协调一致或相互补偿；对主镜等采用柔性连接的方式，使得主镜在温度变化时不致因两端的刚性约束产生热膨胀翘曲，从而避免主次镜相对倾斜或离轴的可能。NASA 于 2004 年发射的 GALEX 卫星，其光学平台的设计就是一个典型的热补偿式结构。其光学相机通过三组对称的铟钢连接杆与铝基光学平台相连。这种被动机械式热补偿结构有效地保证了相机在温度变化的情况下仍能可靠成像。

3. 机热一体化

新技术的发展使机、电、热的关系越来越密切。一方面，电子器件的高度集成和微型化使其热流密度越来越高;另一方面,"星载一体化"的设计思想使整星结构设计更加紧凑。但散热已成为它们发展的障碍。因此,从仪器级开始热设计必须有电设计介入其中,同时还必须与结构系统的设计结合起来,根据仪器发热量和在轨外热流情况进行仪器的合理布局。另外,为节约星上资源,热控系统下位机也可与星务管理系统整合,进行集成设计。在硬件方面,特别是结构和热的结合尤为突出。热管蜂窝夹层板是热与结构结合的一个典型例子。伴随着材料科学的发展,这种结合将更加紧密。先进复合材料在航空航天领域的广泛应用已是一个有力的证明。这种材料质量小,具有较高的比强度、比模量、较好的延伸性、抗腐蚀、导热、隔热、减震及耐高低温等性能,使其对温度的敏感性大大降低。此外,多功能材料和结构体系研究的兴起也将推动机热一体化设计的发展。

2.2.3 电子学一体化

星上电子设备一体化与结构、热控一体化相比是一种比较直观的一体化设计,更注重统一的标准和功能的整合。电子学一体化可以将整个卫星系统的所有电子设备(包括有效载荷)放在一起,做统一的规划与功能整合,使卫星电子设备的数量降到最少[10-12]。

传统的大卫星由于整个系统极其庞大,甚至每个分系统都有大量的传感器、执行机构等设备,对这些设备往往采用分系统自行管理,主机统一调度的方式。在实际设计中,每个分系统都有自己的总线和主控计算机(也称为下位机),这些下位机由星务计算机监视工作状态、控制。这样设计的好处是各个分系统不用考虑其他的系统,只需完成自己的功能,并留出与星务计算机的通信接口即可,对于大卫星、空间站等庞大的系统这种设计思想工作效率往往很高。然而对于结构紧凑、功能相对较少的现代一体化小卫星来说,各个分系统往往不需要完成大卫星相应系统那样的复杂任务,如果将分系统集成的思想应用于小卫星设计中,往往会造成整星资源、功耗的极大浪费,整星的体积质量也会居高不下。所以星上电子设备的一体化对于现代小卫星意义同样重大[13]。

电子学一体化设计不是像传统的设计那样把卫星的各种功能分配给组成卫星的数据处理、姿态控制、电源等各个分系统,也不受有效载荷舱分系统、公用舱分系统的约束,而是以星载计算机为前提,在最大限度内使卫星功能,特别是各种信号处理和控制功能软件化,做到既可以满足卫星在功能方面的要求,又可把系统所需各种部件的种类和数量控制在最少。

可使卫星功能软件化的功能包括遥测/遥控指令、姿态控制、蓄电池的充放电控制、热控系统的散热控制、太阳电池帆板的驱动控制、展开物体的程序控制、飞行任务仪器的控制等。通过采用这种一体化设计达到功能软件化,不仅可大幅度地减少所需的电子部件种类,而且可大大减少元器件数量。而由单个的CPU和分立电子线路所组成的系统则不具备这一优势。

在电子学一体化设计过程中除对功能软件化进行研究外,还必须开发并使用标准化的总线网络,从而简化星载计算机和各元部件间的接口。表2-1给出了包括NASDA开发改进的CU/RIU数据总线在内的数据总线方式及其主要性能参数。近20年来美国一直致力于MIL-STD-1553B这种标准数据总线的改进工作,改进后的总线已先后在地面系统、飞机和人造卫星等方面广泛应用,这一数据总线接口用的大规模集成电路(LSI)也是空间用产品,这种LSI是由多家公司合作研制的。

表2-1 两种数据总线性能比较

总线方式	CU/RIU	1553B
布局形式	总线型	总线型
总线时钟/MHz	0.5	1
数据传输速率/(b/s)	65536k	1M
控制方式	指令响应方式	指令响应方式
检错	无	奇偶校验
数据长度/bit	38(管理总线) 8(应答总线)	16
接口难易度	RIU接口	需要接口用的LSI
备注	由NASDA开发	MIL标准型号

采用一体化设计可比传统的卫星系统设计简化硬件结构,减少部件数。NASDA已对1.3t的数据中继卫星的系统方案进行研究。结果证明,采用一体化设计可使卫星控制系统部件种类减少约50%。

下面以欧洲Astrium公司的星上管理单元(On Board Management Unit,OBMU)为例,介绍目前星上电子设备一体化的指导思想和实现方式[7,8]。

OBMU是Astrium公司为低轨道卫星开发的星上电子设备统一管理单元,可以搭载于多种不同任务的卫星上。OBMU根据不同的任务可以有不同的配置方式,但大致由以下模块构成(图2-4):

(1) BIM:OBMU模块之间的通信总线。

(2) VPM:主处理器模块,负责控制BIM和1553B总线。

(3) TIF:遥测、遥控模块,负责星地间通信。

(4) IOS:安全模式控制模块,负责卫星在安全模式下的姿态、电源控制。

(5) IOC:统一I/O模块,负责外部设备与OBMU的接口。

可以看出,各个功能模块均采用标准化设计,统一的机械、通信、电源和热控接口,这种设计便于批量生产,同时提高了系统的可靠性和灵活性,所有的星上设备均通过统一的接口和总线直接与OBMU相连,由它进行统一管理、监视,这样OBMU便将传统的各个系统的下位机无论从结构上还是功能上都集成为一体[14]。

图 2-4　星上电子设备统一管理单元

在 OBMU 的基础上，Astrium 公司近几年来设计出功能更为强大的整合控制与数据电子（Integrated Control and Data Electronic，ICDE）系统，它由两块 32 位 SPARC 处理器作为中央处理单元，同样采用功能模块化设计，通过统一的接口和总线将星上设备连接起来进行管理、监视，与 OBMU 相比它可以将数据处理和存储系统也集成进来，真正实现电子设备的整合。

目前，除了 Astrium 公司，还有很多航天企业也在开发自己的一体化电子设备，但均采用了 OBMU 以及 ICDE 这种功能集成化、模块化、标准统一的设计思想。

2.2.4　机电热一体化多功能结构

多功能结构（MFS）技术是一种崭新的卫星设计方法[1,5]。最早由 Lockheed Martin Astronautics 提出。采用该方法设计探测器可以比较容易达到微卫星级别。国外已经有相应的产品，国内目前处于研究初始阶段，还未广泛应用，作为星载一体化实现方法目前仍比较前沿，在此仅给出简要介绍。

1. 多功能结构概述

多功能结构是指结构具备两个或多个功能，例如将航天器结构壁板用作太阳能电池阵列，将航天器中心结构用作推进剂储存箱等。简而言之，即"改变结构只用于承力的旧观念，赋予结构以新功能"[15]。图 2-5 为国外多功能结构板。多功能结构是一种多层结构，一般说来有 3~4 层。最下层是复合材料底板，用作结构支撑。其中：A 表面用于进行电路封装；B 表面可安装太阳能电池阵列；中间层是电路层，是以多芯片模块（MCM）为核心设计电路；最上层是辐射保护层，主要用来保护 MCM 不受辐射的干扰与影响。

与传统卫星设计方法比较，多功能结构的优点十分突出。多功能结构将电子系统集成到舱体结构中。第一，取消了星上单机所需要的外壳、挡板、护栏这些

图 2-5 多功能结构板

"冗余物";第二,采用聚酰亚胺布线技术以及先进的芯片互连技术,可以大幅度减少电缆、连接器的使用;第三,蜂窝结构的使用,可以便利地使用"热管-蜂窝夹层"技术,使得卫星仪器的热控较为容易,取消了隔热层的质量。综上所述,多功能结构卫星有效地去除了冗余质量,增加了有效载荷,其电子系统设计是十分简洁明了的。有效节省内部空间的同时大幅度减少系统连接,且耐用性和可靠性增加、适应性强。

2. 多功能结构关键技术

多功能结构的实现基于 MCM 技术、先进复合材料技术、无电缆连接技术、高密度封装技术和 MFS 热控技术。

1) MCM 技术

MCM 是指把多块裸露的 IC 芯片安装在一块公用高密度多层互连底板上并进行高密度封装。其密度、体积、性能是目前其他电路无法比拟的。采用 MCM 可以在很大程度上减小航天器的电子系统质量,缩减其体积,使其性能得到大幅度提高。

2) 先进复合材料技术

目前,在卫星设计工作中复合材料应用越来越广泛。碳纤维蒙皮铝蜂窝夹层结构是目前在卫星设计中应用比较广泛的一种结构。

3) 无电缆连接技术

无电缆连接的基本原理是将电连接和热控制集成到航天器支撑结构中。

第一级无电缆连接,主要通过芯片互连技术实现。包括丝焊(WB)、载带自动焊（TAB）、倒装焊（FCB）。芯片互连实质上是一种微焊接。它的目的是缩小焊点尺寸，缩短连线长度，克服多电极与大焊点、长互连与高速之间的矛盾，提高电路性能和可靠性。

第二级无电缆连接，可以把 MFS 板考虑为印制电路板（PCB），MCM 为电子器件。MCM 间采用类似于 PCB 迹线的方式进行连接。这样设计的电路称为柔性电路。

第三级无电缆连接技术，可以通过设计标准接口的方法完成。由于多功能结构是层合式复合材料，因此可以将电气连接集成在机械连接之中。另外，MFS 板间连接也可采用芯片互连技术。在焊接强度允许的前提下，可以采用 WB 技术。

4）高密度封装技术

MCM 封装主要由衬底（多层基板）、芯片和密封外壳三部分构成。它先在底板上印制积层电阻和电容或电容和电感，然后将这些无源元件和标准的 IC 芯片进行组装并进行电气连接，再用环氧树脂灌注成模，构成部件级的复合组件封装。从航天器微小化的角度考虑，自然封装密度越大越好，采用球状引脚栅格阵列（BGA）封装是比较理想的方法。

5）MFS 热控制技术

MFS 热控制技术主要是针对电子系统而言，MCM 技术可以很好地缩小电子产品体积，提高产品性能，但其热设计问题是十分严酷的。较之常规的单芯片，MCM 器件内部的集成电路数量很大，其散热量就大了很多，热应力也大了很多，器件内部和外部的热应力会影响器件的电性能、工作频率、机械强度与可靠性。因此，在设计 MCM 时需要进行热设计，以防止器件失效。

多功能结构采用的碳纤维蒙皮铝蜂窝夹层结构，可以十分便利地使用在蜂窝结构中镶嵌热管的技术。利用热管可以将电子系统看作一个整体进行温度调整。根据不同仪器的适宜工作温度，将热量从高温器件导向低温器件，使得整个电子系统温度达到平衡。利用热管技术可以取消隔热罩的质量，而且热管安装容易、散热效果好。

3. 多功能结构研究现状分析[17,18]

目前，多功能结构技术仅仅在美国得以实现。美国在"深空"一号卫星上进行了多功能结构试验。试验方案：按多功能结构的设计思路设计一个子系统，让该子系统与传统设计法设计的子系统同时工作，最后比对数据。尽管试验取得了成功，但是"深空"一号卫星并不是一颗真正意义的多功能结构卫星，该试验仅仅证明了多功能结构技术的可行性。

我国多功能结构技术的研究工作刚刚起步，经过众多科研工作者的努力，对多功能结构技术的理论研究有了一定的进展，对多功能结构技术的理解也越来越深刻。其具体的各个技术也在一定程度上得以实现。但是考虑我国在复合材料、微电子制造、封装技术生产工艺落后的总体状况，在短时内实现多功能结构卫星技术是比较困难的。对于这项技术,我们需要做出长期的以及短期的规划。从长远看,应该分阶段逐步实现。这要求我们尽快在理论和实践上突破障碍。从短期看,应该在传统卫星设计的基础上展开多功能结构的试验。逐步深入,首先实现多功能结构的子系统,然后由点及面,由局部到整体地实现多功能结构技术。

参 考 文 献

[1] 王家骐,金光,等. 星载一体化概论[J]. 光学精密工程,2011,19(3):641-650.
[2] 王家骐,金光,等. 星载一体化初步构想与展望[J]. 光学精密工程,2007,10(15):1-26.
[3] 谷松,贾学志,闫勇. 光学遥感小卫星平台与载荷结构一体化设计[J]. 光学精密工程(增刊),2013:185-189.
[4] 谢晓光,杨林. 对地观测敏捷小卫星星载一体化结构设计[J]. 红外与激光工程,2014(S1):53-58.
[5] 袁家军. 卫星结构设计与分析[M]. 北京:中国宇航出版社,2004.
[6] 郑侃. 结构特性分析在微小卫星结构设计中的应用[J]. 南京航空航天大学学报,2009,41(5):601-605.
[7] 徐伟,郑晓云,徐拓奇. 星载并行可扩展式综合计算机体系结构研究[C]. 西安:空间机电与空间光学会议,2013.
[8] 王绍举,徐伟. 基于CAN总线的小卫星即插即用技术研究[C]. 厦门:空间机电与空间光学会议,2012.
[9] 徐福林. 卫星工程概论[M]. 北京:中国宇航出版社,2003.
[10] 黄志澄. 现代小卫星与卫星小型化[J]. 科技导报,1998(2):10-13.
[11] 高云国. 现代小卫星及其相关技术[J]. 光学精密工程,1999,7(5):16-21.
[12] 徐伟,朴永杰. 从Pleiades剖析新一代高性能小卫星技术发展[J]. 中国光学,2013,6(1):10-14.
[13] 兰盛昌,孙蕊,邬树楠,等. 基于SOCDE"微型核"星载电子系统设计[J]. 哈尔滨工业大学学报,2008,40(7):1027-1030.
[14] 刘文怡,李正岱. 多功能结构在航天设备中的优化应用[J]. 火力与指挥控制,2010,35(3):117-121.
[15] 杨邦朝,张经国. 多芯片组件(MCM)技术及其应用[M]. 成都:电子科技大学出版社,2001.
[16] 褚桂柏. 空间飞行器设计[M]. 北京:航空工业出版社,1996.

第3章
高分多光谱卫星总体设计

3.1 卫星主要技术指标与技术特点

1. 高分多光谱卫星主要技术指标

高分多光谱卫星主要技术指标如表3-1所列。

表3-1 高分多光谱卫星主要技术指标

参数		指标
相机	星下点地面像元分辨率/m	≤0.72(全色) ≤2.88(多光谱)
	成像带宽/km	≥11.6
	焦距/m	8
	相对口径	1/13.3
	成像谱段/nm	500~800(全色) 450~520(蓝色B1) 520~600(绿色B2) 630~690(红色B3)
	图像灰度量化等级/bit	10
综合电子	总线及星上通信速率	CAN总线,500k/s
	星上时间基准	GPS时间
	时间精度/ms	0.1(GPS校时有效) 10(地面均匀校时)
测控	测控频段及应答机类型	S频段(标准USB体制应答机)
	上下行码速率/(b/s)	2000(上行) 4096(下行)
	调制方式及码类型	PCM/PSK/PM(NRZ-L)(上行) PCM/DPSK/PM(NRZ-M)(下行)
	误码率	≤1×10^{-6}

(续)

参数		指标
数传	数传频段	X频段
	数传码速率/(Mb/s)	350(单通道工作) 700(双通道工作)
	调制方式	QPSK
	误码率	$\leq 1\times 10^{-7}$
	行波管放大器输出功率/W	≥ 45
	数据压缩方式	2:1压缩或无压缩
	星上存储能力/Gbit	800(可随机按块读写)
姿控	三轴姿态确定精度/(°)	$\leq 0.03(3\sigma)$
	三轴姿态指向精度/(°)	$\leq 0.05(3\sigma)$
	三轴姿态稳定度/((°)/s)	$\leq 0.001(3\sigma)$
	机动能力 机动角度	±45°(沿横滚轴) ±30°(沿俯仰轴)
	机动能力 机动时间	飞轮控制:120s/30° (大角度侧摆成像) 控制力矩陀螺控制:88s/50° (条带拼接及立体成像)
	GPS定轨精度/m	$\leq 10(1\sigma,三轴)$
电源	太阳帆板面积/m²	3.96
	蓄电池组	锂离子电池(双组20A·h并联)
	电池阵输出功率/W	965(正照、初期) 810(正照、末期)
尺寸	发射状态包络尺寸	ϕ1918×1946mm
	飞行状态本体尺寸	3454mm×3988mm×1946mm
	对接环尺寸	包带ϕ660接口
质量与功耗	入轨质量/kg	≤ 450
	长期功耗/W	230
卫星寿命		3年

2. 高分多光谱卫星技术特点

1)具备高分辨率成像能力

高分多光谱卫星地面全色和多光谱像元分辨率分别达0.72m和2.88m,幅宽为11.6km。焦平面采用四片4K像元、四谱段集成TDICCD,如图3-1所示。

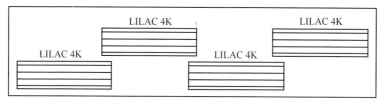

图 3-1　焦平面示意图

2）具备多种成像模式

高分多光谱卫星同时安装有飞轮和控制力矩陀螺,具备星下点常规推扫成像、大角度侧摆成像、同轨立体成像和同轨条带拼接成像等多种成像模式,极大地提高了卫星的数据获取效率,拓宽了卫星的应用领域。

(1) 常规推扫成像:高分多光谱卫星基于星下点常规推扫成像。高分多光谱卫星常规推扫成像如图 3-2(a)所示。

(2) 大角度侧摆成像:高分多光谱卫星利用反作用飞轮实现卫星沿横滚轴大角度机动 45°,对星下点相邻区域进行成像。高分多光谱卫星大角度侧摆成像如图 32(b)所示。

(3) 同轨立体成像:高分多光谱卫星利用搭载控制力矩陀螺大力矩输出的特点,通过使卫星沿俯仰轴的大角度快速机动,实现在一轨对同一区域前视、后视两次成像。高分多光谱卫星同轨立体成像如图 3-2(c)所示。

(4) 同轨条带拼接成像:高分多光谱卫星利用搭载控制力矩陀螺大力矩输出的特点,在对感兴趣目标沿轨道侧摆后前视成像,随后快速姿态调整在星下点正视成像,最后向反向侧摆调姿后视成像,三个条带拼接成宽幅图像数据。高分多光谱卫星同轨条带拼接成像如图 3-2(d)所示。

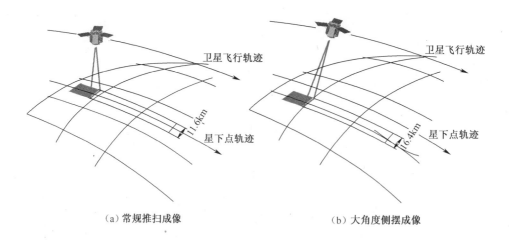

(a) 常规推扫成像　　(b) 大角度侧摆成像

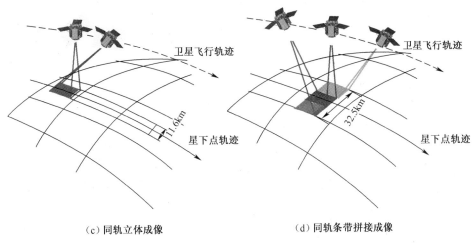

(c) 同轨立体成像　　　　　　(d) 同轨条带拼接成像

图 3-2　高分多光谱卫星成像

3) 采用星载一体化设计

高分多光谱卫星采用星载一体化设计理念，以有效载荷为中心，巧妙地将卫星结构和相机结构相结合，星载融为一体进行优化设计，实现了整星的小型化、轻量化和低成本。

3.2　卫星组成与工作原理

高分多光谱卫星由结构与机构分系统、综合电子分系统、姿态控制分系统、测控分系统、数传分系统、相机分系统、热控分系统、电源分系统、总体电路分系统以及新产品试验分系统 10 个分系统组成。

高分多光谱卫星各分系统的组成及功能要点如下：

（1）一体化整星结构采用了基于碳纤维复合材料的主承力结构与铝蜂窝夹层仪器设备安装板组合的总体方案，围绕星载一体化设计目标，进行了载荷及平台的一体化设计。

（2）综合电子分系统采用了以双 TSC695F 为处理器的热备份中心计算机构建核心、基于 CAN 总线的网络体系结构，负责整星在轨运行阶段的任务管理、姿态控制、遥测遥控、热控、电源以及光学相机的控制与数据采集等工作。

（3）姿态控制系统采用星敏感器、平台陀螺组件、光纤陀螺组件、GPS 接收机组合实现高精度、高可靠的姿态测量，采用反作用飞轮、磁力矩器、控制力矩陀螺作为执行机构。姿态控制系统采用了对日/对地三轴稳定控制方式，在轨运行期间平时采用对日定向模式，成像和数传时采用对地定向模式，具有姿态机动控制能力，以适应不同任务的多种工作模式，可通过侧摆和快速机动扩大对地成像范围和成像模式;在轨具有高精度、高稳定度姿态控制能力,满足相机高分辨率成像要求。

(4) 测控分系统采用 USB 测控体制,并辅以 GPS 定轨,能够满足遥测遥控及高精度轨道测量要求,测控应答机的接收机为热备份设计,发射机为冷备份设计,遥测遥控处理单元采用温备份设计,遥控上行指令具有加密和明传两种模式。

(5) 数传分系统包括数据处理器和数传通道两个部分。数据处理器的数据压缩、存储与传输系统采用了一体化设计方式,能够适应高码速率图像数据的接收、压缩、存储、编码及传输;数传通道采用了行波管放大器的高码速率数据传输方式,采用双机双通道工作模式,也可以单通道工作。数传分系统可实现准实时数传或延时数据下传,具备下行加密能力。

(6) 相机分系统采用同轴偏视场(TMA)光学系统,采用大口径 SiC 反射镜轻量化及支撑、碳纤维复合材料桁架结构、高速高信噪比图像信号处理等核心技术,在保证了相机的高分辨率、高信噪比成像及轻量化条件下实现了小型化。

(7) 热控分系统采用了以被动热控为主、主动热控为辅的设计方式,能够满足光学相机、锂离子蓄电池组的热控制及卫星在复杂运行工况下的热控需求。

(8) 电源分系统采用了三结 GaAs 太阳电池与锂离子蓄电池联合供电方式,在轨运行期间为整星提供能源,可实现整星单轨能量平衡。

(9) 总体电路分系统采用了集中式供配电方式,负责完成整星设备的供配电以及星上火工品控制。

(10) 新产品试验分系统各部件均作为分布式节点挂接在新产品试验 CAN 总线上,与星上其他设备进行隔离,由中心计算机统一调度管理,完成新产品试验部件的相关在轨验证工作。

3.3 卫星轨道设计与分析

卫星轨道设计与任务分析要求包括:根据卫星的用途、运载火箭的性能、地面测控网的布局、发射场的地理位置以及星上有关系统的性能需求和限制,选择卫星轨道的初始轨道要素、分析轨道摄动、计算轨道寿命,选择发射窗口,计算和提供地面测控站的可跟踪弧段等,使卫星发射以后能够满足应用系统要求。

3.3.1 设计原则

1. 轨道高度的选择

(1) 轨道高度与成像之间的关系。轨道高度对有效载荷的地面分辨率有较大的影响,在满足地面分辨率的前提下,轨道高度决定了有效载荷的规模和造价,同时轨道高度与地面目标覆盖幅宽要求共同决定了有效载荷的视场角。

(2) 轨道高度与地面站之间的关系。轨道高度影响地面站的位置和测控通信设备的指标设置。

（3）轨道高度与轨道漂移和轨道寿命之间的关系。在近地轨道高度范围内，不同轨道高度受到的空间环境干扰强度存在极大的不同，因此轨道高度和轨道平面的相位会发生改变，从而影响卫星任务的完成。

（4）轨道高度与测轨精度之间的关系。轨道高度对测轨精度存在影响。

（5）轨道高度与回归要求之间的关系。轨道高度与轨道倾角共同决定了轨道的回归特性。

2. 轨道倾角的选择限制因素

（1）成像区域最高纬度；

（2）发射场纬度；

（3）运载火箭能力；

（4）地面测控站分布；

（5）运载火箭发射方向；

（6）运载火箭偏航方向的机动能力；

（7）轨道漂移。

3. 近地点位置的选择

用于对地观测卫星的椭圆轨道，一般将近地点放置在目标区所在纬度区域的上空，并通过轨道参数的选择使近地点位置相对目标区域不发生漂移。

4. 入轨点位置的选择

入轨点的位置由轨道参数和运载火箭的性能参数所决定。

5. 发射窗口的选择

卫星发射窗口是指可供卫星发射的时间集合，包括发射日期和发射时刻。卫星发射窗口由卫星的任务与星上设备要求决定。发射窗口的选择，是根据某些限制条件来选择卫星轨道与太阳的相对方位，即选择卫星入轨时的初始轨道要素中的升交点赤经 Ω 值。对于太阳同步轨道，通常由所需的降交点地方时确定。

6. 地面目标的光照条件及可成像区要求

对于可见光遥感有效载荷，要求有较好的地面光照条件，即对于地面成像地点要求有相应的太阳高度角，选择降交点地方时靠近正午的轨道可以较好地满足光照条件要求。

7. 太阳电池阵与太阳光线的夹角要求

卫星太阳电池阵相对于星体的布局和发射窗口参数决定了太阳电池阵与太阳光线的夹角，而此光照角必须满足卫星电源系统的供电要求，对于降交点地方时靠近早晨的轨道，太阳电池阵适合安置于轨道平面内，对于降交点地方时靠近正午的轨道，太阳电池阵适合采用驱动机构对日定向或采用整星机动对日定向的方案。

8. 卫星姿态测量部件所要求的地球、卫星和太阳的几何关系

地球、卫星和太阳的几何关系影响姿态测量系统的布局,卫星在轨寿命期间,三者的几何关系必须满足姿态测量系统的视场角要求。

9. 卫星热控要求的太阳光照方向限制

卫星热控系统要求太阳光照射卫星的方向比较稳定。

10. 卫星处于地球阴影时间长短的要求

地影时间的长短将影响卫星蓄电池组的容量。

11. 地面站测控条件要求

卫星在轨运行过程中,地球、卫星和太阳三者的几何关系必须满足地面站对卫星测控的要求。

12. 组网卫星的时间要求

组网卫星的升交点赤经和升交点幅角决定了不同的发射窗口。

3.3.2 轨道设计

1. 轨道类型

为了满足地面目标的分辨率要求和比较稳定的地面太阳光照条件要求,同时为电源系统提供有利的光照角度,选择卫星轨道为太阳同步圆轨道。微小卫星轨道处于近地轨道,轨道高度在两年内有比较大的衰减,轨道的降交点地方时也发生漂移,即轨道的参数不再满足太阳同步轨道的约束条件,但又与太阳同步轨道的变化规律差别不大,因此,微小卫星的运动轨道为准太阳同步轨道。

2. 经典轨道根数

经典轨道根数如图 3-3 所示。各参数含义如表 3-2 所列。

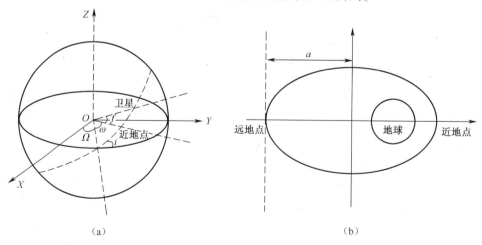

图 3-3 经典轨道根数

表3-2 经典轨道根数的各参数定义

根数名称	符号	定义	作用
半长轴	a	轨道椭圆半长轴	决定轨道的大小
偏心率	e	轨道椭圆偏心率	决定轨道的形状
轨道倾角	i	轨道平面与赤道平面的夹角	决定轨道平面的位置
近地点幅角	ω	近地点到升交点的角距	决定轨道在轨道平面内的方位
升交点赤经	Ω	升交点到 X 轴角距	决定轨道平面的位置
真近地点角	f	卫星位置相对近地点的角距	决定卫星在轨道平面内的位置

这6个根数在二体运动中都是常数,第6个根数 t_p 也常用平近点角 $M = M_p + n(t - t_p)$ 代替,不过 M 不是常数,而是随时间线性变化的量。因此,如果用 M 作轨道根数中的第6个参数,需给出相应的时间 t (称为历元时刻)。对于受摄运动,所有轨道根数(状态变量)都随时间变化,所以一组完整的轨道根数应该包括6个根数和对应的历元时刻。

3. 轨道设计参考

经过一段时间对现阶段国外遥感高分卫星发展情况的调研,归纳了这些高分辨商业卫星运行轨道的主要指标和特点,主要包括美国 DigitalGlobe 公司的 QuickBird、WorldView-1、WorldView-2 卫星和 GeoEye 公司的 IKONOS、GEoEye-1 等卫星的轨道情况,如表3-3 所列。由此可知,近10年来美国的商业遥感卫星的采用的轨道有如下特点:

(1) 均采用极轨、太阳同步轨道;
(2) 轨道高度范围为 450~770km;
(3) 重访周期由 3 天提高到 1~2 天。

表3-3 商业遥感卫星轨道

卫星名称	卫星高度/km	重访周期/天	轨道特性
QuickBird	450	3.5	极轨、太阳同步
WorldView-1	496	2	
WorldView-2	770	1~2	
IKONOS	681	3	
GeoEye-1	684	1~2	
QuickBird	500	3	
Pleiades	694	1~2	

4. 轨道选取

高分多光谱卫星轨道设计需要保证对目标具有快速重访特性,同时考虑到光学相机对轨道类型的要求,初步确定高分多光谱卫星采用太阳同步近圆轨道。考虑到分辨率要求和运载能力,轨道高度应为400~800km。经计算,满足此条件的太阳同步回归轨道如表3-4所列。

表3-4 可选的轨道方案

序号	重访天数/天	对应赤道附近的轨道高/km	分辨率/m	轨道倾角/(°)	轨道周期/min	赤道处相邻轨迹间距/km	是否全球覆盖
1	2	410	0.448	97.06	92.9	1335.8	否
2	3	459.8	0.503	97.25	93.91	890.6	是
3	4	485	0.53	97.34	94.43	667.9	是
4	1	561	0.61	97.63	96	2671.7	否
5	4	639.4	0.699	97.94	97.63	715.6	是
6	3	656	0.72	98.04	97.7	954.2	是
7	2	720	0.787	98.26	99.31	1431.3	是
8	3	775	0.847	98.49	100.46	954.2	是
9	4	802.9	0.878	98.6149	101.05	715.6	是

5. 轨道参数设计

为了满足高分多光谱卫星对地面目标的分辨率、地面太阳光照条件和太阳能帆板光照角度的要求,选取轨道类型为太阳同步圆轨道。由于400~800km高度的轨道属于近地轨道,轨道高度在3年运行期间会有比较大的衰减,轨道的降交点地方时也会发生漂移,因此高分多光谱卫星轨道为准太阳同步轨道。高分多光谱卫星轨道参数(平根数)如表3-5所列。

表3-5 高分多光谱卫星轨道参数(平根数)

轨道根数	数 值
轨道半长轴/km	7027
轨道倾角/(°)	98.04
降交点地方时	10:30
交点周期/min	97.7
每天运行的圈数/圈	14
重访周期/天	3

3.3.3 轨道特性分析

1. 覆盖特性分析

图3-4给出了卫星运行3天的星下点轨迹,相邻地面轨迹在赤道处距离为954km。

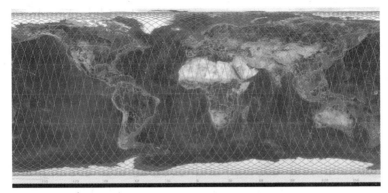

图 3-4 （见彩图）卫星运行 3 天的地面轨迹

根据有效载荷的性能，卫星在标称轨道上的载荷幅宽为 12km，当卫星具备侧摆 45°能力时，任意一天对重点地区的覆盖特性如图 3-5 所示，成像宽度相当于 1332km，此时卫星对重点区域的重访时间缩短至 2.2 天。

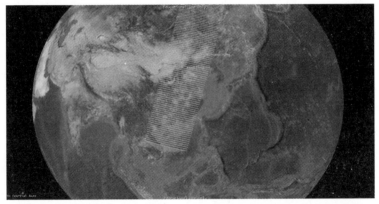

图 3-5 （见彩图）标准轨道 1 天内具备侧摆 45°对重点地区的覆盖

2. 光照特性分析

按照标称轨道参数，3 年内太阳光与轨道面夹角的变化规律如图 3-6 所示。

3 年内太阳光与轨道面最大的夹角为 25°，最小夹角为 12.5°。

根据标称轨道参数，3 年内对应的轨道光照时间的变化规律如图 3-7(a) 所示，3 年内对应的轨道阴影时间的变化规律如图 3-7(b) 所示。

除 6 次受月球遮挡外，3 年内每个轨道周期轨道光照时间比较一致，均在 63min 左右。由图 3-7(b) 可知，由月球遮挡的最大阴影区域时间为 88.64min，由地球遮挡的最大阴影区域时间为 34.76min。

3. 轨道高度衰减分析

由于卫星运行轨道的平均高度为 656km，为低轨卫星，因此，大气阻力对轨道

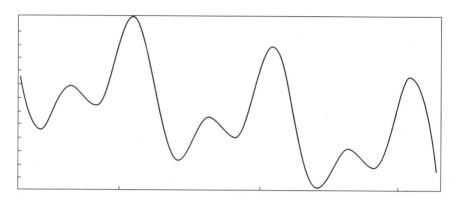

图 3-6　3 年内太阳光与轨道面夹角的变化规律

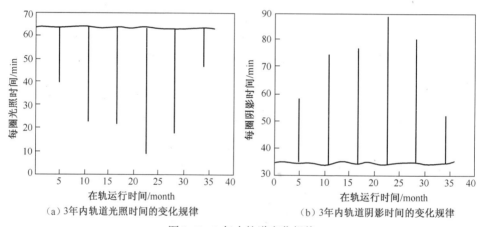

（a）3 年内轨道光照时间的变化规律　　（b）3 年内轨道阴影时间的变化规律

图 3-7　3 年内轨道变化规律

高度的衰减会有一定的影响,卫星运行一个轨道周期时轨道高度的下降量为

$$\Delta a = -C_D \cdot (S/m) \cdot 2\pi \cdot a^2 \cdot \rho$$

式中:C_D 为大气阻力系数;S 为迎风面积;m 为卫星在轨质量;a 为轨道半场轴;ρ 为在轨大气密度。

设 $C_D = 2.5$,卫星在轨平均质量为 420kg,根据大气模型 NRLMSISE00,迎风面积为 $5.4m^2$,则运行 3 年时间轨道长半轴的衰减量如表 3-6 所列。

依据应用系统需求,初步预定入轨时间为 2015 年,根据表 3-6 所列,卫星在太阳平年运行 3 年时轨道衰减量为 29km。

针对非球形摄动,分析卫星在轨一个轨道周期内轨道的变化情况,轨道在 656km 高度变化如图 3-8 所示,地球非球形摄动对轨道高度的影响成周期振荡形式,使轨道高度在 0.62～18km 范围内变化,对轨道高度的衰减无影响。

表3-6 卫星3年内轨道半长轴的衰减量

	太阳高年	太阳平年	太阳低年
大气密度平均值/(kg/m²)	1.06×10^{-12}	1.66×10^{-13}	2.47×10^{-14}
3年内轨道半长轴衰减量/km	192	29	4.2

注：太阳高年按辐射流量 $F_{10.7}=200$SFU，地磁活动指数 $A_p=7$ 计算；

太阳平年按辐射流量 $F_{10.7}=140$SFU，地磁活动指数 $A_p=7$ 计算；

太阳低年按辐射流量 $F_{10.7}=80$SFU，地磁活动指数 $A_p=7$ 计算。

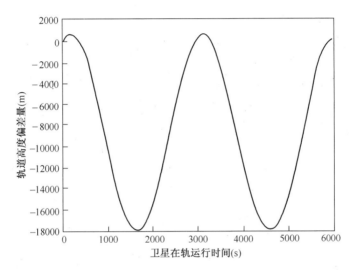

图3-8 地球非球形摄动对轨道高度的影响

4. 降交点地方时选择

由于可见光学卫星多在降轨弧段进行拍照，所以降交点地方时是太阳同步轨道设计中重点关注的参数。降交点地方时的选择与确定首先需要满足光学相机成像所要求的太阳高度角条件，其次需要满足太阳帆板所要求的阳光照射条件。一般情况下，光学相机的太阳高度角保持在 20°~80° 之间。若地方时为 6:00 或 18:00 时，轨道平面大致与太阳射线垂直，这种轨道称为晨昏轨道，一般雷达载荷卫星多采用晨昏轨道；若地方时为 0:00 或 12:00 时，则轨道平面大致与太阳射线平行，这种轨道称为子夜/正午轨道，一般光学卫星多采用接近正午的轨道，高分多光谱卫星即采用接近正午轨道。

1年中随纬度变化满足成像要求的天数需要根据对应成像地区太阳高度角计算，对于地球上的某个地点，太阳高度角是指太阳光的入射方向和地平面之间的夹角，用 α 来表示，太阳高度角随着地方时和太阳赤纬的变化而变化。太阳赤纬以 δ 表示，观测地地理纬度用 φ 表示，时角以 h_s 表示，则太阳高度角的计算公式为

$$\sin\alpha = \sin\varphi\sin\delta + \cos\varphi\cos\delta\cos h_s \tag{3-1}$$

日升日落,同一地点一天内太阳高度角是不断变化的。日升日落时太阳高度角都为0°,正午时太阳高度角最大。下面根据式(3-1)分析过特定纬度地区星下点太阳高度角在一年内的变化情况,进而计算出随纬度变化满足成像要求的天数,对应的计算结果如表3-7所列。

表3-7 CCD成像天数与降交点地方时选择

地方时 \ 纬度/(°)	-80	-50	-40	-30	-20	-10	0	10	20	30	40	50	80
9:00	55	198	245	317	366	366	366	366	366	366	302	250	130
9:15	62	211	262	366	366	366	366	366	366	366	324	259	130
9:30	68	222	279	366	366	366	366	366	366	366	366	268	130
9:45	78	243	316	366	366	366	366	366	366	366	366	283	128
10:15	84	253	344	366	366	366	366	366	366	366	366	289	126
10:30	88	261	366	366	366	366	366	366	366	366	366	294	125
10:45	92	269	366	366	366	366	366	366	366	366	366	299	123
11:00	96	277	366	366	366	366	366	366	342	366	366	302	121
11:15	100	284	366	366	366	366	366	332	279	329	366	303	119
11:30	104	291	366	366	312	325	297	278	245	310	366	303	117
11:45	107	295	366	340	252	266	270	252	237	306	366	302	113
12:00	111	299	366	313	239	248	262	249	239	313	366	299	111
12:15	113	302	366	306	238	253	270	267	253	341	366	296	108
12:30	116	304	366	310	245	278	297	325	312	366	366	290	104
12:45	119	303	366	329	278	332	366	366	366	366	366	284	100
13:00	121	302	366	366	342	366	366	366	366	366	366	278	96
13:15	123	299	366	366	366	366	366	366	366	366	366	270	92
13:30	124	294	366	366	366	366	366	366	366	366	366	261	88
13:45	126	288	366	366	366	366	366	366	366	366	344	253	83
14:00	128	283	366	366	366	366	366	366	366	366	316	243	79
14:15	128	275	366	366	366	366	366	366	366	366	297	232	73
14:30	129	268	366	366	366	366	366	366	366	366	279	222	68
14:45	130	260	324	366	366	366	366	366	366	366	262	210	62
15:00	130	250	302	366	366	366	366	366	366	317	245	197	55

从表3-7可以看出,随着降交点地方时向中午靠近,高纬度地区一年中满足要求的成像天数增多,当增加至10:30以后,高纬度地区成像天数没有明显的增加,而此时中纬度地区成像天数又缓慢增加。可以看出,能使一年中满足成像要求

的天数最多,降交点地方时有两个选择范围,一是选择10:30~10:45,二是选择13:15~13:30。比较这两个可选区间,当降交点地方时在10:30~10:45时,对于北纬50°以上的北半球地区,其满足要求的成像天数明显多于南半球。由于全球人口、资源以及重点军事目标多集中在北半球,所以降交点地方时多选择这个时段。考虑到卫星入轨后,可能需要进行初轨调整和轨道保持,降交点会存在一定的漂移,一般降交点地方时的允许漂移范围为30min。

综上所述,降交点地方时通常选择的范围是10:00~11:00,其中,Landsat降交点地方时为10:00,SPOT降交点地方时为10:30,IKONOS降交点地方时为10:30,Pleiades交点地方时为10:15。因此,高分多光谱卫星降交点地方时选择为10:30。

3.4 卫星任务分析

3.4.1 高分辨相机需求分析

1. 对轨道高度的要求

高分多光谱卫星在轨飞行过程中轨道高度是变化的,轨道高度的变化造成卫星地速的变化,而地速的变化会影响行转移时间。为使相机能够稳定工作,TDI CCD的行转移时间应在一个指定的范围内变化,因此根据指定的TDI CCD行转移时间的范围,可以对成像期间的轨道高度范围提出约束条件。

2. 对卫星姿控系统要求

卫星姿态参数是计算高分辨相机像面上像移速度矢量的必备参数,包括卫星的三轴姿态角(俯仰角、横滚角和偏航角)和卫星的三轴姿态角速度(俯仰角速率、横滚角速率和偏航角速率)共六个参数,上述参数需由综合电子系统发送至高分辨相机分系统。

卫星姿态六个参数的具体定义、量纲和精度需求如表3-8所列,相机偏航角由高分辨相机调偏流机构或整星平台来进行实时补偿。

表3-8 卫星姿态6个参数的定义、量纲、精度

	参 数	精度需求(3σ)
姿态控制精度	俯仰角/(°)	0.05
	横滚角/(°)	0.05
	偏航角/(°)	0.05
	俯仰角速度/((°)/s)	0.001
	横滚角速度/((°)/s)	0.001
	偏航角速度/((°)/s)	0.001

(续)

参　　数		精度需求(3σ)
姿态确定精度	俯仰角/(°)	0.03
	横滚角/°	0.03
	偏航角/°	0.03
	俯仰角速度/((°)/s)	0.001
	横滚角速度/((°)/s)	0.001
	偏航角速度/((°)/s)	0.001

3.4.2 卫星姿态控制需求分析

1. 姿态控制能力要求

根据分析,高分多光谱卫星的姿控系统应满足高分辨相机正常工作对姿态控制精度的要求,在对地定向模式下,姿控系统需达到如下控制指标：

(1) 姿态确定精度：优于 $0.03°(3\sigma)$。
(2) 姿态指向精度：优于 $0.05°(3\sigma)$。
(3) 姿态稳定度：$0.001(°)/s(3\sigma)$。

由于卫星安装有新产品试验控制力矩陀螺,可在俯仰轴上输出大力矩,因此要求姿控系统能够实现整星快速机动,以实现同轨立体成像和条带拼接成像两种在轨演示验证试验任务。在此试验模式下,要求姿控系统快速机动及稳定,指标为 50°/88s(立体成像),至少保证 3s 成像时间需求,同时地面可根据在轨试验情况修改并加长试验模式下的成像时间。

为满足卫星能源的需求,姿控系统设计时需保证卫星长期处于对日定向模式,当高分辨相机执行成像任务时卫星处于短期对地定向工作模式,卫星需要进行对日/对地姿态机动；同时,高分多光谱卫星应具有 45° 大角度侧摆能力。

2. 空间环境干扰力矩分析

高分多光谱卫星在轨所受的空间环境干扰力矩主要包括重力梯度力矩、气动干扰力矩、剩磁干扰力矩和太阳光压力矩。

(1) 重力梯度力矩：

$$T_g = 3\omega_0^2 R_0 \times I \cdot R_0 \tag{3-2}$$

式中：ω_0 为轨道角速度；R_0 为地心指向卫星质心的单位矢量；I 为卫星相对质心的惯性并矢。

(2) 气动干扰力矩：

$$T_a = -\frac{\rho V_R^2}{2} C_D A_p r_p \times v \tag{3-3}$$

式中：$\dfrac{\rho V_R^2}{2}$ 为动压头；ρ 为大气密度；V_R 为星体相对于大气的速度；C_D 为阻力系数；A_p 为迎风面积；r_p 为卫星质心至压心的矢径；$\boldsymbol{v}$ 为来流方向上的单位矢量。

（3）剩磁干扰力矩：

$$T_m = m \times B \tag{3-4}$$

式中：m 为剩磁磁矩；B 为磁场强度。

（4）太阳光压力矩：

$$T_s = l \times \beta \dfrac{P}{c} A\cos\alpha\, \boldsymbol{\gamma} \tag{3-5}$$

式中：l 为星体质心至太阳光压压心的矢径；β 为综合吸收系数；P 为太阳光辐射当量；c 为光速；A 为光压有效面积；α 为光线入射角；$\boldsymbol{\gamma}$ 为太阳光压力的方向矢量。

表 3-9 为分析得到的对地定向模式和对日定向模式下的四种干扰力矩和力矩积累的角动量。

表 3-9 空间环境干扰力矩分析

模式	干扰力矩种类	最大幅值/(N·m)	两个轨道周期积累/(N·m·s)
对地定向	重力梯度力矩	3×10^{-6}	0.035
	气动干扰力矩	1.2×10^{-6}	0.003
	剩磁干扰力矩	9×10^{-5}	0.25
	太阳光压力矩	5×10^{-6}	0.02
对日定向	重力梯度力矩	5×10^{-6}	0.05 Nms
	气动干扰力矩	1.1×10^{-5}	0.015
	剩磁干扰力矩	6×10^{-5}	0.08
	太阳光压力矩	5×10^{-6}	0.06

从分析结果可知：在 656km 左右的轨道高度，大气密度较小，相比之下，重力梯度力矩和剩磁干扰力矩对飞轮角动量以及磁力矩器的选择影响较大，太阳光压力矩次之，气动干扰力矩最小。

3. 姿态稳定控制技术指标分析

高分辨相机对高分多光谱卫星的姿态控制要求主要有姿态指向精度及姿态稳定度两个方面。

高分辨相机成像时卫星的控制模式为对地三轴稳定，姿态指向精度要求优于 0.05°(3σ)、姿态稳定度要求优于 0.001(°)/s(3σ)。对于高分多光谱卫星的姿态控制系统来说，需从定姿和控制两方面采取的措施，具体如下：

（1）选择高精度星敏感器作为姿态测量敏感器，以保证姿态测量的精度。

（2）选择高精度的光纤陀螺组件作为姿态角速度测量敏感器，以保证姿态角速度测量的精度。

（3）使用 GPS 接收机实时确定卫星轨道，可以满足轨道确定精度要求。

（4）选择反作用轮作为执行机构，对飞轮的各项参数，如静摩擦力矩、黏性系数、气动阻力系数、动不平衡力矩等影响控制精度的参数严加控制。

（5）扰动力矩是影响高分多光谱卫星姿态稳定的根源，因此，高分辨相机成像期间，防止引入阶跃扰动力矩，避免磁力矩器卸载系统启动和飞轮过零工作。

（6）采用星敏感器、光纤陀螺组件和 GPS 接收机联合进行姿态确定，同时系统设计有足够的衰减度来保证对周期和常值干扰的抑制，并估计飞轮摩擦力矩、角动量耦合力矩和外部常值干扰环境力矩，并对其加以补偿。

根据在轨飞行结果和数学仿真分析，通过高精度姿态确定和控制算法，卫星可以达到成像时姿态指向精度达 $0.05°$ 和姿态稳定度达 $0.001(°)/s$。

4. 姿态侧摆机动控制分析

使用反作用飞轮可以实现高分多光谱卫星的姿态侧摆和稳定控制。高分多光谱卫星在非成像期间为对日定向三轴稳定飞行，当有对地侧摆成像任务时，卫星直接转为对地定向三轴稳定侧摆飞行，一次机动到位。在轨飞行结果表明，基于反作用飞轮的姿态机动控制技术可以完成机动控制。高分多光谱卫星横滚轴和俯仰轴的转动惯量小于 $130 kg \cdot m^2$，采用的飞轮可输出最大为 $0.04N \cdot m$（角动量 $4N \cdot m \cdot s$）的控制力矩，因此可使卫星具有最大为 $0.0176(°)/s^2$ 的姿态角加速度。考虑到卫星姿态机动过程中星敏等部件能够正常工作，卫星姿态机动角速度可达到 $0.5(°)/s$。

5. 同轨立体成像控制分析

为实现对地面同一目标的前视和后视两次成像，并形成立体像对，需要卫星姿态在规定时间内进行俯仰轴的大角度机动。由于高分多光谱卫星的转动惯量较大，而配置的反作用飞轮控制力矩及角动量较小，仅靠反作用飞轮控制难以实现卫星姿态的大角度快速机动。与此同时，高分多光谱卫星搭载了两台沿着星体 Z 轴安装的控制力矩陀螺，在操纵律作用下可以利用控制力矩陀螺先进行开环控制，沿卫星俯仰轴输出大力矩，实现俯仰轴的快速机动，在 25s 内即可实现俯仰轴约 $50°$ 的机动需求。当控制力矩陀螺切出控制后，利用反作用飞轮可实现卫星当前姿态与期望姿态的闭环调整及稳定，在第二次成像开始之前，将卫星姿态控制到满足精度要求内。

6. 条带拼接成像控制分析

条带拼接成像需要卫星俯仰轴进行两次大角度机动，即由第一次成像结束时的前摆 $30°$ 机动至 $0°$，以及第二次成像结束时的 $0°$ 机动至后摆 $30°$。与同轨立体成像控制模式类似，为实现在规定时间内的俯仰轴大角度机动，采用控制力矩陀螺进行俯仰轴的姿态机动控制。在设置转子输出角动量 $2.5N \cdot m \cdot s$，框架轴角速度 $1.3 rad/s$ 时，可输出最大力矩约 $6.48N \cdot m$，使卫星俯仰轴姿态角速度达到最大约

2.12(°)/s,在 15s 内即可实现俯仰轴约 30°的机动需求。当控制力矩陀螺切出控制后,利用反作用飞轮可实现卫星当前姿态与期望姿态的闭环调整及稳定,在成像开始之前,将卫星姿态控制到满足精度要求内。

3.4.3 固存容量、数传码速率需求分析

固存容量及数传码速率是根据高分辨相机及任务需求确定的,高分多光谱卫星的高分辨相机为全色分辨率 0.72m、多光谱分辨率 2.88m 的光学相机,卫星运行在 656km 的轨道上,地面相对速度为 6.83km/s,行转移周期为 0.105ms。TDICCD 全色像元数为 4096×4＝16384,多光谱像元数为 1024×3×4＝12288,采用 10bit 量化,对应码速率为 1.96Gb/s。

根据任务要求,高分辨相机所获取的图像数据在轨采用先存储后数传的下行方式,即在成像过程中,首先将图像数据存储在星上固存中,成像完成后再进行数传。高分多光谱卫星高分辨相机每轨的照相工作时间累计可达 400s,对应产生的数据量为 784Gbit。在高分辨相机图像数据存储过程中,设计了不压缩图像数据和 2∶1 压缩图像数据两种方式：如果选择不压缩图像数据,则写入固存的数据量为 784Gbt；如果选择 2∶1 压缩,则写入固存的数据量最多为 392Gbit。高分多光谱卫星按不压缩并考虑固存留有余量,固存容量设计指标定为 800Gbit。在 800Gbit 存储容量全部记录及选择不压缩的情况下,可以允许高分多光谱卫星累计照相时间达到 408s,选择 2∶1 压缩时,星上最大累计照相时间 816s。

为适应获取相机图像数据的要求,在下传数据带宽允许的范围内,对相机图像数据采用不压缩或 2∶1 压缩算法,图像数据经固态存储器存储转发后送 AOS 编码及编码调制器。考虑到其他辅助数据(包括帧同步码、帧标识、主通道与虚拟通道帧计数、帧数据状态及数传分系统状态参数等信息)及卫星平台对数传系统尺寸、重量和功耗的限制,数传系统单通道下传信息数据速率为 344Mb/s,双通道为 688Mb/s,地面应用系统对接收到的图像数据根据卫星数传分系统的工作状态不压缩或 2∶1 压缩进行相应处理,解码出原始图像数据。

3.4.4 数据传输模式与星地数传链路计算

高分辨相机获取的图像数据正常传输模式有两种：一种是成像后,经过数传站时数据延时回放模式；另一种是记录后 10s 内立即数传的准实时数据传输模式。

针对运控系统地面数据接收站情况进行了星地链路计算,信号在空间中传输的损耗为

$$L_\mathrm{p} = 20\lg\frac{4\pi R}{\lambda}(\mathrm{dB})$$

式中:R 为信号传输的距离(m);λ 为传输信号的波长(m)。

卫星数传分系统的等效全向辐射功率(Equivalent Isotropic Radiated Power,EIRP)为

$$EIRP = 10\lg(P_t) + G_t - L_t(dBW)$$

式中:P_t 为发射功率(W);G_t 为发射天线增益;L_t 为发射馈线等损耗。

地面接收站实际接收的位能与噪声功率谱密度比为

$$\frac{E_b}{N_0} = EIRP - L_p + \frac{G}{T} + k - 10\lg(R_b) - L_0$$

式中:L_p 为空间传输损耗(dB);G/T 为地面站增益与系统噪温的比值(dB/K);k 为玻耳兹曼常数,$K=228.6dBW/K/Hz$;R_b 为传输数据率(b/s);L_0 为大气、雨衰等其他损耗。

为保证地面接收站正确接收数据,其有一个期望的 E_b/N_0,两者之差即为数据传输链路的余量。

通过采用上述计算方法可知,高分多光谱卫星数传分系统星地链路余量优于3dB,满足星地高速稳定数据传输需求。

3.4.5 整星能源需求分析

1. 入轨过程能量分析

根据运载器及轨道计算,星箭分离后,高分多光谱卫星初始入轨的阻尼及对日捕获情况如表3-10所列。

表3-10 卫星入轨过程情况

工况	阻尼时间/s	阻尼起始时所处区间	阻尼结束时所处区间	实际阻尼时间/s	日照对日捕获/s	实际对日捕获/s	对日所处区间
卫星初始分离角速度 [1.0 −1.0 0.35](°)/s	2300	光照	地影	2300	900	2770	光照

同时,卫星在不同模式下工作部件不完全一致,对应功率有所不同。在箭上模式、速率阻尼模式、对日捕获模式(帆板展开与对日捕获模式功率相同)下功率统计如表3-11所列。

表3-11 高分多光谱卫星功率统计 (单位:W)

设备名称	箭上	速率阻尼	对日捕获	对日定向	成像	单通道数传	双通道数传	侧摆成像	立体成像	条带拼接
信号处理单元	16	16	16	16	16	16	16	16	16	16
平台陀螺组件(4个)	10	10	10	10	10	10	10	10	10	10

(续)

设备名称	箭上	速率阻尼	对日捕获	对日定向	成像	单通道数传	双通道数传	侧摆成像	立体成像	条带拼接
0-1/数字太阳敏感器	0	0	0	0	0	0	0	0	0	0
磁棒(3轴)	0	5	5	5	5	5	5	5	5	5
反作用飞轮(4个)	0	0	15	15	15	15	15	15	15	15
星敏感器电路盒	0	6	6	6	6	6	6	6	6	6
光纤陀螺组件	0	0	0	0	25	0	0	25	25	25
GPS接收机	10	10	10	10	10	10	10	10	10	10
磁强计	3	3	3	3	3	3	3	3	3	3
测控应答机(含A、B应答机,遥测遥控单元)	26	26	26	26	26	26	26	26	26	26
中心计算机(含可重构单元)	20	20	20	20	20	20	20	20	20	20
数据处理器	0	0	0	0	55	30	30	55	55	55
编码调制器	0	0	0	0	0	10	20	0	0	0
行波管放大器A	0	0	0	0	0	90	90	0	0	0
行波管放大器A电源	0	0	0	0	0	10	10	0	0	0
行波管放大器B	0	0	0	0	0	0	90	0	0	0
行波管放大器B电源	0	0	0	0	0	0	10	0	0	0
相机控制器	0	0	0	0	28	5	5	28	28	28
焦面电箱	0	0	0	0	52	0	0	52	52	52
视频处理器	0	0	0	0	40	0	0	40	40	40
相机热控	0	50	50	50	50	50	50	50	50	50
电源下位机	20	20	20	20	20	20	20	20	20	20
配电热控管理单元	3.5	3.5	3.5	3.5	3.5	3.5	3.5	3.5	3.5	3.5
整星热控	0	25	25	25	25	25	25	25	25	25
新产品试验反作用飞轮	0	0	0	0	0	0	0	0	45	45
新产品试验控制力矩陀螺(2台)	0	0	0	0	0	0	0	0	120	120
新产品试验大容量固态盘(2台)	0	0	0	0	20	20	20	20	20	20
新产品试验太阳敏感器	0	0	0	5	5	0	0	0	0	0
总计	108.5	194.5	209.5	214.5	434.5	374.5	484.5	429.5	594.5	594.5

卫星初始能源消耗主要集中在箭上模式、速率阻尼和对日捕获阶段，假定卫星在对日捕获模式前都是完全由锂离子蓄电池供电。$T_{箭上模式}$表示箭上模式工作时间，$P_{箭上模式}$表示箭上模式功率，$W_{箭上模式}$表示箭上模式消耗能量，则有

$$W_{箭上模式} = P_{箭上模式} \times T_{箭上模式}$$

$A_{箭上模式}$表示在箭上模式下消耗的蓄电池容量；M表示转换系数，$M=3600$；n表示电池单体数，$n=7$；$U_{单体电压}$表示单体的电压，$U_{单体电压}=3.6V$，则有

$$A_{箭上模式} = W_{箭上模式}/(M \times n \times U_{单体电压})$$

$\mu_{箭上模式}$表示放电深度，$A_{总容量}$表示蓄电池总容量，$A_{总容量}=40$，则有

$$\mu_{箭上模式} = (A_{总容量} - A_{箭上模式})/A_{总容量}$$

$T_{阻尼模式}$表示阻尼模式工作时间，$P_{阻尼模式}$表示阻尼模式功率，$W_{阻尼模式}$表示阻尼模式消耗能量，则有

$$W_{阻尼模式} = P_{阻尼模式} \times T_{阻尼模式}$$

$A_{阻尼模式}$表示在阻尼模式下消耗的蓄电池容量；M表示转换系数，$M=3600$；n表示电池单体数，$n=7$；U单体电压表示单体的电压，$U_{单体电压}=3.6V$，则有

$$A_{阻尼模式} = W_{阻尼模式}/(M \times n \times U_{单体电压})$$

$\mu_{阻尼模式}$表示放电深度，$A_{总容量}$表示蓄电池总容量，$A_{总容量}=40$，则有

$$\mu_{箭上模式} = (A_{总容量} - A_{箭上模式} - A_{阻尼模式})/A_{总容量}$$

$T_{对日捕获模式}$表示对日捕获模式工作时间，$P_{对日捕获模式}$表示对日捕获模式功率，$W_{对日捕获模式}$表示对日捕获模式消耗能量，则有

$$W_{对日捕获模式} = P_{对日捕获模式} \times T_{对日捕获模式}$$

$A_{对日捕获模式}$表示在对日捕获模式下消耗的蓄电池容量；M表示转换系数，$M=3600$；n表示电池单体数，$n=7$；$U_{单体电压}$表示单体的电压值，$U_{单体电压}=3.6V$，则有

$$A_{对日捕获模式} = W_{对日捕获模式}/(M \times n \times U_{单体电压})$$

$\mu_{阻尼模式}$表示放电深度，$A_{总容量}$表示蓄电池总容量，$A_{总容量}=40$，则有

$$\mu_{箭上模式} = (A_{总容量} - A_{箭上模式} - A_{阻尼模式} - A_{对日捕获模式})/A_{总容量}$$

根据上述计算方法，可以得到高分多光谱卫星在发射入轨初期能量消耗状况，具体如表3-12所列。

表3-12 高分多光谱卫星初始入轨能量状态

模式名称	工作时间/s	模式功率/W	模式能耗/J	此模式消耗蓄电池/(A·h)	此时蓄电池已消耗/(A·h)	此时放电深度/%	此时蓄电池余量/(A·h)
箭上模式	2400	108.5	260400	2.87	2.87	7.18	37.13
速率阻尼模式	2300	194.5	447350	4.93	7.80	19.50	32.20
对日捕获模式	2770	209.5	580315	6.40	14.20	35.50	25.80

结合分析结果和锂离子蓄电池的特性可知，当高分多光谱卫星锂离子蓄电池容量选择为40A·h时，整星在对日前锂离子蓄电池放电深度为35.50%。因此，

卫星入轨过程不会出现锂离子蓄电池过放电。

2. 在轨过程能量分析

卫星工作过程中有四种典型任务,具体如表3-13~表3-16所列。表中角度均为太阳光与帆板法线夹角。

表3-13 典型任务流程1(拍照模式)

序号	卫星运行状态	太阳电池阵光照情况	整星一次功耗/W	持续时间/s
1	出影后对日定向	卫星对日,有光照,0°	215	180
2	对地姿态机动	无光照	226	400
3	对地成像	无光照	435	400
4	对日姿态机动	无光照	226	400
5	光照期对日定向	卫星对日,有光照,0°	215	2438
6	阴影期对日定向	无光照	210	2051

表3-14 典型任务流程2(数传模式,夏至日,北京站接收,北纬56°~北纬20°)

序号	卫星运行状态	太阳电池阵光照情况	整星一次功耗/W	持续时间/s
1	出影后对日定向	卫星对日,有光照,0°	215	180
2	对地姿态机动	有光照,≤50°	226	400
3	对地数传	有光照,≤50°	485	615
4	对日姿态机动	有光照,≤50°	226	400
5	光照期对日定向	卫星对日,有光照,0°	215	2223
6	阴影期对日定向	无光照	210	2051

表3-15 典型任务流程3(数传模式,冬至日,北京站接收,北纬56°~北纬20°)

序号	卫星运行状态	太阳电池阵光照情况	整星一次功耗/W	持续时间/s
1	出影后对日定向	卫星对日,有光照,0°	215	180
2	对地姿态机动	无光照	226	400
3	对地数传	无光照	485	480
4	对日姿态机动	无光照	226	400
5	光照期对日定向	卫星对日,有光照,0°	215	2358
6	阴影期对日定向	无光照	210	2051

表3-16 典型任务流程4(准实时数传模式,冬至日,三亚站接收,北纬43°~北纬6°)

序号	卫星运行状态	太阳电池阵光照情况	整星一次功耗/W	持续时间/s
1	出影后对日定向	卫星对日,有光照,0°	215	180
2	对地姿态机动	无光照	226	400

(续)

序号	卫星运行状态	太阳电池阵光照情况	整星一次功耗/W	持续时间/s
3	对地成像	无光照	435	200
4	对地数传	无光照	485	40
		有光照,≤50°		270
5	对日姿态机动	有光照,≤50°	226	400
6	光照期对日定向	卫星对日,有光照,0°	215	2328
7	阴影期对日定向	无光照	210	2051

四种典型模式下的能量平衡分析具体计算方法如下:

参考卫星在轨工作模式及功率需求,锂离子蓄电池由 7 串组成,锂离子蓄电池平均电压为 7×3.6＝25.2(V)。根据典型任务流程卫星对地姿态机动、对地成像、对日姿态机动过程中,太阳电池阵无光照,此时蓄电池进行补充放电;对日定向时,太阳电池阵有光照,太阳光与帆板垂直,此时,太阳电池阵为蓄电池组充电。

蓄电池组在阴影区消耗能量:

$$C_{\text{QD1}} = \frac{\text{长期功耗}(\text{W}) \times \text{最长地影时间}(\text{min})}{\text{放电效率} \times \text{单体数量} \times \text{单体最低电压} \times 60\text{min/h}}(\text{A} \cdot \text{h})$$

卫星对地姿态机动、对地成像、对地数传过程中,太阳电池阵无光照。此时蓄电池进行补充放电,该期间蓄电池组放电安时数为

$$C_{\text{QD2}} = \frac{\text{短期功耗}(\text{W}) \times \text{放电时间}(\text{min})}{\text{放电效率} \times \text{单体数量} \times \text{单体最低电压} \times 60\text{min/h}}(\text{A} \cdot \text{h})$$

对日定向时,太阳电池阵有光照,太阳光与帆板垂直。此时,蓄电池组充电安时数为

$$C_{\text{INPUT}} = \frac{\text{充电电流}(\text{A}) \times \text{充电时间}(\text{s})}{3600}(\text{A} \cdot \text{h})$$

由此,可计算单圈充放电安时数,即

$$C_{\text{OUTPUT}} = C_{\text{INPUT}} - C_{\text{QD1}} - C_{\text{QD2}}(\text{A} \cdot \text{h})$$

当 $C_{\text{OUTPUT}} \geq 0$ 时,卫星单圈可实现能量平衡,最大放电深度为

$$\text{DOD} = \frac{(C_{\text{QD1}} + C_{\text{QD2}})(\text{A} \cdot \text{h}) \times 100\%}{\text{电池总容量}(\text{A} \cdot \text{h})}$$

通过采用以上方法分析,高分多光谱卫星在典型任务流程 3 情况下需要两圈完成能量平衡,在其他三种模式下单圈可实现能量平衡。

3.5 星载一体化构型与分析

卫星构型是卫星系统总体设计的重要内容,也是卫星结构设计的基础条件,只

有完成了卫星构型方案才能开始卫星结构设计。卫星构型方案对卫星结构设计的影响较大,卫星结构设计的许多要求需要从卫星构型中导出,因此卫星构型是后续卫星结构设计的重要开端。

本节主要对高分多光谱卫星进行了星载一体化构型与分析。高分多光谱卫星构型打破了传统卫星的分舱设计方法,根据星载一体化的设计理念,将相机结构直接作为卫星主承力结构,星上仪器围绕相机布局,进而使相机结构和卫星结构合二为一[2,3]。

3.5.1 坐标系与基准

高分多光谱卫星坐标系定义如表3-17所列。

表3-17 高分多光谱卫星坐标系定义

卫星本体坐标系	释 义	卫星质心坐标系
原点 O_b	卫星对接环与运载器过渡段对接平面圆中心	卫星质心
X_b 轴	在卫星对接环与运载器过渡段对接面内,反向焦平面电箱,与卫星在轨飞行方向同向	平行于本体坐标系中的 X 轴
Z_b 轴	垂直于卫星对接环与运载器过渡段对接面,指向光学相机,此轴也是卫星的纵轴与相机的光轴	平行于本体坐标系中的 Z 轴
Y_b 轴	X_b、Y_b、Z_b 成右手系	平行于本体坐标系中的 Y 轴
注:$X_b O_b Y_b$ 平面与星箭对接面重合		

3.5.2 卫星总体构型

根据星载一体化的设计理念,高分多光谱卫星的总体构型即在卫星中心布置光学相机,单机围绕相机分布,在卫星后端通过对接环与运载器相连;在卫星的±Y及-X三个方向间隔120°均布三块太阳电池阵,发射阶段收拢于星体侧面,入轨后展开。经优化构型,高分多光谱卫星发射状态的外形尺寸为 φ1918×1948mm,在轨运行状态外形尺寸为 3454mm×3988mm×1948mm,两种状态如图3-9和图3-10所示。

3.5.3 卫星结构布局

卫星结构布局为光学相机和各种设备提供安装面及安装空间,并提供环境工作保障,保证卫星在地面、发射和在轨工作时构型的完整性,能够承受卫星在地面、发射和在轨工作时的各种力学载荷。

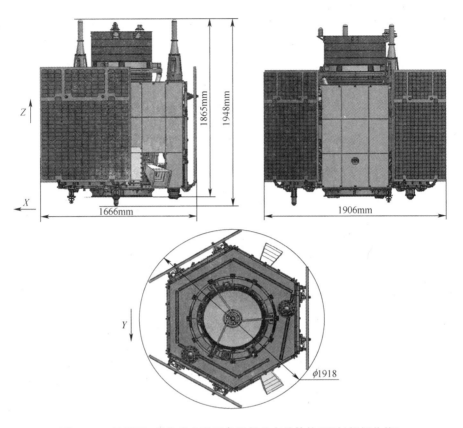

图3-9 （见彩图）高分多光谱卫星发射状态总体构型图（帆板收拢）

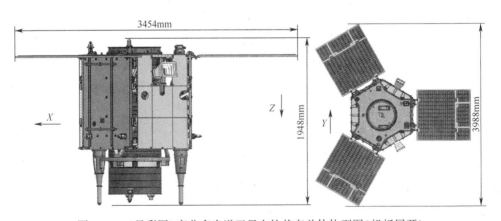

图3-10 （见彩图）高分多光谱卫星在轨状态总体构型图（帆板展开）

1. 总体布局方案

根据高分多光谱卫星的一体化结构构型，其结构布局分解如图3-11所示。

在结构布局上以光学相机作为中心,在卫星本体坐标系的-X向、+Y向与-Y方向,围绕相机间隔120°均匀分布有三块单机安装板,分别为-X向单机安装板、+Y向单机安装板与-Y向单机安装板。在卫星本体坐标系的-Z向与+Z方向,分布有两块单机安装板,分别为+Z向单机安装板与-Z向单机安装板。其中,-X向、+Y向与-Y向这三块单机安装板通过+Z向与-Z向单机安装板以及碳纤维桁架杆与相机结构相连。卫星内部设备单机主要安装在这5块单机安装板构成的星体内部。在卫星的-X向、+Y向与-Y向单机安装板的星体外侧均匀分布三块太阳帆板。

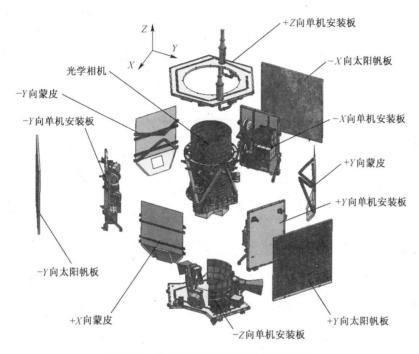

图3-11 高分多光谱卫星结构布局分解

2. 卫星外部设备布局

对于天线、敏感器等对视场有要求的设备,主要安装在卫星外部的-Z、+Z面以及相机中心承力筒上端。安装在-Z面上的设备包括数字太阳敏感器、0-1太阳敏感器、一体化太阳敏感器、测控天线、星敏感器和GPS天线,其中,星敏感器安装在相机支架上。卫星-Z面仪器设备布局如图3-12所示。

两根数传天线安装在卫星+Z面上,GPS天线、磁强计、测控天线安装在相机中心承力筒的前端。卫星+Z面仪器设备布局如图3-13所示。

3. 卫星内部设备布局

星内设备主要安装在五块单机安装板上,其中-X向单机安装板、-Y向单机安装板和+Y向单机安装板通过铰链与-Z向单机安装板连接。在单机装配时,-X、

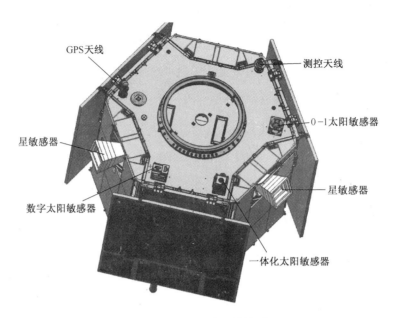

图 3-12 卫星-Z 面仪器设备布局

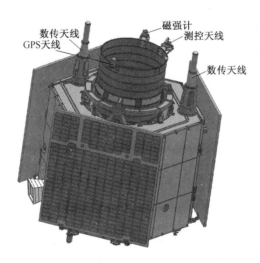

图 3-13 卫星+Z 面仪器设备布局

-Y 及+Y 向单机安装板展平在一个平面,装配完成后旋转 90°,合拢到+Z 向单机安装板侧面上固定。卫星三块单机安装板展平时设备布局如图 3-14 所示。

安装在+Z 向单机安装板上的设备包括 X 向磁力矩器、磁强计电路盒、调制解调器、滤波器、国产行波管放大器、国产行波管放大器电源,布局情况如图 3-15 所示。

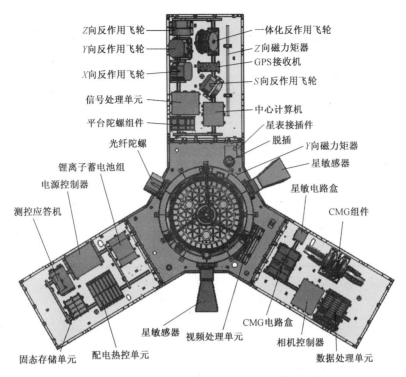

图 3-14 卫星三块单机安装板展平时设备布局

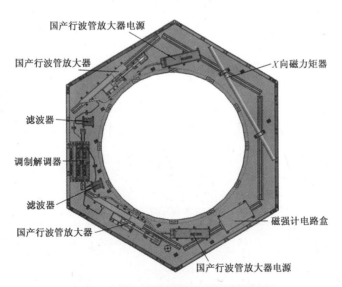

图 3-15 +Z 向单机安装板上设备布局

安装在 -Z 向单机安装板上的设备包括 CCD 视频处理箱、Y 向磁力矩器、相机

053

支架与相机中心承力筒支架。其中,相机立架采用温度闭环控制,且为线胀系数较小的碳纤维材料,因此星敏感器与光纤陀螺通过相机支架安装在-Z向单机安装板上,其布局情况如图3-16所示。

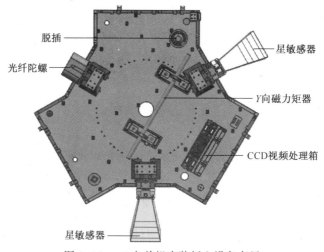

图3-16 -Z向单机安装板上设备布局

安装在-X向单机安装板的设备包括数据处理器、相机下位机、力矩陀螺组件、力矩陀螺电箱与星敏感器电路盒,布局情况如图3-17所示。

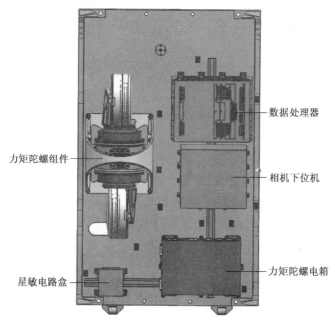

图3-17 -X单机安装板上设备布局

安装在-Y向单机安装板的设备包括Z向磁力矩器、信号处理单元、X向反作用飞轮、Y向反作用飞轮、Z向反作用飞轮、S向反作用飞轮、GPS接收机、新产品试验反作用飞轮、平台陀螺组件和中心计算机，布局情况如图3-18所示。

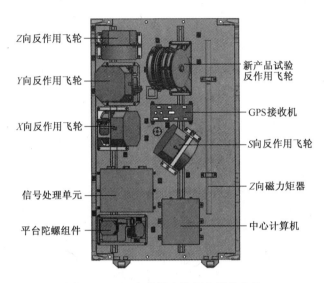

图3-18 -Y向单机安装板上设备布局

安装在+Y向单机安装板上的设备包括大容量固态盘、电源控制器、配电热控单元、锂离子蓄电池组和测控应答机，布局情况如图3-19所示。

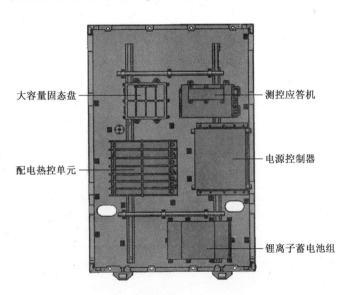

图3-19 +Y向单机安装板上设备布局

3.5.4 卫星质量特性

卫星结构布局后,由于各仪器设备总是有实际制造和装配误差,因此在整星总装完成后进行质量特性测试,在相反位置加配平质量,以消除制造和装配引起的偏差。

根据各星上单机质量 m_i 和其坐标 X_i、Y_i 和 Z_i 可依据质心公式计算出整星的质心 X_c、Y_c、Z_c:

$$X_c = \sum_{i=1}^{n} m_i x_i \quad Y_c = \sum_{i=1}^{n} m_i y_i \quad Z_c = \sum_{i=1}^{n} m_i z_i$$

式中:i 为第 i 个单机;n 为单机总数。

卫星进行转动惯量计算时,首先计算出每个单机相对自身质心坐标系 $O_1 X_1 Y_1 Z_1$ 转动惯量 $J_{x_1}i$、$J_{y_1}i$、$J_{z_1}i$,其次计算每个单机在卫星本体坐标系 $O_b X_b Y_b Z_b$ 中的转动惯量,然后将每个单机的转动惯量按三个轴分别叠加得出整星在卫星本体坐标系 $O_b X_b Y_b Z_b$ 中的转动惯量,最后将整星转动惯量转换到通过整星质心的坐标系 $O_0 X_0 Y_0 Z_0$ 上,可依据转动惯量公式得出整星通过其自身质心坐标系的转动惯量 J_{x_0}、J_{y_0}、J_{z_0}:

$$\begin{cases} J_{x0} = \sum_{i=1}^{n} J_{x1}i + \sum_{i=1}^{n} m_i(y_i^2 + z_i^2) - (y_c^2 + z_c^2)\sum_{i=1}^{n} m_i \\ J_{y0} = \sum_{i=1}^{n} J_{y1}i + \sum_{i=1}^{n} m_i(x_i^2 + z_i^2) - (x_c^2 + z_c^2)\sum_{i=1}^{n} m_i \\ J_{z0} = \sum_{i=1}^{n} J_{z1}i + \sum_{i=1}^{n} m_i(x_i^2 + y_i^2) - (x_c^2 + y)\sum_{i=1}^{n} m_i \end{cases}$$

在卫星本体坐标系中,卫星帆板收拢状态下的质量特性计算如下:
质心位置: $X = 0.75\text{mm}, Y = -1.03\text{mm}, Z = 629\text{mm}$
转动惯量阵如表 3-18 所列。

表 3-18 卫星帆板收拢状态下转动惯量阵 单位:kg·m²

	X	Y	Z
X	115.2	0.36	0.42
Y	0.36	123.4	0.58
Z	0.42	0.58	118.3

卫星帆板展开状态下的质量特性计算如下:
质心位置: $X = 0.75\text{mm}, Y = -1.03\text{mm}, Z = 617\text{mm}$
转动惯量阵如表 3-19 所列。

表3-19　卫星帆板展开状态下转动惯量阵　　单位：kg·m²

	X	Y	Z
X	121.6	0.36	0.43
Y	0.36	129.8	0.59
Z	0.43	0.59	129.2

经设计分析,质心位置偏差满足卫星总体要求。

3.5.5　卫星结构动力学分析

卫星结构动力学分析的主要目的是对卫星结构的动力学特性进行定量评价[4]。结构分析方法可以分为解析解法和数值解法两大类,目前得到最广泛应用的是数值解法中的有限元法。本小节基于有限元法对高分多光谱卫星结构进行了动力学分析。

1. 分析模型建立

高分多光谱卫星结构有限元模型如图3-20所示。在有限元建模中,中心承力筒采用板壳单元,加强筋采用梁单元;单机安装板及太阳能帆板采用板壳单元,单机安装板与太阳能帆板、单机安装板与相机之间通过多巨约束(MPC)刚性连接;安装板上各设备采用质量点模拟,并与板上安装点通过MPC刚性连接。

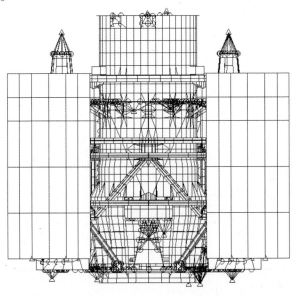

图3-20　高分多光谱卫星结构有限元模型

2. 模态分析

卫星与运载对接面处固支约束,计算得出高分多光谱卫星固有频率结果如表 3-20 所列,模态位移云图分别如图 3-21~图 3-23 所示。

表 3-20　固有频率计算结果

序号	频率/Hz	振型说明
1	15.94	X 向摆动
2	17.25	Y 向摆动
3	36.08	Z 向摆动

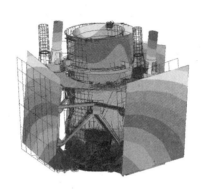

图 3-21　X 向一阶模态位移云图

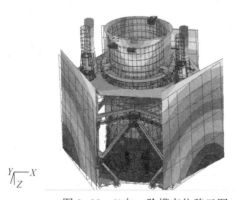

图 3-22　Y 向一阶模态位移云图

根据高分多光谱卫星振动试验结果,高分多光谱卫星 X 向一阶固有频率为 17.71Hz,Y 向一阶固有频率为 19.4Hz,Z 向一阶固有频率为 36.9Hz,试验结果与计算结果符合度较高,满足运载对整星的基频要求。

图 3-23　Z 向一阶模态位移云图

3. 随机响应分析

卫星所经受的随机激励主要是一种声致振动,主要来自两方面,二是起飞排气噪声,一是运载火箭跨声速飞行及高速飞行时引起的气动噪声。其中,起飞排气噪声是运载火箭发动机排气涡流产生的噪声,它将对卫星产生随机振动激励,其频率范围为 20~2000Hz。运载给出的卫星与火箭分离面处的随机振动试验量级如表 3-21 所列。

表 3-21　随机振动试验量级

频率范围/Hz	验 收 级	
10~150	+3dB/oct	+3dB/oct
150~600	$0.04g^2/Hz$	$0.031g^2/Hz$
600~2000	-9dB/oct	-9dB/oct
总均方根值/g_{rms}	5.765	4.96
加载时间/min	1	
加载方向 g_{rms}	纵向	横向

在高分多光谱卫星研制过程中进行了整星验收级随机振动试验,验收级试验结果如下:

(1) X 向随机振动过程中, Y 向磁力矩器随机响应值为 $16.4g_{rms}$, 0-1 太阳 X 向响应值 g_{rms} 为 $8.54g_{rms}$, 其余设备 X 向响应值 g_{rms} 均小于 $8.0g_{rms}$, 除 Y 向磁力矩器外其余设备均满足星上各单机设备 X 向随机振动试验验收级条件要求。

(2) Y 向随机振动过程中, 数传天线 A/B 随机振动响应值为 $9.02g_{rms}$, Y 向磁力矩器随机振动响应值 $19.98g_{rms}$, 其余设备 X 向响应值均小于 $8.0g_{rms}$, 除 Y 向磁力矩器外其余设备均满足星上各单机设备 Y 向随机振动试验验收级条件要求。

(3) Z 向随机振动过程中, Y 向磁力矩器随机振动响应值 $16.46g_{rms}$, 其余设备 Z 向响应值均小于 $8.0g_{rms}$, 除 Y 向磁力矩器外其余设备均满足星上各单机设备 Z 向随机振动试验验收级条件要求。

从高分多光谱卫星验收级随机试验情况看,$-Z$向单机安装板上Y向磁力矩器的响应量级为$19.98g_{rms}$,超过了设备验收级要求。通过设计减振措施进行发射主动段力学条件的动力学减振,正样验收级试验表明该设计减振效果良好,使得Y向磁力矩器的响应很好地满足了设备验收要求。

4. 正弦响应分析

正弦激励主要来自运载火箭发动机不稳定燃烧而产生的推力脉动变化,旋转设备的不平衡转动,液体运载火箭所特有的飞行器结构与液体推进剂、储箱及供应系统在燃烧室压力和推力脉动变化下相互作用而产生的纵向自激振动,正弦激励主要是低频正弦振动,其频率范围为 5~100Hz。运载给出的卫星与火箭分离面处的正弦扫频试验量级如表 3-22 所列。

表 3-22 低频正弦扫频试验量级

频率范围/Hz	验 收 级	
5~8	2.73mm(o-p)	2.34mm(o-p)
8~100	0.7g	0.6g
扫描率/(bct/min)	4	
加载方向	纵向	横向

注:o-p 为位移辐值并峰值。

在高分多光谱卫星研制过程中进行了整星验收级正弦振动试验,试验过程中所取得的试验数据表明,高分多光谱卫星星上各正样单机可满足高分多光谱卫星发射段正弦力学条件要求。

5. 冲击响应分析

卫星所经受的冲击环境主要是由星上各种火工装置在工作时产生。一般来说,爆炸冲击对于卫星结构的影响不是很严重,但对于一些脆性材料,如石英晶体及一些电子部件可能造成损坏或故障,出现继电器误动作、晶体碎裂仪器损坏、导线断路等问题,从而危害到整个飞行任务的完成。

高分多光谱卫星采用 $\phi 660$ 型的标准星箭接口,星箭对接面采用包带连接。在星箭分离瞬间,包带上火工装置起爆,能量高速释放,形成高幅值的振荡波形,且一般在 20ms 内衰减到零,持续时间很短。在星箭分离出的火工品附近,冲击加速度达到 $3500g$,且以应力波的形式传到卫星的各个部位,加速度值随传播距离的增加而逐渐减小。

为考核星箭分离解锁冲击对整星的影响,依据整星冲击响应传递特性,试验分别在卫星四处关键部位黏结三向加速度传感器,其中 CCD 视频处理箱附近一处,0-1 太阳敏感器附近一处,$-X$ 板控制力矩陀螺组件附近一处,相机支腿附近一处。整星采用悬吊式进行星箭对接包带解锁冲击试验,星箭对接包带解锁冲击试验现场如图 3-24 所示。

(a) 包带解锁前　　　　　　　　　　(b) 包带解锁瞬间

图 3-24　星箭对接包带解锁冲击试验现场

星箭对接包带解锁冲击试验加速度传感器实测数据表明星上各单机所做的冲击试验量级满足高分多光谱卫星星箭分离冲击要求。

3.6　入轨飞行程序与工作模式

3.6.1　入轨飞行程序概述

高分多光谱卫星工作阶段具体划分如下：
(1) 箭上及发射阶段：状态监视。
(2) 初始入轨阶段：状态监视，卫星实施对日捕获与对日定向。
(3) 整星在轨测试阶段：卫星测试各项功能，获取第一幅图像，卫星各项参数调整确认至最佳工作状态。
(4) 整星业务运营阶段：由应用系统提出任务需求，控制卫星在轨获取图像。
(5) 新产品试验阶段：开展新产品部件的在轨测试与试验。

从卫星转内电开始到运载器入轨完成星箭分离前，卫星处于箭上及发射阶段。当运载器到达预定轨道后，星箭分离释放行程开关，运载段结束，卫星转入初始入轨阶段。当卫星到达预定轨道后，若卫星中心计算机无法检测到星箭分离信号，则在卫星第二圈入境后，由地面补发强制星箭分离指令。

星箭分离后，卫星处于初始入轨阶段。此阶段由中心计算机自主进行翻板展开及姿态控制，地面对卫星遥测状态进行监测，中心计算机自主给 GPS、星敏感器加电，自主进行整星速率阻尼，将卫星三轴角速度控制至 0.3(°)/s 以下后卫星开始进行对日捕获,当对日捕获完成后执行相机热控加电等操作,卫星转入对日定向三轴稳定模式,从而建立正常工作姿态,转入在轨测试阶段。若帆板未自动展开,则在卫星第二圈入境后,由地面补发帆板展开指令。

根据卫星在轨测试大纲及测试细则进行在轨测试,获取第一幅图像并通过监测卫星遥测参数,判断卫星各项性能指标是否符合设计要求。待卫星进入测控弧段时,测控根据需求择机发送整星常规工作状态下的相关指令,进行测试和卫星各项参数调整。当常规状态完成后,开展新产品状态检查。

在轨测试完成后,卫星转入在轨业务运营阶段。在轨业务运营阶段由地面测控系统对卫星重要状态进行监测,记录遥测数据,通过远程终端提供卫星遥测参数,按期提供遥测数据文件,通报卫星运行状态;运控系统按应用系统提出的任务需求上注任务表,获取并下传高分辨图像,期间通过整星姿态调整实现对日/对地姿态机动。

成像任务期间卫星由任务表中提取拍照时间等参数。拍照任务由综合电子系统的指令驱动,综合电子系统完成载荷相关设备的加断电、启动及关机等操作。

数传任务期间卫星由任务表中提取数传时间等参数。数传任务由综合电子系统的指令驱动,综合电子系统完成数传固存压缩及编码设备的加断电、行波管放大器及调制设备的加断电、控制固存的回放等操作。

新产品试验任务安排在图像获取任务间隙或卫星寿命末期(视卫星在轨运行状况),由地面指令规划安排新产品性能测试。

3.6.2 工作模式划分

高分多光谱卫星同一时刻只能工作在以下一种工作模式中:
(1) 箭上及发射工作模式:从开始发射直到星箭分离前的运行模式;
(2) 初始入轨工作模式:从星箭分离到完成对日三轴稳定前的运行模式;
(3) 在轨飞行工作模式:完成初始入轨工作模式后,无试验任务执行时的工作模式;
(4) 照相任务工作模式:卫星在执行照相任务时进入照相工作模式;照相结束后自动退出本模式;
(5) 数传任务工作模式:卫星在执行数传任务时进入数传工作模式;数传结束后自动退出本模式;
(6) 准实时数传任务工作模式:在执行照相任务工作模式时,同时进行数传任务的一种特殊工作模式;
(7) 多点拍照工作模式:卫星依照任务时间依次进行多次照相任务的一种工作模式;
(8) 新产品试验工作模式:卫星进行新产品部件在轨试验任务时的工作模式;
(9) 存储器擦除工作模式:卫星执行存储器擦除任务的工作模式;

（10）安全模式：卫星存在严重故障或能源供应不足时的工作模式。

卫星工作模式转换如图3-25所示。

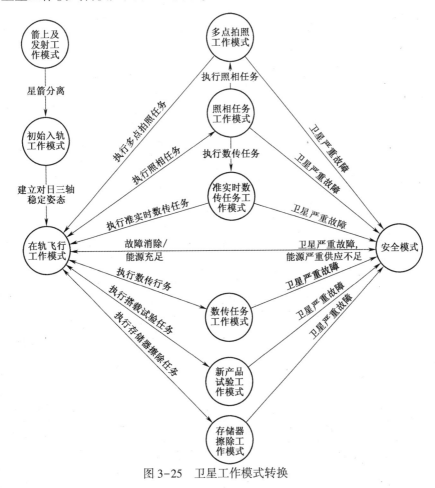

图3-25 卫星工作模式转换

3.6.3 工作模式切换

1. 箭上及发射工作模式

卫星从发射开始直到星箭分离前，处于箭上及发射工作模式。该模式下，卫星不进行任何控制，载荷及大功耗单机部件关机，中心计算机监控加电单机状态，并检测星箭分离信号。

2. 初始入轨工作模式

中心计算机检测到星箭分离信号后，卫星进入初始入轨工作模式。该模式下，首先，中心计算机将为必要单机部件加电，顺序进行速率阻尼、对日捕获、对日定向及对日三轴稳定姿态模式控制。当卫星进入对日三轴稳定姿态后,结束初始入轨工作模式。

3. 在轨飞行工作模式

当卫星进入对日三轴稳定姿态后,进入在轨飞行工作模式。该模式下,卫星维持对日三轴控制,等待地面注入任务,当卫星接收注入的任务指令或任务表中任务就绪时,结束在轨飞行工作模式,并进入相关任务模式。

4. 照像任务工作模式

卫星执行在轨飞行工作模式期间,需执行成照任务时,进入照像任务工作模式。该模式下,卫星进入对地照相姿态定向,相机、数传开机,相机按照任务规划执行照像工作,数传系统存储图像。照像任务结束后,相机与数传关机,卫星转入对日三轴稳定姿态,进入在轨飞行工作模式。照像任务工作模式又分为常规照像模式、立体照像模式(在轨试验)和条带拼接照像模式(在轨试验)。

5. 数传任务工作模式

卫星执行在轨飞行工作模式期间,需执行数传任务时,进入数传任务工作模式。该模式下,卫星进入对地数传姿态定向,数传开机,按照任务规划将存储的图像下传到地面。数传任务结束后,数传关机,卫星转入对日三轴稳定姿态,进入在轨飞行工作模式。

6. 准实时数传任务工作模式

卫星在照相任务结束后立刻执行数传试验任务,则进入准实时数传任务工作模式。该模式下,卫星正常执行照相任务,照相任务结束后将相机关机,数传保持开机状态继续执行数传任务。数传任务结束后,数传关机,卫星转入对日三轴稳定姿态,进入在轨飞行工作模式。

7. 多点拍照任务工作模式

卫星在照相任务结束后需再次执行照相任务,则进入多点拍照任务工作模式。该模式下,卫星正常执行照相任务,照相任务结束后保持相机、数传开机状态,继续执行下次照相任务。所有照相任务结束后,相机、数传关机,卫星转入对日三轴稳定姿态,进入在轨飞行工作模式。

8. 新产品试验工作模式

卫星在轨工作正常后,视业务运营情况择机开展新产品试验部件的在轨试验验证。

9. 存储器擦除工作模式

卫星在轨工作执行成像任务后,根据卫星实际存储器实施存储器擦除操作,进行存储器擦除工作,以便存储新获取的高分辨图像数据。

10. 安全模式

卫星在姿态严重故障或系统能源故障(如蓄电池容量不足,母线电流过高或母线电压过低)时进入安全模式重新捕获太阳。安全模式下捕获太阳的方法与对日定向三轴稳定模式相同,但进入安全模式后,星上不再执行其他任务,中心计算机将关闭大功率负载,该模式下只能通过地面注入指令解除故障才能切换到正常工作模式。

3.7 星上颤振影响评价

星上颤振是指卫星在轨运行期间,星上主要转动部件(如动量轮、力矩陀螺等高速转动部件,太阳电池阵驱动机构等步进部件)正常工作造成卫星在轨幅度较小的往复运动或振荡。

对于高分辨光学相机,像元级的颤振量级会对图像产生较大影响,引起系统调制传递函数(MTF)的急速下降,当颤振引起的相对像移量控制在 0.1 像元以下时,高分辨光学相机在轨图像质量几乎无变化,当相对像移量达到 0.3 像元时,仿真图像退化明显,因此需分析确保高分辨光学成像载荷设计指标小于 0.1 像元[5,6]。

3.7.1 星上颤振源分析

卫星在轨运行中存在许多扰动源,如飞轮、力矩陀螺、太阳翼驱动机构等,这些扰动源在正常运行状态下,均会产生不同频段、不同量级的振动响应[7,8]。

高分多光谱卫星轨道高度为 656km,轨道上的干扰力矩大幅下降,卫星姿态控制分系统无推进,在卫星入轨初期采用磁力矩器阻尼方式,星上运动部件主要为姿控系统的飞轮执行部件。

基于角动量守恒原理,动量飞轮组件通过电动机驱动飞轮加速或减速转动实现力矩的输出,从而改变星体姿态。在动量轮执行动作时,除输出期望的力矩外,受飞轮不平衡、轴承不完美与电动机瑕疵等因素影响,还将输出一系列的扰动力与扰动力矩。一般认为飞轮不平衡是飞轮扰动的最大诱因,其幅度与飞轮转速平方成正比,其频率与飞轮转速相同。轴承与电动机的瑕疵则会导致飞轮产生一系列的次谐波与超谐波扰动激励。因此飞轮扰动的频率成分不仅包含自身转速,还包含一系列的谐波成分。根据上述推论,高分多光谱卫星的星上动量轮的扰动来源可归纳为两类:一类是主动扰动力,由旋转部件产生,主要包括飞轮的动不平衡、横滚轴承的冲击信号合成周期力和电动机扰动等;另一类是结构扰动力,主动扰动力引起的动量轮内部结构响应形成的对动量轮外部的扰动力。两类扰动力及其关系如图 3-26 所示。

由于飞轮转轴系统的复杂性,扰振力的频谱成分除了转速的 1 倍频外,还存在多阶分数次倍频和整数次倍频。典型的扰振力相对幅值与转速、结构频率的关系如图 3-27 所示。扰振力随转速上升而增大,当结构频率与转速的倍频成分重合时,扰动力幅值被调制放大。

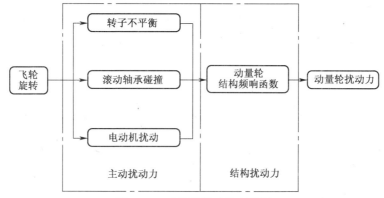

图 3-26 动量轮扰动机理分析

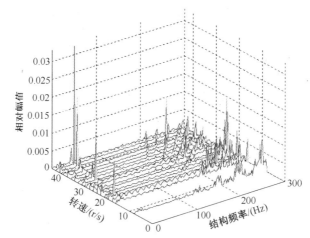

图 3-27 典型的扰振力相对幅值与转速、结构频率的关系

3.7.2 卫星结构传力路径设计

如图 3-28 所示,高分多光谱卫星通过采用星载一体化设计,其结构主要由中心承力筒、中心承力筒支架、单机安装板、光学相机、相机支架、碳纤维桁架杆系、+Z 向单机安装板支架、桁架杆支架和对接环等组成[9]。

卫星单机主要安装在中心承力筒上端、-Z 向单机安装板、+Z 向单机安装板、-X 向单机安装板、-Y 向单机安装板以及+Y 向单机安装板上,卫星结构主要通过 5 条传力路径,将这些单机引起的载荷传递到运载。高分多光谱卫星的传力路径 1 至传力路径 4 如图 3-28 所示。

高分多光谱卫星的传力路径 5 如图 3-29 所示。

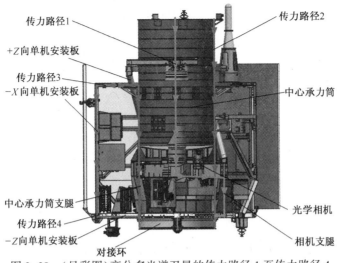

图 3-28 （见彩图）高分多光谱卫星的传力路径 1 至传力路径 4

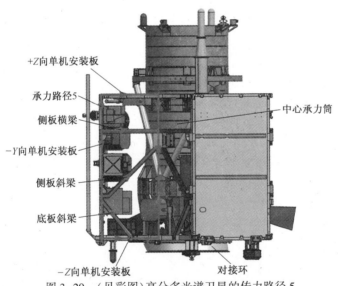

图 3-29 （见彩图）高分多光谱卫星的传力路径 5

降低颤振源传递至星体结构的微振动，是高分多光谱卫星改善平台结构在轨动力学环境的手段之一，采用优化后的振动传递路径使从振源传递至有效载荷的振动得到了有效衰减。

3.7.3 卫星颤振影响仿真

为了评估动量轮在轨扰振对相机成像质量的影响，通过 MSC.Patran/Nastran

建立整星 FEM 颤振动力学分析模型,星上设备以质量点模拟,其中高分多光谱卫星 X 向飞轮、Y 向飞轮、Z 向飞轮和斜装飞轮均安装于 $-Y$ 向单机安装板上,CMG 控制力矩陀螺安装于 $-X$ 板。整星 FEM 颤振动力学分析模型如图 3-30 所示。

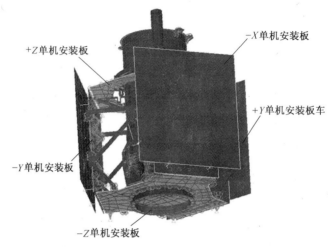

图 3-30　整星 FEM 颤振动力学分析模型

利用星体有限元模型进行整星低频段的频响分析,并依据高分多光谱卫星飞轮正样实测数据变换获得的功率谱密度(PSD)进行系统随机响应分析,以获得高分多光谱卫星光学相机主、次镜分别在 X 向所产生的平动 F_X、转动 R_X 角位移响应情况,Y 向所产生的平动 F_Y、转动 R_Y 角位移响应情况,Z 向所产生的平动 T_Z、转动 R_Z 角位移响应情况。

分析时充分考虑 $-X$ 单机安装板和 $-Y$ 单机安装板上飞轮的实际可能工况,选取 X 向飞轮、Y 向飞轮、Z 向飞轮和斜装飞轮共同工作时的极端情况进行分析,采集的飞轮测试数据作为分析的激励源,如图 3-31 所示。

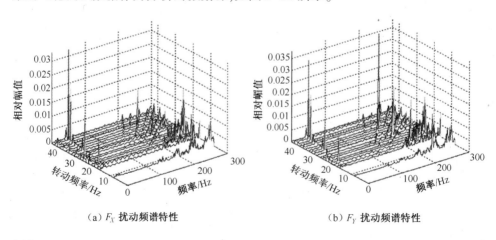

(a) F_X 扰动频谱特性　　　　　　(b) F_Y 扰动频谱特性

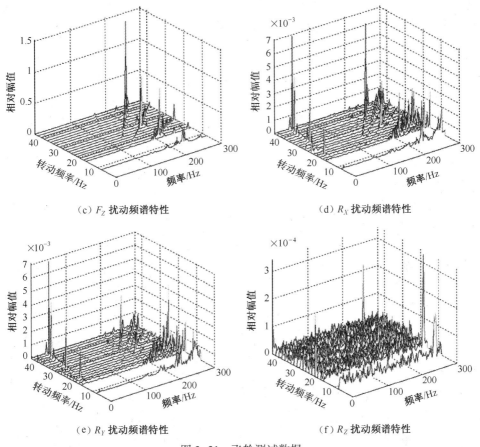

(c) F_Z 扰动频谱特性　　　　　　(d) R_X 扰动频谱特性

(e) R_Y 扰动频谱特性　　　　　　(f) R_Z 扰动频谱特性

图 3-31　飞轮测试数据

高分多光谱卫星飞轮颤振影响分析共计分析四种典型工况,并主要考察了影响卫星成像质量的光学系统主次镜角位移响应值,具体情况如表 3-23 所列。

表 3-23　四种典型工况颤振影响分析

序号	分析工况	次镜角位移量/(")	主镜角位移量/(")
1	飞轮无减振措施	$3.3×10^{-3}$	$7.2×10^{-3}$
2	飞轮加减振 $K=1000N/mm,\xi=0.08$	$2.8×10^{-4}$	$4.8×10^{-5}$
3	飞轮加减振 $K=100N/mm,\xi=0.08$	$2.6×10^{-4}$	$3.1×10^{-5}$
4	更换布局,飞轮放于-Z 单机板	$1.3×10^{-2}$	$3.0×10^{-3}$

分析结论如下:

(1) 目前安装状态,飞轮颤振对高分多光谱卫星相机像质无影响。高分多光谱卫星飞轮位于-Y板时,主次镜角位移量指标均小于光学系统设计要求,即角位移量小于0.02″时像质无影响。

(2) 布局位置不同,飞轮颤振对卫星的成像质量影响不同,飞轮布局于-Z向单机安装板时颤振响应明显增大。

(3) 当飞轮布局于-Z单机安装板相机支腿附近时,颤振对系统成像质量影响最大,其中次镜角位移量约为$1.3×10^{-2}″$,主镜角位移量约为$3.0×10^{-3}″$;当飞轮布局于-Y单机安装板时次镜最大角位移响应量级减小1个数量级。

(4) 飞轮增加减振器后,可减小飞轮颤振对整星像质的影响。

减振器刚度参数K和阻尼参数ξ对减振性能影响较大,当减振器刚度K达到一定量级时,次镜角位移量和主镜角位移量受飞轮颤振影响呈收敛趋势。

3.7.4 卫星颤振影响试验

为了有效评估高分多光谱卫星在轨颤振情况,防止光学相机在轨工作过程中由于颤振导致相机系统成像分辨率下降,地面颤振试验作为颤振研究工作的有效验证手段,在高分多光谱卫星研制过程中起着重要作用[10]。虽然,由于重力、背景噪声等环境干扰因素的影响,使得地面颤振试验数据与在轨情况存在一定的差异,但作为一种代价小、易于实现的评估手段,工程中进行地面颤振试验仍有其重要意义。地面颤振试验主要包括扰动源特性测试和整星颤振测试。

1. 扰动源特性测试

卫星平台结构复杂,内部振源较多,需对卫星上主要扰动源进行相应工作模式下的颤振测试,有效地获取其扰动特性,同时提供振源的参数特征,修正仿真模型,为平台耦合模型提供颤振输入,为整星减振设计提供参考信息,并为成像性能评估提供输入条件。

扰动源特性测试时需考虑其边界条件影响,如对飞轮特性测试时进行刚性固支、带安装支架等几个状态的测试,以掌握其在不同状态下的特性。

图3-32(a)、(b)分别为利用飞轮扰动力测试平台进行飞轮刚性固支与飞轮—支架组合体的扰动特性测试状态。飞轮测试数据可作为整星颤振影响仿真分析的激励源,为平台耦合模型提供颤振输入,为整星减振设计提供参考信息,并为成像性能评估提供输入条件。

2. 整星颤振测试

整星颤振测试是在整星状态下获取星上干扰源的颤振特性测试,对高分多光谱卫星高分辨光学相机在整星环境下的成像性能进行测试与评估,其试验主要流程包括试验工况的确定、试验环境的配套、测试系统的搭建、试验数据的分析、试验总结。

参加颤振试验的为高分多光谱卫星初样产品,并配备正样飞轮、卫星悬吊工

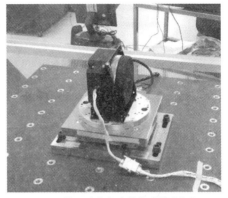

（a）飞轮刚性固支扰动测试状态　　　　　（b）飞轮—支架组合体扰动测试状态

图 3-32　飞轮测试状态

装、相机成像子系统及地检设备、平行光管及光源、飞轮驱动设备。

高分多光谱卫星颤振试验如图 3-33 所示。

图 3-33　高分多光谱卫星颤振试验

高分多光谱卫星颤振试验流程如图 3-34 所示，测试飞轮在不同转速下对相机成像质量的影响。

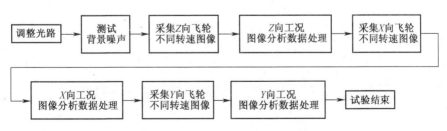

图 3-34　高分多光谱卫星颤振试验流程

高分多光谱卫星在悬吊状态下稳定后,飞轮加电不转动,进行了背景噪声测试,对采集得到的图像进行分析,得到背景噪声的时域和频域响应曲线如图3-35所示。从图中可以看出,背景噪声产生的像质抖动小于0.01像素,对成像质量影响很小,说明试验时外界环境比较稳定。

图3-36~图3-40为高分多光谱卫星正样飞轮在典型转速下相机成像的时域和频域曲线。

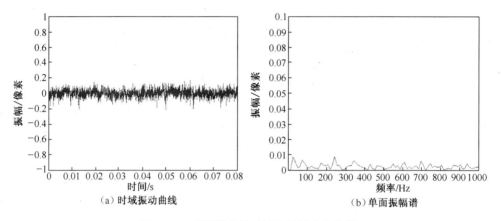

图3-35 背景噪声的时域和频域响应曲线

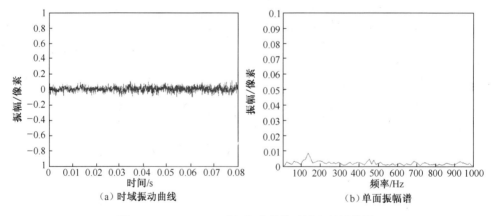

图3-36 1000r/min时相机成像的时域和频域曲线

通过飞轮在不同转速下产生的颤振对相机成像质量的影响试验测试数据可知,飞轮转动引起的颤振引起的像元抖动较小,且考虑到高分多光谱卫星在轨成像实际状态,测试结果表明高分多光谱卫星相机成像质量满足光学设计要求。

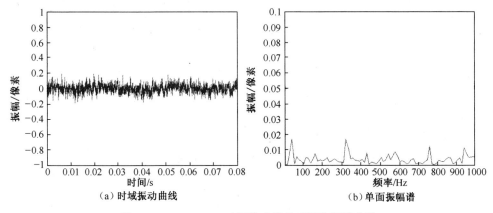

图 3-37 1200r/min 时相机成像的时域和频域曲线

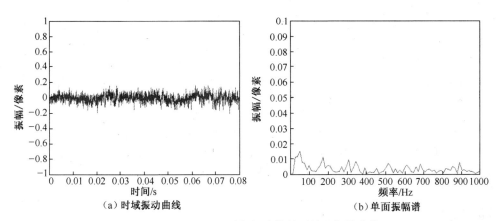

图 3-38 1800r/min 时相机成像的时域和频域曲线

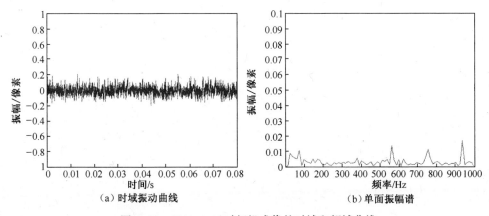

图 3-39 2400r/min 时相机成像的时域和频域曲线

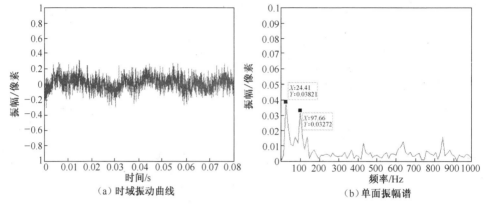

(a)时域振动曲线　　　　　(b)单面振幅谱

图 3-40　3000r/min 时相机成像的时域和频域曲线

参 考 文 献

[1] 王家骐,金光,等.星载一体化概论[J].光学精密工程,2011,19(3):641-650.
[2] 王家骐,金光,等.星载一体化初步构想与展望[J].光学精密工程,2007,10(15):1-26.
[3] 解鹏,金光,等.中心承力筒与遮光罩一体化结构:103605252[P].2016.
[4] 金光,谢晓光,谷松.卫星太阳帆板展开的动力学仿真分析与应用[J].光学精密工程,2014,22(3):745-753.
[5] 俞道银,谈恒英.工程光学[M].北京:机械工业出版社,2002.
[6] 张以谟.应用光学.第3版[M].北京:电子工业出版社,2008.
[7] 董瑶海.航天器微振动理论与实践[M].北京:中国宇航出版社,2015.
[8] 王俊,王家骐,卢锷,等.图像二维运动时的光学传递函数计算[J].光学学报,2001,21(5):581-585.
[9] 闫勇,等.新型轻质大口径空间反射镜支撑设计[J].光学精密工程,2008,16(8):1533-1539.
[10] 付中梁,冯华君,徐之海,等.基于快速CCD位移探测的运动模糊图像的恢复[J].光电工程,2009,36(3):69-73.

第4章
高分多光谱卫星光学相机设计

4.1 概 述

高分多光谱卫星主载荷为全色地面分辨率为 0.72m、多光谱段地面分辨率为 2.88m 的高分多光谱光学相机,具有在广泛区域内获取高分辨率图像的能力,可为开展城市规划、工程评估,以及精准农业、林业、测绘、资源普查、自然灾害应急监测提供技术手段。

在相机成像工作时,地物目标通过相机镜头成像在焦平面上,经 CCD 探测器进行光电转换,CCD 成像电路输出 CCD 图像数据,通过卫星数传系统下传到地面站。由地面应用系统对 CCD 图像数据进行处理后,分发给用户。高分多光谱卫星光学相机工作原理如图 4-1 所示。

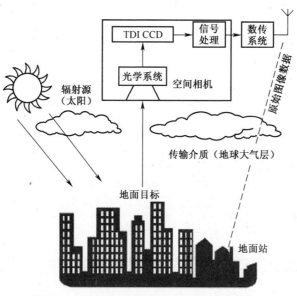

图 4-1 高分多光谱卫星光学相机工作原理

相机下位机根据卫星总体提供的轨道及姿态参数,在轨实时计算像移匹配数据,将计算得到的行转移量提供给CCD成像子系统进行相速匹配,同时根据计算得到的偏流角驱动调偏流机构到正确位置。同时,通过地面控制可完成必要的调焦控制。

4.2 高分多光谱卫星光学相机概况

高分多光谱卫星光学相机光学系统采用同轴三反式结构,可实现大视场成像,系统全视场平均设计传递函数优于0.3,接近衍射极限,其主要光学元件采用国产SiC材料,整机质量小于110kg(质量分配如表4-1所列),满足指标要求。

表4-1 高分辨光学相机整机质量分配

序号	部件名称		分配质量/kg
1	相机主体	主镜组件	31
2		次镜组件	1
3		三镜组件	2
4		折叠镜组件	1
5		调焦机构	3
6		焦平面组件	6
7		桁架组件	14
8		主背板组件	16
9		调偏流组件	4
10		相机后盖组件	2
11		视频电箱组件	9
12		相机控制器	11
13		热控	6
14		其他	4
	合计		110

相机主要由相机主体(主镜组件、次镜组件、三镜组件、折叠镜组件、焦平面组件、桁架组件、主背板组件、调偏流组件等)、相机电子学分系统(相机下位机、CCD成像子系统)、相机热控分系统等组成,如图4-2所示。

4.2.1 相机主要功能

高分多光谱光学相机具有以下5种功能:

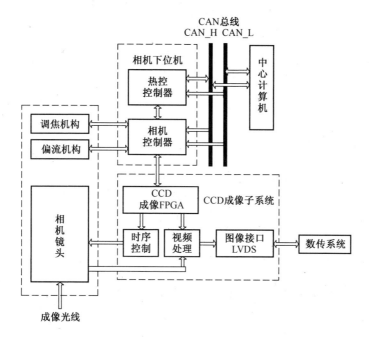

图 4-2 相机组成框图

(1) 星下点直视成像功能:由卫星确保姿态稳定度及指向精度。
(2) 斜视成像功能:由卫星实现±45°范围内的侧摆。
(3) 指令调焦功能:当图像清晰度差并确认是由于离焦所引起时,由地面注入指令进行调焦。
(4) 像速匹配功能:根据地物的像移线速度,驱动CCD同步延时累积积分,达到像速匹配。
(5) 自动偏流调节功能:根据偏流角方向,自动驱动偏流机构对偏流角进行调整,达到像移方向与CCD行方向垂直。

4.2.2 相机主要性能

高分多光谱光学相机的性能指标如下:
(1) 成像方式:推扫成像。
(2) 轨道高度:656km。
(3) 地面像元分辨率:全色≤0.72m/多光谱≤2.88m。
(4) 地面幅宽:≥11.6km。
(5) 光谱范围:450~800nm(全色)
　　　　　　　450~520nm(蓝色 B1)

520~600nm(绿色 B2)

630~690nm(红色 B3)

4.2.3 相机主要技术指标

(1) 焦距:8000mm。
(2) 相对孔径:1/13.3。
(3) 视场角:≥1.02°。
(4) 单片 CCD 像元数:4096(全色),1024(多光谱)。
(5) 像元尺寸:8.75μm(全色),35μm(多光谱)。
(6) 灰度等级:10bit。
(7) 相机静态传递函数:≥0.1(在奈奎斯特频率处)。
(8) 最小信噪比:20dB。
(9) 质量:≤110kg。

4.3 光学系统设计

4.3.1 光学系统参数确定

1. 焦距和视场

卫星运行于 656km 轨道,按此轨道高度进行任务指标分析。任务要求到达 0.72m 地面像元分辨率。根据地面像元分辨率(GSD)的计算公式

$$\text{GSD} = \frac{H \times a}{f'} \tag{4-1}$$

得到相机焦距

$$f' = \frac{H \times a}{\text{GSD}} \tag{4-2}$$

式中:H 为轨道高度;a 为探测器像元大小。

从上两式可以看出,在地面像元分辨率 GSD 和轨道高度 H 一定的情况下,相机的焦距 f' 与探测器像元大小 a 成正比,像元大小 a 越小,相机的焦距 f' 越短,而相机的焦距越短则意味着相机的体积和质量能够越小。受到任务要求对质量的限制,相机整机质量需控制在 110kg 以下,因此焦距需要尽量短。受探测器工艺限制,当前主流的宇航级 TDI CCD 的像元尺寸为 7~10μm,像元尺寸越小,越难保证满阱电荷数和信噪比指标,在保证探测性能的前提下,选择像元大小 8.75μm 的

TDI CCD。

综合 656km 轨道高度分辨率 0.72m 的要求,将焦距定为 8m。

相机的幅宽(SW)与轨道高度 H、焦平面器件线列长度 L 关系为

$$SW = 2 \times H \times \frac{L}{2f'} \tag{4-3}$$

焦平面器件线列使用的半视场角为

$$\omega' = \arctan \frac{L}{2f'} \tag{4-4}$$

因此,光学系统的半视场角 ω 需要大于 ω' 才能提供足够的视场。综合考虑相机技术指标及与数传分系统间接口关系,采用 4 片 4096 像元 TDI CCD 进行交错拼接的焦平面方案。按偏流角控制误差 $18'$ 估算,总共搭接 30 个像元,线列长度为

$$L = (4096 \times 4 - 30 \times 3) \times 0.00875 - 3d \times \tan\Delta\beta = 142.16(\text{mm})$$

式中:d 为 TDICCD 之间沿轨道方向的间距,$d=26.5$mm;$\Delta\beta$ 为偏流角控制误差。

轨道高度 656km 对应地面幅宽 11.7km,$2\omega'=1°$。考虑光学设计及偏流调节能力等因素,选择光学系统垂直轨道方向 $2\omega=1.2°$,沿轨道方向视场角 $0.3°$,即光学系统的全视场为 $1.2°\times0.3°$。

2. F 数

为了获取更高的角分辨率,就要求光学系统的焦距很长,但由于受到口径的限制,相对孔径一般不会很大,因此地面像元分辨率所对应的特征频率并不高。同时在光机加工、装配及在轨工作过程中,成像质量均会受到各种因素的影响而有所降低,因此光学系统设计时成像质量要尽可能达到衍射极限。

航天相机的地面像元分辨率由光学系统的角分辨率决定,而光学系统的角分辨率受限于光学系统的衍射艾里斑。光学系统的角分辨率为

$$\theta = 1.22\lambda/D \tag{4-5}$$

式中:λ 为工作谱段的中心波长,取 $\lambda=0.6\mu m$;D 为光学系统的入瞳直径。

光学系统的线分辨率为

$$f\theta = 1.22\lambda f/D \tag{4-6}$$

式中:f 为光学系统焦距。

则光学系统的艾里斑直径为

$$d_{\text{Airy}} = 2.44\lambda F \tag{4-7}$$

式中:F 为光学系统的 F 数。

为了能使 CCD 对光学系统充分采样,应该使艾里斑的直径充满两个像元尺寸(图 4-3),即

$$2.44\lambda F = 2P \tag{4-8}$$

式中:P 为 CCD 探测器的像元尺寸。

由此可得

$$\lambda F/P = 0.82 \tag{4-9}$$

上式表述的是两个物点的艾里斑分离时的情形。但根据瑞利条件,当两个像点照度合成的曲线的最小值与最大值相差 26% 时,这两点即被认为是可以分辨的,如图 4-4 所示,于是有

$$d_{\text{Rayleigh}} = 1.845\lambda F \tag{4-10}$$

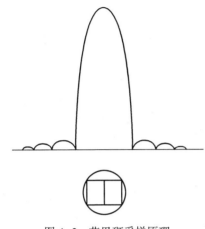

图 4-3 艾里斑采样原理

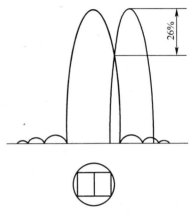

图 4-4 瑞利判断条件采样原理

同样,为了能使 CCD 充分采样,应该使 $d_{\text{Rayleigh}} = 2P$(图 4-4),即

$$1.845\lambda F = 2P \tag{4-11}$$

进而可得

$$\lambda F/P = 1.08 \approx 1 \tag{4-12}$$

国外已发射并在轨运行的第一代商业遥感卫星均满足上式所示设计要求,且 $\lambda F/P<0.82$,如表 4-2 所列,$\lambda F/P$ 的值均小于 0.82,满足光学系统分辨能力与地面像元分辨率相匹配要求。

表 4-2 国外典型遥感卫星光学系统参数

	卫星名称	F	探测器像元大小/μm	$\lambda F/P$
第一代	IKONOS	14.3	12	0.715
	Quick Bird	14.7	12	0.735
	World View-3	6.3	6×5.4	0.630
第二代	World View-1	14.7	9	0.98
	World View-2	12	8	0.90
	GeoEye-1	12	8	0.90
	Pleiades	20	13	0.92

经对比发现,目前国外已在轨运行或在研的第二代商业遥感卫星均满足前述

设计要求,且 $0.90 < \lambda F/P < 1$。

国外第二代高分辨率商业卫星均采用大 F 数、长焦距光学系统以提高地面像元分辨率和成像质量。同时 $\lambda F/P$ 可以改写成

$$\frac{\lambda F}{P} = \frac{1/P}{1/\lambda F} = \frac{2(1/2P)}{1/\lambda F} = \frac{2V_N}{V_C} \tag{4-13}$$

式中:V_N 为探测器的奈奎斯特频率;V_C 为光学系统截止频率。

$\lambda F/P$ 不仅反映了探测器采样频率与光学系统截止频率的关系,还反映了奈奎斯特频率与截止频率的关系。当 $V_N<V_C/2$ 时,$\lambda F/P<1$,此时相机系统的空间分辨率由探测器的采样频率决定,光学系统处于欠采样状态,光学系统的信息在采样及恢复过程中存在一定程度的丢失,恢复过程中将缺失图像的高频信息成分,造成图像细节模糊。

当 $V_N=V_C/2$ 时,$\lambda F/P=1$,此时光学系统的衍射极限等于探测器的采样频率,相机的奈奎斯特频率为光学系统截止频率的 1/2,存在高频分量的混叠。

当 $V_C/2<V_N<V_C$ 时,$1<\lambda F/P<2$,此时相机系统的空间分辨率由探测器的决定,光学系统处于欠采样状态,图像细节可以部分被恢复。

当 $V_N=V_C$ 时,$\lambda F/P=2$,探测器的分辨能力等于光学系统衍射极限。相机的奈奎斯特频率等于光学系统的截止频率,光学系统被充分采样,频率无混叠。

当 $V_N>V_C$ 时,$\lambda F/P>2$,相机系统的分辨能力由光学系统的衍射极限决定,相机系统处于过采样状态,频谱无混叠。

高分辨光学相机受到体积和质量限制,在保证地面分辨率的前提下,要做到最大程度的轻小型化,口径不能很大。因此,设定的相机通光口径为 ϕ600mm,在焦距 8000mm 的情况下 $F=$ 为 13.3,根据前面的分析 $\lambda F/P=0.836$,此时光学系统的衍射极限略大于探测器的采样频率,相机的奈奎斯特频率不足光学系统截止频率的 1/2,相机的图像分辨率主要受到探测器件的制约。

4.3.2 光学系统选型

航天相机分类方法很多,根据其工作原理、用途等方面的差异可以把航天相机分为很多类,基本分类方法如表 4-3 所列。

表 4-3 航天相机基本分类方法

分类方法	类 别
按结构分类	全景式、画幅式、缝隙式
按图像传输方式分类	胶片回收型、图像传输型
按焦距分类	短焦距、中等焦距、长焦距
按用途分类	测绘相机、侦查相机、专用相机

为了更加清晰地分辨地面目标,航天相机应具有更高的分辨率。事实上,分辨率是航天相机最重要的设计指标之一,从国内外航天相机发展历程看,随着对航天相机观测能力和功能等方面要求的不断提高,航天相机发展的趋势是分辨率越来越高。分辨率直接决定了获得地面目标细节信息的多少,决定了获得信息的准确程度。

科技的发展要求高质量的光学系统的产生,光学系统也因光学加工以及相关技术的发展逐渐在发展变化。传统的一些光学系统有的被发展,有的被改进,有的被取代。下面是几种典型的航天相机的光学系统。

1. 折射式光学系统

折射式光学系统较适用于视场大、分辨率要求低、焦距较短及通光口径不大的要求。

图4-5是地面反射光偏振和取向特性探测仪(Polarization and Directionality of Earth Reflection, POLDER)的光学系统,用来测量地球大气系统的反射光的偏振和方向特性,此光学系统沿轨道方向和垂直轨道方向的视场角分别为86°和102°,地面分辨率为6km×7km,使用光谱段为440~870nm,镜头焦距为3.57mm,相对孔径为1/4.6,采用CCD探测器,其有效像元数为242×274、像元大小为27μm×32μm,仪器体积为80cm×50cm×25cm,质量为32kg。

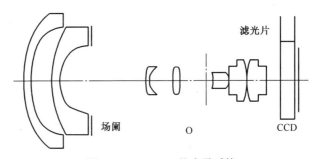

图4-5 POLDER的光学系统

2. 折射-反射式光学系统

折射-反射式光学系统具有外形尺寸小、孔径和视场较大的优点。其主要由反射镜产生所需的光焦度,而用无光焦度的多块折射元件较正像差,扩大视场,因此不会带来色差。典型的有施密特类和卡塞格林类系统。

图4-6是美国的CA-910相机光学系统,其特点是光路两次通过施密特校正器,整个系统同轴布置,外形尺寸较小,焦距、视场角和相对孔径分别为2.8m、2.34°和1/5.6。另外,主镜也采用内反射的曼金镜,光线两次通过主镜的折射面,增加了校正像差的自由度,可进一步扩大视场,不过曼金镜对材料要求较高,加工和装配难度较大。

为了使相机的外形尺寸更加紧凑,可采用基于卡塞格林系统的折射-反射式光学系统,图4-7是美国ITEK公司制造的LOROP相机光路,焦距为1.82m,相对

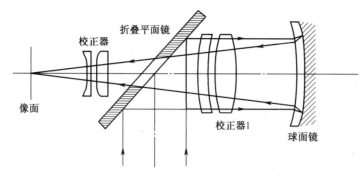

图 4-6 CA90 相机光学系统

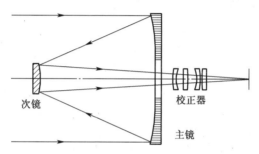

图 4-7 LOROP 相机的光学系统

孔径为 1/3.65,全视场角为 1.9°,分辨角为 32μrad。

3. 纯反射式光学系统

全部由反射镜组成的光学系统目前在航天遥感的应用中备受关注,越来越多地用于地面分辨率为米级和亚米级航天相机上。

纯反射式光学系统的主要优点:不存在任何色差,可用于宽谱段成像,特别适用于长焦距相机和光谱成像相机;通光口径可以大,光在自由空间传播,不必通过光学玻璃,易于解决由材料引起的问题,一般大尺寸光学系统必须用纯反射式系统;结构紧凑,所需光学元件少,便于用反射镜折叠光路,且可采用超薄镜坯(如 SiC)或轻量化技术,大大减小反射镜的质量;反射离轴系统更具有无遮拦光学传递函数值高等优越性。

航天光学遥感中使用较多的有两反射镜系统和三反射镜系统。例如,美国的"锁眼"(KH)系列军事照相侦察卫星的光学系统,采用类似于卡塞格林系统的两反射镜结构(改进的 R-C 系统,如图 4-8 所示),1995 年发射的 KH-12 卫星的主镜直径为 2.9~3.2m,地面分辨率达 0.1m,获得的图像可与胶片返回式照相侦察卫星相媲美,更先进的 SX 卫星(KH-13)主镜的直径达 4~4.2m。目前,两镜系统在小卫星上也有使用,如美国海军的战术成像侦察卫星上的 CCD 相机。轨道高度为 300km,地面分辨率为 1m,相机质量为 36~70kg,尺寸仅为 75cm×52.5cm×

26cm。两镜系统的优点是结构简单;主要缺点是用于校正像差的自由参数较少,难以兼顾焦距、视场、相对孔径、体积、质量等多方面要求。例如,在实际使用的KH卫星相机暴露出视场小、质量大的缺陷。

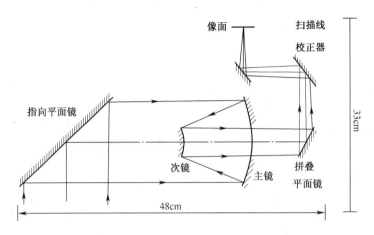

图 4-8　小卫星上使用的 R-C 系统

美国的数字地球公司"快鸟"(QuickBird)卫星上的 BHRC60 相机如图 4-9 所示,于 2001 年 10 月 19 日成功发射,此相机的工作谱段从可见光至近红外,有蓝、绿、红、近红外四个多光谱通道和一个全色通道,以推扫方式成像,它的轨道高度为 400~900km,全色和多光谱像的空间分辨角分别为 1.37μrad 和 5.47μrad,相对应的地面空间分辨率为 0.5~1.25m 和 2~5m,全视场角达到 2.12°,对应地面幅宽为 14~40km,望远物镜外形为矩形,尺寸为 1150mm×1410mm×1950mm,质量为 296kg。

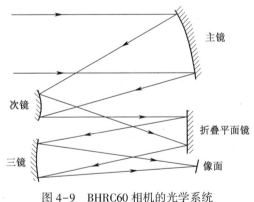

图 4-9　BHRC60 相机的光学系统

根据高分辨光学相机的指标要求,此光学系统属于视场角较小、焦距长的类型,综上分析,光学系统宜采用全反射式形式同轴系统。

4.3.3 光学系统设计

1. 初始结构计算

根据前述分析,系统优选全反射式三镜卡塞格林(TMC)光学系统。TMC 光学系统的中间像面位于主镜之后,使用偏轴视场时可得到条形视场,适于线阵 TDICCD 器件推扫成像。如前所述,同轴三反与离轴三反形式上的不同之处在于所使用的视场和偏视场不同,对于同轴三反,当三镜后截距大于主镜与三镜的距离时,需要增加折转反射镜引出成像光束。增加折转反射镜,就必须在设计中考虑二次遮拦问题。

首先利用初级像差理论和三反系统原理进行同轴三反初始结构的求解。图 4-10 中,h_1、h_2 和 h_3 分别为主镜、次镜和三镜有效通光孔径的半高;l_1、l_1'、l_2、l_2' 和 l_3、l_3' 分别是主镜、次镜和三镜作为薄透镜成像的物距和相距。F_1' 和 F' 分别是第一像面和最终像面与主轴的交点。

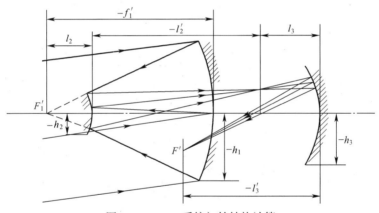

图 4-10 TMC 系统初始结构计算

为了进行理论的推导,设置如下参数:

主、次、三镜的圆锥系数分别为 e_1^2、e_2^2 和 e_3^2;

次镜对主镜的遮拦比:$\alpha_1 = \dfrac{l_2}{f_1'} \approx \dfrac{h_2}{h_1}$;

三镜对次镜的遮拦比:$\alpha_2 = \dfrac{l_3}{l_2'} \approx \dfrac{h_3}{h_2}$;

次镜放大率:$\beta_1 = \dfrac{l_2'}{l_2} \approx \dfrac{u_2}{u_2'}$;

三镜放大率:$\beta_2 = \dfrac{l_3'}{l_3} \approx \dfrac{u_3}{u_3'}$;

对于三反系统，$n_1 = n_2' = n_3 = 1$，$n_1' = n_2 = n_3' = -1$，令 $h_1 = 1$，则有
$$h_2 = a_1 , \quad h_3 = a_1 a_2$$
令视场角 $\theta = -1$，焦距 $f' = 1$，则有
$$y_1 = \frac{1 - a_1}{a_1 \beta_1 \beta_2} , \quad y_2 = 0 , \quad y_3 = \frac{1 - a_2}{\beta_2}$$
由像差理论，初级像差可以表达为含 P、W 参数的形式：

$$S_1 = \sum hP + \sum h^4 K$$

$$S_2 = \sum h_2 P - J \sum W + \sum h^3 y K$$

$$S_3 = \sum \frac{h_2^2}{h} P - 2J \sum \frac{h_2}{h} W + \sum h^3 y K$$

$$S_4 = \sum \frac{\Pi}{h} \tag{4-14}$$

$$S_5 = \sum \frac{y^3}{h^2} P - 3J \sum \frac{y^2}{h^2} W + J^2 \sum \frac{y}{h} \left(3\varphi + \frac{\Pi}{h} \right)$$
$$- J^3 \sum \frac{1}{h^2} \Delta \frac{1}{n^2} + \sum h y^3 K$$

式中

$$P = \left(\frac{\Delta u}{\Delta \frac{1}{n}} \right)^2 \Delta \frac{u}{n} , \quad W = -\frac{\Delta u}{\Delta \frac{1}{n}} \Delta \frac{u}{n}$$

$$\Pi = \frac{\Delta(nu)}{nn'} , \quad \varphi = \frac{1}{n} \Delta \frac{u}{n}$$

$$K = -\frac{e^2}{\overset{\circ}{R}^3} \Delta n$$

其中：$\overset{\circ}{R}$ 为圆锥曲面的顶点曲率半径。

因此，三个反射镜的 P、W 参数可表达为

$$P_1 = \frac{-\beta_1^3 \beta_2^3}{4} , \quad P_2 = \frac{\beta_2^3 (1 + \beta_1)(1 - \beta_1)^2}{4} , \quad P_3 = \frac{-(1 + \beta_2)(1 - \beta_2)^2}{4}$$

$$W_1 = \frac{\beta_1^2 \beta_2^2}{2} , \quad W_2 = \frac{\beta_2^2 (1 + \beta_1)(1 - \beta_1)}{2} , \quad W_3 = \frac{(1 + \beta_2)(1 - \beta_2)}{2}$$

同时

$$\Pi_1 = \beta_1 \beta_2 , \quad \Pi_2 = -\beta_2 (1 + \beta_1) , \quad \Pi_3 = 1 + \beta_2$$

$$\varphi_1 = -\beta_1\beta_2, \quad \varphi_2 = \frac{\beta_2(1+\beta_1)}{\alpha_1}, \quad \varphi_3 = \frac{-(1+\beta_2)}{\alpha_1\alpha_2}$$

由式(4-14)可得

$$S_1 = h_1P_1 + h_2P_2 + h_3P_3 + h_1^4K_1 + h_2^4K_2 + h_3^4K_3$$
$$= \frac{1}{4}[(e_1^2-1)\beta_1^3\beta_2^3 - e_2^2\alpha_1\beta_2^3(1+\beta_1)^3 + e_3^2\alpha_1\alpha_2(1+\beta_2)^3 + \alpha_1\beta_2^2(1+\beta_1)(1-\beta_1)^2$$
$$- \alpha_1\alpha_2(1+\beta_2)(1-\beta_1)^2 - \alpha_1\alpha_2(1+\beta_2)(1-\beta_2)^2]$$

$$S_2 = y_1P_1 + y_3P_3 - JW_1 - JW_2 - JW_3 + h_1^3y_1K_1 + h_3^3y_3K_3$$
$$= \frac{(1-\alpha_1)\beta_1^2\beta_2^2e_1^2}{4\alpha_1} + \frac{(1-\alpha_2)(1+\beta_2)^3e_3^2}{4\beta_2} - \frac{(1-\alpha_1)\beta_1^2\beta_2^2}{4\alpha_1} - \frac{(1-\alpha_2)(1+\beta_1)(1-\beta_2)^2}{4\beta_2} - \frac{1}{2}$$

$$S_3 = \frac{y_1^2}{h_1}P_1 + \frac{y_3^2}{h_2}P_3 - 2\frac{y_1}{h_1}W_1 - 2\frac{y_3}{h_3}W_3 + \varphi_1 + \varphi_2 + \varphi_3 + h_1^2y_1^2K_1 + h_3^2y_3^2K_3$$
$$= \frac{(1-\alpha_1)\beta_1\beta_2e_1^2}{4\alpha_1^2} + \frac{(1-\alpha_2)^2(1+\beta_2)^3e_3^2}{4\alpha_1\alpha_2\beta_2^2} - \frac{(1-\alpha_1)^2\beta_1\beta_2}{4\alpha_1^2} - \frac{(1-\alpha_2)^2(1+\beta_2)(1-\beta_2)^2}{4\alpha_1\alpha_2\beta_2^2}$$
$$- \frac{(1-\alpha_1)\beta_1\beta_2}{\alpha_1} - \frac{(1-\alpha_2)(1-\beta_2^2)}{\alpha_1\alpha_2\beta^2} - \beta_1\beta_2 + \frac{\beta_2(1+\beta_1)}{\alpha_1} - \frac{1+\beta_2}{\alpha_1\alpha_2}$$

$$S_4 = \beta_1\beta_2 - \frac{\beta_2(1+\beta_1)}{\alpha_1} - \frac{1+\beta_2}{\alpha_1\alpha_2}$$

消四种初级像差(球差、彗差、场曲和像散)条件为

$$S_1 = S_2 = S_3 = S_4 = 0 \quad (4-15)$$

将彗差与像散表达式整理成关于主镜和三镜二次系数的方程:

$$\begin{cases} A_1e_1^2 + B_1e_3^2 = C_1 \\ A_2e_1^2 + B_2e_3^2 = C_2 \end{cases} \quad (4-16)$$

式中

$$A_1 = \frac{(1-\alpha_1)\beta_1^2\beta_2^2}{4\alpha_1}, \quad B_1 = \frac{(1-\alpha_2)(1+\beta_2)}{4\beta_2}$$

$$A_2 = \frac{(1-\alpha_1)\beta_1\beta_2}{4\alpha_1^2}, \quad B_2 = \frac{(1-\alpha_2)^2(1+\beta_2)}{4\alpha_1\alpha_2\beta_2^2}$$

$$C_1 = \frac{(1-\alpha_1)\beta_1^2\beta_2^2}{4\alpha_1} + \frac{(1-\alpha_2)(1+\beta_2)(1-\beta_2)^2}{4\beta_2} + \frac{1}{2}$$

$$C_2 = \frac{(1-\alpha_1)^2\beta_1\beta_2}{4\alpha_1} + \frac{(1-\alpha_2)^2(1+\beta_2)(1-\beta_2)^2}{4\alpha_1\alpha_2\beta_2^2} + \frac{(1-\alpha_1)\beta_1\beta_2}{\alpha_1} + \frac{(1-\alpha_2)(1-\beta_2^2)}{\beta_2\alpha_1\alpha_2}$$
$$+ \beta_1\beta_2 + \frac{1+\beta_2}{\alpha_1\alpha_2} + \frac{\beta_2(1+\beta_1)}{\alpha_1}$$

解得

$$e_1^2 = \frac{\begin{vmatrix} C_1 & B_1 \\ C_2 & B_2 \end{vmatrix}}{\begin{vmatrix} A_1 & B_1 \\ A_2 & B_2 \end{vmatrix}} \tag{4-17}$$

$$e_3^2 = \frac{\begin{vmatrix} A_1 & C_1 \\ A_2 & C_2 \end{vmatrix}}{\begin{vmatrix} A_1 & B_1 \\ A_2 & B_2 \end{vmatrix}} \tag{4-18}$$

代入球差表达式中,得到次镜二次系数,即

$$e_2^2 = \frac{1}{\alpha_1 \beta_2^3 (1+\beta_1)^3} [(e_1^2-1)\beta_2^3 \beta_1^3 - e_3^2 \alpha_1 \alpha_2 (1+\beta_2)^3 + \alpha_1 \beta_2^3 (1+\beta_1)(1-\beta_1)^2 \\ - \alpha_1 \alpha_2 (1+\beta_2)(1-\beta_2)^2]$$

$$\tag{4-19}$$

利用平场条件可得到

$$S_4 = \beta_1 \beta_2 - \frac{\beta_2(1+\beta_1)}{\alpha_1} - \frac{1+\beta_2}{\alpha_1 \alpha_2} = 0 \tag{4-20}$$

至此,得到关于 α_1、α_2、β_1、β_2、e_1^2、e_2^2、e_3^2 7 个未知数的四个方程。

根据任意给定的 α_1、α_2、β_1、β_2、e_1^2、e_2^2、e_3^2 中的 2 个,便可以求出另外 5 个,得到任意多的三反系统初始结构参数。各参数表达式如下:

$$\begin{cases} R_1 = \dfrac{2}{\beta_1 \beta_2} \\ R_2 = \dfrac{2\alpha_1}{\beta_2(1+\beta_1)} \\ R_3 = \dfrac{2\alpha_1 \alpha_2}{1+\beta_2} \end{cases}$$

$$\begin{cases} D_1 = \dfrac{1-\alpha_1}{\beta_1 \beta_2} \\ D_2 = \dfrac{\alpha_1(1-\alpha_2)}{\beta_2} \end{cases}$$

2. TMC 结构筛选

从理论上说,TMC 初始结构可以求得无穷多个,因此需要进行筛选。引入约束条件,提高工作效率,避免初始结构不符合实际使用要求。利用同轴三反光学系统最小偏轴视场进行约束条件的推导。最小偏轴视场是指在刚好无二次遮拦条件下,沿轨道方向的轴外视场,使用视场 ω',最大视场 ω_0 与轴外视场 ω 的关系为

$$\omega' = \sqrt{\omega_0^2 - \omega^2} \tag{4-21}$$

可以发现,轴外视场大小主要受到镜高和镜间距参数的影响。由同轴三反与离轴三反的比较可知,离轴三反为求得结构的对称,主次镜间距和次三镜间距接近。而同轴三反由于追求长焦,由高斯公式可知,在三镜放大率一定的情况下必须加大次三镜间距。因此,可将镜间距作为求解初始结构的约束条件。设次三镜间距为主次镜间距的 N 倍,则可得到 α_2 关于 α_1 和 β_1 的关系式为

$$\alpha_2 = 1 - \frac{N(1-\alpha_1)}{\alpha_1 \beta_1} \tag{4-22}$$

为了对光路进行折叠,次三镜间距必须大于主次镜间距,因此 $N>1$,考虑反射镜厚度和机械件空间,取 $N>1.5$,因此

$$\alpha_2 > 1 - \frac{N(1-\alpha_1)}{\alpha_1 \beta_1} \tag{4-23}$$

这就是初始结构的筛选判据。将其加入到计算软件中,对不符合式(4-23)的结构自动抛弃,可以大大地提高从初始结构中提取有用结构的效率。

3. 像差优化

1)像差优化原理

像差的自动校正是基于线性假设的,也就是说认为系统的结构参数和像差之间复合线性关系。如果初始结构参数偏离理想状态太远,非线性作用占优,自动校正就难以克服初始结构的缺陷。因此,校正能否成功与原始系统的好坏有很大关系。根据线性假定,设有 n 个结构参数作为变量校正 m 种像差,则 m 种像差可以表达为 m 个线性方程:

$$\begin{cases} \frac{\partial f_1}{\partial x_1}\Delta x_1 + \frac{\partial f_1}{\partial x_2}\Delta x_2 + \cdots + \frac{\partial f_1}{\partial x_n}\Delta x_n = \Delta f_1 \\ \frac{\partial f_2}{\partial x_1}\Delta x_1 + \frac{\partial f_2}{\partial x_2}\Delta x_2 + \cdots + \frac{\partial f_2}{\partial x_n}\Delta x_n = \Delta f_2 \\ \vdots \\ \frac{\partial f_m}{\partial x_1}\Delta x_1 + \frac{\partial f_m}{\partial x_2}\Delta x_2 + \cdots + \frac{\partial f_m}{\partial x_n}\Delta x_n = \Delta f_m \end{cases} \tag{4-24}$$

式中:$\Delta f_1, \cdots, \Delta f_m$ 为 m 种像差的改变量;$\partial f_i / \partial x_j (i=1,\cdots,m;j=1,\cdots,n)$ 为每种像差对每个结构参数的偏导数;$\Delta x_1, \cdots, \Delta x_n$ 为每个结构参数对应的改变量。

当 $m>n$ 时,方程无解;当 $m \leqslant n$ 时,方程有无穷多解或唯一确定解。因此,在校正时应对这两种情况使用不同的方法。

(1) 当 $m>n$ 时,方程无解,用最小二乘法作为方程组的近似解。设

$$\begin{cases} \varphi_1 = \omega_1 [(\frac{\partial f_1}{\partial x_1}\Delta x_1 + \frac{\partial f_1}{\partial x_2}\Delta x_2 + \cdots + \frac{\partial f_1}{\partial x_n}\Delta x_n) - \Delta f_1] \\ \varphi_2 = \omega_2 [(\frac{\partial f_2}{\partial x_1}\Delta x_1 + \frac{\partial f_2}{\partial x_2}\Delta x_2 + \cdots + \frac{\partial f_2}{\partial x_n}\Delta x_n) - \Delta f_2] \\ \vdots \\ \varphi_m = \omega_m [(\frac{\partial f_m}{\partial x_1}\Delta x_1 + \frac{\partial f_m}{\partial x_2}\Delta x_2 + \cdots + \frac{\partial f_m}{\partial x_n}\Delta x_n) - \Delta f_m] \end{cases} \quad (4-25)$$

式中:φ_i 为加权像差函数;ω_i 为权因子。

构建评价函数 $\Phi = \sum_{i=1}^{m} \varphi_i^2$,$\Phi$ 的极小值解即是像差方程的近似解,它就是最小二乘解,Φ 作为极限值的条件为

$$\frac{\partial \Phi}{\partial x_j} = 0 \quad (j=1,\cdots,n) \quad (4-26)$$

这是一个具有 n 个自变量、n 个方程式的方程组,称为法方程组。法方程组的解就是像差方程组的最小二乘解。把像差方程组和法方程组用矩阵表示,设

$$\boldsymbol{A} = \begin{bmatrix} \omega_1 \frac{\partial f_1}{\partial x_1} \cdots \omega_1 \frac{\partial f_1}{\partial x_n} \\ \vdots \\ \omega_m \frac{\partial f_m}{\partial x_1} \cdots \omega_m \frac{\partial f_m}{\partial x_n} \end{bmatrix}, \boldsymbol{\Delta F} = \begin{bmatrix} \omega_1 \Delta f_1 \\ \vdots \\ \omega_m \Delta f_m \end{bmatrix}, \boldsymbol{\Delta X} = \begin{bmatrix} \Delta x_1 \\ \vdots \\ \Delta x_n \end{bmatrix} \quad (4-27)$$

则像差方程组表示为

$$\boldsymbol{A}\boldsymbol{\Delta X} = \boldsymbol{\Delta F}$$

法方程组表示为

$$\boldsymbol{A}^{\mathrm{T}}\boldsymbol{A}\boldsymbol{\Delta X} = \boldsymbol{A}^{\mathrm{T}}\boldsymbol{\Delta F}$$

因此,解的公式为

$$\boldsymbol{\Delta X} = (\boldsymbol{A}\boldsymbol{A}^{\mathrm{T}})^{-1}\boldsymbol{A}^{\mathrm{T}}\boldsymbol{\Delta F} \quad (4-28)$$

阻尼最小二乘法的目的是修改结构参数时,保证评价函数 $\Phi = \sum_{i=1}^{m} \varphi_i^2$ 下降,同时结构更改较少,因此引入函数

$$\Phi = \sum \varphi^2 + p^2 \sum \Delta x^2 \quad (4-29)$$

式中:p 为阻尼因子。p 越大求得的 Δx 越小,阻尼项既要校正像差,又要避免系统

改动过大,克服结构参数与像差之间的非线性关系,通过多次迭代使系统达到最后的校正。根据系统线性的好坏,优选一个最优的 p 值,法方程组变为

$$(A^T A + p^2 I)\Delta X = A^T \Delta F \qquad (4-30)$$

解的公式变为

$$\Delta X = (A^T A + p^2 I)^{-1} A^T \Delta F \qquad (4-31)$$

(2) 当 $m \leq n$ 时,若 $m = n$,则方程个数等于变量个数,有确定解。但当 $m < n$ 时,方程组为不定方程组,有无穷多组解,必须对解进行选择。选择的原则是优先改变最有效的结构参数,使系统达到校正时,结构参数改变得尽可能少,即要求 $\sum_{j=1}^{n} \Delta x_j^2$ 为极小值,它也就要求相当于要求结构参数改变得尽量小。即在满足消像差方程组的条件下求 $\sum \Delta x^2$ 的极小值,求这种解的数学方法称为拉格朗日乘数法,解的公式为

$$\Delta X = A^T (AA^T)^{-1} \Delta F \qquad (4-32)$$

以上公式中的系数矩阵 A,无须考虑权因子,直接是方程组(4-24)的系数矩阵。ΔF 也没有权因子。当 $m = n$ 时以上公式也能应用,即像差方程组的确定解。

2) 像差优化结果

要保证航天相机具有一定的成像精度,首先考虑像点能量中心位置的像差和像点能量扩散不对称对成像质量的影响。由于是反射系统,不必考虑色差的影响。为保证成像能力,应校正造成像点弥散斑扩大的像差,如轴向球差、像散和场曲,以控制像点光能扩散在允许的范围内。其次考虑造成像点中心位移及像点几何形状失对称的像差,即考虑校正随视场角不同而变化的畸变和彗差。总之,光学设计首先要校正影响成像能力的轴向像差,其次校正影响判读精度的垂轴像差,以控制像点能量分布既对称又有可允许的尺寸。

由于波像差与传递函数能建立直接的联系,因此在优化中利用波像差作为像差参数建立评价函数。用波像差作为像差参数的好处是在数量方面比较一致,因此评价函数的权因子基本不用改变,就能使系统达到最佳的校正状态。

在 ZEMAX 中,从初始结构出发,建立波像差 P-V 值评价函数,优化 175 个循环的像差初步优化如图 4-11 所示。W_{040}、W_{131}、W_{222} 和 W_{220} 分别是球差、彗差、像散和场曲波像差的系数。初始像差为球差(0.037λ)、彗差(0.205λ)、像散(0.274λ)和场曲(6.550λ)。可以看出,计算得到的 TMC 光学系统初始结构中,主要是场曲较为严重,这是因为解初始结构的平场条件只能控制近轴视场,当视场增大后,场曲自然随之增大,这也是造成系统传递函数下降的最大因素。使用波像差评价函数进行自动优化,可以校正造成系统传递函数下降的大部分像散,173 个循环后,场曲得到很大改善。残余的场曲为 0.143λ,其他的像差基本改变不大。

在 TDICCD 推扫成像航天相机的光学系统设计中,畸变是一个比较关心

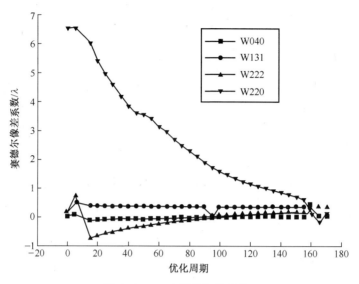

图 4-11 TMC 像差初步优化

的指标。畸变校正不足会带来像移匹配异速和传递函数的下降。通过合理调整反射镜曲率,本方案光学系统的畸变得到了很好的校正[1]。图 4-12 为本光学系统场曲和畸变以视场为纵坐标的关系曲线,边缘视场处最大畸变不超过 0.002%。

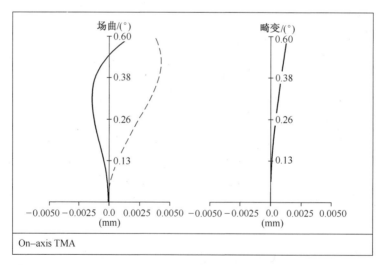

图 4-12 光学系统场曲和畸变曲线

通过优化设计,对光学系统像差进行合理分配和平衡,对残余像差进行进一步校正后的像差分析结果如图 4-13 所示。

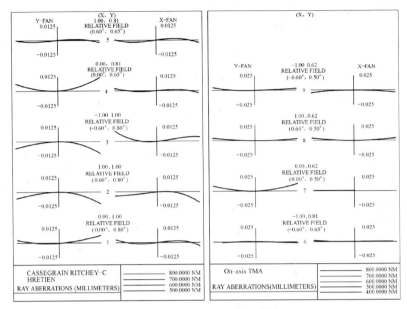

图 4-13 光学系统像差曲线

3) 光学系统设计结果

光学系统设计如图 4-14 所示,主镜为孔径光阑,口径为 600mm,为了使光路紧凑,在第一像面附近使用了一片 45°折叠镜对光路进行折叠。光学设计视场范围 X 方向$(-0.6°,0.6°)$,Y 方向$(0.5°,0.8°)$。光学系统反射镜数据如表 4-4 所列。

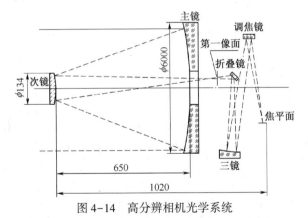

图 4-14 高分辨相机光学系统

表 4-4 光学系统反射镜数据

	面形	尺寸
主镜	凹椭球面	$\pi \times 300mm \times 300mm$
次镜	凸双曲面	$\pi \times 67mm \times 67mm$
三镜	凹椭球面	$90mm \times 186mm$

根据同轴系统的特点,光学系统的 MTF 受次镜遮光罩和次镜支撑结构的遮拦影响,在探测器奈奎斯特频率(57.14 线对/mm)处的全视场全谱段平均 MTF 值约为 0.30(考虑遮拦因素)。相机光学系统传递函数曲线如图 4-15 所示。

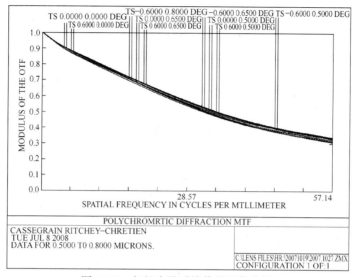

图 4-15　相机光学系统传递函数曲线

此光学系统采用全反射式设计,无色差,由衍射包围圆能量图(图 4-16)可以看出,衍射包围圆能量非常集中,设计达到了衍射极限。表 4-5 给出了此光学系统的各视场弥散斑值,可以看出,各视场弥散斑半径的均方根值最大仅为 5.7μm。

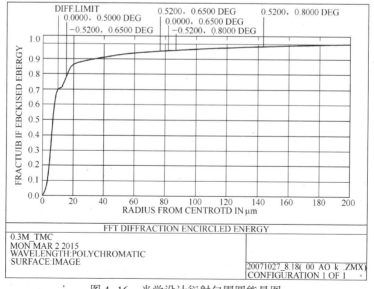

图 4-16　光学设计衍射包围圆能量图

表 4-5　各视场弥散斑值

视场/(°)	(0,0.8)	(0.6,0.8)	(-0.6,0.8)	(0,0.65)	(0.6,0.65)
半径(RMS)/μm	2.256	5.657	5.657	4.922	1.067
视场/°	(-0.6,0.65)	(0,0.5)	(0.6,0.5)	(-0.6,0.5)	
半径(RMS)/μm	1.067	5.708	2.700	2.700	

4.3.4　优势对比分析

1. 超短筒长

为实现轻小型化,高分辨光学相机严格以外包络尺寸为目标,开展光学系统的结构优化,采用超短筒长同轴三反结构实现了 8m 焦距情况下光学筒长小于 1.0m。

要实现焦距 8m、视场角 1.2°×0.3°的光学指标,标准的同轴 TMA 系统光学设计如图 4-17 所示,此时光学筒长为 1250mm。其中,决定系统轴向尺寸的主要因素,主次镜间隔 $d_1=670$mm,次镜与三镜间隔 $d_2=1250$mm。

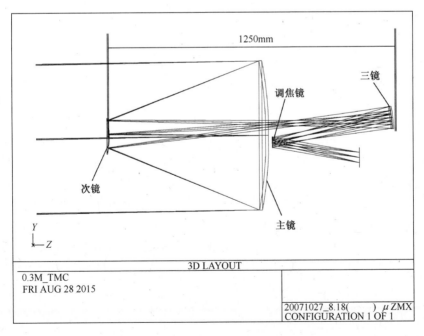

图 4-17　标准同轴 TMA 系统光路示意图

高分辨光学相机为了尽可能缩短光学筒长,建立了同轴 TMA 系统的数学模型,将控制主次镜间隔 d_1 以及次镜与三镜间隔 d_2 最小为目标,在保证成像质量的前提下,对相机的结构及反射镜曲率进行不断的优化,最终得到满足系统指标的最小化的两个间隔组合,主次镜间隔 d_1 缩短了 20mm,次镜和三镜间隔缩短了 80mm。为了进一步缩小相机的整体体积,在三镜前合适的位置增加了折叠镜,将光轴折转 90°,保证了相机的横向尺寸不超过主镜的尺寸 600mm,如图 4-18 所示,光学筒长缩短了 200mm。

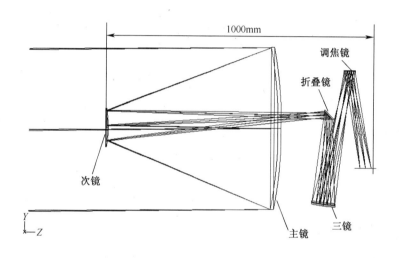

图 4-18 高分辨相机光学系统光路示意图

2. 曲率调焦镜

首次采用调焦镜附带弱光焦度的方式,校正了同轴三反光学系统的固有畸变,大幅度提升了图像内部几何精度。

当调焦镜为平面镜时,同轴 TMA 系统存在着畸变,且畸变量较大,图 4-17 中所示 TMA 系统的场曲、畸变曲线如图 4-19 所示。为了校正这部分的畸变,将调焦镜附以较小的光焦度,在保证起到调焦作用的前提下,将系统的畸变消除掉,如图 4-20 所示。从图 4-19 和图 4-20 的畸变曲线可以看到,经过调焦镜的校正后,由原来全视场最大 2% 下降到全视场最大 0.004%,系统的畸变基本消除。

调焦镜附有曲率后,仍能够起到调焦的作用。高分辨光学相机调焦镜的曲率半径为 2648.3mm,光焦度为 $7.55×10^{-4}$,相比系统中主镜、次镜、三镜的光焦度而言要小 1 个数量级,具体数据如表 4-6 所列,对系统的整体光焦度贡献不大,其位置变化对系统的焦距和像质影响较小,仍然可以起到调焦镜的作用。

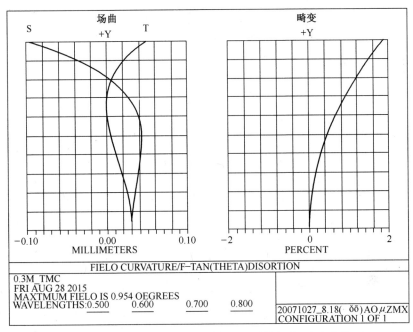

图 4-19 调焦镜为平面的同轴 TMA 系统场曲、畸变曲线

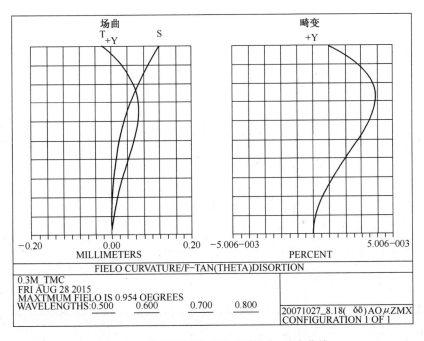

图 4-20 高分辨相机光学系统场曲、畸变曲线

表 4-6 高分辨光学相机各反射镜光焦度数据

反射镜	曲率半径/mm	光焦度/mm^{-1}
主镜	1592.07	1.256×10^{-3}
次镜	358.43	5.579×10^{-3}
折叠镜	∞	0
三镜	559.34	3.576×10^{-3}
调焦镜	2648.3	7.55×10^{-4}

根据任务要求,高分辨光学相机具备温度调焦功能,调焦镜的设计移动范围为轴向±3mm。图 4-21~图 4-23 分别给出了调焦镜在初始位置沿光轴方向移动+1mm、2mm、±3mm(定义调焦镜向焦面方向移动为"+")的系统传递函数曲线和畸变曲线。

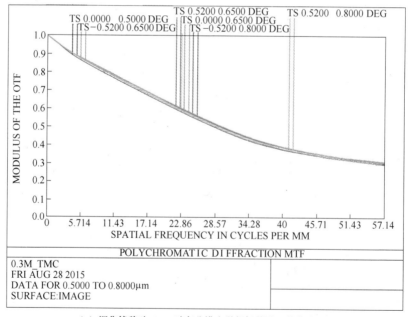

(a) 调焦镜移动+1mm时高分辨光学相机传递函数曲线

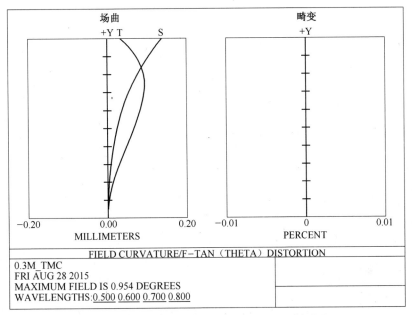

（b）调焦镜移动+1mm时高分辨光学相机场曲、畸变曲线

图4-21 调焦镜移动+1mm时系统传递函数曲线和畸变曲线

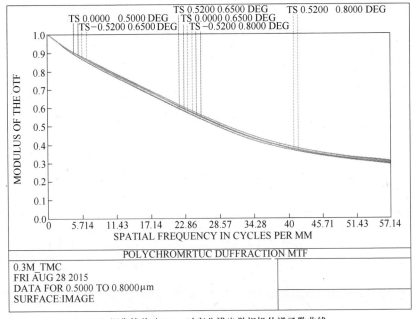

（a）调焦镜移动+2mm时高分辨光学相机传递函数曲线

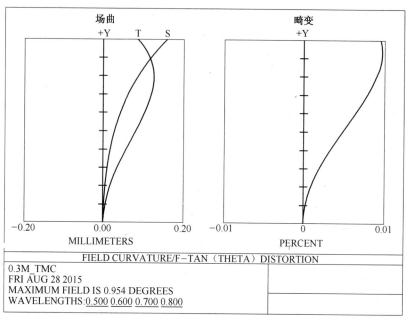

(b) 调焦镜移动+2mm时高分辨光学相机场曲、畸变曲线

图4-22 调焦镜移动+2mm时系统传递函数曲线和畸变曲线

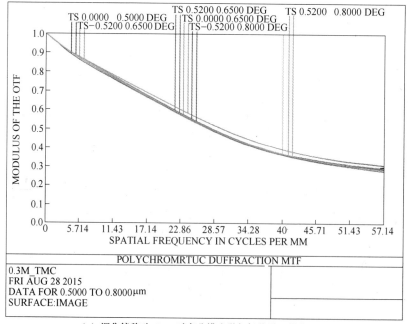

(a) 调焦镜移动+3mm时高分辨光学相机传递函数曲线

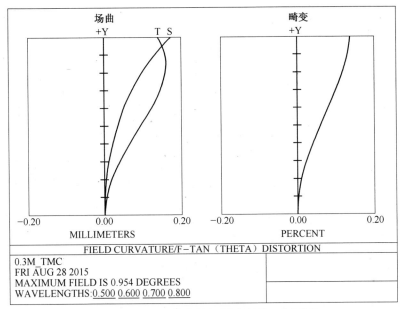

(b)调焦镜移动+3mm时高分辨光学相机场曲、畸变曲线

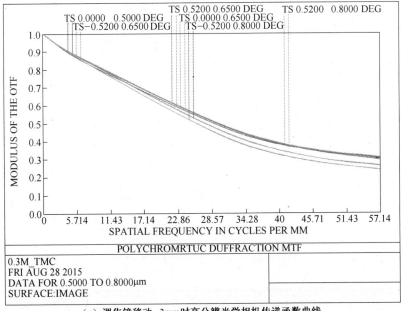

(c)调焦镜移动-3mm时高分辨光学相机传递函数曲线

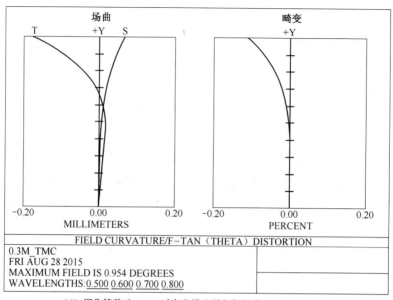

(d)调焦镜移动-3mm时高分辨光学相机场曲、畸变曲线

图 4-23　调焦镜移动±3mm时系统传递函数曲线和畸变曲线

从结果看,调焦镜在±3mm调焦范围内移动时,对系统的成像质量基本无影响,畸变最大会变为0.01%,仍然是可以接受的,因此据此分析,用带有较小曲率的镜子作为调焦镜是可行的。

3. 组合消杂光设计

为克服外遮光罩较短的困难,首次采用异形主镜内筒与里奥光阑结合的方式形成了高度杂光抑制的效果,性能优异,在轨成像结果表明,即使在大角度侧摆时,太阳直射相机镜筒内壁的情况下,所获得的图像信噪比仍与星下点一致。

高分辨光学相机的外遮光罩受到质量限制,长度较短,只有300mm,为防止一次杂光入射焦平面,在主镜中心孔增加内筒遮光罩,而且根据偏视场使用的特点,设计了非对称型的内筒遮光罩,尽量减少非成像光线通过。同时,在一次像面处设置视场光阑,在系统出瞳位置设置里奥光阑,最大程度避免了视场外的光线入射焦面,图 4-24为这几处光阑位置示意图。

总体来说,高分辨光学相机消杂光设计主要有以下几方面:

(1) 遮光罩起到主要的消杂光作用,挡光环采用多级设计;
(2) 一次像面消杂光光阑消杂效率在90%以上;
(3) 里奥光阑可控制轴外像点弥散;
(4) 挡光板消除直接入射到焦平面上的一次杂光。

关键面是所有散射光的来源。被照明面到关键面是杂散光的主要路径。在我

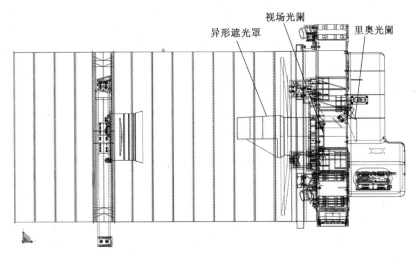

图4-24 高分辨光学相机光阑设计

们分析的系统中,视场分割反射镜、主镜、次镜、三镜和两个折叠镜都是关键面,即系统杂散光的主要来源。本方案光学系统的 y 向离轴视角为 $0.65°$,x 向工作视场 $±0.6°$,分析 y 向的消杂光性能。得到的分析结果点源透射比(PST)曲线如图4-25所示。

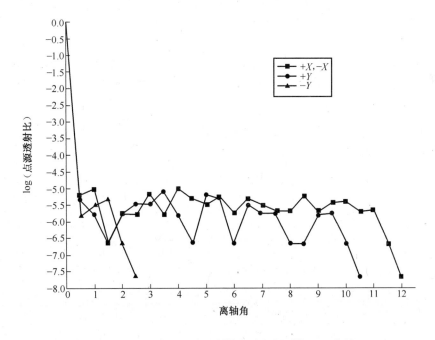

图4-25 高分辨光学相机杂散光分析得到的PST曲线

分析图 4-25 所示光学系统的 PST 曲线,分析曲线可以得到以下两点结论:
(1) 系统无一次杂光;
(2) 工作视场外多次杂光最大不超过 10^{-5}。

4.4 高分辨成像像移补偿设计

4.4.1 像移补偿数学模型

高分辨相机采用 TDI CCD 进行推扫成像,要想获取清晰的图像,必须在轨进行高精度的像移补偿。而实现高精度像移补偿首先要理解 TDI CCD 相机成像原理并获得星载相机成像理论模型,即高精度的像移速度矢量函数。

1. TDI CCD 相机基本成像原理

TDI 是一种能够增加线扫描传感器灵敏度的扫描技术。TDI CCD 是一种具有面阵结构、线阵输出的 CCD,较普通的线阵 CCD 而言,它具有多重级数延时积分的功能。从其结构来看,多个线阵平行排列,像元在线阵方向和级数方向呈矩形排列[1-4]。

TDI CCD 的电荷累积方向是沿 Y 向进行的,其推扫级数自上而下为第 1 级至第 96 级,如图 4-26 所示。在成像过程中,随着相机相对于景物的运动,要求像点从同一列 TDI CCD 的像元上扫过,从第 1 级至第 96 级依次感光,电荷从第 1 级至第 96 级逐级累积。最终,经过多重延时积分积累起来的电荷包转移到 CCD 水平读出寄存器上,并从第 1 级经运算放大器传输出去,作为该像点的成像数据信息。

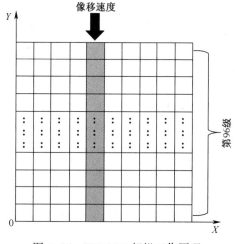

图 4-26 TDI CCD 相机工作原理

TDI CCD 相当于同一列的 CCD 像元对同一像点进行 96 次的多重曝光,可以大大提高信噪比,在实现高分辨率的情况下大大减小相机的体积和质量。

光学遥感卫星在轨运行时,星下点以近似恒定的线速度沿轨道方向前进,所以调整卫星的姿态相对于轨道坐标系静止不动,可以使地面目标点对应在 TDI CCD 上的像点产生像移速度,称为基本像移速度;当卫星偏航角与俯仰角为 0°时,由卫星绕地球运动引起的基本像移速度的方向应与 TDI CCD 垂直,基本像移速度的幅值近似恒定;但地球自转、卫星姿态运动、地程高度变化等因素,同样会使像点产生像移速度,称为附加像移速度,其方向和幅值不断变化。像移速度具有累加性,所以由基本像移速度和附加像移速度合成的像移速度的方向和幅值也在不断变化。为保证像移速度方向垂直于 TDI CCD,并且速度幅值与 TDI CCD 积分时间精确匹配,需要调整 TDI CCD 的方向和行转移时间,即进行像移补偿,如图 4-27 所示。"α" 为 TDI CCD 需要调整的角度,称为偏流角,像移速度 v 的幅值即为 TDI CCD 积分时间需要匹配的对象[5-7]。

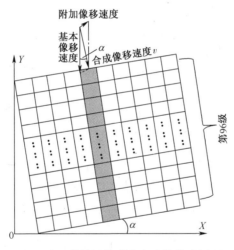

图 4-27 传统沿轨道方向成像模式原理

从图 4-32 可以看出,由于存在随着卫星轨道、姿态角、姿态角速度等因素不断变化的附加像移速度的影响,合成像移速度的方向和幅值也在不断发生变化。为保证像点能够沿着同一列 TDI CCD 方向运动,并且每行 TDI CCD 的积分时间与像移速度 v 的幅值相匹配,需要调整 TDI CCD 的方向(偏流角 α)和行转移时间,也就是像移补偿,这样才能保证成像清晰。

因此,像移补偿计算分析包括偏流角和 TDI CCD 纵向推扫行转移时间两个部分。

2. 像移补偿数学模型的建立[8,9]

卫星在轨姿态及轨道、相机结构参数等均是影响星载相机的像移速度矢量重要因素。计算像移速度矢量时要求实时更新的数据有卫星速度、地心轨道高度,被摄景物处地心距,星下点纬度和经度,卫星偏航、俯仰和横滚(包括侧摆角)姿态角及其姿态角速率。预先已知的数据为地球半径(WGS-84 坐标系)、地球自转角速率、相机镜头焦距。

卫星的轨道倾角、轨道角速率,卫星的偏航、俯仰和横滚姿态角及其姿态角速率数据均由 GNC 惯导系统提供。卫星的地心轨道高度、卫星星下点纬度和经度、轨道倾角以及卫星轨道角速率可以由 GPS 定位系统提供的数据转换而成,也可以由 GNC 惯导系统提供,但精度有所不同。GPS 提供卫星在地球坐标系中三轴坐标值以及在地球坐标系中的速度矢量。

高精度的像移速度矢量函数采用齐次坐标变换的方法,即将地面物体在地理坐标系中的位置变换到像面坐标系中的位置矢量,利用求导算出对应的速度矢量。相机成像像移补偿模型坐标变换过程分为 6 个阶段,即地理坐标系到地球坐标系的坐标变换 M_1、地球坐标系到地心惯性坐标系的坐标变换 M_2、地心惯性坐标系到卫星轨道坐标系的坐标变换 M_3、卫星轨道坐标系到卫星本体坐标系的坐标变换 M_4、卫星本体坐标系到相机坐标系的坐标变换 M_5、相机坐标系到像面坐标系的坐标变换 M_6。

通过 6 个阶段的变换,可以得到物像点的对应关系式:

$$X' = M_6 M_5 M_4 M_3 M_2 M_1 X = MX$$

式中:M 为关于时间 t 与位置 X_0 有关的作用矩阵,可以采用对时间 t 求导的方法,求取任意像点的瞬时速度。

1) 地理坐标系到地球坐标系的坐标变换(图 4-28)

为了将地物转换至像面坐标系下,需要先将其从地理坐标系变换至地球坐标系,将地物的沿 g_3 轴平移 $-R$、绕 g_2 轴旋转 γ_0、绕 g_3 轴旋转 i_0,就到了地球坐标系中,其中,γ_0 为卫星降交点的轨道中心角,i_0 为轨道的倾角。

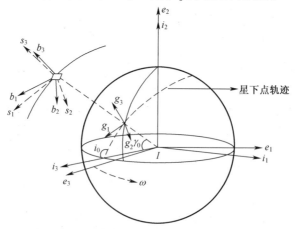

图 4-28 地理坐标系到地球坐标系的坐标变换

2）地球坐标系到地心惯性坐标系的坐标变换（图4-29）

根据坐标系的定义，地球坐标系随地球一起在惯性空间逆时针方向以角速度 ω 自转运动，因此，地球坐标系到地心惯性坐标系变换为绕 e_2 轴旋转 $-\omega t$。

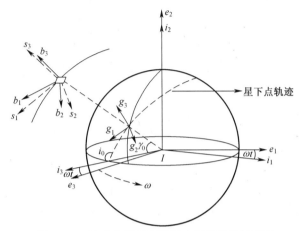

图4-29 地球坐标系到地惯坐标系的坐标变换

3）地心惯性坐标系到卫星轨道坐标系的坐标变换

绕 i_3 轴旋转 $-i_0$、绕 i_2 轴旋转 $-(\gamma_0+\Omega t)$、沿 i_3 轴平移 H_0。$H_0=(R+H)$ 为地球半径加上轨道高度。

4）卫星轨道坐标系到卫星本体坐标系的坐标变换

卫星轨道坐标系到卫星本体坐标系的坐标变换是由卫星的本体的运动姿态所决定。初步设为：绕 b_1 轴进行旋转 $\phi=\phi_0+\dot{\phi}t$，绕 b_2 轴进行旋转 $\theta=\theta_0+\dot{\theta}t$，绕 b_3 轴进行旋转 $\psi=\psi_0+\dot{\psi}t$。

5）卫星本体坐标系到相机坐标系的坐标变换

卫星本体坐标系到相机坐标系的坐标变换由相机相对卫星的运动和相机在卫星上的安装方式所决定。设相机和卫星是固结，无平移和转动。

6）相机坐标系到像面坐标系的坐标变换

相机坐标系到像面坐标系的坐标变换由相机的机械和光学组件共同决定，同时还与相机成像的方式有关，如光学的一次成像或二次成像。相机坐标系到像面坐标系的坐标变换过程：缩小 $f/(H-h)$，绕 c_3 轴平移 f，c_1 到 p_1 反向，c_2 到 p_2 反向，h 为地球高程（图4-30）。

像移补偿方式就是绕某一中心旋转焦平面，让TDI CCD以相当于像点位移速度的速度整体移动，从而匹配像移速度，以此来达到像移补偿的目的。

3. 像移补偿的计算公式推导

在高分辨率卫星设计中，主要采用TDI CCD相机成像，利用TDI CCD可以使

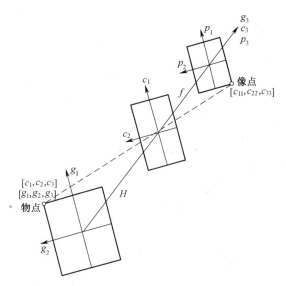

图 4-30 物点在地理坐标系下与像面坐标系的一次成像对应关系

相机的相对孔径减小,避免相机的体积、质量过大,是高分辨率相机的首选。下面说明 TDI CCD 相机的像移补偿计算公式推导过程。

1) 坐标变换过程

像移运动方程:求解偏流角过程,即在成像时,将卫星侧摆后对应的物点在地理坐标系下的矢量 $[g_1,g_2,g_3]$ 通过建立从地面景物到像面的 7 个坐标系,进行线性变换,构造各参量的像面位置方程、像面速度方程,推导出像面上像移速度矢的计算公式。地理坐标系变换到像面坐标系过程如图 4-31 所示。

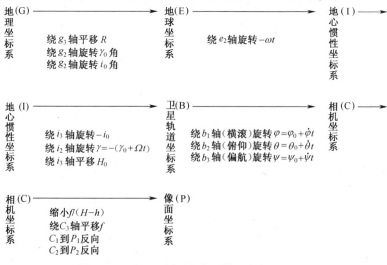

图 4-31 地理坐标系变换到像面坐标系过程

图 4-36 中：R 为相对于地心的地球半径；H 为被摄景物处飞船的轨道高度；h 为被摄景物处的地物地形高度；i_0 为轨道倾角；f 为相机镜头焦距；Ω 为卫星轨道运动相对地心的角速率；γ_0 为成像时刻在轨道平面卫星到升交点之间所对应的中心角；φ_0、θ_0、ψ_0 分别为卫星坐标系相对于轨道坐标系在成像时刻的横滚角、俯仰角和偏航角；$\dot{\varphi}_0$, $\dot{\theta}_0$, $\dot{\psi}_0$ 分别为卫星坐标系相对于轨道坐标系的横滚角速度、俯仰角速度和偏航角速度。

2）像面位置方程

从变换位置方程可以得到从地理坐标系到像面坐标系的变换方程，即像面位置方程：

$$P = \begin{bmatrix} P_1 \\ P_2 \\ P_3 \\ P_4 \end{bmatrix} = \begin{bmatrix} -\dfrac{f}{(H-h)} & 0 & 0 & 0 \\ 0 & -\dfrac{f}{(H-h)} & 0 & 0 \\ 0 & 0 & -\dfrac{f}{(H-h)} & -f \\ 0 & 0 & 0 & 1 \end{bmatrix} \begin{bmatrix} \cos(\psi_0+\dot{\psi}t) & \sin(\psi_0+\dot{\psi}t) & 0 & 0 \\ -\sin(\psi_0+\dot{\psi}t) & \cos(\psi_0+\dot{\psi}t) & 0 & 0 \\ 0 & 0 & 1 & 0 \\ 0 & 0 & 0 & 1 \end{bmatrix}$$

$$\begin{bmatrix} \cos(\theta_0+\dot{\theta}t) & 0 & -\sin(\theta_0+\dot{\theta}t) & 0 \\ 0 & 1 & 0 & 0 \\ \sin(\theta_0+\dot{\theta}t) & 0 & \cos(\theta_0+\dot{\theta}t) & 0 \\ 0 & 0 & 0 & 1 \end{bmatrix} \begin{bmatrix} 1 & 0 & 0 & 0 \\ 0 & \cos(\varphi_0+\dot{\varphi}t) & \sin(\varphi_0+\dot{\varphi}t) & 0 \\ 0 & -\sin(\varphi_0+\dot{\varphi}t) & \cos(\varphi_0+\dot{\varphi}t) & 0 \\ 0 & 0 & 0 & 1 \end{bmatrix} \begin{bmatrix} 1 & 0 & 0 & 0 \\ 0 & 1 & 0 & 0 \\ 0 & 0 & 1 & -H_0 \\ 0 & 0 & 0 & 1 \end{bmatrix}$$

$$\begin{bmatrix} \cos(\gamma_0+\Omega t) & 0 & \sin(\gamma_0+\Omega t) & 0 \\ 0 & 1 & 0 & 0 \\ -\sin(\gamma_0+\Omega t) & 0 & \cos(\gamma_0+\Omega t) & 0 \\ 0 & 0 & 0 & 1 \end{bmatrix} \begin{bmatrix} \cos i_0 & \sin i_0 & 0 & 0 \\ -\sin i_0 & \cos i_0 & 0 & 0 \\ 0 & 0 & 1 & 0 \\ 0 & 0 & 0 & 1 \end{bmatrix} \begin{bmatrix} \cos\omega t & 0 & \sin\omega t & 0 \\ 0 & 1 & 0 & 0 \\ -\sin\omega t & 0 & \cos\omega t & 0 \\ 0 & 0 & 0 & 1 \end{bmatrix}$$

$$\begin{bmatrix} \cos i_0 & -\sin i_0 & 0 & 0 \\ \sin i_0 & \cos i_0 & 0 & 0 \\ 0 & 0 & 1 & 0 \\ 0 & 0 & 0 & 1 \end{bmatrix} \begin{bmatrix} \cos\gamma_0 & 0 & -\sin\gamma_0 & 0 \\ 0 & 1 & 0 & 0 \\ \sin\gamma_0 & 0 & \cos\gamma_0 & 0 \\ 0 & 0 & 0 & 1 \end{bmatrix} \begin{bmatrix} 1 & 0 & 0 & 0 \\ 0 & 1 & 0 & 0 \\ 0 & 0 & 1 & R \\ 0 & 0 & 0 & 1 \end{bmatrix} \begin{bmatrix} g_1 \\ g_2 \\ g_3 \\ 1 \end{bmatrix} \quad (4-33)$$

3）像移速度方程

成像时刻，地物点在像面上的像移速度：

对位置方程式两边关于 t 求导，即得到速度表达式：

$$v_{p_1} = \frac{dP_1}{dt}\bigg|_{t=0} \quad (4-34)$$

$$v_{p_2} = \frac{dP_2}{dt}\bigg|_{t=0} \quad (4-35)$$

$$v_p = \sqrt{v_{p_1}^2 + v_{p_2}^2} \quad \beta = \arctan\frac{v_{p_2}}{v_{p_1}} \qquad (4-36)$$

通过像移速度表达式，就可以得出补偿量与各影响因素的对应关系。这种表达式是全面的分析结果，利用详细表达式可以进行像移运动的完全补偿。

通过上述方法，将像面与具体物体的运动方式联系起来，可以形成像移的分析表达式或计算模型；再将像移补偿的方法引入计算，其中的姿态轨道参变量及其误差均由具体条件给定或设定，通过一定的计算手段，就可以得到具体的误差大小及其对成像质量的影响。

通过上述方法，将像面各片 TDI CCD 的中心点与具体物体的运动方式联系起来，可以形成像移的分析表达式或计算模型；再将像移补偿的方法引入计算，其中的姿态轨道参变量及其误差、焦平面调整参数及误差均由具体条件给定或设定，通过一定的计算手段，就可以得到具体的误差大小及其对成像质量的影响。

4.4.2 偏流角分析与计算

在 TDI CCD 相机推扫成像过程中，满足 TDI CCD 成像需求时，要求在 TDI CCD 曝光积分级数第一级和最后一级内相差不多于 0.3 像元，才能实现相邻级数像元之间电荷混淆度最小，TDI CCD 成像积分级数由光学信噪比决定。相差的 0.3 像元除以积分级数转化为偏流误差角度和像移速度失配量，就是偏流角极限误差和像移速度匹配极限误差。因此，机构误差和姿轨参数对成像的影响要小于偏流角极限误差和像移速度匹配极限误差。

1. 图像信噪比分析

TDI CCD 级数的选取依据相机输出信号的信噪比，根据所选的 TDI CCD 器件参数，在不同的地面反射率、不同的太阳高度角条件下，计算出的经过 TDI CCD 不同级数积分表后相机输出信号的信噪比列于表 4-7。

表 4-7　信噪比预测结果　　　　　　　单位：dB

积分级数		反射率	太阳高角				
			10°	30°	50°	60°	70°
P谱段信噪比计算	8	0.05	15.90150805	21.85356	23.88689517	24.7128	25.32373661
		0.1	16.85965256	23.60287	26.43327391	27.34455	27.96839546
		0.2	18.48552018	26.6191	29.78485617	30.70317	31.32575418
		0.4	21.05675914	30.35435	33.60128975	34.48702	35.07227663
	16	0.05	21.5722532	27.23435	29.13054059	29.89459	30.45746414
		0.1	22.49363603	28.86696	31.4747077	32.30545	32.87179041
		0.2	24.04903093	31.64446	34.51065134	35.3341	35.89075472
		0.4	26.48560231	35.02167	37.91771091	38.70518	39.22564085

(续)

	积分级数	反射率	太阳高角				
			10°	30°	50°	60°	70°
P谱段信噪比计算	32	0.05	26.96780251	32.20338	33.92039738	34.60777	35.11270507
		0.1	27.83108352	33.6827	36.02255176	36.76349	37.2678099
		0.2	29.2785471	36.17408	38.72539133	39.45789	39.95357916
		0.4	31.52058393	39.17989	41.76575013	42.47435	42.94453005
	48	0.05	29.94332187	34.87927	36.48434751	37.12604	37.59730512
		0.1	30.76275407	36.26237	38.44657005	39.13861	39.61005301
		0.2	32.13142497	38.58806	40.97552873	41.66394	42.13083384
		0.4	34.23961934	41.40247	43.84612752	44.52086	44.96989026
	72	0.05	32.75626801	37.37853	38.8771266	39.47687	39.91774675
		0.1	33.52695851	38.66978	40.71344858	41.36327	41.80681114
		0.2	34.81059257	40.84619	43.09616593	43.74917	44.19327729
		0.4	36.78139476	43.50089	45.83386719	46.48316	46.91649319
	96	0.05	34.64579786	39.05022	40.48063981	41.05427	41.47648042
		0.1	35.38085386	40.2825	42.23979102	42.86452	43.29170297
		0.2	36.6039425	42.3673	44.53724343	45.17027	45.60166248
		0.4	38.48107258	44.92941	47.20127116	47.83686	48.26179049
B1谱段信噪比计算	8	0.05	29.8316995	34.8808	36.52691021	37.18516	37.66854985
		0.1	30.66799487	36.29921	38.53948799	39.24888	39.73191895
		0.2	32.06670464	38.68455	41.12957925	41.83324	42.31003798
		0.4	34.2251546	41.56606	44.05833985	44.7445	45.20063255
	16	0.05	34.63923678	39.15664	40.62185196	41.20874	41.64040232
		0.1	35.39296011	40.41903	42.42006806	43.05742	43.49282136
		0.2	36.64759854	42.55021	44.76028413	45.40327	45.84098864
		0.4	38.5731253	45.15872	47.46092495	48.10329	48.53236956
B2谱段信噪比计算	4	0.05	28.86717379	33.97559	35.64380484	36.31106	36.80108606
		0.1	29.71216097	35.41301	37.68395008	38.40296	38.89245478
		0.2	31.12648122	37.83099	40.30818308	41.02048	41.50290926
		0.4	33.31141847	40.75006	43.27013172	43.96289	44.42314571
	8	0.05	33.73253975	38.31047	39.79481929	40.38906	40.82598806
		0.1	34.49609841	39.5894	41.61480521	42.25926	42.6992984
		0.2	35.76750731	41.74643	43.9792055	44.62788	45.0692186
		0.4	37.71912595	44.38121	46.70085129	47.34714	47.77861798

(续)

	积分级数	反射率	太阳高角				
			10°	30°	50°	60°	70°
B3谱段信噪比计算	4	0.05	32.31929984	37.05676	38.59326582	39.20778	39.65930131
		0.1	33.10823593	38.38074	40.47364564	41.13805	41.59118737
		0.2	34.42339595	40.60942	42.9065017	43.57148	44.02325713
		0.4	36.44431612	43.31875	45.68880936	46.34654	46.78505941
	8	0.05	36.83444309	41.05419	42.4302048	42.9834	43.39113381
		0.1	37.53810103	42.23932	44.1295862	44.73529	45.15016009
		0.2	38.7089353	44.25312	46.36313945	46.98151	47.40363202
		0.4	40.5078274	46.74608	48.9736837	49.59949	50.01845673

相机信噪比是指相机输出的 CCD 视频信号的信噪比,相机信噪比为

$$\mathrm{SNR} = 20\lg \frac{S}{N} \tag{4-37}$$

式中:S 为 CCD 视频信号电子数;N 为相机 CCD 视频噪声电子数。

1) 信号电子数

计算信噪比时,CCD 视频信号用信号电子数表示。取 TDICCD 级数 $M=1\sim 96$,经过 M 级累积,每个像元输出的信号电子数为

$$S = \frac{R \cdot \frac{M}{96}}{K_c} \cdot \frac{T_G}{4F^2} \pi \bar{\tau}_0 B \tag{4-38}$$

式中:R 为 TDICCD 响应度($V/(\mu J \cdot cm^{-2})$);M 为积分级数;K_C 为转换因子($\mu V/e-$);T_G 为积分时间(ms);F 为光学系统相对孔径倒数;$\bar{\tau}_0$ 为光学系统透过率;B 为入瞳辐亮度($W/(cm^2 \cdot sr)$)。

2) 噪声电子数

总的噪声电子数为

$$N_e = \sqrt{\sigma_{rms}^2 + \sigma_{dark}^2 + \sigma_{shot}^2}$$

式中:σ_{rms} 为均方根值噪声;σ_{dark} 为暗电流噪声;σ_{shot} 为霰粒噪声且有

$$\sigma_{shot} = \sqrt{S} \tag{4-39}$$

其中:S 为 CCD 信号电子数。

3) 信噪比预测结果

相机信噪比预测结果如表 4-7 所列。

信噪比分析结果表明:正常光照及地面反射率条件下,相机 TDI CCD 采用 32 级积分成像,平均信噪比接近 40dB,满足高质量成像要求。

2. 像移速度估值误差分析[10]

在不同的 TDI CCD 积分级数下,允许的像移速度匹配极限误差不一样,像移速度匹配极限误差计算公式为

$$\Delta v[\Delta a/(N\times a)]$$

偏流角极限误差允许值计算公式为

$$\Delta\beta = \mathrm{atan}[\Delta a/(N\times a)]。$$

式中:N 为积分级数;Δa 为第一级和最后一级之间偏差像元数;a 为 TDI CCD 像元尺寸。

经计算,在不同的 TDI CCD 积分级数下,允许的像移速度匹配极限误差允许值如表 4-8 和表 4-9 所列。

表 4-8 像移速度匹配极限误差允许值

TDI CCD 积分级数	96	64	48	32	24
总误差允许值 $[\dfrac{\Delta v_{PS}}{v_P}]/\%$	±0.3	±0.47	±0.63	±0.94	±1.25

表 4-9 偏流角极限误差允许值(光学系统要求 0.3 像元)

TDI CCD 积分级数	96	64	48	32	24
总误差允许值 $\Delta\beta/(')$	±11	±16.5	±22	±33	±43

当 TDI CCD 积分级数为 96 级时,偏流角极限误差初步分配如表 4-10 所列,侧摆 45°如表 4-11 所列。误差源中的第 1 项由平台的测量精度所决定,运用蒙特卡罗法后计算结果如图 4-32 和图 4-33 所示,即像移速度方向估值误差的极限偏差为±3.8,第 2~4 项偏流角误差主要是由装调及执行机构的硬件所决定,第 5 项则是由于侧摆角的变化而造成的。最后的偏航累积误差是计算 TDI CCD 不进行实时偏流调整时的最长工作时间的直接约束条件。对应的不同纬度偏流角如表 4-11 所列。

表 4-10 偏流角误差分配(星下点成像)

序号	误差项目名称	误差性质	极限误差 $\Delta\beta_i/(')$	误差分布	置信因子 C_i	标准偏差 $\Delta\beta_i/(')$
1	像移速度方向估值误差	随机	±3.8	正态	3	1.27
2	相机像面坐标系与相机坐标系在偏航方向的装调误差	系统	±3	均匀	$\sqrt{3}$	1.73
3	相机坐标系与 GNC 坐标系在偏航方向的装调误差	系统	±3	均匀	$\sqrt{3}$	1.73
4	偏流机构误差	随机	±3	均匀	$\sqrt{3}$	1.73
5	偏航累积误差	系统	±2.92	均匀	$\sqrt{3}$	1.69
注:$\sigma\beta_i = |\Delta\beta_i|/C_i$						

表 4-11　偏流角误差分配(侧摆 45°)

序号	误差项目名称	误差性质	极限误差 $\Delta\beta_i/(')$	误差分布	置信因子 C_i	标准偏差 $\sigma\beta_i/(')$
1	像移速度方向估值误差	随机	±3.8	正态	3	1.27
2	相机像面坐标系与相机坐标系在偏航方向的装调误差	系统	±3	均匀	$\sqrt{3}$	1.73
3	相机坐标系与 GNC 坐标系在偏航方向的装调误差	系统	±3	均匀	$\sqrt{3}$	1.73
4	偏流机构误差	随机	±3	均匀	$\sqrt{3}$	1.73
5	畸变偏流角	已定系统误差	±0.7	—	1	±0.7
6	偏航累积误差	系统	±2	均匀	$\sqrt{3}$	1.2

根据系统要求(TDI CCD 积分级数为 96 级时偏差小于 0.3 像元),偏流角综合极限误差为±11′时,偏航累积极限误差可取±2′,此时

$$\Delta\beta_s < [\Delta\beta], \Delta\beta_s = \pm(3\sqrt{\sigma_1^2 + \sigma_2^2 + \sigma_3^2 + \sigma_4^2 + \sigma_6^2} + \Delta\sigma_5) < 11'$$

满足要求。

当 TDI CCD 积分级数为 96 级时,运用蒙特卡罗法进行解题。过程归结为三个主要步骤:①构造或描述概率过程;②实现从已知概率分布进行抽样,构造了概率模型以后,由于各种概率模型都可以看作由各种各样的概率分布构成的,因此产生已知概率分布的随机变量就成为实现蒙特卡洛方法模拟试验的基本手段;③建立各种估计量,将轨道及姿态的测量误差,代入像移计算公式可得到像移度估值误差为±3.8′(3σ)。

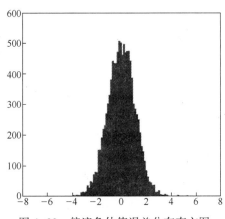

图 4-32　偏流角估值误差分布直方图

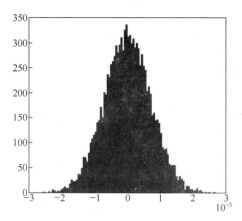

图 4-33 像移速度匹配估值误差分布直方图

表 4-12 计算像移速度矢量各工程参数误差初步分配

序号	参数名称	参 数 定 义	精度要求 (3σ)
1	卫星轨道高度 H	成像时刻,卫星相对 WGS-84 坐标星下点距离	0.15km
2	卫星轨道角速率 Ω	卫星在地心惯性坐标系内,相对地球质心的瞬时角速率	1×10^{-6} rad/s
3	星下点经度 α_k	卫星到地球质心连线处的经度	0.015°
4	星下点纬度 λ_k	卫星到地球质心连线处的纬度	0.015°
5	轨道倾角 i_0	卫星运行的轨道面和地球赤道的夹角	0.01°
6	横滚角 φ	卫星相对轨道坐标系的横滚角控制值	0.05°
7	俯仰角 θ	卫星相对轨道坐标系的俯仰角控制值	0.05°
8	偏航角 ψ	卫星相对轨道坐标系的偏航角控制值	0.05°
9	横滚角速率 $\dot\varphi$	卫星相对卫星坐标系的横滚角速率控制值	0.001(°)/s
10	俯仰角速率 $\dot\theta$	卫星相对卫星坐标系的俯仰角速率控制值	0.001(°)/s
11	偏航角速率 $\dot\psi$	卫星相对卫星坐标系的偏航角速率控制值	0.001(°)/s
12	横滚角 φ	卫星相对轨道坐标系的横滚角测量值	0.03°
13	俯仰角 θ	卫星相对轨道坐标系的俯仰角测量值	0.03°
14	偏航角 ψ	卫星相对轨道坐标系的偏航角测量值	0.03°
15	横滚角速率 $\dot\varphi$	卫星相对卫星坐标系的横滚角速率测量值	0.001(°)/s
16	俯仰角速率 $\dot\theta$	卫星相对卫星坐标系的俯仰角速率测量值	0.001(°)/s
17	偏航角速率 $\dot\psi$	卫星相对卫星坐标系的偏航角速率测量值	0.001(°)/s
18	镜头焦距 f'	镜头焦距精测值的不确定度	±3mm

利用卫星轨道参数、星下点经纬度和卫星侧摆角,即可算出表 4-13 卫星飞行过程侧摆对应的偏流角的大小。

表 4-13 卫星飞行过程侧摆对应的偏流角的大小(纬度间隔 10(°)/次)

纬度/(°)	经度/(°)	侧摆角/(°) 0	侧摆角/(°) -45	侧摆角/(°) 45
0	-69.518	3.5252	2.3824	2.4288
10	-71.373	3.4715	2.3468	2.3912
20	-73.307	3.3117	2.2388	2.2817
30	-75.416	3.0512	2.0620	2.1042
40	-77.855	2.6983	1.8223	1.8646
50	-80.904	2.2643	1.5277	1.5710
60	-85.183	1.7625	1.1874	1.2325
70	-94.564	1.0925	0.7335	0.7816
80	-123.912	0.3744	0.2475	0.2990
83	-164.979	0.0104	0.0011	0.0544
80	153.82	-0.3514	-0.2437	-0.1888
70	124.329	-1.0704	-0.7306	-0.6728
60	114.922	-1.7421	-1.1859	-1.1263
50	110.637	-2.2456	-1.5277	-1.4677
40	107.584	-2.6817	-1.8240	-1.7644
30	105.144	-3.0365	-2.0653	-2.0069
20	103.033	-3.2989	-2.2437	-2.1871
10	101.099	-3.4602	-2.3531	-2.2986
0	99.243	-3.5152	-2.3897	-2.3374
-10	97.388	-3.4620	-2.3523	-2.3020
-20	95.456	-3.3023	-2.2424	-2.1937
-30	93.348	-3.0416	-2.0638	-2.0162
-40	90.912	-2.6882	-1.8228	-1.7756
-50	87.869	-2.2534	-1.5275	-1.4799
-60	83.604	-1.7509	-1.1873	-1.1386
-70	74.27	-1.0801	-0.7345	-0.6839
-80	53.499	-0.4837	-0.3328	-0.2802
-83	4.378	0.0071	-0.0025	0.0516
-80	-45.603	0.4864	0.3200	0.3755
-70	-66.836	1.0829	0.7217	0.7785

(续)

纬度/(°)	经度/(°)	侧摆角/(°) 0	侧摆角/(°) −45	侧摆角/(°) 45
−60	−76.291	1.7538	1.1745	1.2318
−50	−80.59	2.2566	1.5150	1.5718
−40	−83.649	2.6919	1.8107	1.8663
−30	−86.092	3.0462	2.0523	2.1060
−20	−88.205	3.3083	2.2319	2.2833
−10	−90.139	3.4697	2.3432	2.3921
0	−91.996	3.5252	2.3823	2.4288

4.4.3 像移补偿设计结论

当 CCD 级数 $M=96$ 时，偏流角允许误差为 11′。

$$\frac{\Delta d}{d} = 0.3 \times 10^{-3}$$

$$\text{MTF}_{\text{方向匹配}} = \frac{\sin(\frac{\pi}{2} \times \frac{v}{v_N} \times M \times \frac{\Delta d}{d})}{\frac{\pi}{2} \times \frac{v}{v_N} \times M \times \frac{\Delta d}{d}} = 0.9662$$

像移速度匹配相对极限误差为

$$\frac{\Delta V}{V} = 2.45 \times 10^{-3}$$

$$\text{MTF}_{\text{速度匹配}} = \frac{\sin(\frac{\pi}{2} \times \frac{v}{v_N} \times M \times \frac{\Delta V}{V})}{\frac{\pi}{2} \times \frac{v}{v_N} \times M \times \frac{\Delta V}{V}} = 0.9774$$

偏流角误差分配对相机 MTF 的影响小于 5%，满足相机公差分配要求，能够实现高精度成像。

高精度像移补偿模型设计分析了卫星偏流角误差分配、像移速度匹配估值误差分布、偏流角估值误差分布，像移补偿的设计能够满足高分辨相机成像指标要求，满足卫星拍照的任务需要。

4.4.4 偏流调整策略与方法

为了满足成像需求，需要进行像移速度补偿，实现像移补偿的技术途径多种多样,其实质都是在推扫影像曝光时间内,使推扫影像的 CCD 和运动的影像之间保持相对的静止。

1. 像移补偿实现的技术途径

补偿像移速度一般有以下两种技术途径:

(1) 偏流机构调整:机械像移补偿法,其实质是在拍照前,根据影像的移动速度转动 TDI CCD 所在的焦平面,使影像在 TDI CCD 上的像移量为零。

(2) 卫星姿态调整:由于卫星与相机固结情况,可以通过卫星的姿态角运动,实现像移补偿,满足影像在 TDI CCD 上的像移量为零。

利用偏流机构实现像移补偿的优势在于像移参数调整速度快、精度高的优点,利用卫星姿态调整实现像移补偿的优势在于仅需要依靠卫星平台,不需要额外结构,像移补偿角度范围大等优点。

2. 偏流机构设计

1) TDI CCD 焦平面安装方式[11]

TDI CCD 安装如图 4-34 所示,偏流机构在调整偏流角过程中,由于实际上存在偏流角误差,卫星速度存在失配现象,从而导致成像有上下图拼接漏缝的现象,如图 4-35 所示,该偏差主要是由偏流角极限误差 $\Delta\beta$ 导致的,对应像元的拼接数目为

$$n = \Delta\beta \times d/a \tag{4-40}$$

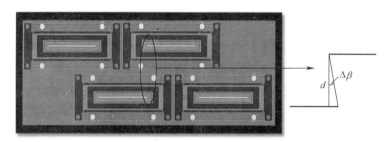

图 4-34　TDI CCD 焦平面示意图

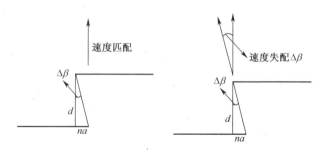

图 4-35　像移速度匹配和失配的拼接图

即两片 TDI CCD 拼接的像元数目不少于 n 个,4 片 TDI CCD 的成像才能拼接到一起,不会出现漏缝现象。

2) TDI CCD 旋转中心设计

偏流机构旋转设计主要采用两种方案:一个是绕焦平面几何中心旋转的偏流机构,如图 4-36 所示;另一个是绕光轴中心旋转的偏流机构,如图 4-37 所示。

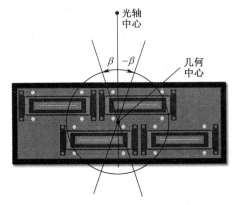

图 4-36 绕焦平面几何中心旋转的偏流机构

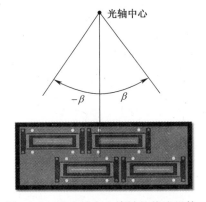

图 4-37 绕光轴中心旋转的偏流机构

将两种方案运用于像移速度矢模型中,计算偏流机构调整偏流角后的单独一片的残差。经计算,绕焦平面几何中心旋转的 TDI CCD 的边缘两边残余误差比较小(图 4-38),绕光轴中心旋转的 TDI CCD 的边缘两边残余误差大(图 4-39),所以采用绕焦平面几何中心旋转方式。

3. 卫星平台调偏流设计

由于相机固连在卫星本体系下,无平移和转动,卫星坐标系到相机坐标系存在一定的坐标变换关系,之间的关系由相机相对卫星的运动和相机在卫星上的安装方式决定。当相机的焦平面与卫星偏航轴垂直,TDI CCD 焦平面推扫方向与卫星

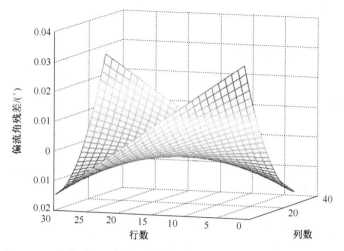

图 4-38 绕焦平面几何中心旋转的 TDI CCD 的边缘两边残余误差

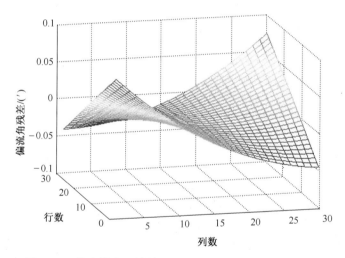

图 4-39 绕光轴中心旋转的 TDI CCD 的边缘两边残余误差

俯仰轴方向一致时,调整卫星偏航角与偏流机构调整偏流角效果一致。

高分辨率光学相机固结在卫星上,TDI CCD 所处的焦平面平行于卫星俯仰轴和横滚轴所确定的平面,即卫星绕偏航轴旋转的角度与偏流机构旋转的角度相同。与此同时,卫星平台姿态指向精度为 0.03°,满足误差需求。因此,可以用卫星平台完成偏流角调整功能,进行像移补偿设计或作为相机调偏流机构故障模式下的备份。

卫星完成偏流角调整,需要明确相机和卫星坐标系的定义,卫星姿态机动顺序,即欧拉角变化关系,将卫星姿态机动顺序与偏流机构调偏流角方向关系相匹配,满足像移速度补偿。

1) 坐标系的对应

将卫星平台坐标系定义与相机像移补偿坐标系定义相匹配,通过比较坐标系定义,判断两者之间调整的方向是否一致,满足卫星平台偏流角的调节方向性。

2) 卫星姿态的欧拉变换

根据欧拉定理,刚体绕固定点的角位移可以是绕该点的若干次有限转动的合成,因此,可将参考坐标系转动三次得到卫星本体坐标系,每次的旋转轴是被转动坐标系的某一轴,每次的转动角即为欧拉角。为了既满足大角度姿态机动,还要满足卫星偏航方向旋转与偏流机构调偏流角大小相匹配,需要采用 1-2-3(X-Y-Z) 的旋转方式,即每次转动的角度依次为 φ、θ、ψ 如图 4-40 所示,从而将偏航角度与偏流角相匹配。

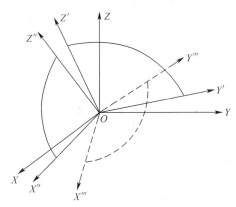

图 4-40 轨道坐标系到卫星本体坐标系 1-2-3 旋转的变换

4.5 相机结构与机构设计

高分多光谱卫星光学相机结构主要由主镜组件、次镜组件、三镜组件、折叠镜组件、调焦机构、调偏流机构、焦平面组件、主背板组件、桁架组件及遮光罩组件等结构与机构组件构成(图 4-41),相机主体结构采用空间桁架式结构,次镜组件通过桁架组件安装在主背板上。

综合考虑光学元件的力学性能、工作环境适应性、加工工艺性和可行性、国内外订货渠道落实情况、研制周期及经济合理性等因素:反射镜材料选用 SiC,反射镜的镶嵌件选用与 SiC 线胀系数匹配的钢钢;反射镜的柔性支撑元件选用刚度和强度都较高的钛合金;反射镜组件的支撑结构和碳纤维预埋件选择钛合金;桁架杆、主背板、遮光罩等选用碳纤维增强复合材料。

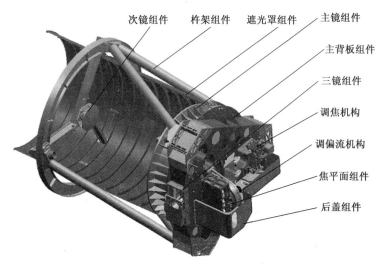

图 4-41　高分多光谱卫星光学相机结构剖面

4.5.1　反射镜组件设计

1. 镜体材料选择

高分多光谱相机光学系统主要的光学元件有主镜、次镜、三镜、折叠镜和调焦镜。大口径光学元件，如主镜、次镜、三镜的镜坯材料均采用 SiC 材料制备，小口径光学元件如折叠镜和调焦镜采用传统的微晶玻璃制备。之所以对大口径光学元件采用 SiC 材料，是为了解决镜体的自重变形与重量过大等问题。SiC 材料的应用，使得主镜、次镜、三镜的质量得到有效控制，同时保持了非常高的力学性能与光学性能。

目前，空间光学反射镜的材料经历了三代发展：第一代材料是以德国肖特公司的 ZERODUR 和美国康宁公司的 ULE 零膨胀玻璃为代表的玻璃类材料，该类材料光学加工性能优异，材料的热特性稳定，但刚度较低；第二代是金属铍合金，其具有极佳的比刚度，但材料本身剧毒，加工成本高昂，应用场合受到限制；第三代材料是 SiC 陶瓷类材料，该材料兼具了高比刚度与高热稳定性的优异性能，是目前空间光学反射镜的首选材料。这是因为，从功能性来说，主镜、次镜与三镜作为空间光学系统的光反射元件，其材料要保证能够形成一片符合光学使用要求的反射镜，即反射面可通过加工形成一定的平滑度。从结构设计角度出发，主镜要经历恶劣的力学与热学载荷作用，其材料要具有保持上述高精度面形精度与表面粗糙度的能力，即具有一定的刚度与热稳定性。图 4-47 为根据材料特性数据绘制的空间反射镜常用材料的比刚度和热稳性对比图。图中指向右上方的箭头表示材料的特性趋于高性能表现,位置越靠近右上方的材料就越应该在设计空间反射镜时进行优先考虑。

从图4-42可以看出,金属Be具有最高的比刚度,力学特性最好;超低膨胀(ULE)玻璃具有最高的热稳定性,热学特性最佳;SiC材料具有综合上述两种材料的优良特性。SiC是无机非金属陶瓷复合材料,其作为第三代空间反射镜材料,已逐渐应用于国内空间光学反射镜领域。其比刚度与强度较高、硬度大、热导率高、表面致密、抗原子氧、电子束等空间辐照腐蚀能力强等优点。中国科学院长春光学精密机械与物理研究所光学技术中心已经完全掌握了可应用于空间反射镜的RB-SiC材料镜体制备技术,可使用凝胶注模-反应烧结法制备高度轻量化的大口径空间反射镜,是具有我国自主知识产权的高新材料应用成果。高分多光谱光学相机设计人员结合反射镜轻量化加工工艺的现有水平,对相机主镜、次镜、三镜进行轻量化设计[3,4],相机光学反射镜组件如图4-43所示。

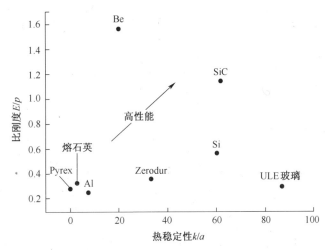

图4-42 空间反射镜常用材料的比刚度与热稳定性对比

2. 反射镜组件优化设计

反射镜组件一般由反射镜镜体与支撑结构组成。反射镜体的反射面要经过光学加工至复合光学设计要求的面形,支撑结构是反射镜的机械接口,同时要保证反射镜组件镜面面形的稳定。设计合理的镜体以减轻冗余质量并保持一定刚度,以及设计合理的支撑件来保证组件的刚度并抵抗外界力、热载荷对镜体面形精度的影响,是空间反射镜组件研制中需要解决的核心问题。高分辨相机的反射镜组件在制造、检测、装调、运输、发射和在轨工作期间,要经历振动、冲击、重力场变化、高低温变化等的力学与热学环境。

为了满足光学设计提出的成像质量要求与结构设计的强度、刚度等要求,所有反射镜组件在X、Y、Z三个正交方向自重及15℃稳态温升分别作用下通光面面形

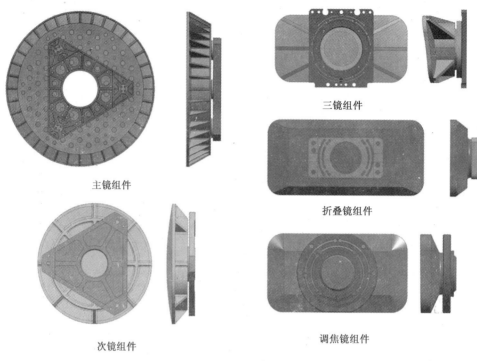

主镜组件　　次镜组件　　三镜组件　　折叠镜组件　　调焦镜组件

图 4-43　高分多光谱光学相机光学反射镜组件

精度（RMS）必须满足小于 15nm（$\lambda/40$），PV<63nm（$\lambda/10$），组件结构的一阶自然频率必须大于 150Hz。保证主镜组件在经历上述过程中的力、热载荷作用下，光学反射面的面形精度不超出允差范围而又具有较高的结构刚度和较小的质量，是空间反射镜结构设计时的必须要反复权衡的。

下面以主镜组件为例介绍高分辨多光谱卫星相机反射镜组件的优化过程。主镜是高分辨相机中结构尺寸最大的关重部件，通光口径为 600mm，结构外形口径 624mm。同时，主镜也为光学系统的光阑，即进入各个视场参与成像的光线都会充满主镜的整个口径，因此主镜的面形误差对光学系统波前差影响最大。综上所述，主镜组件以其口径大、质量大、难加工、高精度等要求，成为高分多光谱卫星相机研制中的一项关键技术。

设计反射镜时，首先要确定支撑点数量。在能够保证反射镜面形精度与结构刚度、强度、一阶自然频率的前提下，应尽量选择简单的支撑结构与较少的支撑点数量。国内外对口径在 1m 量级的空间轻量化反射镜一般采用 3 点运动学约束。高分辨相机主镜同样采用 3 点运动学支撑方式。

之后进行镜体轻量化设计。为了更有效地利用镜体芯层材料，寻找材料分布的最优空间位置，采用变密度拓扑优化算法，对镜体芯层的最优材料分布进行了优化。在优化模型中,以镜体背部为设计区域,前面板与支撑孔侧壁为非优化区域,进行芯层材料的变密度拓扑优化分析。约束条件为镜体边缘轴向自重最大位移小于 12nm,以体积最小为目标函数。图 4-44 为镜体拓扑优化流程。图中对镜体传力路径有正贡献的单元保留,有负贡献的单元则删减。根据最终优化结果,并考虑了光学材料凝胶注模烧结的均匀化要求,最终设计的 SiC 镜坯如图 4-45 所示。

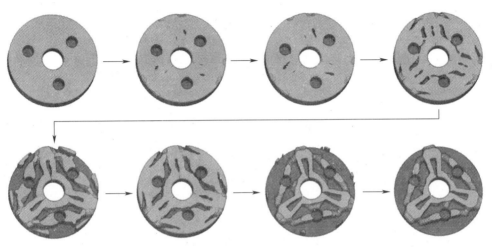

图 4-44 (见彩图)高分辨相机光学反射镜组件示意体拓扑优化注程图

(a) (b)

图 4-45 高分多光谱光学相机光学反射镜组件

镜体设计完毕后,进行了整个组件的工程分析与支撑结构优化工作。工程分析主要采用有限元方法,对组件的力学模型进行静力学与动力学求解。主镜组件的有限元模型如图 4-46 所示,主要采用六面体 8 节点一阶单元进行划分,局部细节过渡采用五面体 6 节点一阶单元划分。总计单元数为 174756。

对主镜组件进行力学分析时,利用 MSC/PATRAN 作为有限元前处理器,约束

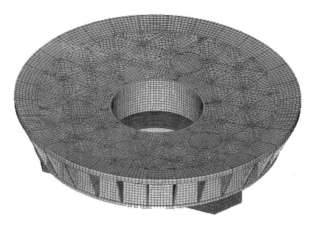

图 4-46 （见彩图）主镜组件有限元模型

所有反射镜组件机械接口安装面处的节点，并分别施加 X、Y、Z 三个方向的自重载荷与 15℃温度变化载荷。以 MSC/NASTRAN 作为有限元求解器，并利用 MATLAB 自编程序求解面形精度 RMS 值。定义 Z 向与镜面光轴方向一致，并指向入光方向；X 向平行于机械件长边；Y 向由笛卡儿坐标系右手定则确定。所有反射镜组件的变形分析结果如图 4-47 所示，并将计算得到的面形精度结果列于表 4-14。

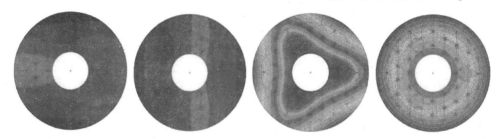

图 4-47 （见彩图）X、Y、Z 方向自重与温度变形分析结果

表 4-14 反射镜组件静力学自重变形分析结果

反射镜组件	X 向自重面形精度 (RMS)/nm	Y 向自重面形精度 (RMS)/nm	Z 向自重面形精度 (RMS)/nm	15℃温度变化面形精度(RMS)/nm
主镜组件	1.0	1.0	11.9	2.2

由此可知，主镜在三向自重及 15℃温度变化分别作用下，镜面面形 RMS 均优于 $\lambda/50$（$\lambda=632.8\text{nm}$），说明主镜组件结构具有优良的力学与热适应性，满足光学设计要求。对主镜组件进行正则模态分析结果如图 4-48 所示，并将计算得到的前三阶自然频率列于表 4-15。由上述分析可知，主镜组件的一阶自然频率均高于 150Hz，满足结构分系统对反射镜组件的设计要求。反射镜组件在正弦振动下不会发生谐振。

图 4-48 （见彩图）主镜组件模态前三阶振型

表 4-15 反射镜组件模态分析结果

反射镜组件	F_1/Hz	F_2/Hz	F_3/Hz
主镜组件	192	192	227

综上所述，以主镜组件为例，简要介绍了反射镜组件的优化设计流程。在高分多光谱卫星光学相机设计过程中，对所有反射镜组件分别进行了有限元工程分析，包括静力学分析与结构动力学分析。结果表明：在自重载荷和15℃温度变化载荷作用下，各反射镜面形精度以及光轴变化量均满足光学设计要求，所有反射镜组件一阶自然频率均高于100Hz，在相机的外部动力学环境激励下不会发生谐振，静力学刚度与动力学刚度完全满足设计要求。

4.5.2 焦平面组件设计

焦平面组件由4片TDI CCD组成，TDI CCD芯片采用像元尺寸为8.75μm、像元数为4096的TDI CCD器件，相邻两片CCD之间彼此搭接30个像元，CCD像元总数16294元，总长度为142.5725mm，两行CCD间距23mm。采用机械交错拼接方案，在相机像面的视场中心线两侧分两行上下错开排列相邻TDI CCD器件，在焦面基板上，加工好各片CCD对应的通光槽及高精度的定位平面，拼接时修研CCD调整垫，保证各片CCD拼接后共面，然后在专用的拼接检测仪器上，检测、调整各片TDI CCD器件位置，分别保证两行TDI CCD器件的直线性，两行TDI CCD的平行性以及像元搭接精度。调好后紧固，用胶固封。图4-49为焦平面结构CCD拼接示意图。

由于成像采用的TDI CCD相机像元尺寸为8.75μm，为了保证各片间搭接、平行与共线性之间能够实现小于0.3像元的要求，光学系统对CCD交错拼接提出的精度要求如下：

(1) 各片CCD器件拼接后共面性为±0.01mm；
(2) 两片CCD间搭接精度为±0.002mm；

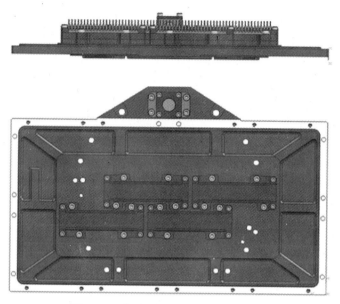

图 4-49　焦平面结构 CCD 拼接示意图

（3）两行 CCD 平行度为 ±0.002mm；

（4）每行 CCD 拼接后共线性为 ±0.002mm。

4.5.3　调焦机构设计

由于焦面组件的体积较大，质量较大，如果采用焦面调焦势必引起结构质量体积的增加，所以选择一片反射镜作为调焦活动件是比较合理的方法。如前所述，调焦镜不仅起到了折叠光路的作用，而且由于带有微小曲率，因此起到了消除系统场曲的作用。

调焦机构采用丝杠传动，根据自锁要求，同时兼顾传动效率及精度，对丝杠、连杆长度等参数进行了优化设计。调焦镜借助支承结构固定在滑动镜座上，滑动导杆与基座固连，滑动镜座可沿导杆在光轴方向自由移动，而其他自由度都被约束。驱动部件安装在固定座上，通过传动机构将圆周运动转化为沿调焦镜法线方向的移动，调焦镜的位置由编码器反馈。

调焦机构包括步进电机、蜗轮蜗杆、丝杠螺母、编码器、连杆、调焦基座、调焦镜座、霍尔元件等（图 4-50）。其中步进电机和编码器分别通过各自的底座与调焦基座连接。为了保证整个调焦机构受力的均匀性和运动的平稳性，结构中采用双直线轴承的结构形式，可以满足系统指标要求。

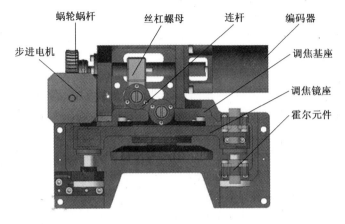

图 4-50 调焦机构

4.5.4 调偏流机构设计

根据像移补偿设计结果,偏流机构必须满足位置精度不大于 3′。调偏流机构主要由电机组件、凸轮传动机构、编码器组件和轴系组成,如图 4-51 所示。其三

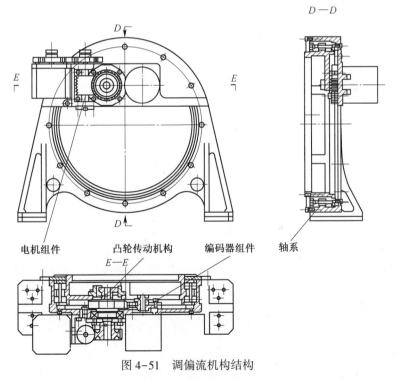

图 4-51 调偏流机构结构

维模型如图 4-52 所示。分析结果表明,调偏流机构的总传动误差为 22.96",焦平面和编码器之间的空回误差为 21.5"。由于传动误差和空回相互独立,综合误差取极限值,即 31.6"。总体要求调偏流机构的精度为 3′,因此调偏流机构满足设计要求。

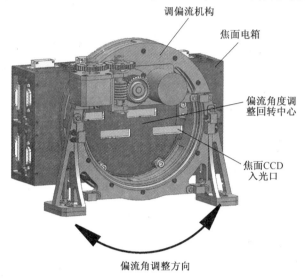

图 4-52 (见彩图)调偏流机构三维模型

4.5.5 桁架组件设计

桁架组件是相机的主要支撑结构,是主次镜间距稳定性的重要保证,也是高分多光谱相机设计的关键技术之一。桁架组件包括 6 杆结构组件、支撑环组件和次镜支架组件,其结构如图 4-53 所示。其中:6 杆结构由 6 根桁架杆和 6 个杆接头

图 4-53 桁架结构简图

组成。支撑环组件由碳纤维支撑环和支撑环埋块组成。次镜支架组件由次镜支架和三角埋块组成,该结构有以下主要特点:与次镜连接的部位为结构稳定的三角形,三翼采用截面为工字的梁结构,可以在保证扭转刚度的情况下减小质量,结构为三角形和工字形结构的组合,加工和装调难度系数较小。

4.5.6 主背板组件设计

主背板作为相机的主支撑结构,承担着整机的集成板的作用,主镜通过主镜基板连在主背板的前面板上,次镜通过桁架结构与主背板相连,三镜位于主背板的夹层腔内,主背板的后面板为折叠镜组件、调焦组件、调偏流组件和后盖组件提供安装面,同时主背板也是相机与卫星的连接板,因此主背板在保证轻质的同时要具有足够的刚度和良好的尺寸稳定性。主背板接口位置如图 4-54 所示。

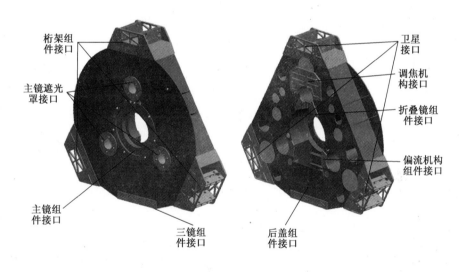

图 4-54 主背板接口位置

为了保证整机质量要优于 110kg,主背板的结构设计时要采用高度的轻量化来保证在外形尺寸为 $\phi 870 \times 130$ mm 时满足质量要求,主背板的主体材料选用高比刚度的碳纤维材料,在结构设计上则采用轻量化的夹层结构,夹层中优化的 3mm 三角形筋格有利地保证了整机的刚度。在预埋件的设计中,选用钛合金材料,每个预埋件的结构都经过轻量化设计。在预埋件与碳纤维的连接上除了依靠环氧树脂胶的黏胶外,在结构设计上又采用了钛合金预埋件与碳纤维主体相互嵌套的结构,配以铆钉加固,极大地提高了主背板的刚度和可靠性。

4.6 相机控制器设计

4.6.1 功能概述

高分多光谱卫星高分辨率光学相机的控制中心位于相机控制器中,相机接收的所有控制指令都由相机控制器接收、解释和执行,相机的所有状态参数也都由相机控制器实时采集并发送到卫星平台。高分辨率光学相机需要工作在合适的温度环境中才可发挥出应有的能力,相机工作环境的温度条件也由相机控制器进行控制。空间环境与地面实验室环境存在差异,发射过程中的剧烈震动,这些因素都可能导致相机发射入轨后出现离焦现象,因此调焦成为目前高分辨率相机的必备功能之一,高分多光谱卫星高分辨率光学相机的调焦操作也在相机控制器的控制下完成。像移补偿和实时调偏流是高分多光谱卫星高分辨率相机获得高分辨率图像的重要因素,它们也都由相机控制器来完成。

传统航天相机的指令控制和状态采集由相机控制器实现,相机的温度控制由独立的热控仪来实现,像移补偿与调焦调偏流操作由协处理器完成。为了进一步减小系统质量,降低系统功耗,并提高系统的可靠性,高分多光谱卫星将高分辨率光学相机的所有管理、运算和控制都集成在相机控制器中,相机控制器成为相机的综合控制中心。图4-55为相机电子学系统组成框图,相机控制器为相机的综合控制中心。

4.6.2 架构组成

根据相机控制器功能,从资源整合、集中控制、节省能源和提升可靠性的角度,可将相机控制器分为相机主控、相机热控、电机驱动和二次电源四个组件。

1. 相机主控

1) 功能概述

相机主控是对相机实施控制的单元,主要功能包括通过CAN总线接收卫星平台的注入指令和注入数据并发送相机工程遥测参数,控制相机完成工作模式转换;对相机的运行状态进行监控;对相机的工作参数进行采集;调焦、调偏流控制;转发CCD工作参数;接收GPS发送的秒脉冲(PPS),完成与飞行器时间同步。

2) 主要技术指标

高分多光谱卫星相机主控单元主要技术指标如下:

(1) CPU: TSC695F。

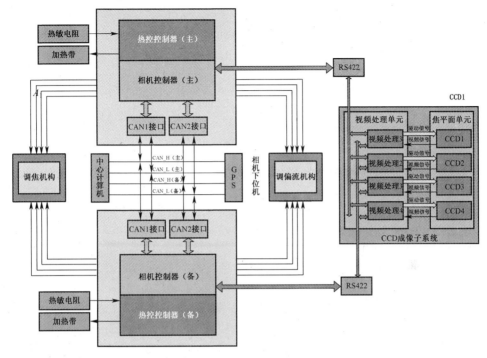

图 4-55 相机电子学系统组成框图

(2) PROM： 32KB。
(3) EEPROM： 2MB(带 EDAC)。
(4) SRAM： 2MB(带 EDAC)。
(5) FLASH： 16MB(带 EDAC)。
(6) 双路 CAN： 通信速率支持 1Mb/s。
(7) 4 路 RS422：与 16X550 兼容,速率支持 115.2kb/s。
(8) 8 路电机驱动 I/O：支持 1MHz 波形。
(9) 1 路秒脉冲输入。
(10) 2 路成像 OC 指令。
(11) 3 路霍尔信号 OC。
(12) 8 路继电器控制 OC。
(13) 3 路独立的定时器：晶振准确度优于 $100×10^{-6}$,定时精度优于 $10\mu s$。

3) 组成

相机主控单元设计为双机冷备份,主、备份设计完全一致,由电源互斥加电控制主、备机工作,相机主控单元主、备份分别占用一块电路板。

相机主控单元功能模块如下:

(1) 中央处理器模块;

（2） CAN 总线通信模块；

（3） RS-422 通信模块；

（4） I/O 模块；

（5） 定时器模块；

（6） JTAG 模块；

（7） 继电器控制模块；

（8） 电机驱动 I/O 模块。

4） 设计特色

（1） 数据可靠存储。相机主控单元中存储器的设计是提高相机可靠性的一个重要措施。

相机主控单元中存储器包括 PROM、EEPROM、SRAM 和 FLASH 四种。其中，PROM 为一次性写入器件，不具备二次写入的功能，无须特殊保护；其余三种存储器在轨都可进行二次写入，为了保护数据，设计时对这些存储器都加入了 EDAC 功能。EDAC 采用汉明码和奇偶校验的方式对写入存储器的数据进行校验保护。EDAC 可检测 32 位数据中存在的双比特错误，并可纠正 32 位数据中存在的单比特错误，对于纠正的错误比特可自动回写到存储器中。

（2） 功能集成。功能集成是相机主控单元的另外一个特色，本控制单元集成了控制器、运算单元、CAN 总线、RS-422、电机驱动 I/O、继电器控制、秒脉冲和霍尔信号采集等功能，用一个单元取代以往多个独立的单元，极大地降低了系统重量和功耗，同时提高了系统的可靠性。

（3） 软件多版本存储及加载。为了提高可靠性，相机主控单元应用程序设计了四个相互独立的备份版本，相机主控单元每次开机后可根据指令选择运行哪个备份版本，四个备份版本既可以相同也可以不同。多版本设计既可提高程序的可靠性，也可增强相机功能的多样性。

相机主控单元程序存储在 PROM 和 EEPROM 中，程序运行在 SRAM 中，这样的设计既可以保证程序运行的可靠性，又可保证程序运行的实时性。

相机主控单元 PROM 中存储的是引导程序（相当于 PC 中的 BIOS），EEPROM 中存储的是多版本备份的应用程序。引导程序的功能是将 EEPROM 中指定备份版本的应用程序加载到 SRAM 中运行。

相机主控单元开机后首先运行引导程序；引导程序设计了 10s 等待时间用于接收备份版本选择指令，等待期间如果接收到软件版本选择指令则将 EEPROM 中存储的对应备份版本程序加载到 SRAM 中，否则自动加载默认的备份版本。程序加载完毕后程序跳转到 SRAM 中并执行 SRAM 中的程序；由此实现相机程序多版本运行。

（4） 软件重注[12]。相机主控单元的软件重注借助 EEPROM 可重新写入的特点实现。PROM 加电运行后处于等待指令模式（等待 10s），如果期间接收到软件重注指令,则进入软件重注模式,等待卫星中心计算机发送软件重注数据包。

相机主控单元重注以数据包为最小上注单位,每个数据包由1帧上注允许指令帧、32帧上注数据指令帧、1帧上注结束指令帧组成。

软件重注流程:①禁止自动引导指令(此时进行EEPROM解码)——②软件上注允许指令(含软件上注地址)——③软件上注数据指令(含软件上注帧编号)——④软件上注结束指令(含软件上注数据校验和)。

若上注1包未完成代码修改,则重复步骤②至步骤④,进行下一数据包的上注,直至代码修改完毕。软件重注流程如图4-56所示。

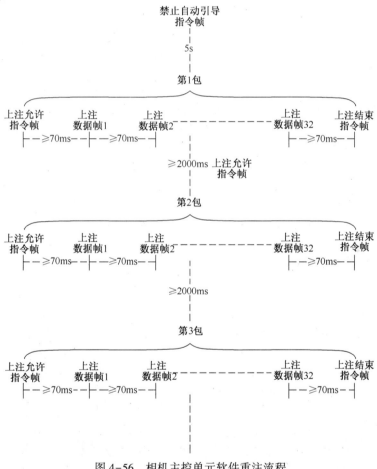

图4-56 相机主控单元软件重注流程

2. 相机热控单元

1) 功能概述

相机热控单元是对相机实施主动热控并对相机内部模拟量进行遥测采集的单元。主要功能包括通过CAN总线发送工作状态、各测温点温度值和内部模拟量遥测的电压值;为相机主控单元主、备加断电并通过 RS-422 与当前工作的相机主控单元通信;为相机主控单元提供硬件复位信号;监测相机主控单元工作状态;采集调焦、调偏流编码器数据。

为了节省能源,只有需要进行拍照时相机主控单元才加电工作,其余时间相机主控单元处于关机状态。相机热控单元是相机中唯一长期加电的部件。

2) 主要技术指标

(1) CPU:80C32E。

(2) SRAM:8KB。

(3) PROM:16KB。

(4) EEPROM:16KB(读映射至程序空间,写影射至数据空间)。

(5) 双路 CAN:通信速率支持 1Mb/s。

(6) 2 路 RS-422:第一路 RS-422 采用 CPU 集成的 UART,第二路采用芯片 82C52 实现。

(7) 温度采集共 36 路,单路测温精度±1LSB。

(8) 36 路加热,单路加热功率最大支持 18W。

3) 组成

相机热控单元对外接口主要有温度传感器接口、编码器采集接口、加热片接口、电源接口、模拟量接口、RS-422 接口、CAN 总线接口和 OC 指令接口。内部功能电路主要包括一次电源保护电路、二次电源变换电路、温控驱动电路、温度采集电路、模拟量采集电路、CPU 控制电路和 OC 指令输出电路等。为了提高产品的可靠性,热控单元采用了双冗余设计,主份电路和备份电路采用冷备份工作模式。

相机热控单元为常加电设备,设备内部的主份模块和备份模块采用冷备份工作方式,主备机切换由卫星配电器控制。

相机热控单元是以 80C32E 为核心嵌入软件后构成智能控制的主体(图 4-57)。单元基本系统包括 1 片 80C32E,两片 8KB 的程序存储器(PROM)、1 片数据存储器(RAM)、1 片上注程序存储器(EEPROM)、上电复位及看门狗(Watchdog)电路。上电复位电路提供可靠的复位信号,用于系统复位。看门狗电路用于在程序"跑飞"时提供硬件复位信号,使系统恢复至正常工作状态。数据存储器提供了遥测参数存储区,供遥测数据缓冲存取。EEPROM 提供程序在轨注入空间。

温度采集模块主要通过获取温度传感器数据(热敏电阻的阻值)来实现对相机环境温度的采集。温度采集模块原理框图如图 4-58 所示。

温度采集模块的温度量输入端为热敏电阻的两个端子,接口电路主要实现 R-V 变换功能。多选一开关利用模拟开关组成二级选通网络,实现 36 路选 1 逻辑。跟随电路由运算放大器实现,主要用来为 ADC 提供低输出阻抗、大驱动能力的输入信号。

温控输出模块主要负责输出温控驱动信号,结合温度采集电路实现对相机环

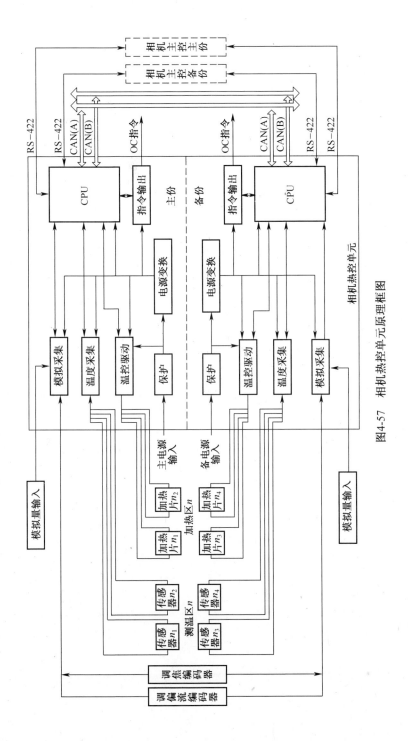

图4-57 相机热控单元原理框图

137

境温度的主动控制,其原理框图如图 4-59 所示。

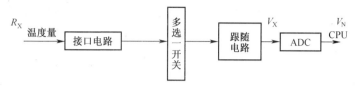

图 4-58 温度采集模块原理框图

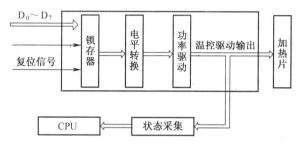

图 4-59 温控输出模块原理框图

锁存器主要用于控制各通道功率驱动电路的"启动加热/停止加热"状态切换,其输入信号是来自 CPU 模块的控制信号。功率驱动电路主要负责为加热片提供功率驱动信号。电平转换电路主要实现锁存。

调焦调偏流编码器采集电路主要由精码放大、粗码放大、精码 A/D 转换、粗码整形、粗码锁存等组成。相机编码器包括调焦编码器和调偏流编码器两种,与之对应的有调焦和调偏流放大电路,它们的作用与功能完全相同,电路设计也相同,两个编码器共用一个 A/D 采集芯片,调焦调偏流编码器采集电路原理框图如图 4-60 所示。

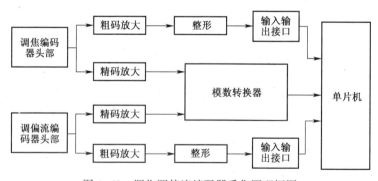

图 4-60 调焦调偏流编码器采集原理框图

4) 设计特色

(1) 多模式控温。相机热控单元采用门限控温和趋势控温两种控温模式实现温度控制,根据在轨状态随时调节控温模式,保证相机温度控制精确。

其中门限控温为传统最简控温方法,根据当前回路给定控温门限,当温度值高于关闭门限时,关闭该路加热带;当温度低于开启门限时,开启该路加热带。该方法控制简单,但对于热容较高的加热对象或加热带功率较高的情况下易出现超调现象。

趋势控温类似于比例积分(PI)控制,可有效地避免控制超调。根据当前温控回路设定的温度最大值 T_{max} 和最小值 T_{min},使被控温度控制在 $(T_{max}+T_{min})/2$ 附近。趋势控温的周期为 8s(4 个采集控制周期),加热时间包括 0s、2s、4s、6s 和 8s 五种。小于控温门限的中间值且温度不升高,则加热时间加 2(等于 8 时不加),否则维持加热时间不变;大于或等于控温门限的中间值且温度不降低,则加热时间减 2(等于 0 时不减),否则维持加热时间不变。地面环境试验及在轨验证情况均表明该控温模式效果良好。

(2)软件重注。相机热控单元软件重注同相机主控单元,以数据包为最小上注单位,每个数据包由 1 帧上注允许指令、32 帧上注数据指令、1 帧上注结束指令组成。

相机热控单元软件重注流程与相机主控单元类似,区别在于相机热控单元软件上注无须发送禁止自动引导指令。

3. 电机驱动单元

相机调焦操作通过驱动调焦电机转动带动调焦镜前后移动的方式实现,当调焦镜到达位置后保持位置不动;调偏流操作通过驱动偏流电机转动带动偏流机构转动的方式实现,转动完毕后保持位置不动[13]。调焦和调偏流电机均要在转动一定的角度后停止,且要保持位置不动,根据这个特点选择步进电机作为驱动电机是最好的选择。

相机中调焦电机和偏流电机均为单绕组单极控制步进电机,采用四相八拍方式工作。

为了提高可靠性,相机主控单元主份和备份均设计了独立的电机驱动电路,每套驱动电路完全一致,冷备份工作。每个驱动电路提供 4 相驱动信号,每相驱动电路也完全相同,图 4-61 为某一相驱动电路原理。

驱动电路中设计有电机回检信号,回检信号电平与该相驱动信号电平具有固定的逻辑关系,回检信号由相机主控单元读取,通过对比回检信号和相驱动信号检测该相驱动回路工作是否正常。

4. 二次电源单元

相机控制器二次电源的功能是将卫星平台提供的一次母线转换为控制器各模块所需的各种二次电源。根据相机各组件分时工作的特点和电源种类,二次电源组件又可分为主控单元二次电源组件、热控单元二次电源组件和 CCD 成像子系统二次电源组件。主控单元二次电源组件为相机主控单元主备份提供+5V 和+12V

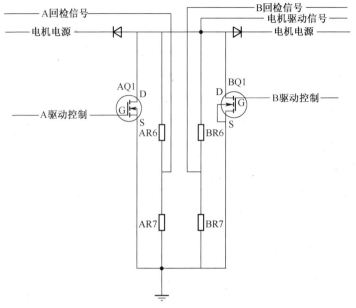

图 4-61 单相驱动电路原理

两种二次电源。热控单元二次电源组件为相机热控单元主备份提供+5V、+12V 和 −12V 三种二次电源。CCD 成像子系统二次电源组件为 CCD 成像组件主备份提供+5V、−5V、+15V、−15V 和+18V 五种二次电源。

CCD 成像子系统二次电源组件主备份切换和加断电由当班的主控单元控制；主控单元二次电源组件主备份切换和加断电由当班的热控单元控制；热控单元二次电源组件主备份切换和加断电由卫星中心机计算机控制。分级分区控制策略使电源控制逻辑更加清晰，层次更加分明，有效地避免供电时序错乱引起电源"倒灌"等异常出现，从设计角度提高了系统的可靠性，如图 4-62 所示。

4.6.3 相机控制软件

1. 软件概述

相机软件包括主控软件和热控软件两部分。相机主控单元软件基于嵌入式操作系统 VxWorks[14]，主要任务概括如下：

（1）通过 CAN 总线，完成与卫星平台之间的信息交换，即接收卫星轨道参数、姿态参数、注入数据、辅助数据、GPS 时标信息以及相机工作所需的指令和参数，并发送相机工程遥测参数；完成 CAN 总线协议规定的应答操作。

（2）利用 GPS 秒脉冲、时标信息完成与卫星 GPS 的时间同步。

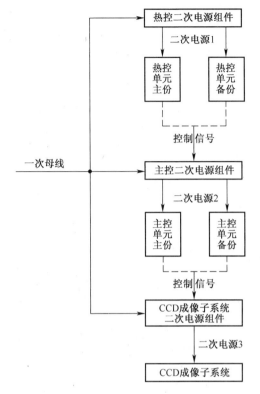

图 4-62 二次电源组件

（3）根据卫星轨道及姿态参数实时计算像移速度矢量（像移速度和偏流角参数）及 TDI CCD 行转移时间参数。

（4）根据计算得到的偏流角参数进行偏流角调整，完成对相机调偏流机构的控制。

（5）地面注入调焦指令后，进行指令调焦，完成对相机调焦机构的控制。

（6）通过 RS-422 接口接收相机热控单元工作状态及其采集得到的温度信息和相机控制器内部二次电源（含 CCD 部分）遥测信息。

（7）通过 RS-422 接口接收偏流编码器和调焦编码器数据。

（8）通过 RS-422 接口与 CCD 成像子系统通信。

（9）向 CCD 成像子系统发送 2 条 OC 指令。

（10）具备硬件看门狗复位功能。

（11）支持 CAN 总线软件在轨重注。

主控单元零级数据流图如图 4-63 所示。

相机热控单元主要完成测温和控温，与卫星中心机通信，并可为主控单元加断电，主要功能概况如下：

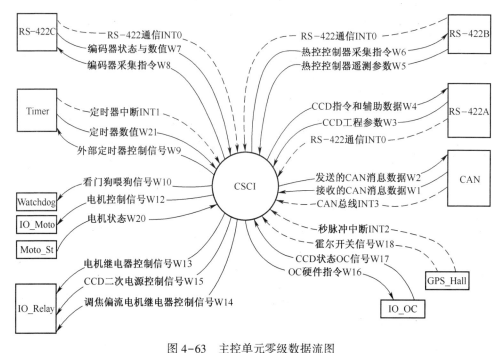

图 4-63 主控单元零级数据流图

(1) 通过 CAN 总线与卫星中心计算机通信,接收卫星发送的指令并返回热控工程参数。

(2) 根据设定的温度门限对 18 个控温点进行主动温度控制。

(3) 通过 RS-422 与当班的相机主控单元通信。

(4) 根据指令控制相机主控单元主、备加电和断电。

(5) 向主备相机控制单元提供硬件复位信号。

(6) 根据指令完成在轨软件重注。

热控单元零级数据流图如图 4-64 所示。

2. 温度调焦

航天相机空间运行环境与地面装调环境存在差异,火箭在发射过程中的震动,这些因素都可能导致航天相机在轨实际焦距较实验室标定值发生变化,因此大多光学相机在发射后都须实施调焦。

相机本体温度是导致相机离焦的一个重要因素,温度变换引起结构热胀冷缩最终导致焦面位置发生变化。目前,航天相机调焦前先对地面靶标成像,根据图像分析当前离焦情况,然后依据实验室热光学试验数据,得到当前焦面理论位置,然后地面注入指令进行调焦。传统方法调焦过程缓慢,且相机温度时刻在小范围内波动,相机焦面变化率约为 0.25mm/℃,拍摄靶标时的相机温度与拍摄其他目标时的温度可能不一致,因此根据靶标图像确定的焦面位置可能不适合所有成像。

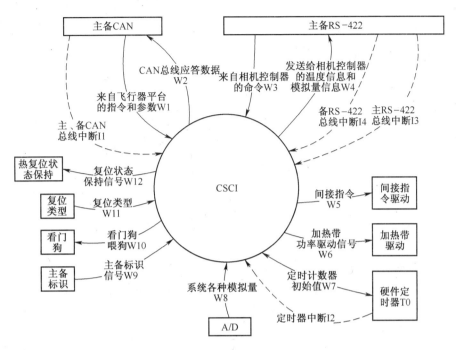

图 4-64 热控单元零级数据流图

温度调焦的基本原理是相机在轨实时读取当前温度,对影响焦距的采温点温度进行处理得到当前相机本体实际温度水平,根据实验室标定的温度与焦面位置关系得到当前相机本体温度对应的焦面位置(目标焦面位置),最后自动将相机调焦至目标焦面位置。

相机温度与焦面位置关系为

$$f = a(t - T) + b$$

式中:t 为相机本体温度(℃);T 为相机工作基准温度(℃);a 为温度与调焦镜位置系数(mm/℃);b 为基准温度时调焦镜位置(mm);f 为 t 对应的调焦镜位置(绝对位置,mm)。

在轨温度调焦速度快,调焦精度高,可在每次成像前自动实施,保证相机焦距精度。

3. 电子地图

相机通过像移补偿计算得到当前成像器件法线与轨道面的夹角,像移补偿计算的一个重要参数就是当前卫星拍摄目标所在的地面高程值。全球地形高程图数据分布如图 4-65 所示。

相机使用的地形高程图数据根据需求精度和存储器容量综合考虑,每间隔 0.1°对地球高程进行数据点提取,同时对数据点间线性插值,使高程数据误差小于

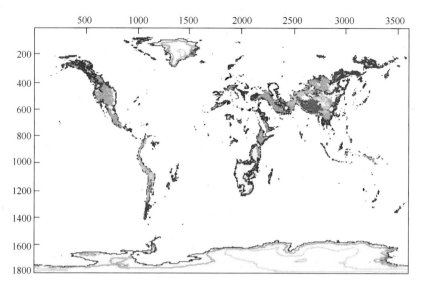

图4-65 全球地形高程分布

50m。全球地球高程数据间隔0.1°存储,每个点由2B来表示,数据共1800×3600×2 = 12.35MB。为保证数据的可靠性,重要数据按照三模冗余的方式存储,全部地形高程图数据占用12.35×3 = 37.05MB[15]。相机中使用的存储器件为价格昂贵的宇航级器件,存储器资源较为紧张,将数据地图压缩存储是一种有效的方法。

其中海洋占据了全球70%的面积,海平面的地形高程是0,也就是说在全球地形高程中,有70%的数据都是0,如果将这些地程高都为0的采样点剔除,则可以大大减少地程高数据的数量,即实现地程高数据压缩,使用地程高数据时,不需要解压缩,仅需检索压缩后的地程高数据,可很快查找出对应的地程高数据,对于没有检索到地程高的点就代表该点的地程高为0。

地程高压缩算法的基本原理是将全球地形高程图分割成一个个小块(图4-66),如果这些小块都是海洋,这个小块就可以从地形高程图中删除,否则保留这个小块。

为便于操作,地程高压缩算法按照地形高程图中的行进行分块。全球地形高程图的每行等分为N块,对应每个划分方法压缩后的数据如图4-67所示。

随着分块数量的增加,地程高总数据量在减小,这是由于分块数量增加后每个块内的采样点数量减少,则这个块为海洋的概率在增加,因此裁剪的块数也在增加。可以找到一组组合使得裁剪后的数据量最小。

裁剪算法给出的全球地形高程图由一些不连续的块组成,这些块由于无法区分而不能被正确的检索。为了区分这些数据块,需要为每个数据块分配一个ID(经纬度),检索时根据块ID定位采样点,得到期望地点的地程高。

同样按照上面的方法对全球地形高程图进行分块,并为每个块加上增加块

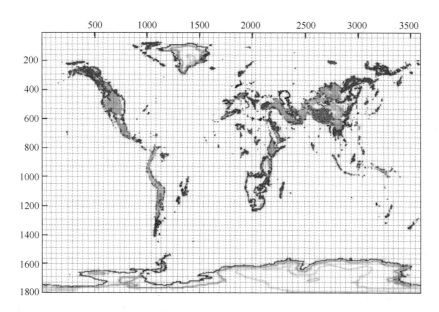

图 4-66　全球地形高程分块

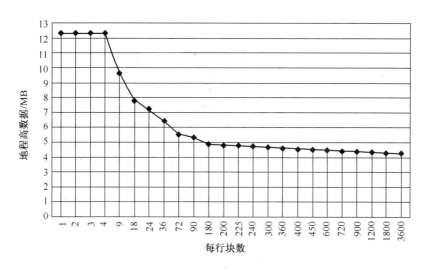

图 4-67　块内采样点与数据

ID,分块数与压缩后的地程与数据量的关系如图 4-68 所示。

虚线部分表示均等分块裁剪后的压缩地程高数据量,实线部分表示加入了块 ID 时压缩地程高数据量,裁剪压缩地程高数据量呈现出 U 形结构。当每行分块数量为 200 时,每个均等块内有 18 个采样点,压缩地程高数据为 5.30MB,相比原始数据压缩了 57.7%。

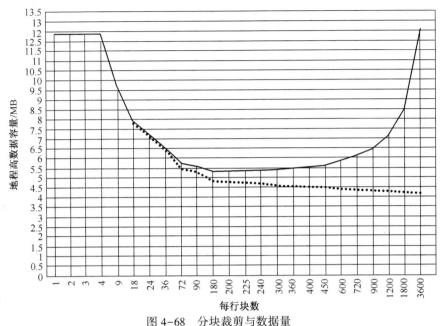

图 4-68 分块裁剪与数据量

4.7 CCD 成像电子学设计

4.7.1 功能概述

CCD 成像子系统负责将输入的目标光信号转换为数字形式的电信号输出,输出的数字图像数据直接发送至数传分系统,成像子系统的工作参数通过 RS-422 总线由相机控制器进行设置[16]。

CCD 成像子系统功能组成如图 4-69 所示。CCD 成像子系统从功能角度可以分为个 8 功能模块,分别为驱动/预放模块、视频处理模块、时序控制模块、数据整合缓存模块、数传接口模块、三次电源管理模块、遥测管理模块和相机控制子系统接口模块。

1. 驱动/预放模块

对时序控制模块产生的各种时序信号进行驱动,完成功率变换功能;对 CCD 输出的视频信号进行低噪声放大和传输。

2. 视频处理模块

对 CCD 输出的模拟视频信号进行低噪声放大;经过其内部集成的相关双采样电路对 CCD 输出模拟视频信号的复位噪声、低频噪声和宽带白噪声进行消除和抑

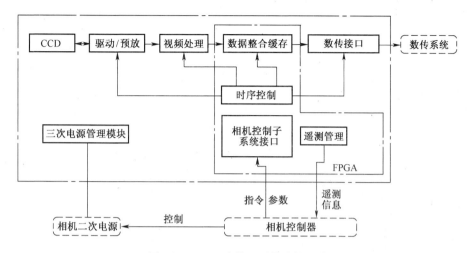

图4-69 CCD成像子系统功能组成

制;并且对模拟信号进行增益和偏置调整。最后通过模/数转换,将模拟视频信号转换为数字信号。

3. 时序控制模块

时序控制模块在CCD成像单元工作过程中起着在时间上同步协调驱动/预放模块、视频处理模块、数据整合缓存模块的作用。时序控制模块接收下位机发送的数据,对数据进行分析、判断。如果是视频信号处理器的配置参数,则进行视频信号处理器的配置;如果是CCD的行周期和积分级数调整,则调整时序信号。

4. 数据整合缓存模块

数据整合缓存模块完成辅助数据和图像数据整合的重要环节,由视频信号处理器输出的数字图像和相机下位机注入的辅助数据,在时序控制模块的控制下,进行数据整合。整合完毕的数据在时序控制模块的控制下,转换为数传格式后输出至数传接口模块。

5. 数传接口模块

对整合成数传格式的图像数据采用低压差分信号传输(LVDS)的驱动电路进行发送,在一定程度上提高信号的抗干扰能力、传输能力、数据传输速率。

6. 三次电源管理模块

将二次电源输出的5个主要电源转换为成像子系统所需的各种电源,并输出至各所需的功能单元中。

7. 遥测管理模块

成像单元的遥测量包括模拟量遥测和数字量遥测。模拟量遥测是指将成像单元的模拟信号转换后直接输出到相机控制子系统进行采集。数字量遥测是将成像单元各模块的数字量直接采集。数字量遥测信息通过与相机控制器的数据通信接口发送到相机控制子系统中。

8. 相机控制子系统接口模块

相机控制子系统接口模块通过 RS-422 通信与相机控制器进行数据交换,接收相机控制器发送的控制信号,配置参数等信息,并通过此接口向相机控制器发送数字遥测数据。

4.7.2 架构组成

CCD 成像子系统由两个电箱组成,即焦平面电箱与视频处理电箱,如图 4-70 所示。焦平面电箱能够实现对 4 片 TDI CCD 的供电、驱动与信号射随,其由驱动预放板 A 和 B 组成。视频处理电箱则对 4 片 CCD 所输出的模拟视频信号进行量化处理并将图像数据整合输出至数传分系统,其由视频处理板 C 和 D 组成。CCD 成像子系统的二次电源板安装于相机控制器电箱中。

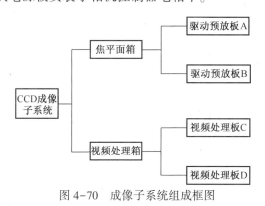

图 4-70 成像子系统组成框图

4.7.3 焦平面驱动预放设计

1. 驱动预放电路设计要求

CCD 成像子系统选用的是 DALSA 公司的 TDI CCD,其电气结构如图 4-71 所示。共需要 48 路驱动信号,各路驱动信号详细参数如表 4-16 所列。

CCD 预放单元的主要功能是对 CCD 输出的模拟视频信号进行高信噪比的射随,同时完成阻抗匹配的功能,添加此部分电路的根本原因是 CCD 视频信号输出端的阻抗较大,不利于信号的后续处理,通过增加该部分电路,即可解决 CCD 输出端阻抗大的问题。

2. 驱动单元设计

CCD 成像子系统的前端驱动电路是以现场可编程门阵列(FPGA)为核心控制器件,负责与相机控制器进行通信,实现对 CCD 上下电控制,在线增益、级数、偏置、积分时间的调整,以及反馈遥测状态等,通信协议采用串行差分总线 RS-422,

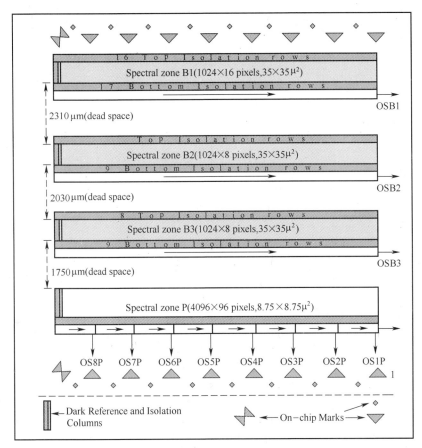

图 4-71 TDI CCD 电气结构

表 4-16 CCD 成像子系统驱动信号详细参数

信号	描述	频率/Hz	信号电位值		
			低电位/V	高电位/V	幅值/V
CIxP	P 谱段行转移时钟	9.52k	−4.0	+6.0	10.0
CSSP	P 谱段级选时钟(选中状态)	9.52k	−4.0	+6.0	10.0
	P 谱段级选时钟(非选中状态)	—	−8		
TCKP	P 谱段行转移门时钟	9.52k	−7.0	+6.0	13.0
CI1B1,CI1B23	B 谱段行转移时钟	2.38k	−12	+2	14
CIxBxx,CSSxBxx	B 谱段行转移时钟	2.38k	−13	+1	14
TCKB	B 谱段行转移门时钟	2.38k	−12	+3	15

(续)

信号	描　述	频率/Hz	信号电位值		
			低电位/V	高电位/V	幅值/V
CR1P CR3P	P 谱段行移出时钟	7.5M	−6.5	−0.5	6.0
CR2P CR4P	P 谱段行移出时钟	7.5M	−3.0	+3.0	6.0
CRxBx	B 谱段行移出时钟	3.75M	−4	+4	8
RSTP	P 谱段复位时钟	7.5M	0.0	10.0	10.0
RSTB	B 谱段复位时钟	3.75M	0.0	10.0	10.0

如接收到拍照指令,则完成对三次电源的上电控制,产生各路驱动时序信号,从而使 CCD 开始工作,CCD 下电停止工作与上电过程相反。

在 CCD 时序驱动芯片的选择应考虑相机的读出频率指标要求,并充分继承在轨型号的成功经验,选择了 INTERSIL 公司一款具有最高频率为 40MHz 的四路同相 CMOS 驱动芯片 EL7457CSZ,其峰值电流的驱动能力为 2A,输出延时时间在 2ns 之内,可以在 −40~85℃ 范围内工作,芯片的最大功率为 909mW,是比较理想的大容性负载驱动器。其主要的性能特点如下:

(1) 具有使能控制引脚 OE,控制芯片的三态输出。
(2) 宽电压输出范围,$-5V \leqslant V_L \leqslant 8V, -2V \leqslant V_H \leqslant 16.5V$。
(3) 驱动的瞬时电流可以达到 2A 的峰值驱动能力。
(4) 输出阻抗为 3Ω,具有较强的带负载能力。
(5) TTL、CMOS 电平输入兼容。

CCD 的级数共有 6 种可供选择,分别为 8 级、16 级、32 级、48 级、72 级和 96 级(满)。在进行级数选择时选用了模拟开关实现对 CCD 级数的控制,选择了一款具有两路二选一功能的模拟开关 AD7512,每路的输出有 CI4 和 −8V 两种选择,当选中 CI4 时,该级数就使能,即可积分的,否则将不工作,输出控制由芯片的 A1、A2 两根引脚的输入决定[17]。

3. CCD 预放单元设计

CCD 预放单元采用的是集成运算放大器以实现对 CCD 输出的视频模拟信号进行射随。这种设计方法具有功耗小、调节灵活的特点,同时具有较高的信噪比。运算放大器选用的是美国国家半导体公司的 LMH6722,它是一种高速电流型反馈的视频运算放大器,其主要的特点如下:

(1) 在放大倍数 $A_V = +2$,输出信号 $V_{OUT} = 500mV$ 时,−3dB 带宽可达 400MHz。

（2）在放大倍数 $A_V = +2$，输出信号 $V_{OUT} = 2V$ 时，-3dB 带宽可达 250MHz。

（3）低功耗：5.6mA。

（4）高转换速率：1800V/μs。

CCD 输出的视频信号中含有较大的直流分量，所以首先利用 0.1μF 的电容进行隔直，获得其交流分量部分，然后经过分压后输入到 LMH6722 中，从而实现对视频信号的射随功能。

4. PCB 布线设计

由于 CCD 驱动频率较高，驱动信号的反射将会相应的增加，相邻信号线的串扰也将会成比例的增加，通常高速电路的功耗和热耗散也都较大，所以在设计高速 CCD 驱动时要对上述问题特别重视，因此为提高系统的电磁兼容性和信号完整性。在设计高速 PCB 电路时应主要注意如下几个方面：

（1）严格控制关键走线的长度，如各种驱动信号线。

（2）注意阻抗匹配，避免使用大的电容和电感。

（3）由于高频信号在传输过程中导线已具有传输线的性质，所以会存在反射等干扰，因此需要加入阻抗匹配电路。本系统选择在源端添加阻尼电阻的方式实现阻抗匹配，以减少信号的过冲等噪声，针对不同信号所带负载的不同，其阻值为 5.1~100Ω。

（4）为减少串扰，平行信号线之间要留有较大的间隔，并加地线屏蔽，以减少其对周围信号线的干扰。

4.7.4 视频处理单元设计

视频处理电箱由两块功能相同的电路板组成。每块视频处理板对应两片 TDI CCD，为 CCD 提供驱动时序，并处理 CCD 输出的视频信号，最终将整合好的图像数据发送至数传分系统中。

1. 视频处理电路设计要求

（1）视频处理可在轨调整增益，并且能进行暗电平自动校正。

（2）图像量化灰度等级：10bits。

（3）CCD 成像的积分时间和积分级数 8 级、16 级、32 级、48 级、72 级、96 级可调。

（4）CCD 驱动时序满足 TDI CCD 驱动的相位和占空比要求。

（5）与相机控制器的通信采用 RS4-22 总线通信，波特率为 38.4kb/s。

（6）高速图像数据传输采用高速串行差分传输方式，数据发送时钟为 30MHz。

2. 模拟视频信号传输

对于高速 TDI CCD 视频信号，为了降低 CCD 信号受外部干扰的敏感性，首先是尽量缩短 TDI CCD 引线与前置预放单元的距离，并进行适当的屏蔽和接地，

CCD 成像子系统的视频处理板与 CCD 驱动预放板之间共有 44 路高速 CCD 模拟视频信号,传输距离约为 500mm,所以考虑到频率、信号传输质量以及传输距离等因素,采用同轴电缆传输 CCD 视频信号到视频处理板,传输线阻抗为 50Ω。同轴电缆能够在很高的频带范围内很好地保证信号的传输质量,衰减小,传输距离远。

3. 视频信号处理电路设计

TDI CCD 预放板输出的视频信号中除了有用的图像信号外,还包括很高的直流分量和噪声。视频信号处理电路的作用就是对 TDI CCD 图像敏感器输出的视频信号进行低噪声放大;经过相关双采样电路对 TDI CCD 输出视频信号的复位噪声、低频噪声和宽带白噪声进行消除和抑制;并且对系统的增益和偏置进行调整。最后通过模/数转换,为后续处理提供数字图像数据。综合空间应用的环境条件、功耗等因素,我们采用飞利浦公司宇航级抗辐照 OM7560A 专用 CCD 视频信号处理器完成 CCD 视频信号的数字化,它将相关双采样(CDS)、可编程增益放大器(PGA)、模/数转换器(ADC)和黑电平自动校准等多种功能集成在一块芯片上,这样大大简化了线路,提高了视频信号处理的稳定性和可靠性。该器件的主要特性如下:

(1) 采样频率最高可达 40MHz。

(2) 集成了宽频带差分输入的相关双采样电路,相关双采样工作频率范围为 35~284MHz。

(3) 集成了 12bit 分辨率的模/数变换器。

(4) 增益可编程调节,调节范围为 0~36dB(AGC),步长为 0.5dB。

(5) 具有数字黑电平自动校准功能。

(6) 低功耗:425mW,5V 工作电源,数字量输出工作电源 2.5~5.25V。

(7) ESD 保护可达 2000V。

(8) 工作温度范围:-55~110℃。

由于单片 TDI CCD 分为 11 个抽头输出,所以 CCD 成像子系统的视频信号处理电路元由 11 片 OM7560A 完成 11 路 CCD 视频信号的并行处理,视频处理电路原理框图如图 4-72 所示。专用视频处理器 OM7560A 的工作时序(SHP、SHD、CLKADC、CLPADC、CLPOB)和控制时序(SEN、SCLK、SDATA)由时序控制模块产生。CCD 输出的视频信号通常具有较大的直流偏置,为了更方便地提取视频信号,可采用交流耦合方式来隔断直流成分,同时在 CCD 视频信号输入端串联 50Ω 电阻进行阻抗匹配[18-20]。

由于 OM7560A 量化的分辨率较高,其数字输出端对外围电路的噪声反映比较敏感,因此设计时做了以下几点考虑:

(1) 参考电压源设计:参考电压源主要是为 ADC 提供精密、低噪声的基准电压。参考电压源的精度及稳定性直接影响 ADC 的性能,因此设计参考电压源时应该是低噪声、低温漂。在对 OM7560A 进行 ADC 参考电压设计时,将管脚 V_{RT} 和

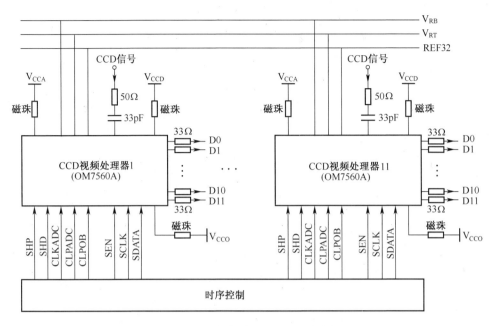

图 4-72 视频处理电路原理框图

V_{RB} 通过电容接地,同时将 8 片视频处理器的 V_{RT}、V_{RB} 和 REF32 分别连接,保证在同一参考电平[21,22]。

（2）采样时钟设计:对于 A/D 转换来说,采样时钟应保证采到有效并稳定的模拟输入信号,否则会产生误差数据(采到非稳定信号)或错误数据(采到无效信号)。A/D 采样时钟 CLKADC 上升沿在有效视频信号的保持阶段,且 CLK 高电平持续时间大于 12ns 而小于半个像素周期。

（3）供电电源设计:OM7560A 有:模拟电源 V_{CCA}、数字电源 V_{CCD} 和数字驱动电源 V_{CCO} 三个电源端。如果分别给三个电源端供电则需要较多的电源数量,而如果采用统一的电源则模拟电源容易受到其他两个电源的干扰。因此,设计时采用低压差线性稳压器 LM2941 对纹波较大的系统电源进行稳压,为 V_{CCA} 提供所需电压;V_{CCO} 直接由系统电源供电;V_{CCD} 通过 LC 滤波网络后与 V_{CCA} 连接,并且各电源输入端均采用旁路电容技术,降低电源噪声,同时采用磁珠隔离供电,减小视频处理器之间的电源串扰[23,24]。

（4）电源接地设计:将专用视频处理器模拟接地引脚 A_{GND}、数字接地引脚 D_{GND} 和数字输出接地引脚 O_{GND} 都直接接到系统的模拟地平面上,这样设计的确会有少量的数字噪声注入模拟地平面。数字逻辑供电引脚 V_{CCD} 可以通过使用铁氧体磁珠进一步和模拟电源 V_{CCA} 隔离。这样,芯片的数字电流将会在一个小环内流动。去耦电容也应该选用低等效电感的陶瓷电容,根据工作速度的不同通常在

0.01~0.1μF 之间。

4. FPGA 设计

FPGA 是 CCD 成像子系统的控制核心,在 FPGA 的控制下,起到时序发生、逻辑控制、数据处理、通信控制等作用,整个 CCD 成像子系统按照统一的时序同步工作,共同完成系统的工作任务。FPGA 逻辑功能框图如图 4-73 所示。

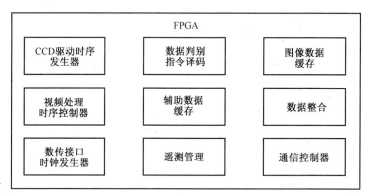

图 4-73 FPGA 逻辑功能框图

FPGA 选用 Xilinx 公司宇航级大规模现场可编程逻辑器件 XQR2V3000 实现,配置芯片为 XQR17V16,这种型号的 FPGA 逻辑资源丰富,达到 300 万门,最高工作频率可以达到 300MHz,有 12 数字时钟管理器(DCM),16 个低抖动的全局时钟分布网络,可编程内部存储资源达 1728Kbit,并且具备在系统可配置功能,而且具有满足航天型号要求的高等级器件,以上特点对于 CCD 成像子系统的数字电路设计、调试都是极为有利的。

设计 FPGA 的供电电路时,采用 MSK 公司的线性稳压模块提供 FPGA 工作的三种电源,FPGA 电源引脚采用瓷片电容串联进行滤波,以避免电源噪声对 FPGA 输出信号产生影响,滤波电容选用 0.1μF。

XQR2V3000 的 I/O 支持多达 20 种信号接口标准,而每一种标准还可提供多种驱动电流。为了阻抗匹配,减小信号反射,采用 Xilinx 公司 Virtex-II FPGA 中的可控阻抗匹配技术,利用两个外部高精度电阻从内部实现上百个 I/O 引脚的系数输入和输出阻抗匹配,减小了 PCB 上的电阻数,电阻阻抗选取 24.9Ω、33Ω 或 49.9Ω 等不同阻值,大小选取以实际走线长度决定。

FPGA 的时钟源同时也是 CCD 成像子系统的时钟源,具有高稳定性、低漂移的特性,高质量的系统主时钟才能保证时序与逻辑的精度和正确性。时钟源采取进口的有源晶振,对晶振电源进行滤波、去耦,减小其他集成电路逻辑变化引起的电源电压波动。

5. CCD 驱动时序接口电路设计

对于 TDI CCD 正常工作所需要的驱动信号,利用高速发送器输出给 CCD 驱动预放板。在设计PCB布线时,要抑制高频信号的互相干扰,采用地线屏蔽,时钟信号与驱动器件的连线尽量短,同时采用传输线的特征阻抗,在驱动信号的发送端或接收端进行终端阻抗匹配,减小信号的反射,提高驱动信号质量。

6. 数传接口电路设计

数传接口模块是将整合成数传数据帧格式的图像数据通过高速差分串行发送器转换为高速差分串行数据流。高速差分串行传输是将多路并行数据转换为较少的高速串行差分数据流进行传输,大大减少传输线缆和接插件引脚数目,充分利用传输媒介的信道容量,从而减低系统的质量、功耗,并在一定程度上提高信号的抗干扰能力、传输能力、数据传输速率。

高速差分串行发送芯片选择型号是国家半导体公司的DS90CR215。将21位TTL/CMOS数据经过DS90CR215在一个时钟周期内转化为混合的3组LVDS数据流,同时在第4组LVDS链路上将移位时钟信号发送出去。

参 考 文 献

[1] Cazaux Y, Subiela D, Boucharlat G. 12000 pixel monolithic linear sensor for high resolution pushbroom earth observation satellites[C]. Advanced and Next Generation Satellites Hiroyuki Fujisada, Paris, France, 1995, 25(3): 430-439.

[2] Yang Ye, Guo Yue, Fu Ruimin. Study on field butting of TDI CCD[J]. Optical Technique, 2003, 29(2): 226-228.

[3] Yasser E M, Kurt N. Precision rectification of SPOT imagery using the direct linear transformation model[J]. Photogrammetric Engineering & Remote sensing, 1996, 62(1): 7-72

[4] Savopol F, Armenakis C. Modelling of IRS-1C satellite pan imagery using the DLT approach[J]. International Archives of Photogrammetric and Remote Sensing, 1998, 32(4): 511-514

[5] Jean J, Eric J, Gerard L, et al. Attitude guidance techniques developed in CHES for each observation and scientific missions[C]. The 28th Annual AAS Guidance and Control Conference, Breckenridge, 2005: 11-16

[6] Peter L, Boussarie E, Lachiver J M, et al. The Pleiades system high resolution optical satellite and its performance[C]. The 53rd International Astronautical Congress The World Space Congress, Houston, 2002.

[7] 王翀,尤政,邢飞,等. 大视场空间遥感相机的像速场及图像传感器曝光积分控制[J]. 光学学报,2013,33(5):0511002

[8] 王家骐,于平,颜昌翔,等. 航天光学遥感器像移速度矢计算数学模型[J]. 光学学报,2004,24(12):1585-1589.

[9] Wang Jiaqi et al. Space optical remote sensor image motionvelocity vector computational modeling, error budget and synthesis[J]. Chin.Optics Lett, 2003, 3(7): 414-417.

[10] 杨秀彬,贺小军,张刘,等. 偏流角误差对TDI CCD相机成像的影响与仿真.[J]光电工程,2008,35(11):45-50.

[11] 杨烨,郭悦,伏瑞敏. TDI CCD的视场拼接[J]. 光学技术,2003,29(2):226-228.

[12] 王绍举,郑晓云,徐拓奇. 星载软件在轨重注技术[J]. 光学精密工程(增刊),2013.

[13] 谷松,王绍举,金光. 高精度空间相机像移补偿机构设计与试验[J]. 长春理工大学学报(自然科学版),2011,34(2):16-19.

[14] 王绍举,徐伟,金光.基于VxWorks实时性航天相机管理软件设计[J].长春理工大学学报,2012,35(1):9-12.

[15] 王绍举,徐伟,徐拓奇.航天相机地形高程图简易压缩方法[J].液晶与显示,2011,3(26):238-241.

[16] 郑亮亮,张贵祥,贺小军,等.TDI CCD成像电路系统响应模型的研究[J].光学学报,2014(11):44-51.

[17] 张贵祥,郑亮亮,金光.星载TDI CCD遥感相机高速驱动系统设计[J].液晶与显示(增刊),2013.

[18] 张贵祥,金光,郑亮亮.高速多通道CCD图像数据处理与传输系统设计[J].液晶与显示,2011,3(26):397-407.

[19] 郑亮亮.多通道TDI CCD成像系统的非均匀性校正[J].红外与激光工程2014(S1):145-150.

[20] 郑亮亮,金光,张贵祥.一种TDI CCD成像的高速视频电路的设计与实现[J].微计算机信息,2011,27(1):80-82.

[21] 郑亮亮,张贵祥,金光.一种CCD相机的视频处理电路设计与噪声分析[J].现代电子技术,2013,36(18):91-96.

[22] 郑亮亮,张贵祥,金光.高速多光谱TDI CCD成像电路系统设计与实现[J].中国光学,2013,6(6):939-945.

[23] 张贵祥,郑亮亮,贺小军.航天多通道TDI CCD相机串扰噪声分析与处理:空间光学与机电技术研讨会论文集[C].西安:2013.

[24] 张贵祥,郑亮亮,贺小军.多TDICCD拼接遥感相机成像串扰分析与抑制[J].光学学报,2014(7):85-92

第5章 高分多光谱卫星分系统设计

5.1 结构与机构分系统

5.1.1 分系统概述

结构与机构分系统是卫星的主要分系统之一。卫星结构是卫星的主承力结构，为卫星的各分系统提供安装平台和接口，将卫星的各分系统有机地结合在一起。卫星机构是在发射和入轨后，完成规定的空间动作，改变分系统的位置或者形状，以实现其特殊功能要求。

根据高分多光谱卫星的任务需求和自身的特点，结构与机构分系统具有如下功能：

(1) 保持卫星的外形和内部空间；

(2) 为任务载荷提供一体化集成条件，为星上各种仪器设备提供安装面和安装空间；

(3) 承受在地面、发射和在轨工作阶段的各种力学载荷，保证其在地面、发射和在轨工作时构型的完整性和相对稳定性；

(4) 满足卫星在地面停放、翻转、安装、总装、操作、测试和运输阶段的各种要求；

(5) 保证与运载的可靠连接和分离，以及太阳电池阵的压紧、可靠解锁和展开。

结构与机构分系统在满足上述功能要求的同时，从整星的角度进行了技术指标的量化，具有如下要求：

(1) 卫星结构质量：<100kg。

(2) 整个卫星的固有频率要求：在与运载器连接的对接环下边缘处于固支约束状态下，固有频率要求如表5-1所列。

表 5-1 固有频率要求

序号	振型说明	频率/Hz
1	横向一阶	≥12
2	纵向一阶	≥30

(3) 太阳电池阵固有频率要求:收拢状态基频要大于46Hz,展开状态基频要大于4Hz。

(4) 卫星在停放、起吊、运输和飞行工况时,结构的强度安全系数要大于1.8,安全裕度大于0。

(5) 卫星结构和机构系统的可靠性不小于0.9985(其中,卫星结构的可靠性不小于0.9995,太阳电池阵展开机构的可靠性不小于0.999)。

结构与机构分系统主要由卫星结构、太阳电池阵结构与机构、总装直属件等部分组成。

1. 卫星结构[1,2]

卫星结构采用了星载一体化的方案,结构中的中心承力筒也是相机的遮光罩,它一方面能遮挡部分地表反射光和其他杂光进入相机镜头,利用中心承力筒长度和中心承力筒内的光阑及表面材料特性,最大限度地吸收已进入中心承力筒的杂散光,保证较高的信噪比,同时也是卫星的主承力结构,承受大部分载荷,一体两用,减少了构件,提高了卫星的功能密度集。

卫星结构主要由中心承力筒、5块单机安装板、3个中心承力筒支架、3个相机支架、碳纤维桁架杆系、12个+Z向单机安装板支架、3个桁架杆支架和对接环组成,如图5-1所示。

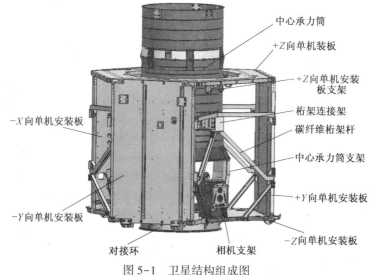

图 5-1 卫星结构组成图

5块单机安装板包括+Z向单机安装板、-Z向单机安装板、-X向单机安装板、+Y向单机安装板和-Y向单机安装板。中心承力筒通过三个中心承力筒支架安装到-Z向单机安装板的+Z面，-Z向单机安装板的-Z面与对接环连接，将载荷传递到运载。+Z向单机安装板通过12个+Z向单机安装板支架与中心承力筒连接。

-X向、+Y向和-Y向3块单机安装板下端通过铰链与-Z向单机安装板连接，绕铰链旋转90°，合拢并固定在+Z及-Z向单机安装板上。最后，用碳纤维桁架杆系将-X向、+Y向和-Y向3块单机安装板连接到中心承力筒上。

2. 太阳电池阵结构与机构系统[3]

太阳电池阵结构与机构系统包括3块太阳翼，呈120°均匀分布。每翼由1块基板、2套展开锁定机构、2套压紧释放机构及总装直属件组成。在卫星入轨、姿态稳定后，由中心计算机的程控指令或地面遥控指令，解除压紧释放机构的约束，太阳翼展开并锁定，太阳电池阵展开后贴片面朝-Z方向。太阳电池阵收拢及展开状态卫星构型如图5-2(a)、(b)所示。

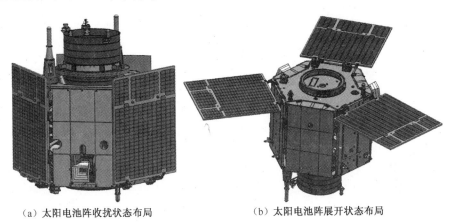

(a) 太阳电池阵收拢状态布局　　　　(b) 太阳电池阵展开状态布局

图5-2　太阳电池状态布局

帆板压紧释放机构通过压紧释放机构支架与卫星连接，展开锁定机构通过铰链支架与星体连接，压紧释放机构与展开锁定机构安装结构如图5-3所示。

5.1.2　中心承力筒设计

中心承力筒作为卫星的主要承力结构之一，通过三个扇形的承力筒支架将力传递到对接环；同时也承担了卫星光学相机遮光罩的功能，既能遮挡杂光进入光学相机，又可利用表面材料特性最大限度地吸收已进入中心承力筒的杂散光，能够保证较高的信噪比，对长焦距、大口径的反射式光学系统提高成像对比度、改善成像质量具有重要意义。高分多光谱卫星采用碳纤维复合材料作为中心承力筒的主要构成材料进行结构设计[4,5]。

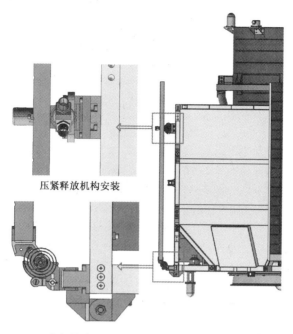

压紧释放机构安装

帆板铰链安装

图 5-3 （见彩图）压紧释放机构与展开锁定机构安装结构

由于中心承力筒结构复杂,同时考虑到整星载荷的装配需求,因此分为中心承力筒前罩和后罩两个部分单独设计成型,再通过螺接的形式连在一起。中心承力筒结构如图 5-4 所示。

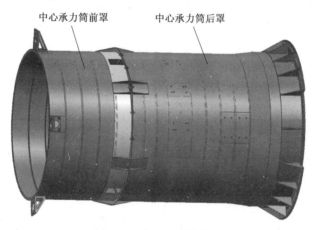

图 5-4 中心承力筒结构

1. 中心承力筒前罩

中心承力筒前罩的主要功能是安装 GPS、测控天线和磁强计,并且构成了卫星载荷遮光罩的前端。

中心承力筒前罩由碳纤维前罩、碳纤维裙边、碳纤维角撑及筒内埋块、筒外埋块等组成。其成型工艺：先将碳纤维前罩、碳纤维裙边、碳纤维角撑分别采用铺层的方式进行加工，最后进行一次固化成型；在与中心承力筒后罩的螺接处局部胶结金属垫片防止碳纤维损伤。GPS、测控天线和磁强计通过各自的安装支架采用螺接的方式连接到中心承力筒前罩上。中心承力筒前罩的结构如图 5-5 所示。

图 5-5　中心承力筒前罩结构

2. 中心承力筒后罩

中心承力筒后罩的主要功能是提供上端中心承力筒前罩连接，与中心承力筒前罩一起构成完整的相机中心承力筒。另外，作为卫星的主要承力结构，将整星的轴向力传递到对接环，同时通过碳纤维支杆与仪器舱相连，对仪器舱起到了辅助支撑作用。

中心承力筒后罩由碳纤维后罩、碳纤维裙边、碳纤维角撑及后罩上端埋块、后罩下端埋块等组成。其成型工艺：先将碳纤维后罩、碳纤维裙边、碳纤维角撑分别采用铺层的方式进行加工，最后进行一次固化成型；在与中心承力筒前罩及中心承力筒支架的螺接处局部胶结金属垫片防止碳纤维损伤；由于后罩上端埋块在碳纤维后罩上分布比较密集，存在后罩上端埋块的位置，采取局部增加碳纤维厚度的方法进行补强。中心承力筒后罩结构如图 5-6 所示。

3. 中心承力筒支架设计

中心承力筒的载荷通过三个扇形的承力筒支架传递到对接环。高分多光谱卫星采用碳纤维复合材料作为中心承力筒支架的主要构成材料进行结构设计。

中心承力筒支架由碳纤维支架、支架修整垫片及支架埋块等组成。其中：支架

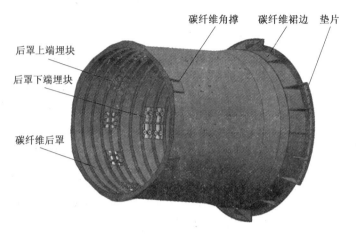

图 5-6 中心承力筒后罩结构

埋块采用 TC4,为中心承力筒支架与中心承力筒的连接提供了螺纹连接位置;支架修整垫片采用厚度为 2mm 的 7A09 材料,在三件承力筒支架安装在整星载荷基板上后,通过对支架修整垫片的组合加工保证三件承力筒支架的等高,为中心承力筒提供安装基准;在与整星载荷基板的螺接处局部胶结金属垫片防止碳纤维损伤。中心承力筒支架结构如图 5-7 所示。

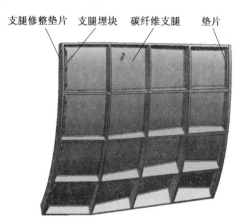

图 5-7 中心承力筒支架结构

碳纤维支架是中心承力筒支架的核心部件,是整星轴向力的主要承载部分,为保证该零件制备过程中碳纤维材料在各个方向的连续性,制造思路:将碳纤维支架分解成大小不同、壁厚不同的开口盒型件,单件开口盒型件的结构及由碳纤维支架分解成的结构如图 5-8 所示,最内一层开口盒型件的碳纤维厚度为 1.5mm,中间一层开口盒型件厚度为 1mm,最外一层开口盒型件厚度为 1.5mm,保证碳纤维支架与整星载荷基板的连接强度,最外一层开口盒型件最下一排进行增厚加强处理,厚度改为 3mm。碳纤维支架的成型工艺：先将所需的碳纤维开口盒型件分别采用铺层的方式进行加工，最后进行一次固化成型。

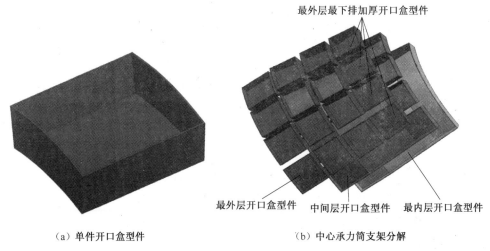

(a) 单件开口盒型件　　　　　　(b) 中心承力筒支架分解

图 5-8　中心承力筒支架结构

5.1.3　仪器设备安装板设计

通过星载一体化设计，卫星主体结构同时作为星上仪器设备的安装板，高分多光谱卫星共有 5 个仪器设备安装板，包括+Z 向单机安装板、-Z 向单机安装板、-X 向单机安装板、+Y 向单机安装板和-Y 向单机安装板[6,7]。

1. -Z 向单机安装板组件结构设计

-Z 向单机安装板组件为相机提供安装平面，并通过对接环实现与运载的连接，同时-Z 向单机安装板也为星敏感器、数字太阳敏感器、测控天线等单机设备和相机的安装提供平台，是整星的设计、基准及测量基准。因此，-Z 向单机安装板在设计中应满足如下要求：

(1) 单机安装板在使用载荷下有足够的强度，具有足够的安全裕度；
(2) 单机安装板在载荷作用下不会产生破坏，并尽可能提高自身的基频；
(3) 满足单机接口尺寸与精度要求；
(4) 满足各分系统提出热等方面的功能要求。

-Z 向单机安装板组件主要由-Z 向单机安装板、相机支架和对接环等组成，如图 5-9 所示。相机支架是相机的安装平面，应具有较强的刚度、较好的尺寸稳定性，并能隔离由单机安装板传递的热量，-Z 向单机安装板是该组件的核心，是主要的支撑结构，并提供各单机的安装接口；对接环是卫星与运载的接口，应保证其与-Z 向单机安装板连接的可靠性。

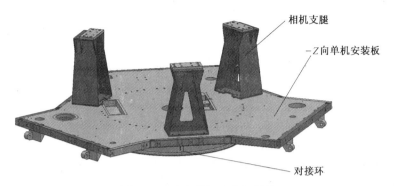

图 5-9 -Z 向单机安装板结构

设计中,相机支架、-Z 向单机安装板和对接环分别采用了碳纤维、铝蜂窝夹层板和铝合金材料。各零件采用螺钉连接和胶粘的方式保证其连接的强度和可靠性。

对接环与 -Z 向单机安装板之间、相机支架的上表面均安装了聚酰亚胺隔热垫,在不影响组件结构刚度和尺寸稳定性的前提下,实现了各分体之间的热隔离。

-Z 向单机安装板要求较低的各接口和安装平面,可在零件加工过程中进行保证。对于相机的安装平面,则在零件加工成型组装完成后,采用整体加工的方式进行保证。

-Z 向单机安装板是 -Z 向单机安装板组件的核心和基准,承载整星的总质量,提供连接接口,并在板内进行热管的铺设。-Z 向单机安装板为 Y 形构件,如图 5-10 所示,采用了整体框架、铝蜂窝和两侧粘贴蒙皮的结构形式。

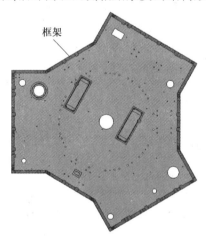

图 5-10 -Z 向单机安装板结构

整体框架结构采用 2A12 铝合金材料加工成型,增强单机安装板的刚度。铝蜂窝芯厚度为 29.4mm,铝蒙皮厚度为 0.3mm,单机安装板的总厚度为 30mm。

各单机设备通过板上预埋件进行连接。预埋件在蜂窝夹层板固化成型前用发泡胶与芯子胶结,并与面板直接胶结、共同固化,其位置尺寸精度在蜂窝夹层板胶结固化时由模具保证。预埋件采用2A12铝合金材料作为本体,再镶嵌钢丝螺套。

相机支架提供了相机的安装平面,实现相机与−Z向单机安装板的连接,并保证−Z向单机安装板与相机的隔热性。设计中,相机支架主结构采用了碳纤维材料,保证其高比刚度和尺寸稳定性;与相机的接口处黏结聚酰亚胺修整垫,保证−Z向单机安装板与相机的隔热性,如图5-11所示。

图 5-11　相机支架结构

2. +Z向单机安装板设计

+Z向单机安装板的构型为类正六边形结构,几何中心留有 $\phi 906$ 的孔,如图5-12所示。

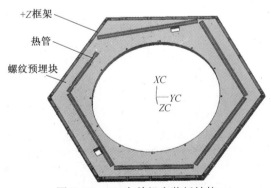

图 5-12　+Z向单机安装板结构

+Z向单机安装板与−Z向单机安装板结构相似,采用了整体框架、铝蜂窝和两侧粘贴蒙皮的结构形式,并在中心圆孔裸露处粘贴铝基胶带进行封边。

+Z向单机安装板铝蜂窝芯厚度为29.4mm,单机安装板的总厚度为30mm。

热管和螺纹埋块采用预埋方式进行。

3. +Y向单机安装板

+Y向单机安装板为长方体结构,长度为1120mm、宽度为700mm。铝蜂窝芯厚度为29.4mm,单机板的总厚度为30mm。热管和螺纹埋块采用预埋方式进行。图5-13为+Y向单机安装板结构。

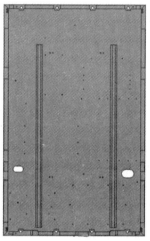

图5-13　+Y向单机安装板结构

4. -X与-Y向单机安装板

-X和-Y向单机安装板为长方体结构,长度为1120mm、宽度为700mm。铝蜂窝芯厚度为29.1mm,面板为M40碳纤维复合材料。热管和螺纹埋块采用预埋方式进行。图5-14(a)、(b)分别为-X向单机安装板和-Y向单机安装板结构。星上单机通过蜂窝板预埋热管维持温度均匀性,蒙皮导热率对散热影响较小。

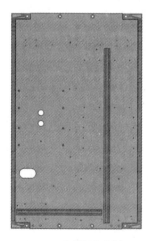 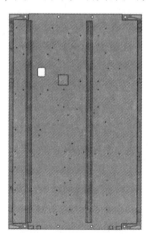

(a) -X向单机安装板　　　(b) -Y向单机安装板

图5-14　单机安装板结构

5.1.4 桁架杆设计

桁架杆为工字梁结构,采用碳纤维复合材料,杆两端为金属接头,金属接头与碳纤维杆支架采用胶结与螺接相结合的方式。桁架杆尺寸如图 5-15 所示。

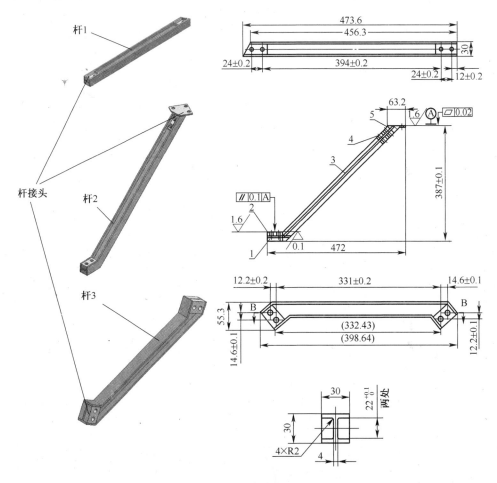

图 5-15 桁架杆

高分多光谱卫星共有 6 块蒙皮,分别为-X 向蒙皮、-Y 向蒙皮、+Y 向蒙皮与 3 块-Z 向蒙皮、蒙皮的作用主要是为热控包覆提供支撑。蒙皮采用碳纤维复合材料,为薄壁加筋构型,-X 向蒙皮、-Y 向蒙皮与+Y 向蒙皮面板厚度为 1mm,筋厚为 5mm,筋高度为 9mm;-Z 向蒙皮面板厚度为 1mm,筋厚为 5mm,筋高度为 29mm。蒙皮构型如图 5-16 所示。

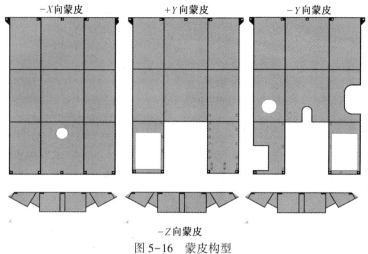

图 5-16 蒙皮构型

5.1.5 太阳电池阵设计

1. 太阳电池阵基板设计

基板主要为太阳电池电路提供足够的安装面积,并确保其在卫星发射段和轨道运行段的安全性和可靠性。卫星太阳电池阵单翼基板共 3 块,设计状态完全一致。厚度为 23mm,与铰链连接处的厚度为 22mm。

基板主要由面板、铝蜂窝、矩形边框、铰链支座等组成,面板采用高模量碳纤维复合材料 M55J 窄带,按[0°/90°]方向编织成网格面板,以减小质量。在太阳电池贴片面,粘贴有聚酰亚胺绝缘薄膜,保证太阳电池片与基板绝缘。基板四周采用矩形边框加强,边框由碳纤维窄带缠绕而成。铰链支座提供与展开锁定机构的安装接口,如图 5-17 所示。

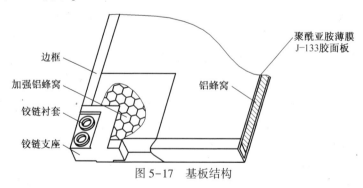

图 5-17 基板结构

2. 展开锁定及压缩释放机构设计

展开锁定机构用于将太阳电池阵的各块基板相互铰接在一起,由展开弹簧提供驱动力矩,将太阳电池阵展开到规定位置,并依靠铰链中的锁定装置把太阳电池阵可靠锁定。卫星展开锁定机构主要由公铰、母铰、轴承组件、锁定架、展开弹簧、索轮等组成,如图5-18所示。

图5-18 展开锁定机构

所用铰链展开状态锁紧力矩为0.45N·m,90°收拢状态铰链的展开力矩为0.575N·m。

压紧释放机构用于将太阳电池阵压紧在卫星侧壁,保证太阳电池阵具有一定的基频,使太阳电池阵不会因发射环境的影响而结构破坏;入轨后,根据程控或遥控指令完成解锁功能,解除对太阳电池阵的约束。

压紧释放机构设计采用刚性压紧元件(压紧杆)、压紧套组件和火工品切割器的配置方式,其设计继承了目前在型号上广泛应用、十分成熟的太阳电池阵压紧释放机构的设计状态,可靠性高,继承性好。压紧释放机构如图5-19所示。

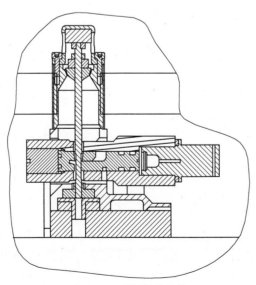

图5-19 压紧释放机构

压紧点的设置必须保证太阳电池阵在收拢状态下有足够的刚度,满足总体的频率要求;压紧释放机构解锁时,火工切割器切断压紧杆,在展开过程中,压紧杆停留在外板随外板一起运动,为了保证展开可靠性,需确保压紧杆能顺利从压紧衬套中抽出。

3. 太阳电池阵模态及强度分析

模态分析表明,太阳电池阵在发射状态的基频分别为 57.4Hz、59.5Hz、73.5Hz,满足发射状态太阳电池阵基频不小于 46Hz 的技术指标要求。+Y(-Y) 太阳电池阵在展开状态的基频为 5.79Hz,满足太阳电池阵在展开状态的基频不小于 4Hz 的技术指标要求。

5.2 综合电子分系统

5.2.1 分系统概述

综合电子分系统是整星电子学分系统的核心,负责完成卫星的综合信息处理。它对星上各模块的运行进行高效可靠地管理和控制,监控整星状态,协调整星工作,配合有效载荷完成成像任务以及进行各种在轨控制和参数设置,以实现预定的功能和任务要求。它采用星上网络和内嵌式下位机组成系统。星上网采用 CAN 总线作为整星实时现场总线,将星上各功能模块有机地连接起来,实现星上信息交换和共享,实时地完成星上运行管理、控制和任务调度。

综合电子系统的总体技术指标如下:

(1) 在轨运行期间,通过系统总线控制各个分系统下位机工作并采集其参数,控制周期 500ms,各下位机访问周期最大 2s。

(2) 综合电子系统以 CAN 总线为总线结构,通信速率为 500kb/s;系统总线由三条 CAN 总线构成,分别是综合 CAN 总线、控制 CAN 总线以及搭载 CAN 总线,三条 CAN 总线分别用于综合电子系统控制、姿态测量部件以及执行机构的控制、搭载部件遥测参数采集,卫星入轨后三条总线均使用。

(3) 时间精度:0.1ms(GPS 校时有效);10ms(地面均匀校时)。

(4) 遥控数据率:2000b/s。

(5) 遥测数据率:4096b/s。

综合电子分系统是由多计算机构成的卫星任务管理自动化系统,主要由中心计算机、总线下位机、系统 CAN 总线组成。中心计算机以及物理上内嵌于其他分系统的下位机共同组成综合电子系统的逻辑拓扑结构,包括可重构功能单元、相机控制器、测控单元、数传下位机、电源控制器、GPS 接收机以及配电热控单元等。

综合电子分系统与星上单机及组部件连接关系如图 5-20 所示。

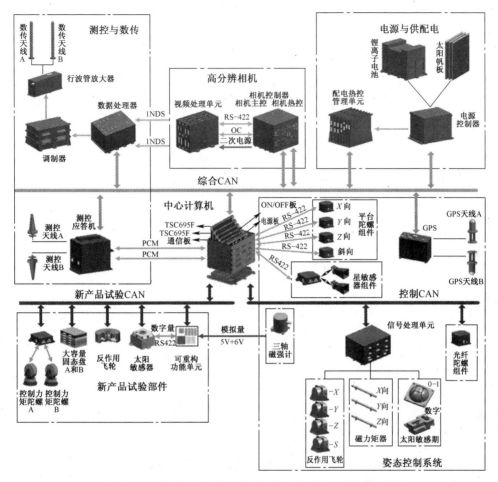

图 5-20 综合电子分系统与星上单机及组部件连接关系

综合电子分系统采用分布式计算机网络,采用冗余 CAN 总线进行数据通信。通过软件控制实现总线切换。总线上的各控制器(上位机及下位机)在发送命令帧/数据帧时同时在两条系统总线上发送,而处于接收态的控制器自主选择总线进行接收,接收超时则切换总线。

5.2.2 一体化中心计算机

综合电子分系统的一体化中心计算机由两台相同的计算机组成,单机故障时可自主或通过地面控制指令切机。中心计算机主要完成在轨运行段整星的数据管理、姿态控制等。综合电子分系统采用分布式网络结构,以 CAN 总线为主要通信方式,配合 RS-422 接口以及其他 I/O 接口,将可重构功能单元、测控下位机、数传下位机、电源控制器、配电器、GPS 接收机、陀螺组件、磁强计、太阳敏感器、飞轮、星敏感器以及磁力矩器等有机的整合为一体。

中心计算机由 CPUA 板、CPUB 板、电源板(含仲裁模块)、ON/OFF 板和通信板等组成,拓扑结构如图 5-21 所示。

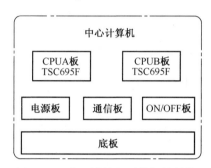

图 5-21 中心计算机系统拓扑结构

中心计算机与系统总线上的下位机通过网络通信协议实现命令控制及遥测参数采集,中心计算机的工作方式为双机热备份,一台为主控,另一台监控,并在主控故障时自动实现主从切换。

中心计算机包括中央处理单元、存储器、CAN 总线模块、I/O 接口模块中的数字输入输出及控制电路,主要完成数据信息的处理、任务调度、星上通信及控制。

中心计算机主要技术指标如下:

(1) CPU： TSC695F。
(2) PROM 区空间： 32KB。
(3) RAM 区空间： 2MB。
(4) EEPROM 区空间： 2MB。
(5) 处理能力： 11 条兆指令/s/500 万次浮点/s 运算。
(6) 串行接口： 6 路,RS-422 电平。
(7) ON/OFF 指令： 64 路,OC 类型。
(8) 控制周期信号： 1 路,OC 类型。
(9) 测控应答机接口： 三线制 PCM 接口,双通道,RS-422 电平。
(10) CAN 总线： 500Kb/s。
(11) 综合 CAN： 双 CAN 冗余。
(12) 控制 CAN： 双 CAN 冗余。
(13) 新产品试验 CAN： 双 CAN 冗余。
(14) 具备星箭分离信号采集与检测功能。

一体化中心计算机设计特色体现在时间管理、存储器分配和控制权状态及切机策略三部分。

1. 时间管理

系统时间采用 GPS 时间,GPS 接收机每秒通过 CAN 总线输出一次轨道及时间数据,同时给出 GPS 秒脉冲信号。星上时间采用 GPS 校时,每秒校正一次,在 1s 的时间内,中心计算机采用本机晶振通过内部的定时器守时。GPS 时间精度实测值为 $\pm 1\mu s$,计算机晶振精度为 $\pm 40 \times 10^{-6}$/年,时间精度可达 0.1ms,满足卫星本身各分系统及载荷的成像要求。

在 GPS 模块故障或长期无有效数据的情况下,则根据星地时差进行授时及校时处理。授时误差在短时间内可以认为是不变的,在中心计算机稳定运行的情况下,中心计算机周期地向地面下行遥测参数,时间参数帧的星上时间与地面时间存在固定的时间差,该时间差可以通过校时修正指令消除,从而实现星地校时,星地延时可以通过测距进行估算。

时间方案以 GPS 计时为主。在 GPS 接收机不能输出有效数据时,中心计算机通过守时、地面授时及校时,使综合电子系统满足时间精度的基本要求。

2. 存储器分配

中心计算机在轨使用 2MB 的数据存储空间、2MB 的程序存储空间。2MB 的数据存储空间主要用于加载执行程序代码空间(操作系统、任务表、控制算法等,小于 1MB)、延时遥测存储空间(300KB)、延时遥控(8KB)以及数据上传所用的缓存区(512B);2MB 的程序存储空间分别放置三份相同版本的程序(各占用 500KB)以及常用重要参数,程序版本 1、2、3 为三个相同程序放在三个不同的存储空间中,存储空间分配如图 5-22 所示,可通过遥控指令修改 EEPROM 内容实现在轨软件注入。

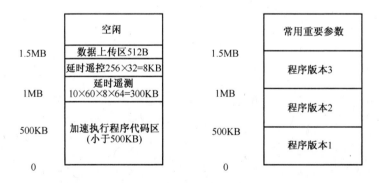

图 5-22 存储空间分配

3. 控制权状态及切机策略

中心计算机由主、备两个处理器板组成,两个处理器的控制权体现在对 I/O 接口的控制。每个处理器板均能独立连接中心计算机接口功能模块完成相应任务,物理上保持隔离,不互相干扰。两个处理器间具备内部通信485总线,完成处理器间在整个在轨期间的通信。

中心计算机两个处理器发射前均处于加电工作状态,默认CPUA为主机处于当班状态。两个处理器中任意处理器当班时能够独立控制ON/OFF接口、RS-422接口、PCM接口以及CAN接口。CPU当班机资源控制逻辑如图5-23所示。

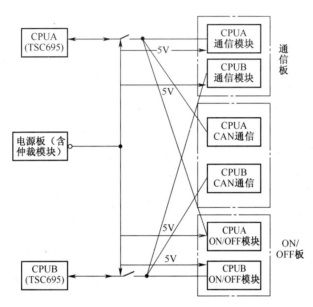

图 5-23　CPU当班机资源控制逻辑

切机仲裁模块实现主、备机的自主或遥控指令切换,仲裁策略包括自主切机策略和遥控切机策略。遥控切机优先级高于自主切机,将使自主切机禁止。

5.2.3　系统总线

1. 物理层及链路层

综合电子系统采用分布式计算机网络,采用互为备份的双CAN总线进行数据通信,总线上传输的帧类型包括广播帧、工程参数帧、指令帧、应答帧、遥测帧及遥控帧。

CAN总线通过设备机箱上的接插件连接,每套CAN接插件分入、出两个,便于总线级联。在机箱内部,两个CAN总线接插件的对应点用导线连接,以保证CAN总线级连通路,CAN总线连接方式如图5-24所示。

卫星共有三条CAN总线,分别为综合CAN总线、控制CAN总线和新产品试验CAN总线,每条CAN总线存在A、B总线互为备份,即双CAN冗余。三条CAN

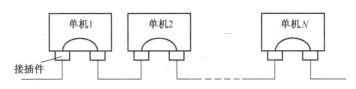

图 5-24 CAN 总线连接方式

总线独立工作,控制系统单独连接到控制 CAN 总线,以防止其他分系统对控制系统产生干扰,同时进行了余量设计保证数据通信时序正常。

2. 应用层

综合 CAN 总线的通信周期为 2s。在一个通信周期内中心计算机发送数据同步广播帧,测控、数传、电源、配电等系统下位机接收到同步帧后返回工程参数帧。

控制 CAN 总线的通信周期为 500ms。在一个通信周期内,中心计算机发送数据同步广播帧。

新产品试验 CAN 总线具有控制力矩陀螺、反作用飞轮、大容量固态盘、一体化太阳敏感器和可重构功能单元等节点,控制周期为 500ms。

3. 总线占用率分析

中心计算机通过三条 CAN 总线连接不同部件,三条 CAN 总线同时通信。软件设计时对 CAN 总线数据接收驱动进行了优化,提升 CAN 总线数据接收效率;同时,对 CAN 总线数据接收能力进行了极限测试,可以确保三条 CAN 总线连续数据接收的可靠性,满足系统时序及设计要求。

综合 CAN 总线:周期内共传输 349 帧数据,总线占用时间为每 2s 占用 174.5ms,总线占用率为 8.725%;

控制 CAN 总线:周期内共传输 14 帧数据,总线占用时间为每 500ms 占用 7ms,占用率为 1.4%;

新产品试验 CAN 总线:周期内共传输 369 帧数据,总线占用时间为每 2s 占用 184.5ms,占用率为 9.225%。

5.2.4 星务综合管理软件

中心机系统软件的主要功能:卫星工程参数的采集、组织与下传;执行上注的数据注入指令;进行卫星姿态的测量与控制;实现卫星自主故障诊断和处理;完成飞行程序、飞行任务及系统资源管理。

中心机软件的主要功能(图 5-25)如下:

(1) 收集各部件工程参数;

① 通过 CAN 总线和各节点通信,采集各节点遥测参数;

② 通过 RS-422 接口采集星敏感器及平台光纤陀螺遥测参数;

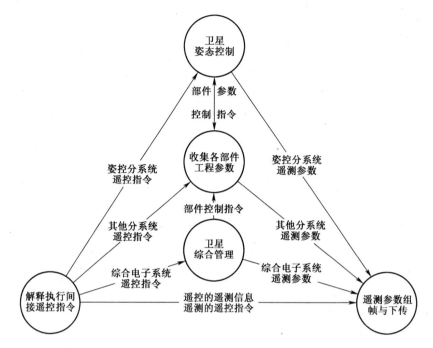

图 5-25 中心机系统软件功能

③ 采集整理本机产生的卫星姿态与轨道状态参数。
(2) 解释执行间接遥控指令：
① 通过 CAN 总线或 PCM 接口接收地面间接遥控指令；
② 直接执行接收到的综合电子系统相关遥控指令；
③ 直接执行接收到的姿态与轨道控制分系统相关遥控指令；
④ 存储延时遥控指令，并在指令指定时间执行该指令；
⑤ 转发其他分系统或单机遥控指令。
(3) 遥测参数组帧与下传：
① 按照遥测参数及处理方式组织收集到的卫星遥测参数，并打包成下行遥测帧；
② 存储卫星延时遥测参数；
③ 通过 CAN 总线或 PCM 接口同时向测控应答机传送下行遥测。
(4) 卫星综合管理：
① 时间管理；
② 自主完成给定的飞行程序；
③ 飞行任务管理，执行遥控指令给出的飞行任务；
④ 自主诊断各总线节点及各敏感器的健康状态，并根据健康情况作相应处理；

⑤ 自主诊断卫星电源电压、电流及电池电量,并根据健康情况作相应处理。
(5) 卫星姿态控制:
① 根据姿态遥控指令及敏感器状态确定卫星姿态与轨道;
② 根据姿态遥控指令、飞行任务、飞行状态控制卫星姿态与轨道;
③ 根据姿态状态执行飞行控制程序。

5.3 姿态控制分系统

5.3.1 分系统概述

高分多光谱卫星姿态控制分系统是卫星的主要分系统之一,其功能是完成卫星在轨运行期间的自主姿态与轨道测量,实现卫星的高精度姿态控制。具体地,姿态控制分系统需使卫星的太阳帆板对日充电,保障整星能源需求;需实现卫星姿态的大角度机动控制及高精度的对地指向控制,保障成像、数传任务需求。

姿态控制分系统技术指标如下:
(1) 三轴姿态确定精度:≤0.03°(3σ)。
(2) 三轴指向精度: ≤0.05°(3σ)。
(3) 定轨精度: ≤50m(3σ)。
(4) 三轴稳定度: ≤0.001(°)/s (3σ,基于飞轮控制)。
(5) 机动侧摆能力: ±45°。
(6) 机动能力: 30°/120s(基于飞轮控制)。
(7) 新产品试验部件在轨试验期望目标:
　稳定度: ≤0.003(°)/s (3σ,新产品试验控制力矩陀螺组件控制);
                  ≤0.001(°)/s (3σ,新产品试验飞轮控制);
　机动能力: 50°/88s(新产品试验控制力矩陀螺组件控制)。

为了实现卫星入轨的快速稳定、太阳帆板的有效充电以及成像/数传任务,姿态控制分系统的设计立足于使用现有成熟技术,设计的主要工作模式为速率阻尼模式、对日捕获和定向模式、对日定向三轴稳定模式、对地定向三轴稳定模式、成像试验工作模式、安全模式。

结合每个工作模式的控制需求,姿态控制分系统使用的部件包含以下三个部分:
(1) 测量部件:数字太阳敏感器、0-1太阳敏感器、磁强计、平台陀螺组件、光纤陀螺组件、星敏感器、GPS接收机、新产品试验一体化太阳敏感器。
(2) 执行部件:反作用飞轮、磁力矩器、新产品试验反作用飞轮、新产品试验控制力矩陀螺组件。

（3）中心控制单元：中心计算机（与综合电子系统共用）、信号处理单元。

高分多光谱卫星的姿态控制分系统组成如图5-26所示。

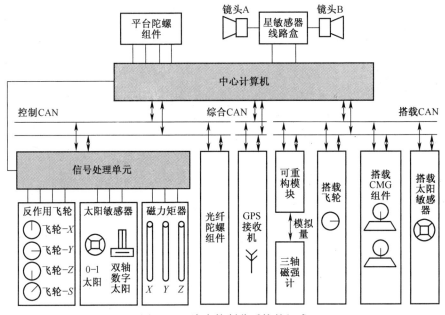

图5-26 姿态控制分系统的组成

姿态控制分系统采用的双镜头星敏感器，为卫星提供三轴姿态信息；平台陀螺组件和光纤陀螺组件用于提供卫星三个轴向的角速度信息。为满足速率阻尼、对日捕获和定向以及安全模式的要求，配置了磁强计、0-1太阳敏感器、双轴数字太阳敏感器。在正常工作期间，采用反作用飞轮为主的执行机构，磁力矩器提供卸载力矩。在同轨立体成像和同轨拼接成像试验工作模式期间，采用新产品试验控制力矩陀螺组件结合飞轮作为执行机构进行快速姿态大角度机动及稳定控制。姿态控制分系统与综合电子系统共用中心计算机，该计算机除需完成数据管理、遥测遥控等任务外，还要进行敏感器数据采集、姿态和轨道的确定与控制等任务。

5.3.2 姿态控制部件配置与布局

本节对姿态控制分系统采用的各单机/部件的组成、功能及布局等进行简要说明。

1. 中心计算机

姿态控制分系统使用中心计算机作为姿态控制器，通过中心计算机实现分系统各部件的测量数据、遥测信息的采集和控制指令的输出。中心计算机为姿控分系统与综合电子系统共用,在轨运行段为双机备份。

2. 信号处理单元

姿态控制分系统的信号处理单元负责采集太阳、飞轮和磁力矩器的遥测,并转发给中心计算机;接收中心计算机发出的控制指令,实现执行机构的驱动控制;执行中心计算机的电源切换控制指令,实现一次电源及二次电源的切换或开关控制;负责为平台陀螺组件提供4路+5V独立供电,并根据CAN总线指令,实现其加/断电控制。信号处理单元由卫星配电单元提供2路独立的一次电源30V供电,分别为信号处理单元使用、转接给反作用飞轮使用。信号处理单元根据中心计算机的OC指令实现双机的切换,根据中心计算机的CAN总线数据指令分别实现各路二次电源的加断电控制。

信号处理单元处理器为双机冷备份工作,通过中心计算机的OC指令进行主备份的切换;控制系统的控制周期为500ms,中心计算机每500ms发出控制周期信号和CAN总线数据采集广播帧;信号处理单元若检测到控制周期信号,则采集两次周期信号之间的飞轮转速脉冲,若检测不到则采集两次广播帧之间的飞轮转速脉冲,并根据协议要求在广播帧后的100ms内通过CAN总线返回遥测信息;姿控软件模块每个控制周期计算出飞轮和磁力矩器的控制量,并由中心计算机通过CAN总线发送给信号处理单元,信号处理单元接收到控制指令后立即输出控制电压。

3. 平台陀螺组件

姿态控制分系统配置了两套陀螺组件。平台陀螺组件采用4个德国LITEF公司研制的μFORS-3UC光纤陀螺,采取3正交+1斜装的安装方式,用于测量星体X、Y、Z、S轴在惯性空间的姿态角速度。平台陀螺的常值漂移小于$3(°)/h$,随机漂移小于$0.08(°)/sqrt(h)$,可满足在轨长期对日及姿态机动的控制需求。平台陀螺组件由信号处理单元提供4路5V供电,可通过中心计算机的总线数据指令对4路供电分别进行加断电控制;数据输出接口为标准RS4-22通信接口,由中心计算机进行数据采集。平台陀螺组件根据中心计算机的数据指令发送陀螺测量数据,中心计算机将多组测量数据滤波处理后提供给姿控模块使用;平台陀螺组件功耗较低,可用于卫星在轨运行的全过程。

4. 光纤陀螺组件

由于平台陀螺组件性能指标较低,不能满足有效载荷的任务需求,因此姿控分系统配置了光纤陀螺组件,采用4轴单表陀螺方案,每轴陀螺的光源、光路控制电路、信号检测电路、DC/DC供电及CAN总线接口电路等均独立配置,采取3正交+1斜装的安装方式,用于测量星体X、Y、Z、S轴在惯性空间的姿态角速度。光纤陀螺组件的常值漂移小于$0.1(°)/h$,随机漂移小于$0.01(°)/sqrt(h)$,可满足成像或数传任务时对地指向稳定控制的高精度需求。光纤陀螺组件由卫星配电单元提供30V供电,可通过地面直接指令或中心计算机间接指令进行加断电控制,数据输出接口采用CAN总线接口,与系统控制CAN总线连接;光纤陀螺组件内部共有四个敏感轴,四个轴的工作方式完全相同;陀螺处理器每3.9ms采集一次测量数据,多次采集后进行平均处理;中心计算机每500ms发送一次广播帧,光纤陀螺组件接收到广播帧后将最新处理的角速度信息通过CAN总线发送给计算机参与姿态控制计算。该陀螺组件功耗较高,主要在对地照相期间开机使用,同时作为在轨长期飞行的备份。

5. GPS接收机

GPS接收机的设计采用了单粒子不敏感型器件,存储器设计了错误检测与纠正(EDAC)电路,通信接口为CAN总线接口。为保证卫星在任意的姿态(角速度小于$1(°)/s$)下能够定位,GPS接收机配置双GPS天线,分别安装在卫星舱外的$-Z$、$+Z$面。GPS接收机输出秒脉冲和对应时间、轨道及速度位置等信息,用于卫星系统校时和自主轨道确定。

GPS接收机由卫星配电单元提供一次电源30V供电,GPS接收机可根据中心计算机的OC指令完成开关机操作;数据输出接口为CAN总线通信接口,根据总线协议进行指令接收与数据输出。GPS接收机在整秒时刻输出授时脉冲,秒脉冲为OC输出,脉冲宽度为1ms,并在秒脉冲输出后的50~500ms之间通过CAN总线输出定位及定轨信息。

6. 星敏感器

星敏感器采用丹麦DTU研制的mASC,配置为双镜头与双处理电路的备份方案。双处理电路采用冷备份的工作方式,通过卫星配电单元提供2路独立的30V电源供电,可通过地面直接指令或中心计算机的间接指令对2路电源分别进行加断电控制,数据输出接口为标准RS-422通信接口;双镜头采用热备份工作方式,可提供较高的定姿精度。

中心计算机每秒发送1次星敏感器秒脉冲信号,星敏感器记录秒脉冲时刻的本地时间;中心计算机每发出10次秒脉冲信号时记录秒脉冲时刻的计算机时间,并通过AscTimeTC发送给星敏感器,星敏感器收到该指令后,将计算机时间和本地时间打包后返回给中心计算机,保证星敏感器与中心计算机的时间同步;星敏感器的姿态测量数据自主输出,当有计算机发出的秒脉冲信号时,星敏感器数据的输出同步到该秒脉冲上,每秒发送两次姿态数据,每次发送的姿态数据包括镜头A和镜头B的测量数据。

星敏感器本体极性如图5-27所示,原点为星敏感器质心,Z轴为平行于光轴指向入射光线的反方向,X轴为从质心指向引出线的方向,Y轴与X、Z轴垂直并构成右手坐标系。

星敏感器A和星敏感器B安装在星体$-Z$向单机安装板上,如图5-28所示。两星敏感器的安装方式相同,抬角不同。星敏感器A相对于$-Z$面抬角22.5°,星敏感器B相对于$-Z$面抬角9.5°。

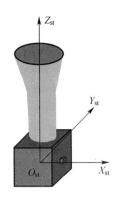

图 5-27　星敏感器本体极性

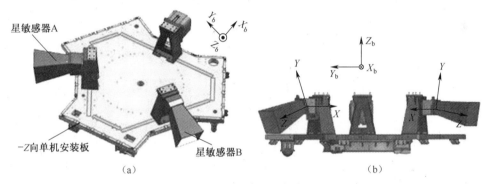

图 5-28　星敏感器安装位置

7. 太阳敏感器

姿态控制分系统配置了两种太阳敏感器,分别为 0-1 太阳敏感器和数字太阳敏感器。0-1 太阳敏感器通过支架安装在卫星 $-Z$ 面上,构成 2π 立体角视场,为全姿态捕获和应急状态提供太阳方位角信息。数字太阳敏感器本体的两个测量轴之间为正交安装,并通过数字太阳的支架安装在卫星 $-Z$ 面上,出于卫星布局的考虑,数字太阳 1 的光学窄缝与卫星 Y 轴平行安装、数字太阳 2 的光学窄缝与卫星 X 轴平行安装;敏感太阳矢量相对卫星的方位角,确定卫星姿态以及全姿态捕获中的对日定向。

太阳敏感器均为光电流输出,通过信号处理单元中的太阳信号预处理电路对各路光电流信号进行 I/V 变换和放大处理,通过信号处理单元的处理器进行采集、处理、并通过 CAN 总线转发给中心计算机。

0-1 太阳敏感器和数字太阳敏感器在星体 $-Z$ 向单机安装板上的安装布局如图 5-29 所示。

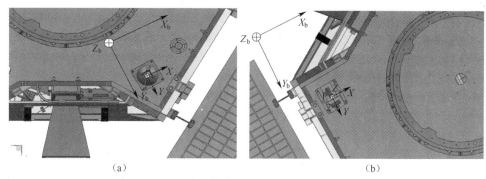

(a) (b)

图 5-29 0-1 太阳敏感器和数字式太阳敏感器布局

8. 磁强计

磁强计主要用于速率阻尼模式及飞轮卸载过程中提供地磁场测量信息,也可以配合太阳敏感器进行低精度的姿态确定。磁强计的测量范围为 $-50000 \sim +50000$ nT,分辨率为 20nT,通信接口采用 $-5V \sim +5V$ 的模拟量,输出阻抗小于 $1k\Omega$,具有输出短路保护功能。磁强计通过可重构模块(搭载)与中心计算机通信。

磁强计在星体的安装布局如图 5-30 所示。

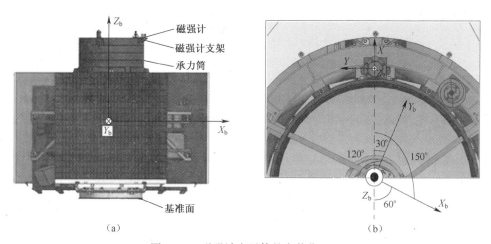

(a) (b)

图 5-30 磁强计在星体的安装位置

9. 磁力矩器

姿态控制分系统配置 3 路磁力矩器,分别沿卫星的三个轴正交安装,主要用于速率阻尼和飞轮卸载。磁力矩器的最大磁矩为 (100 ± 5) A·m²,剩磁矩小于 2.0A·m²,由 0 上升到最大工作电流 90% 的时间小于 600ms,由最大工作电流下降到 10% 的时间小于 140ms。磁力矩器控制指令由控制算法产生,并由中心计算机通过 CAN 总线转发给信号处理单元,信号处理单元根据数据协议直接输出磁力矩器的控制电压。为保证磁强计采集精度,磁力矩器与磁强计需分时工作。

磁力矩器安装位置如图 5-31 所示，X 向磁力矩器安装在+Z 向单机安装板安装面，Z 向磁力矩器安装在-Y 向单机安装板安装面，Y 向磁力矩器安装在-Z 向单机安装板安装面。

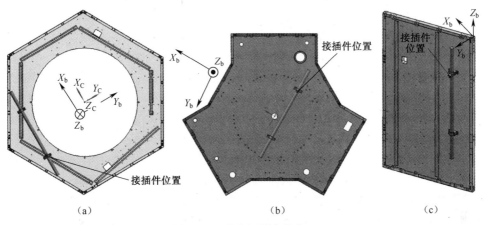

图 5-31 磁力矩器安装位置

10. 反作用飞轮

姿态控制分系统配置 4 路飞轮，采取 3 正交+1 斜装的安装方式，系统上电后默认使用沿卫星本体坐标系正交安装的 3 个飞轮，斜装飞轮作为系统备份。反作用飞轮的工作转速范围为 -6000 ~ +6000r/min，在最大工作转速下的动量矩为 4.0N·m·s，最大输出力矩为 0.04N·m。静摩擦力矩小于 0.003N·m，最大损耗力矩小于 0.025N·m。飞轮控制指令由控制算法产生，并由中心计算机通过 CAN 总线转发给信号处理单元，信号处理单元根据数据协议直接输出反作用飞轮的控制电压。

反作用飞轮安装在-Y 向单机安装板上，X 向反作用飞轮、Y 向反作用飞轮、Z 向反作用飞轮和 S 向反作用飞轮各 1 个，-Y 向单机安装板与星体坐标系-Y 轴夹角 60°。各飞轮在-Y 向单机安装板上的安装位置如图 5-32 所示。

11. 新产品试验一体化太阳敏感器

新产品试验一体化太阳敏感器采用中国科学院长春光学精密机械与物理研究所的新研产品，为 0-1 功能和数字功能一体化设计的太阳敏感器。新产品试验一体化太阳敏感器作为试验载荷在轨正常时可引入系统闭环，作为前述 0-1 太阳敏感器和数字太阳敏感器的备份，能够输出 01 码值的太阳粗方位信号以及 16 位数字信号的精确太阳方位信号，初始化为断电状态，卫星在轨测试完毕后对新产品试验一体化太阳敏感器上电测试，新产品试验一体化太阳敏感器输出正常时，可考虑引入系统闭环使用。该新产品试验一体化太阳敏感器的 01 太阳可形成 2π 立体角，数字太阳的视场范围为±60°×±60°，全视场的精度优于 0.05°(3σ)，当测量太

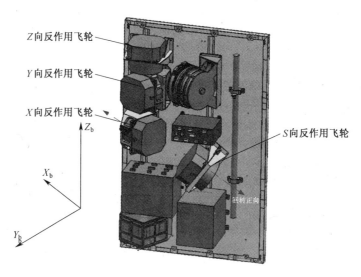

图 5-32　飞轮安装位置

阳角度小于 20°时,精度优于 0.02°(3σ)。

新产品试验一体化太阳敏感器安装在 -Z 向单机安装板上,其布局如图 5-33 所示。

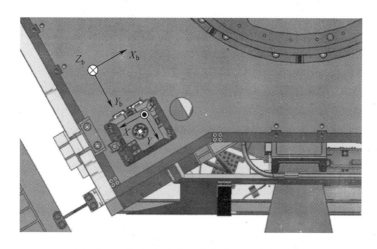

图 5-33　新产品试验一体化太阳敏感器布局

12. 新产品试验飞轮

新产品试验飞轮采用中国科学院长春光学精密机械与物理研究所生产的新研产品,力矩输出方向与卫星的 X 轴平行,新产品试验飞轮作为试验载荷在轨正常时可引入系统闭环,作为前述飞轮的备份,初始化为断电状态。在试验成像模式阶段,采用新产品试验飞轮作为卫星 X 轴的执行机构。新产品试验飞轮的额定动量矩为5.0N·m·s,最大输出力矩为0.05N·m,静摩擦力矩小于0.002N·m,最大损耗力矩小于0.02N·m,工作转速范围为-6000~+6000r/min。飞轮控制指令由控制算法产生,并由中心计算机通过CAN总线转发给新产品试验飞轮,新产品试验飞轮根据数据协议直接输出控制力矩。

新产品试验反作用飞轮安装于-Y向单机安装板上,其回转轴正方向(飞轮本体的Z轴)与星体坐标系X_b轴平行。新产品试验反作用飞轮在-Y向单机安装板上的安装位置如图5-34所示。

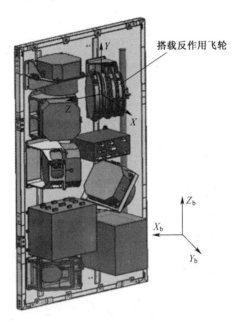

图5-34 新产品试验反作用飞轮安装位置

13. 新产品试验控制力矩陀螺组件

新产品试验CMG组件采用中国科学院长春光学精密机械与物理研究所生产的新研产品[8,9],由两台CMG单机、一个控制器电箱及电缆组成。新产品试验CMG组件作为试验载荷在轨正常时可引入系统闭环,初始化为断电状态。两台新产品试验CMG组件单机的框架轴与卫星Z轴平行安装。在同轨立体成像及同轨拼接成像试验模式阶段,新产品试验CMG组件加电,作为姿态快速大角度机动阶段的执行机构。新产品试验CMG组件的输出力矩为0.005~10N·m,框架角指向精度为3mrad,转子转速设置为2400r/min。新产品试验CMG组件控制指令由姿态控制算法产生,并由中心计算机通过CAN总线转发给CMG控制电箱,CMG控制电箱根据数据协议控制两台CMG运行。

新产品试验控制力矩陀螺极性定义如图5-35所示,原点为控制力矩陀螺组件质心,Z轴平行于安装面法线方向,X轴平行于安装面指向基准镜反方向,Y轴

与 X、Z 轴垂直且成右手坐标系。

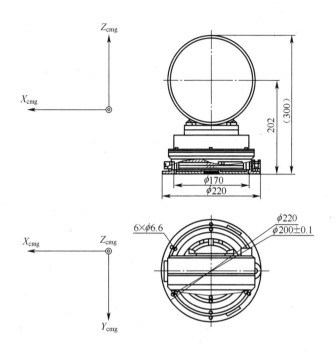

图 5-35 新产品试验控制力矩陀螺单机极性定义

控制力矩陀螺通过转接架安装在 $-X$ 向单机安装板上,力矩陀螺框架轴 OZ 的指向与整星坐标系的 OZ_b 向相同。

5.3.3 系统工作模式设计

高分多光谱卫星与运载器分离后进入轨道,姿态控制分系统在综合电子系统的管理和调度下,通过地面遥控或由星上自主实现卫星的运行控制。为满足长期在轨运行以及任务载荷的试验需求,需要姿控分系统实现不同的姿态指向和控制精度要求。

根据整星的构型和布局,为满足飞行任务的需要,高分多光谱卫星的控制模式主要包括速率阻尼模式、对日捕获和定向模式、对日定向三轴稳定模式、对地定向三轴稳定模式、成像试验工作模式、安全模式。控制系统将传统对日捕获模式和对日单轴定向模式合并为对日捕获和定向模式,进入该模式后,首先采用 0-1 太阳敏感器寻日,当数字太阳敏感器见太阳时使用数字太阳敏感器进行对日定向。

姿态控制过程中,每个模式使用的控制部件不同,如表 5-2 所列。

表 5-2 姿态控制系统方案

序号	控制模式	基本敏感器	执行机构	控制算法	导航算法
1	速率阻尼模式	平台陀螺组件磁强计	磁力矩器	反馈控制	无
2	对日捕获和定向模式	平台陀螺组件 0-1太阳敏感器 数字太阳敏感器 星敏感器 GPS	磁力矩器 反作用飞轮	逻辑+反馈控制 卸载控制	组合定姿与递推算法 轨道测量与递推算法
3	对日定向三轴稳定模式	平台陀螺组件 星敏感器 GPS	磁力矩器 反作用飞轮	前馈/反馈控制 卸载控制	组合定姿与递推算法 轨道测量与递推算法
4	对地定向三轴稳定模式(照相期间)	光纤陀螺组件 星敏感器 GPS	反作用飞轮	前馈/反馈控制	组合定姿与递推算法 轨道测量与递推算法
5	对地定向三轴稳定模式(数传期间)	平台陀螺组件 星敏感器 GPS	磁力矩器 反作用飞轮	前馈/反馈控制 卸载控制	组合定姿与递推算法 轨道测量与递推算法
6	成像试验工作模式	光纤陀螺组件 星敏感器 GPS	飞轮 新产品试验 CMG组件	切换控制 前馈/反馈控制	组合定姿与递推算法 轨道测量与递推算法
7	安全模式	平台陀螺组件 磁强计 数字太阳敏感器 星敏感器 GPS	磁力矩器 反作用飞轮	前馈/反馈控制 卸载控制	组合定姿与递推算法 轨道测量与递推算法

分系统各控制模式之间的转换如图 5-36 所示。

1. 速率阻尼模式

速率阻尼模式是在卫星入轨之后,将卫星初始三轴角速度阻尼至 $0.3(°)/s$ 以下进行的控制。该模式是入轨后第一个工作模式,为对日及展开太阳能帆板做准备。

采用的工作部件:平台陀螺组件、磁强计、磁力矩器。

姿态确定方案:由平台陀螺组件测量卫星三轴角速度,由磁强计测量地球磁场强度。

控制方案:平台陀螺组件测量的角速度作为反馈控制器输入,形成控制力矩指令,结合磁强计测量的地磁场计算磁力矩器的控制量,驱动磁力矩器进行姿态控制。

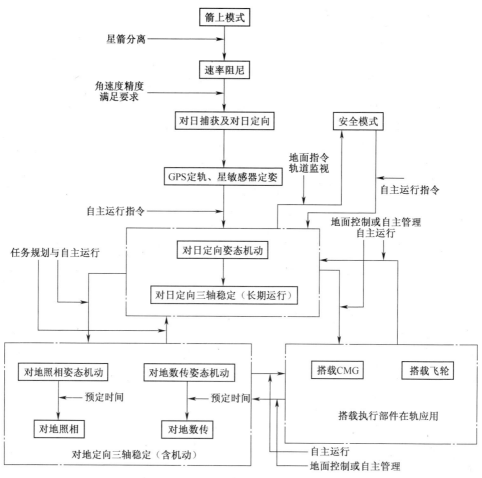

图 5-36 控制模式之间的转换

2. 对日捕获和定向模式

本模式是在阻尼模式之后,将卫星指向转到对日定向姿态,进行对日定向稳定控制,该模式是一个起过渡作用的对日模式。

采用的工作部件:平台陀螺组件、反作用飞轮、磁力矩器、星敏感器、GPS 接收机、数字太阳敏感器和 0-1 太阳敏感器。

姿态确定方案:定姿系统由 0-1 太阳敏感器测量获得太阳粗略方位信号,根据粗略方位信号转动卫星,使卫星 $-Z$ 轴粗略指向太阳,同时检测数字太阳敏感器输出,并将其作为偏差信号,与陀螺测量的角速度或数字太阳敏感器的差分组成 PD 控制器,进行定向控制。

控制方案:当定姿系统给出 0-1 太阳敏感器分区信号和数字太阳敏感器信号后,控制器将其作为逻辑信号指令和 PD 控制器输入信号,形成控制力矩指令,驱动反作用飞轮进行姿态控制。

3. 对日定向三轴稳定模式

当对日捕获和定向完成后,展开太阳帆板,转入对日定向三轴稳定模式,从而建立正常工作姿态;

采用的工作部件:平台陀螺组件、星敏感器、反作用飞轮、磁力矩器和 GPS 接收机。

姿态确定方案:定姿系统首先由 GPS 接收机的数据计算出卫星时间,计算太阳位置,由星敏感器测量得到卫星相对惯性坐标系姿态,进一步获得卫星本体相对太阳定向坐标系的姿态四元数及卫星相对太阳定向坐标系转动角速度(绝对角速度),将其作为偏差姿态四元数和偏差角速度。

控制方案:当定姿系统给出卫星偏差四元数和偏差角速度后,用偏差四元数和偏差角速度组成 PD 控制器,形成控制力矩指令,驱动反作用飞轮系统进行姿态控制。

4. 对地定向三轴稳定模式

本模式是当总体任务需要,如进行对地拍照、数传时,需要将卫星转到对地定向三轴稳定姿态,进行对地定向三轴稳定控制。对地定向三轴稳定包括相机工作时对地定向(含对地偏置定向,如侧摆等)以及数传工作对地定向等。

采用的工作部件:平台陀螺组件、光纤陀螺组件、星敏感器、反作用飞轮、磁力矩器、GPS 接收机。

姿态确定方案:定姿系统首先由 GPS 接收机的数据计算出卫星轨道的六根数,由轨道六根数可得出卫星轨道相对地球惯性坐标系的姿态四元数及卫星轨道相对地球惯性坐标系转动角速度,结合成像时的期望姿态四元数,计算出标称姿态四元数和转动角速度。卫星当前姿态由星敏感器测量给出,卫星绝对角速度由光纤陀螺或平台陀螺给出。卫星偏差姿态四元数和卫星偏差角速度由定姿系统给出。

控制方案:当定姿系统给出卫星相对目标姿态的偏差角速度和偏差姿态四元数后,用偏差四元数和偏差角速度组成 PD 控制器,产生控制指令。当对地定向三轴稳定拍照时,采用反作用飞轮进行姿态控制,但不进行磁卸载。

5. 成像试验工作模式

成像试验工作模式分为同轨立体成像和同轨拼接成像两个模式,使用新产品试验控制力矩陀螺实现卫星姿态俯仰轴的快速机动,在成像任务期间,使用反作用飞轮实现卫星姿态的高精度姿态控制。

1) 同轨立体成像

同轨立体成像是指在同一个轨道周期内,光学相机以前后两个方位对目标进行成像从而生成立体像对,设计采用整星快速姿态机动实现立体成像的方式。这种方式具有控制律设计简单、实现方便、光学相机对星体平台影响小等优点。但这种方式要求卫星做频繁的快速大角度机动,并在机动后迅速地转入高精度稳定状态对准目标拍照,所以要求卫星姿态控制系统不但要有高带宽,还要有高精度。

采用的工作部件:光纤陀螺、星敏感器、反作用飞轮、新产品试验控制力矩陀螺组件、GPS 接收机。

输入条件:第一次及第二次立体成像的期望三轴姿态角。

姿态确定方案:定姿系统首先由 GPS 接收机的数据计算出星体轨道的六根数,由轨道六根数可得出卫星轨道相对地球惯性坐标系的姿态四元数及卫星轨道相对地球惯性坐标系转动角速度,结合成像时的期望姿态四元数,计算出标称姿态四元数和转动角速度。卫星当前姿态由星敏感器测量给出,卫星绝对角速度由光纤陀螺给出。星体偏差姿态四元数和星体偏差角速度由定姿系统给出。

控制方案:

(1) 利用新产品试验控制力矩陀螺组件实现卫星俯仰轴大角度快速机动段。该阶段的控制方案为基于新产品试验控制力矩陀螺组件的整星俯仰轴开环控制,即两台套控制力矩陀螺按照事先规划好的"剪刀式"框架轴角位置控制操纵律进行框架角位置的机动。由于干扰及误差等因素的存在,机动后的卫星姿态与目标姿态值会有偏差。

(2) 利用飞轮进行姿态偏差调整及稳定段。大角度姿态机动完成后,定姿系统给出星体相对目标姿态的偏差角速度和偏差姿态四元数后,用偏差角速度和偏差姿态四元数计算控制力矩指令,驱动反作用飞轮进行姿态闭环控制。

2) 条带拼接成像

条带拼接成像是指在同一个轨道周期内,对幅宽超过载荷幅宽指标、无法一次成像就能覆盖的目标,进行多次反复推扫成像,再将成像条带进行事后拼接成一幅完整图像的工作模式。由于受数传、载荷光学系统、存储条件等多方面限制,高分辨率载荷的幅宽一般不超过20km,然而很多目标在东西方向的幅宽往往要超过这个限制,传统卫星只能通过多轨多次拼接成像进行目标成像,使用效率低下,条带拼接成像模式则解决了这个问题。但条带拼接成像模式同同轨立体成像模式一样,需要卫星进行频繁的快速大角度姿态机动,并且要求在大角度机动后快速稳定达到拍照条件,对卫星的姿态控制能力同样提出了很高的要求。

采用的工作部件:光纤陀螺、星敏感器、反作用飞轮、新产品试验控制力矩陀螺组件、GPS 接收机。

输入条件:第一次、第二次及第三次拼接成像的期望三轴姿态角。

姿态确定方案:定姿系统首先由 GPS 接收机的数据计算出星体轨道的六根数,由轨道六根数可得出卫星轨道相对地球惯性坐标系的姿态四元数及卫星轨道相对地球惯性坐标系转动角速度,结合成像时的期望姿态四元数,计算出标称姿态四元数和转动角速度。卫星当前姿态由星敏感器测量给出,卫星绝对角速度由光纤陀螺给出。星体偏差姿态四元数和星体偏差角速度由定姿系统给出。

控制方案;条带拼接成像整个机动过程分为两个阶段,与立体成像机动过程控制方式一致。

6. 安全模式

当高分多光谱卫星姿态严重异常,丢失基准时,启动本控制模式。该模式的特点:卫星具有姿态机动能力,进行太阳捕获和对日定向,以保证卫星上能源供应。

安全模式的步骤如下:

(1) 若没有星敏感器的测量数据,则在光照区使用0-1太阳敏感器和数字太阳敏感器进行对日捕获和对日定向控制,执行机构为反作用飞轮,并采用磁强计和磁力矩器进行卸载。

(2) 若有星敏感器和GPS的测量数据信号,则采用星敏感器测量的姿态信息结合GPS接收机发送的定时信息,计算太阳定向坐标系的指向以及卫星相对于太阳定向坐标系的偏差姿态角和偏差角速度。

安全模式运行时,控制系统的测量部件包括平台陀螺组件、0-1太阳敏感器、数字太阳敏感器、磁强计、星敏感器、GPS接收机,执行部件包括磁力矩器、反作用飞轮。

安全模式下对日捕获的方法与对日定向三轴稳定模式相同,但进入安全模式后,星上不再执行其他任务,只能通过地面注入指令切换到其他模式才可。同时进入安全模式后,中心计算机将关闭大功率负载。

5.3.4 姿态确定算法设计

三轴姿态稳定卫星要达到高精度、高稳定度的控制要求,其姿态测量和确定的精度是关键因素之一。姿态确定方法是姿态控制系统的重要环节,直接决定姿态控制的成败和控制系统性能指标。

根据高分多光谱卫星姿态控制分系统的姿态敏感器配置情况,采用如下的姿态确定方法。

1. 星敏感器和速率陀螺的联合姿态确定[10]

该方法姿态确定精度高,不受阴影区的限制,是主要姿态确定方法,用于对地拍照期间的姿态确定。

目前星敏感器与陀螺联合定姿系统多采用基于卡尔曼滤波理论的定姿滤波算法,可以获得三轴姿态的最佳估计。大多数算法都采用六个滤波状态,即三个姿态偏差和三个陀螺漂移偏差。星敏感器在每个采样时刻均能提供三轴姿态,这样大大简化了定姿滤波算法中的更新方程和滤波增益的计算。陀螺主要用于在宽视场星敏感器测量间隔内或暂时遮挡、失效时提供三轴姿态,同时可提供姿态控制用的角速度信息。星敏感器和陀螺组成的联合定姿系统原理如图5-37所示。

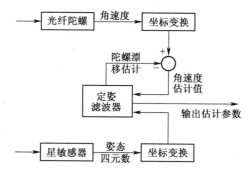

图 5-37 星敏感器和陀螺的联合定姿系统原理

2. 星敏感器定姿

使用星敏感器定姿和滤波器技术完成姿态确定,敏感器的测量精度较高,是一种较好的姿态确定方法。但是要求星敏感器连续给出高精度测量数据,对星敏感器要求较高,可作为一种姿态确定的备份方法。

3. 陀螺积分定姿

使用陀螺的测量角速度输出,进行龙格-库塔法积分可以给出卫星的三轴姿态。但这种定姿方式对初始时刻的姿态精度要求高,同时陀螺又存在常值漂移和随机漂移,会产生累积误差,这种定姿方式可作为短期的备份方法。

4. 太阳敏感器和磁强计的双矢量定姿

使用太阳敏感器和磁强计的双矢量定姿完成姿态确定,精度低,且只能在光照区应用;但算法成熟,是一种较好的姿态确定备份方案。

5.3.5 姿态控制算法设计

卫星入轨后长期保持对日充电状态,接收到地面指令后执行姿态机动过程并最终稳定成像或数传,这些动作的实现需要卫星具备高效的控制方法。

卫星姿态控制的执行过程:利用星敏感器和太阳敏感器等测量星体姿态信息,利用陀螺测量星体角速度信息,通过星体运动学和星体动力学估计出星体的偏差角位置及偏差角速度,同时对空间干扰力矩和反作用飞轮摩擦力矩进行估计和补偿,设计控制补偿算法。采用 PD 控制加估计补偿器方案,生成星体所需的期望力矩,由飞轮产生作用到星体上,不断重复该过程,通过不断减小偏差角位置和偏差角速度,最终达到目标状态。

典型的 PD 控制器[11,12]传递函数如下:

$$G_c(s) = K_P + K_D s$$

式中:$G_c(s)$ 为 PD 控制的传递函数;K_P 为比例控制系数;K_D 为微分控制系数;s 为求导运算。

姿态控制回路系统框图如图 5-38 所示。

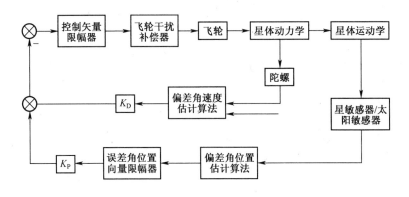

图 5-38 姿态控制回路系统框图

根据卫星姿控模式的不同,计算偏差角位置和偏差角速度时需参考各自的姿态基准坐标系。设定各模式参考姿态基准如下:

(1) 对日定向三轴稳定时偏差角速度、偏差角位置的姿态基准为偏置太阳黄道坐标系。

(2) 对日捕获和对日定向时偏差角速度、偏差角位置的姿态由平台陀螺组件和太阳敏感器直接测得,测不到太阳信号时,卫星沿 Y 轴与 Z 轴交替 450s 按固定角速度旋转。

(3) 对地定向三轴稳定时偏差角速度、偏差角位置的姿态基准为偏置轨道坐标系。偏置角度为绕 x 轴旋转侧摆角 α_x,有

$$Q_{oc} = Q_x(\alpha_x)$$

姿态机动不单独设定模式,机动控制可以看作初始偏差较大的稳定控制,消除偏差的稳定控制即为机动控制,侧摆机动不作为单独一个模式,侧摆角直接体现在偏差信号中,消除偏差即可实现卫星侧摆功能。

(4) 利用飞轮可以实现卫星各种模式的姿态控制,但在此过程中,飞轮转速会不断累加,由于飞轮容量有限,一定时间后容易达到饱和,所以必须在适当的转速下启动卫星角动量卸载,以降低飞轮转速,避免飞轮饱和。

角动量卸载采用磁卸载方式。卸载力矩为[13]

$$T_u = M \times B = -(\frac{K}{B^2})(B \times \Delta H_e) \times B$$

式中:M 为卸载磁矩;B 为磁场强度;K 为卸载系数;ΔH_e 为角动量误差。

当系统角动量超过启控阈值时,启动磁卸载;当角动量低于给定的脱控阈值时,断开磁卸载控制。为避免采用磁力矩器产生的卸载力矩降低姿态控制精度,在对地照相稳定期间不进行卸载。

控制力矩陀螺操纵律是成像试验工作模式的核心技术。由于采用两只平行安装的CMG，框架轴均平行于卫星Z轴，所以能够在X/Y平面上输出力矩。为保证两只CMG输出的合力矩方向尽量始终平行于指令力矩方向，采用"剪刀式"的框架角位置控制操纵律，如图5-39所示。如输出控制力矩方向为$-Y$轴方向，则将两台CMG角动量方向预先分别调整至$+X$与$-X$方向，根据所需力矩大小每个控制周期给出不同的α角，便可以只在$-Y$轴上输出合力矩。由于两台平行安装的CMG差异较小，在X/Z轴带来的控制力矩很小。

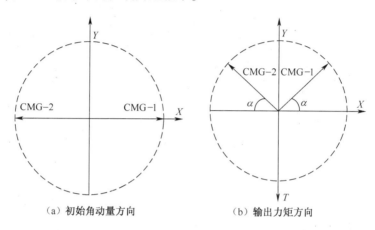

（a）初始角动量方向　　　　（b）输出力矩方向

图5-39 "剪刀式"框架轴角位置控制操纵律输出力矩

5.3.6 姿态控制系统故障模式判别与故障对策

由于空间辐射、工作时间长、温度变化、整星内部电磁场变化等影响，在轨使用的姿态控制部件可能出现短暂性或永久性的故障，需要在每次使用姿控部件时对部件进行检查，检测部件是否处于故障状态，如果检测出部件处于故障状态，需要采取一定的措施来弥补部件故障造成的影响。

高分多光谱卫星姿态控制分系统部件故障检测主要包括光纤陀螺、星敏感器、反作用飞轮、磁强计、0-1太阳敏感器、数字太阳敏感器、GPS故障检测。实行部件故障检测主要依据部件提供的测量数据，进行检测时，分析数据是否出现以下几点特征：

（1）数据长时间不变化；
（2）数据超界；
（3）数据不连续；
（4）数据不相容（如星敏感器输出的四元数不归一）；
（5）数据与输入逻辑关系不正确（如飞轮角动量与控制电压）。

当测量数据短时间内出现以上任何一种情况时,认为部件出现暂时性故障,若部件长期出现上述特征,认为部件出现永久性故障。

无论部件出现短暂或永久故障,首先要考虑使用备份器件代替故障部件执行功能,当部件出现永久性故障且不能使用其他部件代替时,只能使用其他器件重新组合,并形成新的姿控执行方案。姿态控制分系统部件故障对策如表 5-3 所列。

表 5-3 姿态控制系统部件故障对策

序号	部件名称	故障现象	判别方法及条件	处理对策
1	星敏感器	通信异常	通信接口检测不到有效数据	切换到备份处理电路 断电重新启动 在光照区使用太阳敏感器/磁强计定姿
2		数据异常	检测到数据跳变、越界、四元数不归一、多周期不变	切换到备份处理电路 断电重新启动 在光照区使用太阳敏感器/磁强计定姿
3		状态异常	数据包中状态指示为异常	如指示为 BBO、精度低等,则不需处理 如指示其他异常需断电重新启动或切换到备份 在光照区使用太阳敏感器/磁强计定姿
4		返回错误帧	星敏感器自主发送出 AscFailureReportTM	如错误等级为高,需切换到备份电路 在光照区使用太阳敏感器/磁强计定姿
5	平台光纤陀螺	通信异常	通信接口检测不到有效数据	断电重新启动 使用备份陀螺数据
6		数据异常	检测到数据跳变、越界、多周期不变	使用备份陀螺数据 断电重新启动 启用光纤陀螺组件 使用星敏感器单独定姿
7		状态异常	数据包中状态指示为异常	断电重新启动
8	光纤陀螺组件	通信异常	通信接口检测不到有效数据	切换总线 断电重新启动 使用备份陀螺数据
9		数据异常	检测到数据跳变、越界、多周期不变	使用备份陀螺数据 断电重新启动
10		状态异常	数据包中状态指示为异常	断电重新启动

(续)

序号	部件名称	故障现象	判别方法及条件	处理对策
11	数字太阳	数据异常	检测到数据跳变、越界、多周期不变	使用星敏感器和轨道信息确定太阳位置
12	0-1太阳	数据异常	检测到数据跳变、越界、多周期不变、相对区见太阳	使用数字太阳敏感器
13	GPS接收机	通信异常	通信接口检测不到有效数据	切换总线 断电重新启动 使用递推轨道数据
14		数据异常	检测到数据跳变、越界、多周期不变	断电重新启动 使用递推轨道数据 地面注轨
15		状态异常	数据包中状态指示为异常	断电重新启动
16		校时脉冲丢失	中心计算机检测不到脉冲	中心计算机守时、地面校时
17	磁力矩器	无反馈输出	电流遥测反馈指示无输出	电流遥测异常,可不处理 电流遥测检测电路异常,可不处理
18		角动量无法卸载	电流遥测反馈指示无输出 飞轮角动量不减小	磁棒控制回路开路,降级使用
19	反作用飞轮	转速信号异常	转速遥测监视异常	故障反作用飞轮停控 使用备份反作用飞轮 (注:测量回路故障可导致不到转速信号,接口电路故障也可导致反作用飞轮以恒定转速运行而不受指令控制。为防止后一种情况发生,飞轮电源设计为开关可控)
20		无力矩输出	根据卫星姿态综合判断	故障反作用飞轮停控 使用备份反作用飞轮
21		力矩输出不匹配	根据卫星姿态变化综合判断	降级使用 使用备份反作用飞轮

(续)

序号	部件名称	故障现象	判别方法及条件	处理对策
22	信号处理单元	通信异常	通信接口检测不到有效数据	切换总线 切换到备份处理器
23	磁强计	通信异常	通信接口检测不到有效数据	切换总线 可重构功能单元自主重新启动 使用计算磁场数据 磁强计指令重新启动
24	磁强计	数据异常	检测到数据跳变、越界、多周期不变	可重构功能单元自主重新启动 使用计算磁场数据 磁强计指令重新启动
25		状态异常	数据包中状态指示为异常	可重构功能单元自主重新启动 使用计算磁场数据 磁强计指令重新启动
26	新产品试验一体化太阳敏感器	通信异常	通信接口检测不到有效数据	切换总线 断电
27		数据异常	检测到数据跳变、越界、多周期不变	断电
28		状态异常	数据包中状态指示为异常	断电
29	新产品试验CMG组件	通信异常	通信接口检测不到有效数据	切换总线/断电
30		数据异常	检测到数据跳变、越界、多周期不变	断电
31		状态异常	数据包中状态指示为异常	断电
32	新产品试验飞轮	通信异常	通信接口检测不到有效数据	切换总线/断电
33		数据异常	检测到数据跳变、越界、多周期不变	断电
34		状态异常	数据包中状态指示为异常	断电

5.4 遥测遥控分系统

5.4.1 分系统概述

航天测控体制是指地面测控站与航天器间上/下行信道传送测距、遥测和遥控等基带信号所采用的载波、副载波和调制、解调体制。

高分多光谱卫星遥测遥控分系统采用了 S 波段统一载波系统应答机，即 USB 测控体制应答机。

遥测遥控分系统的主要功能如下：

（1）遥控通道功能：接收地面测控站发射的上行测控信号，解调出遥控 PCM 码流，然后分两路处理：第一路将 PCM 码流通过 CAN 总线和 PCM 接口送入中心计算机；第二路从 PCM 码流中解出直接指令送相应执行机构。

（2）遥测通道功能：将中心计算机从 PCM 接口送来的遥测数据流直接调制后下传，或通过 CAN 总线接收中心计算机遥测数据重新组帧后，调制下传，默认使用 CAN 总线，工作模式切换采用自主切换结合指令控制切换实现。

（3）采集测控分系统的工程参数，通过 CAN 总线发送到中心计算机。

（4）提供信标信号及测距转发功能。

（5）异常状态下遥测功能：在中心计算机发生异常时，自主下行测控分系统工程遥测参数帧。

遥测遥控分系统中，应答机完成飞行器的跟踪及测量，接收传输遥控指令，将遥控 PSK 副载波输送给遥控遥测处理单元，遥控遥测处理单元遥控译码部分将指令信息解调译码，形成控制指令，完成对卫星的控制；遥测编码部分采集工程参数，对其完成 PSK 调制后，传回应答机，应答机的发射机也是遥测数据的发射信道，将卫星的遥测信息实时发回地面。

遥测遥控分系统由天线、微波网络、测控应答机、遥控遥测处理单元四部分组成。

整个设备包括 2 副测控天线、2 套 USB 应答机、1 个微波网络、1 套馈电电缆网、2 套遥控遥测处理单元。

测控应答机由发射机和接收机两部分组成。

微波网络包含环形器、输入滤波器和微带混合桥。

遥控遥测处理单元由遥控处理单元和遥测处理单元组成，遥控处理单元包含解调模块和译码模块，遥测处理单元包含编码模块和调制模块。

遥测遥控分系统主要指标如下：

（1）工作波段：S 波段。
（2）上/下行频率转发比：221/240。
（3）调制方式：下行遥测，PCM/DPSK/PM；
　　　　　　　上行遥控，PCM/PSK/PM。
（4）下行速率：4096b/s。
（5）上行速率：2000b/s。
（6）误码率：1×10^{-6}。

5.4.2　测控应答机设计

应答机由接收机和发射机两部分组成。接收机包括低噪放、下变频、滤波、主中/二中放大、AGC、锁倍本振、终端滤波、鉴相解调及接收本振等电路。发射机包括调制器、发射本振、终端滤波锁、调制器、功率放大器及DC/DC模块等电路。

5.4.3　遥测遥控处理单元设计

遥控遥测处理单元由遥控处理单元 A、遥控处理单元 B 和遥测处理单元三个分机组成，设计时遵循以下设计原则：

（1）模块化：遥控遥测处理单元由解调模块、指令译码模块、综合处理模块和调制模块四大模块及三个盒体组成。

（2）主、备份一体化：所有模块均设计有备份方式，上行遥控通道解调模块和指令译码模块采用热备份，综合处理模块和调制模块采用冷备份。

上行遥控通道，数据识别控制器从应答机 A 和应答机 B 交叉备份形成的四路信号中选取两路后，送解调模块完成解调，解调后形成的 PCM 码流送至指令译码模块。

指令译码模块对所有直接指令进行译码，输出用来控制遥控遥测处理单元内部状态。此外，指令译码模块还能够实现数据的去模糊，即解调后的 PCM 码流可能是相位翻转的数据，但指令译码模块输出的数据则为正确的数据。

综合处理模块将数据进行 CRC 校验：若校验正确，则通过 CAN 总线将数据送至中心计算机；若校验无效，则舍弃。

5.4.4　微波网络及天线设计

微波网络采用环行器为主，混合接头、输入滤波器为辅组成双工器，滤波器由于插损要求，采用同轴结构。

测控天线为宽频带宽波束、双线螺旋天线，仿真模型如图 5-40 所示。

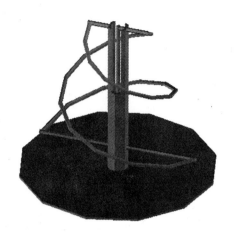

图 5-40 仿真模型

测控全向天线设计正样确定以后,采用高频仿真软件 HFSS 对天线单元进行了优化设计和分析,天线单元的净增益、轴比方向图曲线及电压驻波比均满足设计要求。

5.4.5 遥测遥控信息流设计

高分多光谱卫星采用分帧遥测,将 1s 内的遥测数据分为 8 帧,每帧 512bit,即 64B,帧格式包括同步头、数据、帧类型码、帧序号及校验和。遥测参数帧格式如表 5-4 所列。

表 5-4 遥测参数帧格式

字节号	名称	长度/bit	备注
0~1	同步头	16	EBH、90H
2~60	数据区	472	
61	复波道码	3	使用复波道码复用波道
61	帧编号	5	确定同一帧类型码下的不同帧
62	帧类型码	4	确定不同的帧类型
62	实时/延时	1	0 代表实时;1 代表延时
62	帧序号	3	表明帧的连续性
63	校验和	8	前 504bit(63B)按字节计数累加和补码并按照 256 取模

复波道码用以标记同一帧下的波道复用,范围 0~7;帧编号用来确定同一帧类型码下的不同帧,范围 0~31;帧类型码用以区分帧类型,范围 0~15;实时/延时标识数据为延时或实时,0 代表实时,1 代表延时;帧序号标识 1s 内传输的 8 帧遥测参数,按顺序记为 F0~F7,用来表明遥测传送的连续性;校验和为从 EB 开始到组/帧号结束按字节累加之和的补码(模 256)。

高分多光谱卫星的遥测参数按帧格式下行,每秒 8 帧,每帧 64B,共 4096bit。在遥测信道码速率为 4096b/s 的情况下,其帧格式的周期为 1s,遥测参数格式如表 5-5 所列,F0 表示 0 帧,F1 表示 1 帧,F7 则表示 7 帧等。

表 5-5 光谱卫星遥测参数格式

F0	F1	F2	F3	F4	F5	F6	F7
F0	F1	F2	F3	F4	F5	F6	F7
...	...	...	...	...	...	...	...
F0	F1	F2	F3	F4	F5	F6	F7

5.5 高速数传分系统

高分多光谱卫星的遥控指令包括直接指令和注入数据指令两类。直接指令由测控分系统硬件译码后直接输出脉冲信号。注入数据指令为卫星的间接指令,包括参数数据指令、程序数据指令、密钥参数指令等,由测控终端解调、校验正确后送给中心计算机,由中心计算机进行处理,再分发到各分系统(下位机)执行。

5.5.1 分系统概述

高分多光谱卫星数传分系统具有如下功能:
(1) 在卫星进行拍照过程中,压缩编码接收来自于可见光相机的数据,对除辅助数据之外的图像数据进行压缩编码,压缩比为 2∶1(标称值)或者不压缩,两种模式可选。
(2) 压缩码流输入固存,完成图像压缩数据的存储。
(3) 固存根据指令可进行自检、擦除、回放功能。
(4) 在对地进行数据传输过程中,编码电路从固存中读出数据,进行统一的符合 CCSDS 规范的 AOS 编码格式编排。
(5) 对数据进行加密/加扰处理,对加密/加扰处理后的数据流进行 LDPC 信道编码,以满足链路需求。

(6)将数据处理器的数据流进行载波调制,对调制后的信号进行功率放大,经对地数传天线发射到地面接收站。

数据处理部分、数据传输部分均具有主、备份切换功能,且可以主、备份对地通道同时开机。

高分多光谱卫星的数据压缩、存储与传输系统采用一体化设计的方案,形成一体化的数传分系统。系统的主要任务包括相机图像数据的压缩、存储、编码和传输。数传分系统由数据处理器、编码调制器、滤波器、行波管放大器及天线等部分组成。

数据处理器包括压缩编码、AOS 编码、固存、数传下位机和系统供电。任务是执行图像压缩编码、AOS 编码、数据记录和回放等功能。

数传调制器内部包含晶振、锁相倍频器、微波直接调制器、放大器等。任务是由调制器对基带信号进行 LDPC 编码、X 波段 QPSK 调制,经滤波器和功率放大及合成器进天线向地面传输。

固存、AOS 编码和调制器及行放均具有双机冷备份形式,且可以两个通道同时开机,增强单位时间内下传数据的能力。

数传分系统主要技术指标如下:

(1)数传通道发射频率:X 波段双通道。
(2)数传天线传输角度:$-65°\sim+65°$。
(3)调制方式:QPSK 调制。
(4)数传编码后信道速率(固定值):344Mb/s(单通道)、688Mb/s(双通道)。
(5)数传系统误码率:$\leqslant 1\times 10^{-7}$。
(6)数传固存容量:$\geqslant$800Gbit。
(7)图像压缩比:不压缩或 2∶1 压缩。

5.5.2 数据处理器设计

数据处理器应具有下述功能:

(1)将系统提供的+30V 一次电源转换为本设备内部电路所需的二次电源,并具备遥控开关机及工作模式切换功能。

(2)在卫星进行拍照过程中,压缩编码接收来自于可见光相机的数据,对除卫星辅助数据之外的图像数据进行压缩编码,压缩比为 2∶1(标称值)和不压缩可选。

(3)压缩码流输入固存,完成图像压缩数据的存储。

(4)固存根据指令可进行自检、擦除、回放功能。

(5)在对地进行数据传输过程中,编码电路从固存中读出数据,进行统一的符合 CCSDS 规范的 AOS 编码格式编排。

数据处理器包括压缩编码、AOS 编码、固存、数传下位机和系统供电单元。压缩编码具有不压缩和 2∶1 压缩两种工作模式;AOS 编码实现数据的加密/加扰及符合 CCSDS 标准的格式编排;固存实现数据的存储及回放;数据下位机实现通过 CAN 总线与中心计算机的信息交互,并实现数传分系统各个单机的管理;系统供电单元完成数据处理器各个单板的供配电。

5.5.3 编码调制器设计

X 波段编码调制器应具有下述功能:

(1) 将系统提供的+30V 一次电源转换为本设备内部电路所需的+12V、±5V 二次电源,并具备遥控开关机功能。

(2) 接收由数据处理器送来的并行 8bit 的 I、Q 数据和时钟信号,对 I、Q 数据进行并/串转换。

(3) 产生调制所需的 X 波段载波。

(4) 将数据在 X 波段载波上进行 QPSK 调制。

(5) 对调制后的信号进行滤波和放大。

(6) 提供相应的遥测。

(7) 调制器双机备份,且可以同时开机。

调制器由电源管理单元、调制器 A 和调制器 B 三个盒体拼装组成。电源管理模块主要完成主、备份调制器一次电到二次电的转换以及开关机、加断电的功能。

调制器 A、B 接口电路完成 LVDS 数据的接收,并/串转换,即接收数传数据处理器送来的 LVDS 信号:I 路、Q 路与时钟 CLK,经过电平转换电路将数据变换为驱动调制器所需的电平。QPSK 调制器将数据在 X 波段载波上直接调制,调制后形成的 QPSK 调制信号经滤波和放大后输出。

设备由数据处理器提供一次+30V 电、用于指令切换的 TC+30V 电,设备内部包含 DC/DC 模块,主份和备份供配电完全独立。

5.5.4 X 波段滤波器、行波管组件及数传天线设计

1. X 波段滤波器设计

滤波器一共有两台,分别完成调制器 A 和调制器 B 输出的调制信号的滤波,抑制带外的谐杂波信号。

(1) 对两路对地数传通道的 X 波段射频信号分别具有滤波作用(单通道 1dB 带宽为 360MHz)。

(2) 抑制带外杂波信号。

(3) 抑制带外谐波信号。

2. 行波管组件设计

行波管是微波电真空器件,其主要功能是完成微波信号的功率放大,它直接决

定行波管放大器组件的射频性能。

行波管电源是一类大功率高压电源,其主要功能是为行波管提供多级的高压供电,同时完成开关机控制,并提供遥测,是整个组件的一个关键部分,其性能以及稳定性直接决定行波管放大器组件的工作稳定性和可靠性。

行波管放大器组件由行波管、行波管电源、环器、负载、波同转换以及波导件构成,如图5-41所示。行波管和行波管放大器通过高压电缆连接成为整体。

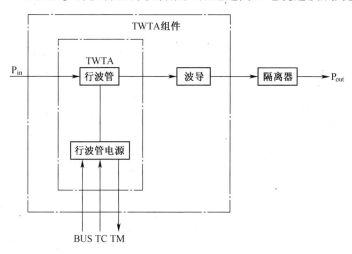

图5-41 X波段行波管放大器构成

3. 数传天线设计

在高分多光谱卫星数传分系统中,X波段数传天线采用了螺旋天线的设计形式,其具有设计形式简单、宽波束、宽频带等特点。

螺旋天线是用金属线(或管)绕制成螺旋结构的行波天线,它通常是用同轴线馈电,同轴线内导体和螺旋线一端连接,外导体和金属接地板连接。将螺旋天线的有关参数进行递变就可构成锥削螺旋天线,它比圆柱形均匀螺旋天线工作频带更宽。双线螺旋天线是在同一锥面上绕制两个螺旋,其馈电点位移至顶端,双线顺绕,即可产生圆极化波,其具有宽波束、宽频带的特点。

5.5.5 固存模块设计

数传分系统的固存模块由六块电路板组成,具体包括两块CPU控制板及四块存储板,此六块电路板插入到数据处理器机箱内,其二次供电由数传分系统负责提供,从而构成了高分多光谱卫星的载荷数据存储系统。

固存模块电路主要包括管理控制单元部分、数据通道部分和存储阵列部分。

高分多光谱卫星的固存模块具有文件管理功能,可按文件进行记录、回放,最多可管理 16 个文件。

固存记录时,可按照指令生成新的文件记入到存储器,或不生成新的文件,在原最后一个文件后续记,只有接收到停止记录指令或固存记满时,固存模块停止数据记录。

固存回放时,可按文件回放,一次最多能回放 8 个文件,支持断点回放功能。顺序回放时当接收到停止回放指令后,固存立即停止回放;若未接收到停止回放指令,则放至数据尾地址后回卷。随机回放时当接收到停止回放指令后,固存立即停止回放;若未接收到停止回放指令,则放至选择的最后一个文件尾地址后自动停止回放。

5.5.6 与高分辨相机接口设计

数传分系统与相机分系统的接口方式采用双通道温备份方式传输,如图 5-42

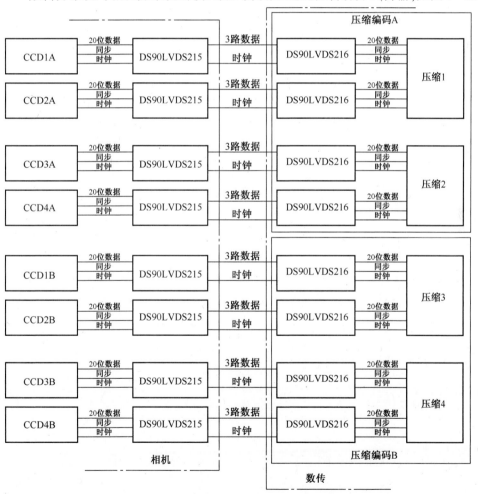

图 5-42 数传分系统与相机分系统数据传输接口

所示。主备通信方式完全一样,即 CCD1A 与 CCD1B 能够传输相同的图像数据,但同一时刻只有一路传输接口在工作。

5.6 热控分系统

5.6.1 分系统概述

通过合理的热控设计、热控措施,严格的热控实施过程,保证卫星在整个飞行过程中,星上仪器设备及部件均在规定的温度范围内,确保飞行任务的圆满完成。在轨热控分系统通过安装在卫星各处的热敏电阻遥测监测卫星温度,通过电加热器的开关状态遥测监测加热器的工作状态[14,15]。

1. 热控涂层

铝合金黑色阳极氧化涂层主要用于仪器设备表面,ERB-2B 黑色热控涂层主要用于部分设备表面,S781 白色热控涂层用于散热面表面,S853 白色热控涂层主要用于天线表面,A276 白色热控涂层主要用于星敏感器遮光罩外表面,F46 单面镀铝膜用于太阳照射面多层外表面及部分仪器设备表面。

2. 多层隔热材料

用于除散热面及仪器设备安装面外其他外表面的包覆、星敏感器遮光罩外表面的包覆、数字太阳敏感器侧面的包覆、部分舱外安装仪器设备的包覆等。

3. 热管

横截面外形尺寸为 30mm×29.1mm 的工字型双芯铝-氨槽道热管,预埋于单机安装板内,拉平其上安装的仪器设备的温度;横截面外形尺寸为 $\phi 10\times 18mm$ 的 Ω 形单芯铝-氨槽道热管,用于单机安装板预埋热管间、焦面散热面与相机后罩之间的导热。

4. 电加热器件

康铜箔加热片作为蓄电池组、相机安装立架、相机等的电加热器件。通过热控下位机对其进行自动控温。

5. 热控下位机

热控下位机采用双机冷备份,负责星上的温度信号采集;根据采集的温度信号,对加热器进行主动温度控制。

6. 热敏电阻

作为温度敏感器,用于星上上仪器设备的温度测量。

5.6.2 主动及被动热控措施

由于高分多光谱卫星采用星载一体化设计技术,卫星平台和有效载荷高度耦合,同时卫星大量采用碳纤维环氧树脂复合材料,其导热性能较差。另外,卫星搭载了较多的新研设备,且卫星工作模式较多。这些都为热控系统的设计带来较大困难。高分多光谱卫星的热控分系统设计主要继承了其他卫星上使用过的成熟技术,采用以被动式热控措施(热管、热控涂层、多层隔热组件)为主,对某些控温范围小及有特殊要求的仪器设备(锂离子蓄电池组、相机、焦面散热面等)采用电加热方式的主动热控技术为辅的热控方案[16]。

在单机安装板内预埋热管,利用外敷热管与预埋热管构成"井"字形,减小各单机温度梯度,各仪器舱根据舱内仪器功耗设计独立的散热面,散热面上喷涂S781白色热控涂层,$-Y$仪器舱的散热面积约为$0.49m^2$,$+Y$仪器舱散热面面积约为$0.28m^2$,$+X$蒙皮散热面面积约为$0.2m^2$,焦面散热面积约为$0.07m^2$;卫星外表面除散热面及敏感器入光口外,均包覆20单元的多层隔热组件(MLI);对于安装在相机安装立架上的设备,其与支架均使用聚酰亚胺垫隔热安装。

1. 等温化设计

措施主要有预埋热管、外敷热管、高发射率热控涂层、仪器安装底面填充导热脂等。

2. 散热面设计

卫星$-X/+Y/-Y$仪器舱、焦面组件、光纤陀螺均设计了散热面,散热面均采用S781白漆。

3. 多层设计

卫星除散热面、敏感器入光口、相机入光口外,其余外表面均包覆多层隔热组件,所有多层组件均为20层隔热单元。

4. 主动热控措施设计

电加热器采用聚酰亚胺薄膜型电加热片,电加热器共包含相机18路(主、备)及平台14路。电加热器的控制方式有两种:一种是通过人工判别温度数据,地面发射直接或间接指令,控制电加热器开关,共两路;另一种是其余加热器通过热控下位机进行闭环温度控制[17]。

5.6.3 外热流计算与分析

根据整星的构型、尺寸、飞行轨道参数、飞行姿态等,用Thermal Desktop分析软件计算了卫星外表面上所到达外热流(太阳辐射、地球反照、地球红外辐射)的轨道平均热流密度。计算中所用的参数如下:

(1) 太阳常数:$S=1412\text{W/m}^2$(冬至),$S=1322\text{W/m}^2$(夏至)。

(2) 地球平均红外辐射密度:$E_e = 0.25(1-\rho)S$,式中,ρ 为地球对太阳辐射的平均反射率,$\rho = 0.30$。

(3) 地球平均反射密度:$E_r = \rho S$。

(4) 地球半径:6378.14km。

(5) 空间环境温度:4K。

利用上面提到的参数,用 Thermal Desktop 软件计算卫星在轨外热流变化,将各外表面定义为黑体时,到达各外表面的平均外热流密度如表 5-6 所列,到达各外表面外热流的变化情况如图 5-43 所示。其中,+X 轴为卫星飞行方向,+Z 指向光学相机。

表 5-6　到达卫星各表面的平均外热流密度　　　　　　(单位:W/m²)

名称	外热流密度(冬至)				外热流密度(夏至)			
	太阳	反照	红外	总计	太阳	反照	红外	总计
-X 单机板	0	33.7	63	96.7	0	34.4	58.9	93.3
-Y 单机板	0	47	57.3	104.3	0	40	50.6	90.6
+Y 单机板	0	15.1	49.6	64.7	0	19.4	45.4	64.8
底板	928.7	5.9	73.7	1008.3	853.6	4.9	71.5	930
顶板	0	66.6	73.5	140.1	0	72.3	71.2	143.5

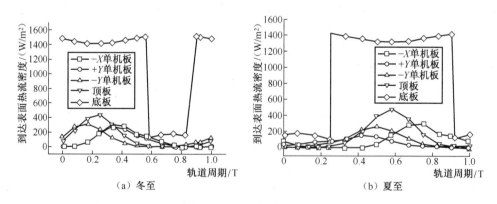

图 5-43　到达星体各外表面的外热流密度(1 个轨道周期内)

外热流计算中给出的是到达表面的热流密度,真正被表面吸收的热流值还取决于表面吸收率。通常对散热面而言,为减少散热面对外热流的吸收,提高散热面的散热效率,要求其表面为具有低的吸收率 α_s 和高的发射率 ε_h 的热控涂层。

5.6.4 散热面设计

散热面起着把星内仪器设备的发热量向外空间发散的作用,其布局、大小及散热效率等直接影响到仪器设备的温度控制,所以散热面的设计是热设计所必须考虑的首要问题[18,19]。

考虑到卫星的布局、仪器设备的功率等,根据上述外热流的计算结果,由于帆板的遮挡作用,主要仪器舱在轨飞行过程中,各仪器舱表面不仅吸收的外热流密度小,其吸收的外热流密度在一个轨道周期内变化也较小,因此各仪器舱根据舱内仪器设备的功耗独立设计散热面。

散热面上喷涂 S781 热控白漆,以提高散热面的散热效果和热性能稳定性。

散热面面积大小取决于舱内仪器设备的发热功率和控温范围、散热表面的热-光学性能和空间稳定性、到达散热面的外热流密度等。根据热计算结果,$-Y$ 仪器舱的散热面积约为 $0.49m^2$,$+Y$ 仪器舱散热面面积约为 $0.28m^2$,$+X$ 蒙皮散热面面积约为 $0.2m^2$,焦面散热面积约为 $0.07m^2$;图 5-44 给出了散热面的位置分布。

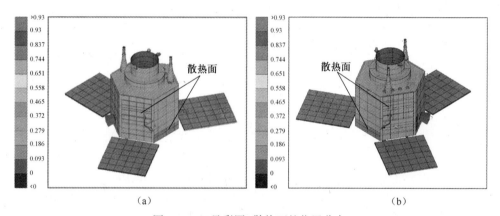

(a)   (b)

图 5-44 (见彩图)散热面的位置分布

5.6.5 舱内设备热控设计

从外热流的分析计算可知,到达卫星各个外表面的轨道平均外热流密度是不一样的,且随着卫星姿态的改变而变化,为了把其变化所引起的舱内仪器设备温度波动减小到最低限度,除散热面和各探测器、敏感器入光口外,其余的星体外表面均包覆多层隔热组件。

1. $-Y$ 仪器舱

$-Y$ 向单机安装板上的设备有 X 向反作用飞轮、Y 向反作用飞轮、Z 向反作用飞轮、S 向反作用飞轮、一体化反作用飞轮、GPS 接收机、信号处理单元、中心计算机、信号处理单元及 Z 向磁力矩器等。单机安装板为厚 30mm 的蜂窝夹层板,上、下表面均为厚 0.5mm 的碳纤表板。根据等温化的设计原则,为加强舱内各仪器设备之间辐射热交换和传导热交换,改善各仪器设备之间温差,采取了如下热控措施:单机安装板内预埋两根 30mm×29.1mm 的工字型双芯铝槽道氨热管,且在单机板外表面安装两根 ϕ10mm×18mm 的 Ω 形外敷热管,热管在有效工作段互相搭接,构成"井"字形,预埋热管与单机板面板之间填充导热胶垫,保证热管与面板之间有良好的热接触;舱内所有仪器设备及设备支架的外表面均采用发黑处理或喷涂 ERB-2B 黑色热控涂层;在仪器设备安装面与安装板之间填充导热填料。

2. +Y 仪器舱

+Y 向单机安装板上的设备有测控应答机、电源控制器、配电热控管理单元、蓄电池及大容量固态存储系统。单机安装板为厚 30mm 的蜂窝夹层板,上、下表面均为厚 0.3mm 的铝表板。该舱采用了如下热控措施:在单机安装板内预埋两根 30mm×29.1mm 的工字型双芯铝槽道氨热管,且在单机板外表面安装两根 ϕ10mm×18mm 的 Ω 形外敷热管,热管在有效工作段互相搭接,构成"井"字形,预埋热管与单机板面板之间采用导热胶垫,保证热管与面板之间有良好的热接触,舱内所有仪器设备及设备支架的外表面均采用发黑处理或喷涂 ERB-2B 黑色热控涂层;在仪器设备安装面与安装板之间填充导热填料;锂离子电池表面贴康铜箔加热片,组成两个主动控温的电加热回路(一个为主份,另一个为备份),然后在电池组外表面上喷涂 ERB-2B 黑色热控涂层。

3. -X 仪器舱

-X 向单机安装板上的设备有数据处理单元、相机下位机、星敏电路盒、控制力矩陀螺及控制力矩陀螺电箱。单机安装板为厚 30mm 的蜂窝夹层板,上、下表面均为厚 0.5mm 的碳纤表板。该舱采用了如下热控措施:

在单机安装板内预埋两根 30mm×29.1mm 的工字型双芯铝槽道氨热管,预埋热管与单机板面板之间采用导热胶垫,保证热管与面板之间有良好的热接触,舱内所有仪器设备及设备支架的外表面均采用发黑处理或喷涂 ERB-2B 黑色热控涂层;在仪器设备安装面与安装板之间填充导热填料。

4. +Z 仪器舱

+Z 向单机安装板上的设备有磁强计线路盒、行波管放大器 A、行波管放大器 A 电源、滤波器 A、行波管放大器 B、行波管放大器 B 电源、滤波器 B、编码调制器及 X 轴磁力矩器。单机安装板为厚 30mm 的蜂窝夹层板,上、下表面均为厚 0.3mm 的铝表板。该舱采用了如下热控措施:在安装板内沿圆周方向预埋 6 根 30mm×29.1mm 的工字型双芯铝-氨槽道热管,预埋热管与单机板面板之间采用导热胶垫,保证热管与面板之间有良好的热接触;舱内所有仪器设备及设备支架的外表面均采用发黑处理或喷涂 ERB-2B 黑色热控涂层;在仪器设备安装面与安装板之间填充导热填料。

5. -Z 仪器舱

-Z 仪器舱上的设备有视频处理器、相机安装座、星敏感器、光纤陀螺及 Y 向磁力矩器。单机安装板为厚 30mm 的蜂窝夹层板,上、下表面均为厚 0.3mm 的铝表板。该舱采用了如下热控措施:磁力矩器采用减震垫隔热安装,星敏感器、光纤陀螺均使用厚 10mm 聚酰亚胺垫隔热安装于相机安装立架,视频处理器通过铝支架固定于单机板;除星敏感器舱内部分包覆 20 单元多层隔热组件外,其他单机及支架外表面均采用发黑处理或喷涂 ERB-2B 黑色热控涂层。

5.6.6 舱外设备热控设计

星外部件的布局见卫星布局图(图 5-2)。星外的部件主要有太阳电池阵、太阳敏感器、各种天线等。

1. 太阳电池阵热控

太阳电池阵热控的目的是在卫星处于对日定向姿态时,太阳帆板上的电池片温度不致过高,从而使电池片具有高的光电转换效率。因电池片的温度主要取决于电池片的热-光学性能参数 α_s、ε_h 和光电转换效率,以及基板的热物性参数,所以在选用电池片和设计基板时应考虑到热控的要求,在基板的背面碳纤维板表面上不进行表面喷涂处理。

2. 太阳敏感器热控

太阳敏感器有数字式太阳敏感器、0-1 太阳敏感器和新产品试验一体化太阳敏感器三种,安装在-Z 向安装板外表面。由于其功耗较小,除安装面与入光窗口外,均应采取保温措施。其热控措施:三种太阳敏感器头的上表面粘贴 F46 薄膜,侧面包覆 MLI;将 0-1 太阳敏感器头的侧面及支架用 MLI 包覆;在太阳敏感器支架与安装面间使用聚酰亚胺隔热垫。

3. 天线热控

由于天线的工作温度范围较宽,仅在其表面喷涂 S781(S853)白色热控涂层即可。但为减小天线对星体温度的影响,在其安装面使用聚酰亚胺隔热垫。

4. 磁强计探头热控

磁强计探头安装于相机遮光罩前端,其与相机遮光罩通过减震器隔热安装,在其表面粘贴电加热器进行闭环温度控制,磁强计探头包覆多层隔热组件。

5.6.7 高分辨相机热控设计

1. 相机主体热控

相机在轨以对日定向为主,成像时转为对地定向,要求转为对地定向模式后即刻具备成像条件,因此相机热控方案的基本设计思路是保证相机在轨过程中,始终具有适宜成像的温度条件。为调整相机温度水平,相机外部包覆多层隔热组件,同时利用温差闭环控制加热片手段来控制相机的温度水平与分布。此外,为减少底板温度变化对相机温度的影响,相机与相机安装座间使用聚酰亚胺垫隔热安装。

相机设计总加热功率为63W,常值功耗不大于50W,共有18个加热回路(主、备)和18个测温回路(主、备),相机主动热控回路情况如表5-7所列,加热片布局如图5-45所示。

表5-7 相机主动加热区

序号	回路名称	控温门限/℃	功耗/W	测温代号
1	主镜加热区	19~21	15.0	T1A(B)
2	次镜加热区	19~21	5.0	T2A(B)
3	三镜加热区	19~21	1.0	T3A(B)
4	机构加热区	19~21	4.5	T4A(B)
5	主背板+X加热区	19~21	4.8	T5A(B)
6	主背板+Y加热区	19~21	4.8	T6A(B)
7	主背板-Y加热区	19~21	4.8	T7A(B)
8	+X+Y桁架杆加热区	19~21	1.8	T8A(B)
9	+Y桁架杆加热区	19~21	1.8	T9A(B)
10	-X+Y桁架杆加热区	19~21	1.8	T10A(B)
11	-X-Y桁架杆加热区	19~21	1.8	T11A(B)
12	-Y桁架杆加热区	19~21	1.8	T12A(B)
13	+X-Y桁架杆加热区	19~21	1.8	T13A(B)
14	支撑环+X加热区	19~21	2.1	T14A(B)
15	支撑环-X加热区	19~21	4.2	T15A(B)
16	-X次镜支架加热区	19~21	2.0	T16A(B)
17	+Y次镜支架加热区	19~21	2.0	T17A(B)
18	-Y次镜支架加热区	19~21	2.0	T18A(B)
合计	—	—	63.0	18路

2. 焦面组件热控

相机焦面箱由CCD预放电路板和CCD驱动电路板组成,工作时器件热流密度大,是相机的主要发热部件[20]。除瞬时热流密度大外,相机焦面箱还具以下特点:

(1)焦面箱安装在相机偏流机构上,在相机调偏流模式下将随偏流机构转轴一起运动。

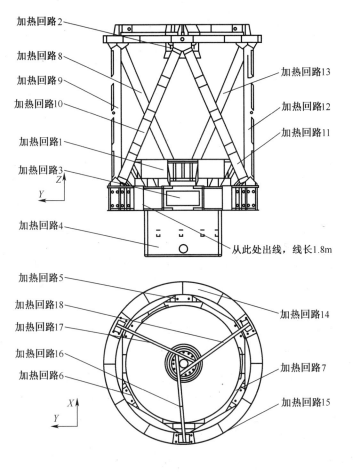

图 5-45 加热片布局

(2) 相机每次拍照工作时间较短,最长时间为 400s。

(3) 为提高信噪比,要求 TDI CCD 工作温度不高于 35℃,且在工作期间温度波动较小。

基于上述特点,相机焦面箱热控的指导思想如下:

(1) 增强 CCD 与安装基板、安装基板与箱体间的接触换热系数,提高 CCD 的等效热容。

(2) 通过热管将焦面箱正对的相机后罩与专用散热面相连,此热管在中间固定段均隔热安装,与散热面和后罩固点处填充导热硅脂。

(3) 对相机后罩进行精密控温,减少焦面箱在轨温度波动。

具体措施:加强元器件与电路板、电路板与机壳之间的热传导效率,利用 CCD 安装底板的热容将元器件温度控制在适宜的范围。为保证电箱壳体储存的热量在相机不工作时能够及时散掉,将相机后罩通过一根 $\phi 10\text{mm} \times 18\text{mm}$ 的 Ω 形热管与 +Y 蒙皮散热面相连,如图 5-46 所示,焦面电箱壳体通过辐射至相机后罩。外敷热管外表面包覆多层隔热组件,热管通过聚酰亚胺支架在底板上固定。

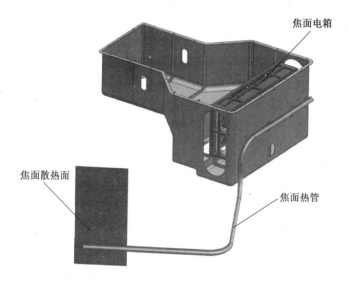

图 5-46　焦面组件散热通道

焦面箱内部具体热控措施如下:

(1) 将 CCD 器件背面与 CCD 相连的 CCD 压片填充厚 0.25mm 导热垫 SP 2000。

(2) 导热条通过厚 0.25mm 导热垫 SP 2000 与 CCD 压片相连。

(3) 后罩粘贴 PGS 导热膜,保持后罩的温度梯度。

(4) 散热面的面积约为 0.07m^2。

5.7　电源分系统

5.7.1　分系统概述

高分多光谱卫星电源分系统在卫星的各个飞行阶段,包括从发射前转变至在轨正常运行阶段,提供充足的直流功率。具体任务描述如下:

(1) 在地面测试及各种地面试验期间,为卫星提供一次电源。

(2) 为火工品起爆提供脉冲电流。

(3) 在轨运行期间,为卫星提供一次电源,保证各仪器设备正常工作。

(4)电源分系统在日照期利用太阳电池阵发电,对卫星各设备供电,并对蓄电池充电;在地影期由蓄电池对卫星各设备供电。

(5)实施在轨运行期间的电源管理和控制,包括对一次电源母线电压的调节、对蓄电池充放电的控制等,并提供所需的遥测、遥控接口。

(6)在卫星发射前,由太阳电池阵模拟器为蓄电池充电。

电源分系统应具备故障诊断及故障隔离功能,蓄电池应具备临近过放电情况下的自主切除及整星供电恢复后的自主接入功能[21]。

高分多光谱卫星电源分系统采用直流全调节统一母线系统,电源系统拓扑结构上采用S3R拓扑结构,系统主要由太阳电池阵、锂离子蓄电池组和电源控制器组成,原理框图如图5-47所示。

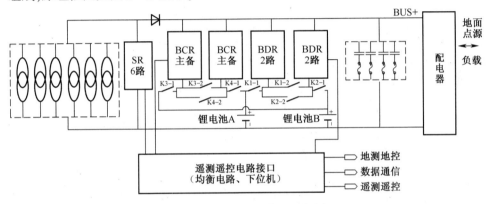

图 5-47 电源分系统原理框图

在太阳电池阵方面,选择供电阵、充电阵统一设计方案,太阳电池阵由3块太阳板组成。太阳电池电路所采用是平均光电转换效率不小于28.6%的三结砷化镓太阳电池。在太阳电池阵的分布上,采用6个太阳电池分阵。

在锂离子蓄电池组方面,选择具有充分继承性的20A·h锂离子蓄电池。在电源分系统中采用2组20A·h锂离子蓄电池组,每组有7个20A·h单体串联而成。同时蓄电池有过放电保护设计,不会出现电量全部放光的情况。

电源分系统的控制方式采用三域控制。

当光照期,太阳电池阵为母线长期负载供电,在太阳电池阵输出功率大于负载功率的情况下(处于充电域),充电控制器为蓄电池组进行充电,在满足蓄电池充电功率的情况下(处于分流域),分流调节器对多余能量进行分流,以保持母线在光照期稳定;若峰值负载出现在光照期,母线优先为负载供电,其优先顺序为供电、充电、分流,当光照期卫星出现峰值负载,且太阳电池阵输出功率不能满足母线负载供电需求时,由蓄电池组经放电调节器为母线补充能量,并与太阳电池阵联合供电工作模式。

当卫星处于阴影期,蓄电池组经放电调节器放电为整星供电(处于放电域)。

因此,卫星在光照期、阴影期,电源系统的母线输出电压均保持在一个稳定的范围内。

5.7.2 太阳电池阵电路设计

1. 太阳电池阵布局

根据高分多光谱卫星负载功率的要求,太阳电池阵由3块碳纤维铝蜂窝夹层板构成。

2. 太阳电池阵电路设计

电源分系统选用效率不小于28.6%的 $GaInP_2/GaAs/Ge$ 三结太阳电池片粘贴在基板上。单体太阳电池参数如表5-8所列。

表5-8 n/p型三结 $GaInP_2/GaAs/Ge$ 单体太阳电池设计参数

参数名称	参数值
转换效率/%	28.6
电池片规格/mm	40.0×80.0(缺两角)
电池片尺寸/cm²	30.15
短路电流 I_{sc}/mA	518.6
工作电流 I_{mp}/mA	496
开路电压 V_{oc}/mV	2700
工作电压 V_{mp}/mV	2350
电流组合损失	0.98
电流紫外损失	0.98
电流温度交变损失	0.98
电流光照角损失(90°)	1
电流温度损失/(mA/℃)	+0.27135
电流辐照损失	0.94
电压温度损失/(mV/℃)	-6.8
电压辐照损失	0.94
质量/g	3.75(含盖片)

以太阳电池串并联设计的理论计算结果为依据,再综合考虑碳纤维铝蜂窝基

板尺寸、压紧点和约束点、铰链安装点、布片走向和布片系数等因素[22]。太阳电池电路实际布片如图 5-48 所示，卫星太阳电池实际布片如表 5-9 所列。

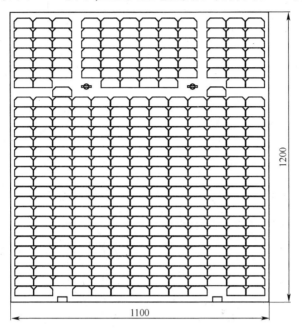

图 5-48 太阳电池电路实际布片

表 5-9 卫星太阳电池阵实际布片

名称	串联数	并联数	总片数
太阳电池阵	20	51	1020

3. 太阳电池阵输出功率

电源分系统太阳电池电路输出功率如表 5-10 所列。

表 5-10 电源分系统太阳电池电路输出功率

太阳电池阵	参数	参数值
寿命初期 （光照角为 0°）	电流/A	25.24
	电压/V	38.3
	功率/W	966.6
寿命末期 （光照角为 0°）	电流/A	22.75
	电压/V	35.5
	功率/W	807.6

5.7.3 锂离子蓄电池组设计

1. 结构设计

锂离子蓄电池组由2个蓄电池模块组成,每个蓄电池模块由7只20A·h矩形锂离子电池单体串联组成。2个蓄电池模块分两排竖立排列,纵向由左右壁板和两块中间支架通过5根钛合金拉杆紧固。每两个并排单体蓄电池之间用一块厚度为1.0mm的L形导热板作为传热通道。两个蓄电池模块共用一套结构件,通过左、右壁板和两块中间支架上的10个安装孔安装在卫星结构上。锂离子蓄电池组外形尺寸为(290±3)mm×202mm×206mm,结构如图5-49所示。正样单体电池经过各项测试确保为合格产品后,再经过一致性筛选项目筛选配组合(包括容量、交流内阻、自放电率等)后装机使用,确保每个装机单体一致性,保证锂离子蓄电池组在长期循环过程中的单体一致性,提高蓄电池组在轨工作可靠性和安全性。

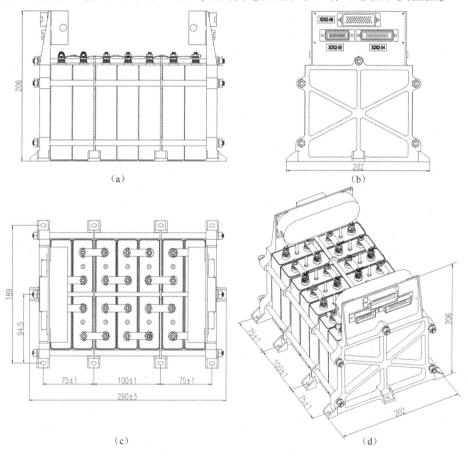

图 5-49 锂离子蓄电池组结构

2. 散热设计

蓄电池组在充放电过程中产生的热量通过单体蓄电池之间的非整体散热片来传导,即用 L 形导热板作为传热通道,并在单体蓄电池、L 形导热板及其结构件间填充导热硅胶加强蓄电池组散热效果。

3. 绝缘设计

单体蓄电池、L 形导热板以及结构板之间采用多层聚酰亚胺亚敏胶带实现绝缘。电池组结构与星体结构安装板之间绝缘并高阻接地。

高分多光谱卫星用锂离子蓄电池组为 2 组 20A·h 电池组,额定容量为 20A·h,初期有 10%~20%的容量冗余。高分多光谱卫星锂离子蓄电池单体研制过程中进行过 25%放电深度的模拟轨道充放电循环试验,试验结果显示可以满足 3 年在轨寿命要求[23]。高分多光谱卫星在轨实际使用中,大于 25%的放电深度存在于末期理论计算的最大放电深度,在放电深度计算过程中,电池容量、放电电压等参数已经采取了一定的计算余量。而且,实际在轨工作时,并不是全部处于这个放电深度。因此,蓄电池放电深度设计可满足寿命要求。

锂电池电压地面测量线,电源控制器引出端口有 1kΩ 保护电阻,可防止引出测量电缆短路危急锂离子电池。

5.7.4 电源控制器设计

电源控制器由分流调节模块、充电调节模块、放电调节模块、工作电源滤波模块、均衡遥测遥控模块和下位机模块等部分组成[24]。电源控制器最大外廓尺寸为(245±1)mm×(324±1)mm×(200±1)mm。电源控制器外形结构如图 5-50 所示。

图 5-50 电源控制器外形结构

1. 分流调节模块

分流调节模块电路设计以脉宽调制(PWM)电路为核心,由母线电压取样电路、误差放大器、功率驱动电路等组成[25]。分流调节模块的分流元件选用了 V-MOS 功率管,器件选用本身降额裕度较大,并采用两管串联工作的可靠性措施。分流调节器采用 6 级,每级分流能力不小于 6A,在 6 级全部分流的情况下,可以将太阳电池阵输出电流全部分流掉。分流调节模块原理框图如图 5-51 所示。

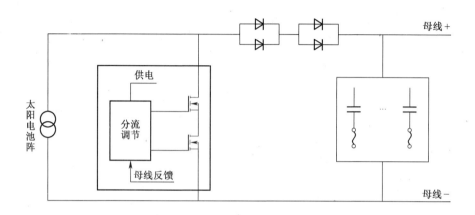

图 5-51　分流调节模块原理框图

高分多光谱卫星分流电路 6 路,分流电流 4.16A,分流开关开启瞬间该端口电容产生"冲击"尖峰电流也降低到 10A 左右,高分多光谱卫星分流电路选用的开关管工作电流为 27A,尖峰电流满足开关管的一级降额要求。

2. 充电控制模块

蓄电池充电控制采用串联型充电控制方式,通过母线对两组蓄电池同时进行充电。每组蓄电池组各对应一组含有主备份的充电器(冷备份)。主份和备份两套电路完全独立。通过将地面外电电源(30.6~31.0V)直接加到配电热控管理单元母线上,充电器也可实现对两组蓄电池进行充电。蓄电池组充电控制模块原理框图如图 5-52 所示。

为提高锂离子充电控制的可靠性,采用了如下充电保护措施:

(1) 锂离子蓄电池组电压限压保护:当锂离子蓄电池组电压大于 29.0V 时,锂离子充电控制器转入恒压充电方式,避免锂离子蓄电池组的过充电。

(2) 锂离子蓄电池单体限压保护:在锂离子蓄电池充电过程中,当 7 节单体中的任意一节高于单体充电电压最大允许值(4.2V)时,锂离子蓄电池充电控制器转入恒压充电方式,避免蓄电池单体过充电。

(3) 限流充电保护:当充电电流小于 5.5A(限流值)时,充电控制器根据母线

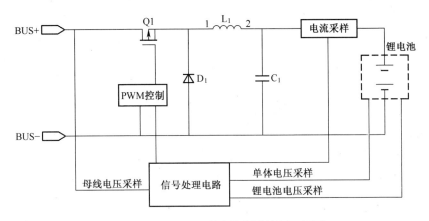

图 5-52　蓄电池组充电控制模块原理框图

电压的情况,在保证母线电压稳定的情况下,自动调节充电电流。

3. 放电调节模块

放电调节模块采用脉宽调制型升压式电路,电路由母线采样、误差放大、脉宽调制、驱动等组成,每组蓄电池组对应一组以热备份方式工作的两个放电调节器,每个放电调节器输出功率不小于200W。放电调节模块原理框图如图5-53所示。

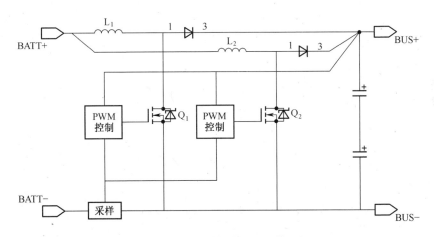

图 5-53　放电调节模块原理框图

为提高电源系统可靠性,设计了蓄电池组切换功能。当一组蓄电池发生故障时,通过继电器切换,由另外一组蓄电池单独工作,即采用一组蓄电池对应四路放电调节器同时工作的模式。蓄电池组放电开关切换电路原理框图如图5-54所示。

4. 均衡控制模块

为了保证单体间的均衡性,锂电池采用了旁路均衡控制方式。由电源系统下

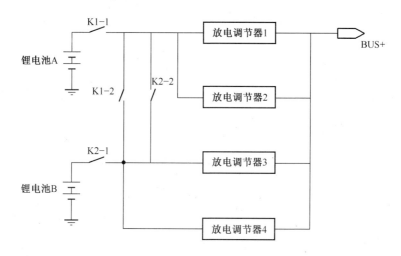

图 5-54 蓄电池组放电开关切换电路原理框图

位机检测蓄电池组的每个单体电压,计算蓄电池单体间的电压差,当单体电池间电压差高出 60mV 时,电源下位机发出控制信号接通蓄电池单体的旁路分流电路,减少其充电电流,达到均衡充电的目的,旁路分流电路的电流不大于 200mA。

锂离子电池组均衡电路中,与各单体电池连接时设计有单体开关,整星地面测试结束后,整星断电前,先断开单体开关,防止电源控制器在测试、试验结束时 TM 电路带电。

5. 防锂离子蓄电池组过放电保护电路

为防止锂离子蓄电池组发生过放电故障,增加了采取硬件控制方式的防过放电保护电路(图 5-55),硬件控制电路采取三取二方式。对锂离子蓄电池组的电压和基准电压进行比较,当锂离子蓄电池组的电压低于 21V 时,使过放电保护电路的三极管导通,当三路电路中有两路满足条件时,锂离子蓄电池组放电开关自动断开。

当电源下位机检测到母线电压恢复正常范围且蓄电池组电压大于 26V 时,电源下位机发出"放电开关接通"指令。

锂电池电量计算是由电源下位机软件根据充放电电流计算完成。

高分多光谱卫星太阳电池电路的设计中采用冗余和降额设计,主要是:

(1) 互连片与电池上电极有 6 个焊点,互为备份。
(2) 互连片与电池下电极有 6 个焊点,互为备份。
(3) 太阳电池电路的引出线采用多点多线。
(4) 太阳电池电路的电连接器、二极管等主要元器件均Ⅰ级降额使用。

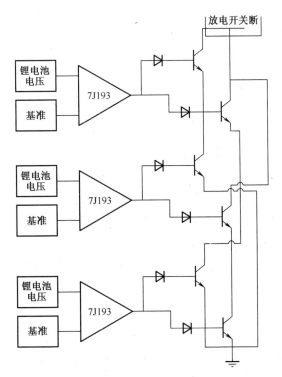

图 5-55 防锂离子蓄电池组过放电保护电路

5.8 总体电路分系统

5.8.1 分系统概述

总体电路分系统的系统功能主要包括配电热控管理单元、低频电缆网和卫星接地网的功能。配电热控管理单元的任务要求如下：
（1）执行直接指令。
（2）接收执行间接指令。
（3）为分系统单机设备或部件提供配电。
（4）实现一次电源及二次电源整星接地。
（5）为火工品电路提供安全控制通路及测试点。
（6）提供地面稳压电源供电接口。
（7）采集配电热控管理单元的功能参数。
（8）采集部分单机的模拟量遥测信号。

(9) 实现卫星温度测量及加热带控制。

低频电缆网的任务要求如下：

(1) 实现各分系统和设备间供电以及信息传递。

(2) 实现各单机机壳与卫星"地"之间的连接。

(3) 实现星上与地面测试设备之间的电连接。

整星接地网采用适当的结构地设计，通过为整星在所有频率上提供低阻抗回路，保证卫星的各个部分(电气、机械和结构)保持在相同电位。

为了减少系统中设备的数量，并降低系统的重量，将热控下位机集成到配电器中进行统一设计，称为配电热控管理单元。

高分多光谱卫星总体电路分系统主要由配电热控管理单元(含火工品控制电路)、低频电缆网和卫星接地网组成，如图 5-56 所示。

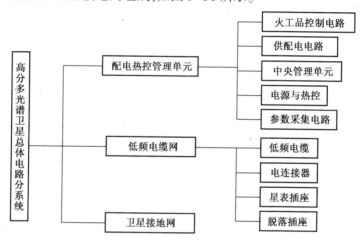

图 5-56 总体电路分系统组成框图

配电热控管理单元由整星火工品控制电路、供配电电路、中央管理单元、电源与热控和参数采集电路等组成。配电热控管理单元只向各分系统设备提供单一的 $+(30\pm1)\text{V}$ 的一次电源，各设备所需的二次电源均通过各自的 DC/DC 模块变换产生。

配电热控管理单元的功能是实现一次电源配电、火工品起爆控制、热控、遥测量采集等功能，按照配电功能模块、火工品起爆控制功能模块、配电热控管理单元处理器模块、电源和热控功能模块、参数采集模块 5 个功能模块进行设计[26]，如图 5-57 所示。

电缆网包括低频电缆网和高频电缆网，高频电缆网所属的单机包括 GPS 接收机、测控应答机、编码调制器、行波管放大器，由各单机所属分系统负责设计研制。

卫星接地网是通过为卫星在所有频率上提供低阻抗回路，保证卫星的各个部分(电气、机械和结构)保持在相同电位，以防止卫星上某一个点所产生的或者所

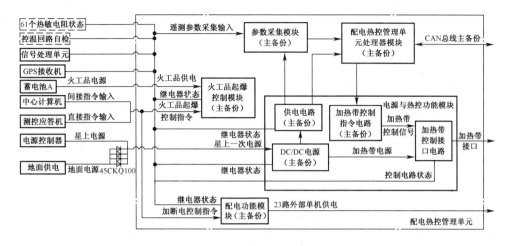

图 5-57 配电热控管理单元功能模块框图

使用的电磁场产生的电压或电流经公共接地阻抗转移到其他位置。

5.8.2 配电热控管理单元设计

1. 供配电功能模块设计

总体电路分系统采取分散供配电体制，整星采用两种供配电方式，供配电模块的供配电框图如图 5-58 所示。

继电器控制配电方式，该方式适用于被供电设备内部没有供电控制时，这种供电方式的单机包括：光纤陀螺组件；可重构功能模块、新产品试验一体化太阳敏感器、新产品试验大容量固态盘；新产品试验反作用飞轮；新产品试验控制力矩陀螺；TSC695 处理器主；TSC695 处理器备；磁强计；星敏感器 1；星敏感器 2；相机控制器及 CCD 成像单元（相机控制器、视频处理箱）；相机主热控控制器；相机备热控控制器。可重构功能模块、新产品试验一体化太阳敏感器、新产品试验大容量固态盘三个单机通过一组继电器控制。

直接配电方式是不进行控制，整星加电后即可加电的直接配电。该方式用于被供电设备内部有供电控制或电源使用功率大的形式。

不可控制加电直通供电单机包括：应答机主份；应答机备份；GPS 接收机；数据处理器；中心计算机仲裁；信号处理单元 1（磁力矩器、平台陀螺组件、信号处理单元）；信号处理单元 2（反作用飞轮）、备用 1、备用 2。

地面测试母线和整星上母线通过四个并联的隔离二极管将地面输入的一次母线和整星上输入的一次母线进行隔离，也可以实现通过地面输入的一次母线对整星上蓄电池进行充电。

225

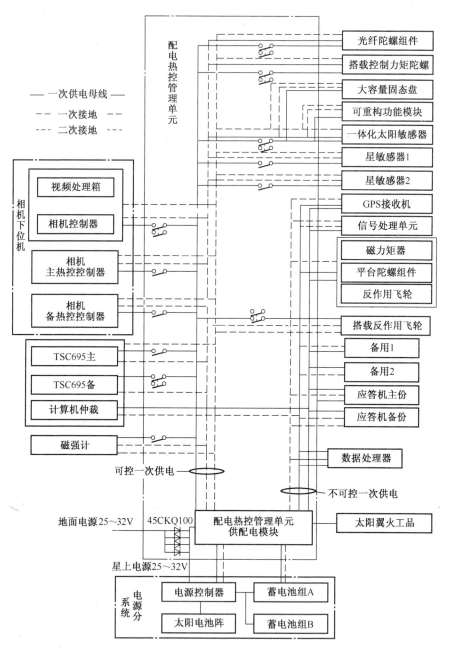

图 5-58 供配电模块供配电框图

2. 火工品控制模块设计

火工品控制模块主要完成 8 路火工品管理：

(1) -X 太阳翼 2 路火工品,共 4 个桥丝。

(2) -Y 太阳翼 2 路火工品,共 4 个桥丝。

(3) +Y 太阳翼 2 路火工品,共 4 个桥丝。

(4) 2 路备用。

蓄电池 A 母线通过配电热控管理单元为整星-X 太阳翼、-Y 太阳翼、+Y 太阳翼火工品供电,每个太阳翼两个火工品,共 6 个火工品,每个火工品有两个桥丝并联,每个桥丝起爆电流不小于 5A。6 个火工品分 3 批起爆。

太阳翼火工品供电线路采取正线加断电控制、起爆控制和回线加断电控制三级开关控制。正线加断电控制和回线加断电控制采用磁保持继电器。起爆控制采用电磁继电器。点火状态遥测采用磁保持继电器来实现。

太阳翼火工品供电线路如图 5-59 所示。

其保护措施包括:

(1) 蓄电池 A 太阳翼火工品供电端,采用星表插座对火工品供电母线及其回线进行保护。地面测试时,可以通过该星表插座进行火工品地面供电。

(2) 采用星表插座 1 和短路保护插头对电发火管桥丝进行短路保护。短路保护插头与星表插头 1 型号一致,当未将桥丝接入火工品控制回路时,插上短路保护插头使对应的桥丝的正负端短接,对火工品进行短路保护。

(3) 在火工品控制通路上设置了专用火工品限流电阻和静电泄放电阻。通过配电热控管理单元的电连接器 XL01-19 可直接对限流电阻阻值进行测量。

(4) 通过配电热控管理单元的电连接器 XL01-21 可直接对火工品桥丝进行检测。

火工品限流电阻选用限流电阻 TRY-A-1W-2.4Ω,限流电阻阻值的选取由火工品控制回路上总的电阻决定,包括控制回路内桥丝电阻、电缆电阻、控制回路上配电热控管理单元内电路电阻。根据卫星布局以及布线时电缆长度测试结果,电缆电阻最大值、平均值以及最小值如表 5-11 所列。

由表 5-11 可见,在火工品母线电压为 24~28V 时,选择限流电阻为 TRY-A-1W-2.4Ω,此时点火电流满足正常起爆工作电流要求。发生火工品桥丝对地短路时,即控制回路内桥丝电阻为 0Ω,控制回路上配电热控管理单元内电路电阻约为 0.5Ω,此时可将每路的最大电流限制在约 8.5A 范围内,能够对蓄电池组 A 起到保护作用。

3. 处理器模块设计

配电热控管理单元的 CPU 及其辅助系统称为配电热控管理单元处理电路(图 5-60),采用双机冷备份工作方式,完成以下功能:接收综合 CAN 总线发来的命令,分析执行,完成对 14 路加热带的加断电控制;完成温度量参数和模拟量参数的采集,经过 CAN 总线发送遥测数据;看门狗功能。

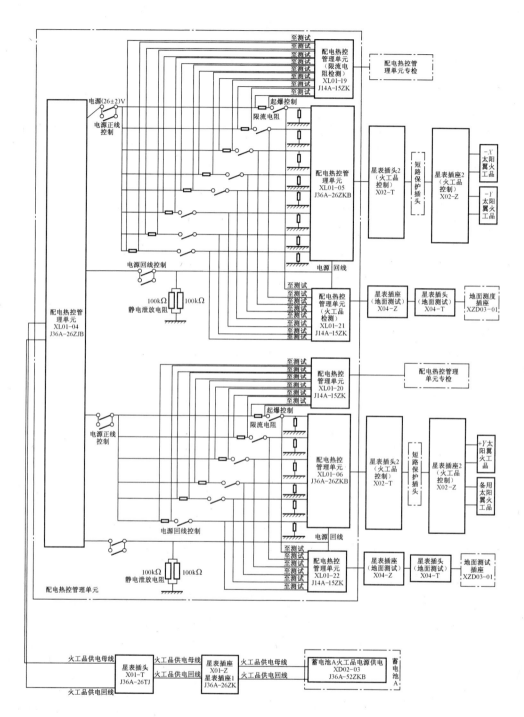

图 5-59 太阳翼火工品供电线路

表 5-11 限流电阻选用

电阻类型		最小值	平均值	最大值
桥丝电阻/Ω		0.9	1.0	1.1
电缆电阻/Ω		0.49	0.54	0.59
电路电阻(配电热控管理单元内)/Ω		0.5	0.5	0.5
限流电阻 2.4Ω	起爆工作电流/A	5.59~6.52	5.41~6.31	5.23~6.10
	火工品桥丝对地短路时回路电流/A	7.08~8.26	6.98~8.14	6.69~7.80

P0、P2 并行口作为 CPU 对各功能电路的控制接口,主要完成模拟量和测温量通道的选择,配合模/数转换电路完成数据采集,加热带控制通道的地址选择;模/数转换电路用于完成将测温量和模拟量转换为数字量的任务,是由 AD574 集成电路实现,输出电平为三态,输出方式为并行输出;看门狗上电复位电路使用上电复位信号和看门狗芯片 MAX813 复位信号相"或"的方法,保证了即使在看门狗芯片 MAX813 失效的情况下系统同样可以进行复位。同时为了防止干扰或供电电压的瞬间波动造成系统非正常复位,在上电复位输出端加了基于施密特触发器的非门电路,保证了复位电路的可靠性;为保证主、备机切换瞬态对外部操作的安全性,利用电压监视集成电路 MAX813 工作电源低于 4.65V 时输出复位信号的功能,来控制并行输出口的对外输出操作,从而有效的控制指令的误输出。总线接口主要完成配电热控管理单元与其他设备之间的通信。

4. 电源模块

配电热控管理单元电源模块的作用是将 25~32V 电源变换成±12V 和+5V,供配电热控管理单元内部使用。+5V 为继电器遥测电源;+5V、+12V、-12V 为温度采集芯片供电;+5V、+12V、-12V 为主备份控制电路供电。电源模块主要由 DC/DC、滤波电路、浪涌抑制电路、母线控制继电器和主备份电路切换继电器组成,如图 5-61 所示。

电源控制包括电源输入母线控制继电器和供电切换继电器两部分,主备份 DC/DC 输入各通过一个继电器控制,通过供电切换继电器切换使主份电路和备份电路工作。滤波器的输入正端加熔断器进行保护。熔断器采用两个具有相同额定电流的熔断器并联使用,一个支路上串联一个限流电阻,限流电阻阻值不小于熔断器冷态电阻的 20 倍。

5. 加热带设计

加热带共 14 路,功率为 10W/路,由配电热控管理单元内配电热控管理单元处理器模块通过综合 CAN 总线接收数据,完成对加热带的加断电控制,同时,CPU 采集加热带的工作状态,通过综合 CAN 总线上传。

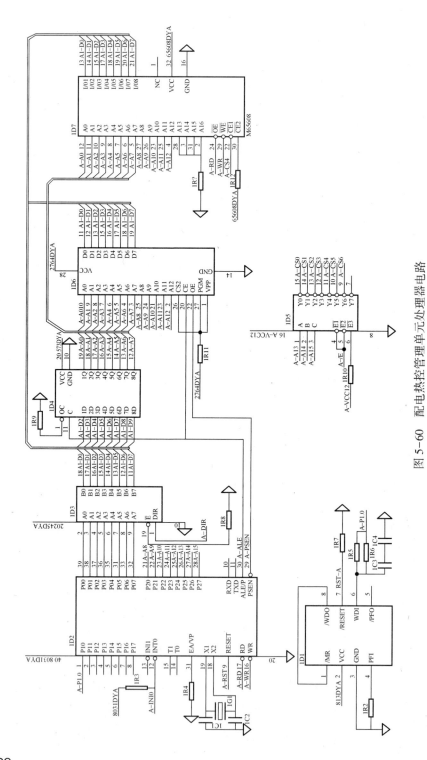

图 5-60 配电热控管理单元处理器电路

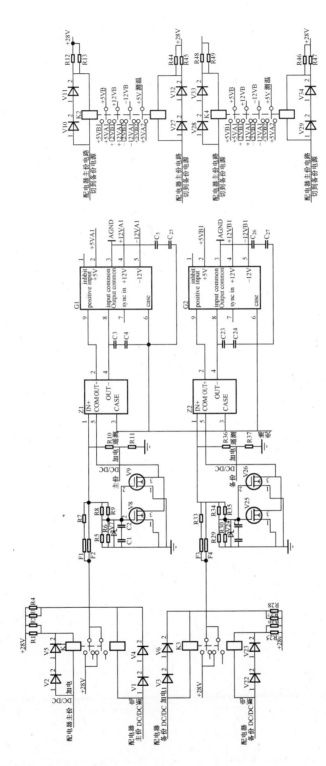

图 5-61 电源模块原理框图

6. 参数采集

参数采集模块的组成包括温度采集和模拟量采集两部分。参数采集模块框图如图 5-62 所示。

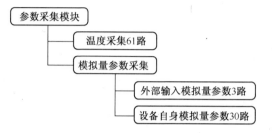

图 5-62　参数采集模块框图

温度采集电路共 61 路，单端采集，在设备内对输入正线进行采集，回线端在设备内共地，然后经过差分后转为数字量传给配电热控管理单元处理器。测温量单端采集接口电路框图和电路设计图分别如图 5-63、图 5-64 所示。

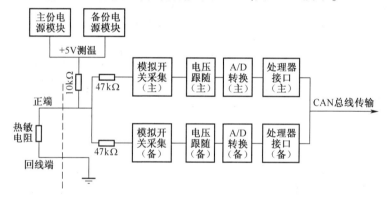

图 5-63　测温单端采集接口电路框图

各参数采集通道：模拟开关采集──→电压跟随──→A/D 转换──→配电热控管理单元处理器接口──→CAN 总线传输。

模拟量采集电路分为外部输入模拟量参数采集和内部模拟量采集，共 32 路，每路模拟量电压 0~5V。外部输入模拟量参数采集为 3 路。模拟量采用单端采集模式，接口电路如图 5-65 所示。

7. 机械接口设计

各印制板垂直于设备安装面，通过印制板底板连接为一体。印制板可脱离设备取出，生产、调试、维修方便。各印制板顶部和侧面均有止口减少设备对外辐射，印制板间用螺钉加以固紧，螺纹副间涂硅橡胶以防松，A 板、B 板、C 板和 D 板背面有加强筋。在 F 板上，印制板和电源模块、滤波器之间放置铝板，加快 DC/DC 散热。对于设备内部较大的器件和导线，需要进行固封，固封方式为点封，材料为硅

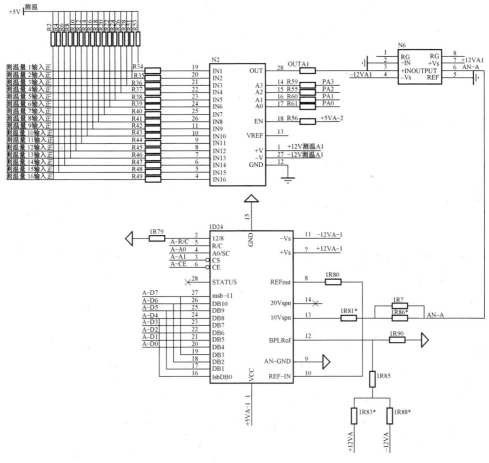

图 5-64　测温单端采集接口电路

橡胶 GD414,使大的器件和导线粘牢增强抗震性。设备的壳体包括侧板、印制板外框、底板及接地桩。铝板厚度为 2mm,侧板和印制板外框进行表面黑色阳极化处理,底板为铝本色,底平面度满足小于 0.1mm/(100mm×100mm)的要求,满足建造规范上对设备结构的热接口要求。配电热控管理单元设备简图如图 5-66 所示。

总质量不大于 8.2kg;本体尺寸为(239±0.5)mm×(248±0.5)mm×(222±0.5)mm;最大外轮廓尺寸为(279±0.5)mm×(254±0.5)mm×(230±0.5)mm;在各印制板顶部和侧面均有止口,印制板间用螺钉加以固紧,螺纹副间涂硅橡胶以防松。产品外壳采用铝材结构 2A12-H112,厚度为 2mm,在印制板上用加强筋来提高印制板的强度,由印制底板将各板连接为一体。设备底部大面积直接接触安装面,增加了印制板的抗震性、散热性。标准紧固件主要采用铜螺钉(铜螺母)、不锈钢螺钉(铜螺母)、钛螺钉和铜制垫圈,均为无磁材料,并且对紧固件有防松动措施,主要是通过在螺纹副间涂硅橡胶实现。

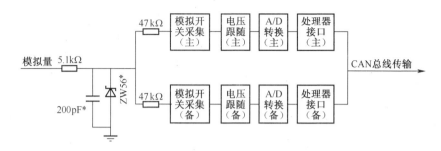

图 5-65　模拟量采集接口电路

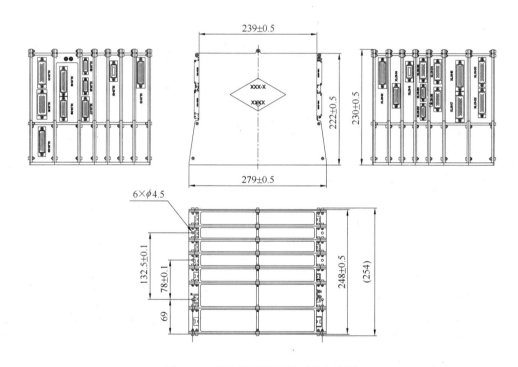

图 5-66　配电热控管理单元设备简图

5.8.3　电缆网设计

电缆网的功能是实现整星上所有设备的电连接,并完成整星与地面测试设备之间的电连接。整星上电缆网设计仅指低频电缆网设计,高频电缆设计由所属设备的分系统负责设计研制。整星上所有低频电缆网将由总体统一设计并组织生产。低频电缆网完成整星各分系统设备电接口的连接和信号传输,完成整星与地面测试设备、提供接地基准,实施整星接地与搭接,形成低阻抗传导通路。低频电缆网包括低频电缆、电缆支架(含接地桩)和接地线等[27]。

电缆网的设计通过并联接点数目和用线线径选择来减少供电线压降。通过屏蔽、双绞、走线间隔实现各类信号的隔离,以满足 EMC 规范的要求。通过优化布线设计以降低重量,最终满足总体技术要求。

整星电缆网总体连接框图如图 5-67 所示。

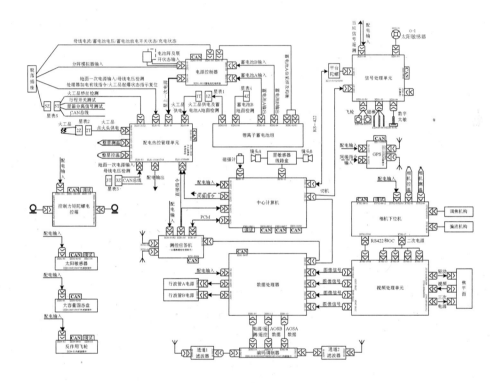

图 5-67 整星电缆网总体连接框图

1. 电连接器的选用

电连接器用于实现电缆与设备的连接,整星上各分系统单机设备所用的低频电连接器统一选用 J36A 和 J14A 电连接器。除姿态控制分系统、测控分系统、数传分系统中各单机供电电连接器采用 J14A 电连接器外,各单机供电电连接器均采用 J36A 电连接器,其余电连接器除特殊要求外均采用 J14A 电连接器。

2. 导线的选用

55 系列导线:

(1) 55/1122-20-9/96-9:一次母线供电及火工品供电。

(2) 55/1122-20-9-9：火工品用的信号线。

其他信号线选用 FF40J-2Q 系列导线：

(1) FF40J-2Q 19×0.10：地面测试时用的信号线。

(2) FF40J-2Q 19×0.12：单机二次电源回线，测温线，加热带，信号线。

双绞导线：

(1) FF40J-2Q 2×19×0.10：地面测试时用的总线。

(2) FF40J-2Q 2×19×0.12：其他信号线，小于 1A 普通单机供电线。

(3) FF40J-2Q 2×19×0.16：大于 1A，小于 5A 普通单机供电线，地面测试时用的电源线。

(4) FF40J-2Q 2×19×0.2：大于 5A 大电流单机供电线。

(5) LVDS 电缆：GBL-120-26。

整星在安装板展开状态下敷设电缆网，整星上电缆网在设计中对电连接器的一个触点只连接一根导线，即在电缆端不加焊短接线，如果设备要求双点或多点并联，则在设备内部解决。

3. 布线设计

从整星布局上来看，电缆网主要有+Z 单机安装板、+Y 单机安装板、-Y 单机安装板、-X 单机安装板和-Z 单机安装板，在各安装板上设置适当的电缆夹子将电缆固定。

4. CAN 总线匹配电阻设计

卫星 CAN 总线包括综合 CAN 总线、控制 CAN 总线和新产品 CAN 总线，三条 CAN 总线均是中心计算机和星表插座含匹配电阻。

综合 CAN 总线连接路径：中心计算机——GPS——相机下位机——数据处理单元——配电热控单元——测控应答机——电源控制器——星表插座，如图 5-68 所示。

控制 CAN 总线连接路径：中心计算机——信号处理单元——光纤陀螺组件——星表插座，如图 5-69 所示。

新产品试验 CAN 总线连接路径：中心计算机——反作用飞轮——控制力矩陀螺——一体化太阳敏感器——大容量固态盘——星表插座，如图 5-70 所示。

整星 CAN 总线的两端分别是中心机和星表插座，中心机和星表插座上均设置了 120Ω 匹配电阻，其余各单机内未安装匹配电阻。中心机交付时已安装匹配电阻，星表插座上的匹配电阻在桌面联试时不接入，地面测试设备内部设置了同样的匹配电阻。发射前接入星表插座上的匹配电阻。

5. 星表插座

高分多光谱卫星星表插座一共 5 个，通过星表插座支架安装在底板。星表插座使用情况如表 5-12 所列。

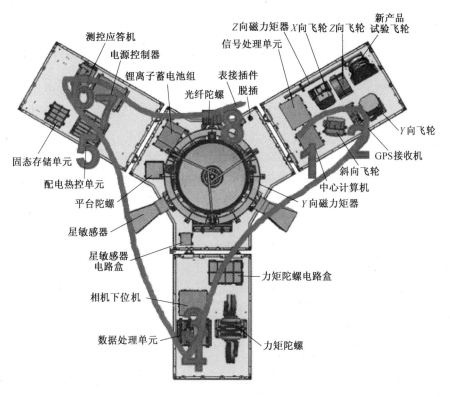

图 5-68 综合 CAN 连接关系

图 5-69 控制 CAN 连接关系

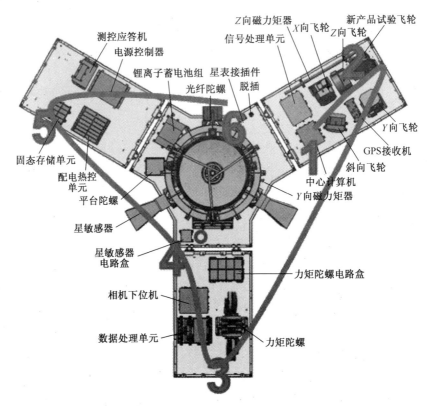

图 5-70 新产品试验 CAN 连接关系

表 5-12 星表插座使用情况

序号	来源	去向 1	去向 2	信号定义
星表插座 1 X01-Z J36A-52ZKL	锂离子蓄电池 XD02-03	配电热控管理单元 XL01-04		太阳翼火工品供电输入 蓄电池 A 测试口
星表插座 2 X02-Z J36A-38ZKL	配电热控管理单元 XL01-05 XL01-06	太阳翼火工品 Kz036-2TK		太阳翼火工品供电输出 （火工品短路保护）
星表插座 3 X03-Z J36A-62ZJL	地面	星上 CAN 接口	星上一次 母线地面 供电输入	CAN 总线地面 检测及地面供电 （CAN 总线匹配电阻）
星表插座 4 X04-Z J36A-52ZJL	锂离子蓄电池 XD02-06			蓄电池 B 测试口
星表插座 5 X05-Z J36A-62ZKL	脱落插座			脱落插座转接电缆 （缩短 CG001 编号 电缆长度）

6. 火工品控制电路

火工品控制电路如图 5-71 所示,配电热控管理单元内部设置三道开关控制火工品起爆,设置了限流电阻,型号为 TRY-A-1W-2.4Ω,在 200ms 时间内可承受 200W 的功率,并在桥丝两端设置了静电泄放电阻防止误起爆。

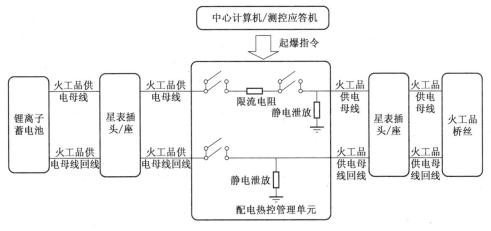

图 5-71 火工品控制电路

7. 星箭分离信号采集

整星采用两只并联的行程开关产生星箭分离信号发送给中心计算机。线缆加工时,中心计算机 XX01-02 上一个焊点(焊针直径为 0.8mm,截面积为 2mm^2)焊出两根导线,导线型号 FF40J-2Q 19×0.12(截面积为 0.2mm^2),满足两个导线截面积之和 0.4mm^2 小于焊杯截面积的 50%。行程开关与中心计算机之间的线缆如表 5-13 所列。

表 5-13 行程开关与中心计算机之间的线缆

行程开关1 XL03-01	行程开关2 XL04-01	中心计算机 XX01-02	转接头 ZJ01-T	信号名称 遥控指令	导线型号
4KX-2C	4KX-2C	J14A-38TK	A79100-001		
o-1		26		星箭分离信号	
o-2					
	o-1	27		星箭分离信号	FF40J-2Q 19×0.12
	o-2				
cb-1		28		星箭分离信号回线	
cb-2					
	cb-1	29		星箭分离信号回线	
	cb-2				

(续)

行程开关1 XL03-01	行程开关2 XL04-01	中心计算机 XX01-02	转接头 ZJ01-T	信号名称 遥控指令	导线型号
4KX-2C	4KX-2C	J14A-38TK	A79100-001		
		37	1	星箭分离信号(供电柜)	FF40J-2Q 19×0.12
		38	2	星箭分离信号回线(供电柜)	
o-4			3	行程开关1测试	FF40J-2Q 19×0.10
cb-4			4	行程开关1测试	
	o-4		5	行程开关2测试	
	cb-4		6	行程开关2测试	

中心计算机与行程开关之间的连接关系如图5-72所示,图中加粗线条即为线缆。

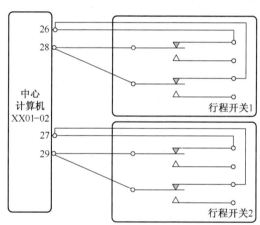

图5-72 中心计算机与行程开关之间的连接关系

中心计算机内的星箭分离接口电路如图5-73所示。星箭分离信号通过中断信号和通用输入/输出(GPIO)与中心计算机连接。中心计算机软件周期性检测GPIO星箭分离信号,检测周期为100ms,其检测方式为中心计算机上电后,检测"帆板展开状态"以及"星箭分离信号状态",若"帆板展开状态"为未展开状态且连续3s检测到GPIO输入状态均为"分离状态",则执行飞行程序,发送火工品起爆指令序列,进行帆板展开;否则,一直工作在箭上模式。中心计算机上电后,若检测到"帆板展开状态"为"展开状态",则不再执行帆板展开操作。

8. 行程开关

高分多光谱卫星安装两个行程开关,分别位于星体坐标系+X轴偏+Y轴45°和−X轴偏−Y轴45°,行程开关安装采用了弹性垫圈,可以起到防止松动的作用,安装

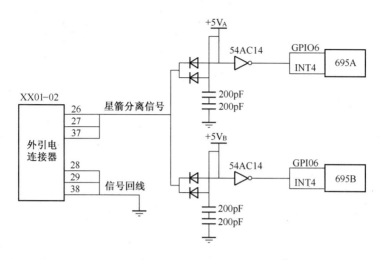

图 5-73 星箭分离接口电路

后在螺母位置点 JD414 硅胶固定,可进一步防止其松动,具体如图 5-74 所示。

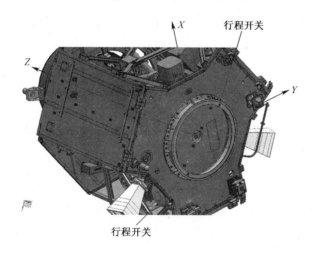

图 5-74 行程开关安装

由于卫星结构已进入正样装调阶段,对接环为卫星装调基础,如果额外增加行程开关,需要将对接环拆卸后,在对接环上加工通孔,这样整星装调基准会发生变化,不建议增加行程开关,因此高分多光谱卫星保持两个行程开关的配置。

综上所述,火工品控制回路采用钝感火工品、三道继电器开关控制,可防止火工品由于误操作引起的误起爆。采用静电泄放电阻,可防止火工品由于静电引起的误起爆。采用限流电阻,可防止控制通路不能按时断开导致整个支路长时间流过大电流危害蓄电池安全。采用间接指令和直接指令,一旦间接指令失效可采用直接指令,可保证火工品的可靠起爆。火工品安装后地面测试时,通过安装星表保护插头,对火工品桥丝进行短路保护。总之,火工品控制支路上的设计满足整星可靠性安全性设计要求,中心计算机飞行程序对星箭分离信号3s的连续检测,可防止结构抖动引起行程开关短暂接通,保证火工品控制支路的可靠起爆。

5.8.4 整星接地设计

卫星接地设计包括单机机壳地和整个卫星结构地设计。其中,单机机壳地的接地设计仅指低频接地设计。

整星各单机一次地、二次地隔离;除测控应答机、数据处理器、GPS接收机二次地与结构地连接外,其余各单机二次地与结构地隔离;各单机一次地、二次地在配电器内共地,并与配电器机壳上的接地桩连接,配电器上的接地桩与整星结构地连接。除蓄电池外,各单机经机壳上的接地桩或者安装脚与整星结构地连接[27]。不会出现功率电流影响二次地的情况,不会出现电流流经整星结构地的情况。蓄电池组接地装和整星结构之间高阻接地,接地电阻设计值为$(68±6.8)\text{k}\Omega$。

1. 一次电源母线接地

一次电源供电母线对星体接地参考点位于卫星配电热控管理单元内。所有一次电源的供电都有专用回线,一次电源回流不通过结构返回。各设备除配电热控管理单元外一次电源回线与设备壳体及二次电源回线接地隔离,隔离阻抗不小于$1\text{M}\Omega$。

2. 二次电源母线接地

DC/DC变换器的初级和次级隔离;DC/DC变换器的内部电路对其设备壳体隔离,隔离阻抗不小于$1\text{M}\Omega$。低频系统的二次电源回线单点接地到配电热控管理单元内的汇流排上。高频系统二次电源回线在负载设备处多点接地。

3. 单机机壳接地设计(P-GND)

整星电缆网中所用的电连接器的1脚均接到各自插头的外壳上,需要屏蔽的导线也将屏蔽层单端接到(由输出端)各自插头的1脚。数字太阳敏感器、0-1太阳敏感器、反作用飞轮的屏蔽外壳通过电连接器与信号处理单元的机壳地连接。电源控制器机壳地通过接插件管脚与整星结构地连接。磁力矩器、平台陀螺组件、星敏感器1、星敏感器2通过单机安装脚就近接到对应的卫星结构地上。其余各单机机壳设置接地桩就近接到对应的卫星结构地上。设备各面之间与接地桩之间的搭接电阻不大于$10\text{m}\Omega$。

5.8.5 卫星与地面接口设计

整星与地面接口包括地面电源供电接口、一次母线电源检测接口、火工品起爆状态地面检测接口和有线指令接口。

1. 地面电源供电接口

地面电源供电接口用于地面电源给整星供电。地面供电母线和整星上一次电源母线之间采用四个并联的二极管进行隔离。

地面测试时,地面供电电源通过地面配电箱经脱落插座向配电热控管理单元的 XL01-02 实现整星供电,也可为整星上蓄电池进行充电。

在轨运行时,整星上蓄电池组为整星供电。选用四个并联的隔离二极管将地面输入的一次母线和整星上输入的一次母线进行隔离,也可以保证通过地面输入的一次母线对整星上蓄电池进行充电。

2. 一次母线电源检测接口

在配电热控管理单元内,直接从电源入口的汇流排上采样+25 ~+32V 电源,即配电热控管理单元电连接器 XL01-02 上的整星上母线电压有线检测信号,通过脱落插座,由地面设备对采样信号进行检测。

3. 火工品起爆状态的地面检测接口

通过磁保持继电器对火工品的起爆状态进行检测,并将检测结果通过综合 CAN 总线,以模拟量遥测的方式返回上位机。地面设备根据任务需要发送火工品起爆状态指示复位指令。

4. 有线指令接口

由地面设备通过星表插座 5 发送有线指令控制火工品起爆状态复位信号、中心计算机 TSC695F 主份加断电信号、TSC695F 备份加断电信号、磁强计加断电控制信号。

5.9 新产品试验分系统

5.9.1 分系统概述

项目组在长期工作过程中积累了一些星上单机部件产品研制的经验,为提供在轨验证的平台和机会,高分多光谱卫星设置了新产品试验分系统,验证各新研部件在轨应用的可行性及性能。新产品试验分系统由三个部件组成,具体包括小型控制力矩陀螺、大容量固态盘以及 0-1/数字一体化太阳敏感器。新产品试验分系统各部件均作为分布式节点挂接在整星新产品试验 CAN 总线上,与星上其他设备隔离,由卫星中心计算机统一调度管理,完成新产品试验部件的相关在轨验证工作。

各新产品部件功能独立,仅从技术状态和技术成熟度方面将其归类为新产品试验分系统。

5.9.2 小型控制力矩陀螺设计

小型控制力矩陀螺[28]部件作为执行机构,主要用于高分多光谱卫星在轨立体成像及条带拼接成像大角度机动过程的控制[29]。控制力矩陀螺组件由两台 5N·m·s 的控制力矩陀螺结构件和一个共用伺服控制器电箱组成。控制力矩陀螺组件通过 CAN 总线接收中心计算机姿控分系统注入指令和注入参数,完成对转子电机和框架伺服电机的控制;对框架角位置信息、转子转速信息、电机相电流等工程参数进行采集[30]。图 5-75(a)为力矩陀螺三维效果图。控制器电箱采用层叠式模块化设计,分为电源接口板、控制电路板和功率驱动板,如图 5-75(b)所示。

(a) 力矩陀螺三维效果图　　　　　　(b) 控制器电箱

图 5-75　力矩陀螺三维效果图及控制器电箱

CMG 主要技术指标如下:

(1) 转子额定角动量　　　　:5kg·m²/s (4800r/min)。
(2) 单台 CMG 最大输出力矩　:10N·m。
(3) 框架位置控制精度　　　:≥3mrad(≤0.1rad/s)。
(4) 框架速度控制精度　　　:≤0.2%(≥1rad/s);≤2mrad/s(≤1rad/s)。
(5) 通信接口　　　　　　　:CAN 总线。
(6) 电源　　　　　　　　　:25~32V,标称值 30V。
(7) 额定稳态功耗　　　　　:45W。
(8) 额定峰值功耗　　　　　:120W。
(9) 框架伺服系统带宽　　　:≥10Hz。
(10) 飞轮结构件外形尺寸　 :ϕ230×310mm(H)。
(11) 控制器电箱外形尺寸　 :300mm×200mm×100mm。

1. CMG 框架机构设计

CMG 框架机构主要包含 5kg·m²/s 角动量飞轮、框架轴系、框架伺服电机、框架编码器、导电滑环和转接架等,如图 5-76 所示。

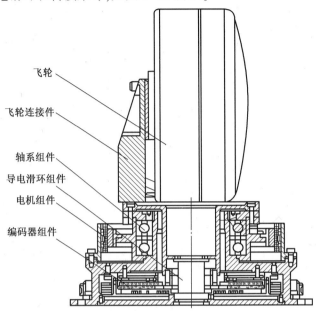

图 5-76 CMG 组件结构

1)结构设计

CMG 框架机构的设计遵循以下原则:

(1)采用运动机构设计的一体化。CMG 结构件内部的电机和编码器均为运动机构,都可按照"转子"和"定子"进行划分。设计中采用了"散装"电机和编码器,并共用同一轴系,简化了系统内部的结构,并避免两套轴系的装调难度。

(2)装配和调试的便捷性。CMG 框架集成了电机、编码器和框架轴系。在装配和调试过程中,电机和编码器需要经过多次、反复拆装和调试,因此设计中需要满足在装配和调试一个组件时,而不影响其他组件的装配和调试。

(3)编码器工作空间的密闭性。编码器工作时对工作环境的光照、污染和电磁环境具有较高的要求,因此设计时将编码器组件装配在 CMG 结构件内部,并通过"迷宫式"密封实现编码器工作环境的相对密闭性。

(4)CMG 结构件的高效空间利用。根据选用的电机、轴承、编码器和导电滑环的外形尺寸进行了优化布局。沿 CMG 结构件框架轴的轴向,电机和轴承进行并联布局,编码器和导电滑环并联布局,提高了空间的利用率。

2)转子设计

转子在综合方案上采用盘状整体式结构,采用预加载荷的成对角接触球轴承作为旋转支承,设置补充供油系统,整个动量轮为锡焊密封结构。转子的结构如图 5-77 所示。

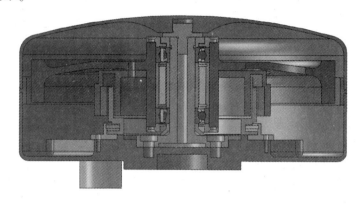

图 5-77 转子结构

该结构具有惯量与质量比高、旋转精度高、系统刚度高以及对温度适应性好等特点。

3) 编码器设计

编码器采用了 19 位绝对式光电轴角编码器,由数据采集装置和数据处理装置两部分组成,系统原理如图 5-78 所示。

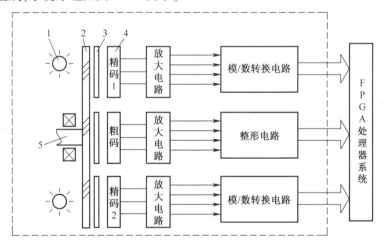

图 5-78 编码器系统结构原理

1—照相系统;2—码盘;3—读取狭缝;4—光敏元件;5—轴系及固定结构。

数据采集装置包括照明系统、码盘、读取狭缝、光敏元件和轴系及固定结构。数据处理装置包括放大电路、模/数转换电路、整形电路和 FPGA 处理系统。

编码器工作时,由光源发出的光线透过码盘和狭缝照射到光敏元件上,当码盘与狭缝产生相对运动时,透过的光线被切割成亮暗变化的光信号,经光电接收器转换成电信号,这些电信号包含了编码器主轴角位移信息量。编码器原始光电信号分为精码和粗码信号。

编码器粗码共12位,粗码信号分辨率最高的一位为校正码道。精码信号经差分放大、A/D转换器转换成数字量信号,由FPGA细分512份。粗码信号经放大、整形电路后送入FPGA译成自然二进制码。FPGA按程序进行采样、细分、译码、对径相加、校正等处理,得到19位分辨率的角度代码。

4) 框架轴系设计

CMG结构件轴系具有如下功能:

(1) 承载转子、正弦永磁同步电机和编码器转子及相关的连接件。

(2) 正弦永磁同步电机、编码器的旋转轴。

目前,常用的精密轴系有密珠轴系和轴承轴系,密珠轴系如图5-79所示。

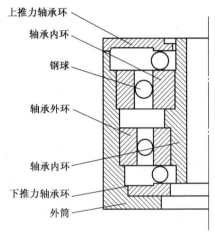

图 5-79 密珠轴系

密珠轴系具有很高的轴系回转精度和较高的承载能力,在大负载轴系结构中具有较高的使用频率。但是,由于密珠轴系的结构较为复杂,加工周期长,并具有一定的装调难度,而且相比轴承组成的轴系,具有较高的摩擦力矩。

5) 框架电机设计

CMG组件所采用的正弦永磁同步电机是最先进的力矩电动机之一,是一种低脉动无刷力矩电机,具备超低力矩波动(理论上没有齿槽波动力矩)、高输出线性度、高转矩与质量比等,在高精度位置伺服控制系统中可长期工作在堵转状态,在速度伺服控制系统可以工作在低速状态,非常适合CMG使用条件,正弦永磁同步电机三维图及机械接口如图5-80所示。

2. CMG伺服控制箱设计

1) 硬件设计

控制器电箱由二次电源板、控制板和驱动板三部分组成,包括电源板、主控制

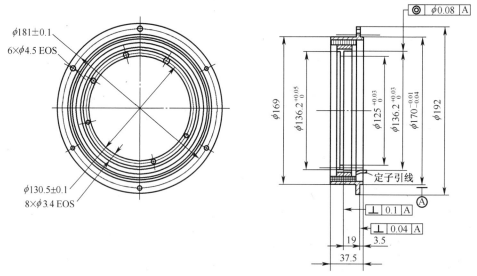

图 5-80 正弦永磁同步电机三维图及机械接口

器 DSP、从控制器 FPGA、CAN 总线接口、隔离电路、2 路框架电机驱动电路、2 台框架电机、2 路 U/V 相电流采集电路、2 路框架编码器、2 路框架位置采集电路、2 路飞轮电机驱动电路、2 台飞轮电机、2 路霍尔信号采集电路和 2 路飞轮母图线电流采集电路,如图 5-81 所示。

2) 伺服控制算法设计

伺服控制箱的控制板是控制力矩陀螺组件的控制中心,主要由具有高速浮点运算能力的主控制器 DSP 和具有多路并行运行能力的从控制器 FPGA 构成(图 5-82)。主控制器 DSP 运行 2 台套框架电机和 2 台套飞轮电机伺服控制算法,与中心计算机进行 CAN 总线通信;从控制器 FPGA 根据 DSP 指令产生 2 路飞轮电机

PWM 波形、2 路框架电机 PWM 波形、采集 2 台套编码器码值和 2 路三相霍尔信号等功能。

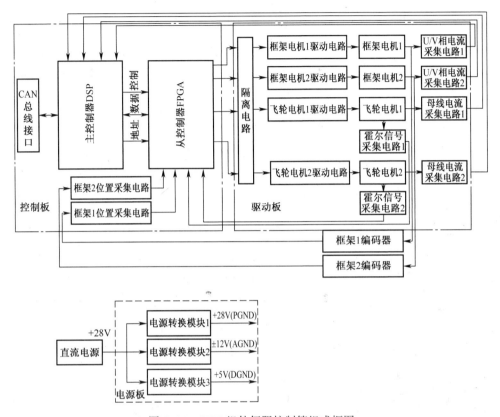

图 5-81 CMG 组件伺服控制箱组成框图

利用 U/V 相电流采集电路实时获取框架电机 U 相、V 相的电流模拟信号,经过运放电路转换成主控制器 DSP 内置 A/D 转换电路允许的输入模拟量范围,并转换成数字量作为框架电机电流环控制的反馈值;利用框架位置采集电路实时获取框架编码器的粗码数字信号和精码模拟信号,经过处理电路生成数字信号送至从控制器 FPGA 产生框架角位置数字信号,并经地址、数据、控制总线至主控制器 DSP 作为框架电机角位置反馈值,采用相应算法生成框架电机速度环控制的角速度值反馈值;主控制器 DSP 根据反馈的框架角速度、相电流值,对两台套框架电机进行速度、电流双环闭环控制,根据伺服控制算法生产两台套框架电机的 PWM 指令,经地址、数据、控制总线至从控制器 FPGA 生成 PWM 波形,经隔离电路、框架电机驱动电路生成框架电机所需的控制电流,从而实现对两台套框架机构的高精度伺服控制。

利用母线电流采集电路实时获取飞轮电机母线的电流模拟信号,经过运放电

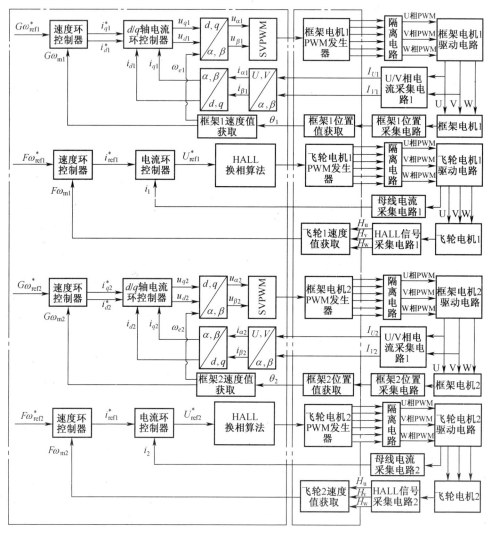

图 5-82 控制力矩陀螺组件伺服控制结构框图

路转换成主控制器 DSP 内置 A/D 转换电路允许的输入模拟量范围,并转换成数字量作为飞轮电机电流环控制的反馈值;利用霍尔信号采集电路实时获取飞轮电机的三相霍尔波形,送至从控制器 FPGA 产生飞轮电机转速数字信号,并经地址、数据、控制总线至主控制器 DSP 作为飞轮电机速度环控制反馈值;主控制器 DSP 根据反馈的飞轮电机角速度、相电流值,对 2 台套飞轮电机进行速度、电流双环闭环控制,根据伺服控制算法生产 2 台套飞轮电机的 PWM 指令,经地址、数据、控制总线至从控制器 FPGA 生成 PWM 波形,经隔离电路、框架电机驱动电路生成飞轮电机所需的控制电流,从而实现对 2 台套飞轮的高精度伺服控制。主控制器 DSP 上接有 CAN 总线接口,实时接收控制力矩陀螺群伺服指令或发送当前控制力矩陀群的框架位置、框架角速度、框架电机相电流、飞轮电机转速和飞轮电机母线电流的实时值,监控控制力矩陀螺群的伺服控制状态。

5.9.3 大容量固态盘存储器设计

大容量固态盘主要研究以固态硬盘(SSD)及其控制技术为核心的星上存储系统[31],验证低功耗、小尺寸、大容量及低成本存储设备在卫星中应用的可行性[32]。2015 年 SSD 全球出货量达到 2622 万块,除了消费市场的井喷增长,企业级 SSD 出货量也在不断提高。SSD 在商业领域的大量应用证明 Flash 器件的管理和应用已相当成熟,具备相当高的数据存储可靠性,从技术角度来说其数据存储校验纠错和 Flash 管理能力已远远超越传统大型卫星以 Flash 为存储介质的定制大容量存储系统[33]。以该新产品试验部件为例,采用的 Foremay 公司 SSD 产品支持动态和静态的损耗均衡算法,自动完成 SSD 的坏块管理工作,大大提高了 Flash 寿命;采用 BCH ECC 校验算法,可在 512B 内纠正 24bit 错误;采用 AES 128bit 硬件加密引擎;支持多种软件安全擦除算法。其弱点是在轨宇宙辐照条件下应用的可靠性。然而从未来低轨小卫星的发展来看 SSD 在星上大容量存储的应用有极大的需求:

(1) SSD 成本极低,适合小卫星低成本的需求。

(2) 600km 以下低轨的辐照强度迅速降低,同时现代半导体工艺对总剂量阈值也不断提高,且小卫星在轨寿命低,总剂量已不成为影响系统在轨功能的主要因素。

(3) 存储系统在轨为间歇式工作模式,只在存储和数传期间加电,工作时间短,可忽略单粒子效应的影响。

综上所述,SSD 完全满足未来低成本小卫星存储任务的需求。而该大容量固态盘作为新产品试验设备主要验证 SSD 在轨工作性能,为未来应用做在轨验证。该设备在高分多光谱卫星中只进行在轨读写测试,与卫星数传和相机无数据通信,测试数据根据 CAN 总线指令自行产生并写入固态硬盘并进行校验,数据模式可以为伪随机码、固定数据、递增数据或递减数据。

大容量固态盘(图 5-83(a))采用叠层式设计,分为接口板(1 层)和数据处理板(2 层)。

接口板:将 30V 母线电源输入经过 EMI 滤波和浪涌抑制,通过板间接插件传输给各层数据处理板,使各数据处理板共用 EMI 滤波器和浪涌抑制电路。同时在该板引出 CAN 总线输入和输出接口。

数据处理板:可根据需要灵活增减,每层处理一路 CCD/数传通道,包含一片 SSD,为一个固存通道。数据处理板自身包含 DC/DC 和 LDO,将接口板传入的 30V 母线电源变换为所需的二次和三次电源。

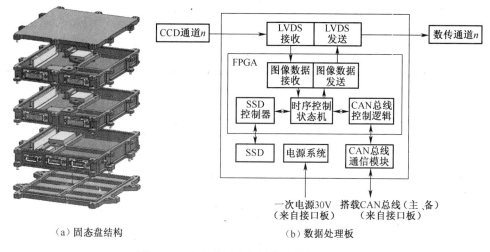

(a) 固态盘结构　　　　　　　(b) 数据处理板

图 5-83　大容量固态盘结构及数据处理板

各层板通过板间接插件传输一次电源和 CAN 总线信号。数据处理板硬件电路主要由 SSD、FPGA、电源系统、CAN 总线通信模块、LVDS 发送/接收模块构成，各通道相互隔离，如图 5-83(b) 所示。

SSD 经采用美国 Foremay 公司生产的 SATA 接口高性能 SC199 Hi-Rel 系列军工级 SSD。利用 Xilinx 公司 Virtex5 系列 FPGA 实现对 SATA 固态硬盘的控制。

其主要技术指标如下：

(1) 存储容量：3.84Tbit（单通道 1.92Tbit，2 通道共 3.84Tbit）。

(2) 存储/读取速率：4Gb/s（单通道 2Gb/s，2 通道共 4Gb/s）。

(3) 固态存储通道：2 通道。

(4) 通信接口：CAN 总线（遥测遥控）；LVDS（数据）。

(5) 电源：25~32V，标称值 30V。

(6) 功耗：16W（2 通道）。

(7) 质量：2.8kg。

大容量固态盘框图如图 5-84 所示。图中点画线部分为可根据存储通道数量需要灵活增减，高分多光谱卫星任务中配备 2 个数据处理板（对应 2 个固存通道），进行在轨读写测试。

接口板将 30V 母线电源输入经过 EMI 滤波和浪涌抑制，通过板间接插件传输给各层数据处理板，使各数据处理板共用 EMI 滤波器和浪涌抑制电路。同时在该板引出 CAN 总线输入和输出接口。

数据处理板可根据需要灵活增减，每层处理一路 CCD 数传通道，包含一片 SSD，为一个固存通道（高分多光谱卫星搭载两通道存储系统）。数据处理板自身包含 DC/DC 和 LDO，将接口板传入的 30V 母线电源变换为所需二次和三次电源。

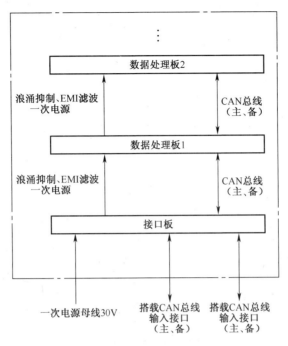

图 5-84 大容量固态盘框图

每层数据处理板处理一路 CCD 通道,功能相同,相互之间仅共用一次电源和 CAN 总线。单固存通道要由 SSD、FPGA、电源系统、CAN 总线通信模块,如图 5-85 所

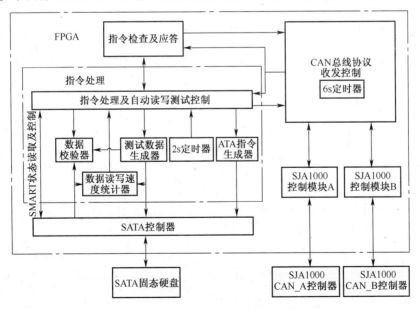

图 5-85 系统硬件电路组成框图

253

示。CAN 总线通信模块接收到来自新产品试验 CAN 总线的指令和参数后,通过 CAN 总线控制逻辑模块通知时序控制模块,由时序控制模块处理 CAN 总线指令,并返回应答帧和工程参数帧。当收到"写入测试"或"读取测试"指令时,时序控制模块将直接产生指定形式的测试数据,通过 SDD 控制器写入 SSD 或读取 SSD 并校验。

SSD 选用了 SATA 通信接口,读写速率可达 2Gb/s,使用一块 SSD 就可以满足一片 CCD 通道数据需求,并由 FPGA 实现 SATA 协议从而直接管理 SSD,无需外围其他器件,可在提高系统可靠性的同时减少质量和功耗。

此外,在高分多光谱卫星大容量固态盘基础上进行了应用上的改进(图 5-86),使其能够真正用于在轨数据存储,并已实际应用于视频卫星和技术验证星。

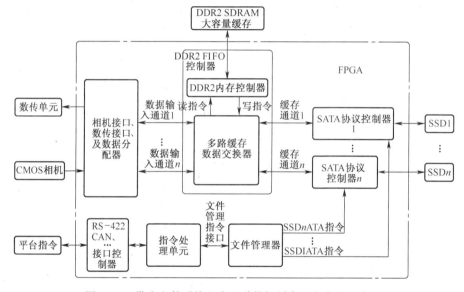

图 5-86　带有文件系统和多通道数据缓存的大容量固态盘

改进的固态盘采用了多项关键技术实现星上数据高效、便捷管理及高速存储。

多通道 DDR2 FIFO 控制器,是基于 FPGA 的 DDR2 存储器数据交换器,通过分时访问的方法实现了 DDR2 高速带宽的多通道共享,解决了 SSD 数据通道的大容量高速缓存的问题。数据交换器效率达 95%,在 32 位宽 600MHz 等效时钟下带宽达 19.2Gb/s,各数据通道间带宽在满载条件下均匀分配。若为 2 通道数据缓冲则各个通道流量带宽达 4.8Gb/s,满足 SATA II 通信带宽要求。

基于 FPGA 的 SFAT16 文件系统以数据文件的方式实现了高效、便捷管理星上海量存储空间。该文件系统可管理 64k 个文件及 16Tbit 容量,并可通过多通道磁盘阵列(RAID0)实现任意扩展存储系统存取速度和容量。同时文件系统信息在单片 SDD 上实现了冗余校验、并分布存储在多片 SSD 上,确保文件系统信息的正确。视频卫星和技术验证星数据源最大速率分别为 2.4Gb/s 和约 160Mb/s。因此，固态盘在这两颗星中采用了不同的配置：视频星采用双通道磁盘阵列方案，验证星使用单通道方案，数据存取速率分别可达 4Gb/s 和 2Gb/s，存储容量分别为 1.6Tbit 和 0.8Tbit，满足指标要求。

5.9.4 0-1/数字一体化太阳敏感器设计

1. 技术指标

0-1/数字一体化太阳敏感器在轨主要用于对太阳矢量的精确测量[34]，同时作为新产品试验部件，重点验证 CMOS 的数字太阳敏感器在轨定姿精度以及数字、0-1 两种太阳敏感器一体化设计后的工作模式和可行性[35]。

数字太阳敏感器以进口的 CMOS APS 图像传感器 STAR1000 为探测器，0-1 太阳敏感器以光电池为探测器，信息处理电路采用一体化设计，数字太阳敏感器和 0-1 太阳敏感器共用一个信号处理电路。部件由光学系统、电池片、线路盒、探测板、信号处理板和电源板以及接插件组成。光学系统采用小孔滤光片和视场光阑组成；5 片电池片分布在太阳敏感器的 5 个面上，用于覆盖探测半球空间的太阳方位。探测板完成太阳光斑的光电转换、采集电池片输出电流；信号处理板利用 FPGA 驱动、采集太阳光在 APS 探测器面形成的光斑像，通过算法处理，求出太阳光斑像的"质心"，同时通过 CAN 总线与姿轨控中心计算机交换数据；电源板为整个系统提供所需的各种电源。0-1/数字一体化太阳敏感器结构如图 5-87 所示。

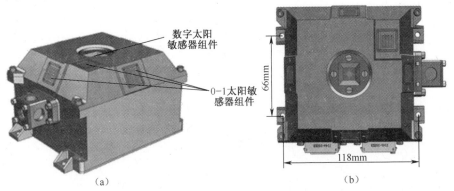

图 5-87 0-1/数字一体化太阳敏感器结构

0-1/数字一体化太阳敏感器分为数字太阳敏感器部分和集成 0-1 太阳敏感器两个部分，主要技术指标如下：

1) 总体指标

(1) 电源：25~32V，标称值 30V。

(2) 功耗：3W。

(3) 质量:0.8kg。
(4) 通信接口:CAN 总线。
2) 数字太阳敏感器主要指标
(1) 有效视场:±60°×±60°。
(2) 定姿精度:0.02°(3σ)。
(3) 最高采样率:5Hz。
(4) 输出数据类型:质心坐标。
3) 0-1 太阳敏感器主要指标
(1) 探测敏感器:光电池。
(2) 有效视场:±53°(单片)。
(3) 最高采样率:5Hz。
(4) 输出数据类型:01 信息。

2. 0-1/数字一体化太阳敏感器设计

1) 太阳敏感器设计原理

数字太阳敏感器采用了 CMOS 图像传感器(STAR1000)作为感光元件,通过计算太阳光斑在传感器表面的质心位置得到太阳的角度。数字太阳敏感器原理如图 5-88 所示。

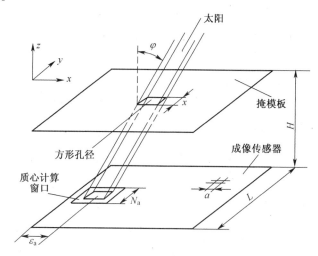

图 5-88 数字太阳敏感器原理

太阳光通过位于 CMOS 上方指定高度上的方形小孔成像于 CMOS 探测器阵列面上。

设定 CMOS 边缘给出 E 个像素的余量,从而保证装调小误差时边缘视场光线成像在 CMOS 的有效区域;设定探测窗口为 $N×N$ 个像素,根据几何关系和视场要求可得掩模板到 CMOS 探测器的高度为 H。

由于 CMOS 光敏元件的上面有一层保护玻璃,因此实际参数设计中要考虑这层玻璃的折射引起的坐标偏移计算实际掩模板到 CMOS 探测器的高度值,如图 5-89 所示。

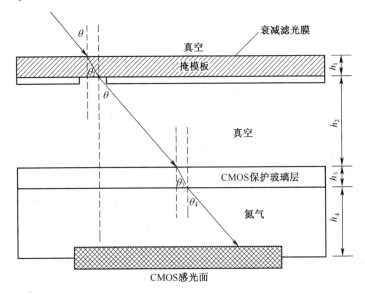

图 5-89 实际构型原理

根据几何关系,有

$$\begin{cases} l = h_2\tan\theta + h_3\tan\theta_3 + \tan\theta \\ n = \sin\theta/\sin\theta_3 \end{cases} \quad (5-1)$$

像元对应的角分辨率为

$$\sigma_P = \arctan\frac{a}{h_2 + h_3(2 - 1/n) + h_4} \quad (5-2)$$

式中:a 为像元尺寸;n 为保护玻璃折射率。

单纯依靠像元角分辨率来进行姿态测量是无法达到 0.02°测量精度的,方案中采用质心算法对像元进行细分计算,当计算精度达到 1/10 像元细分时,可以达到 0.016°角分辨率。

2) 谱段选择及衰减滤光片设计

光线透过方形小孔要受到近场衍射的影响,由于衍射的存在,会使太阳光斑在其边缘部分引起光强的不均匀分布。但是这种分布是对称的,理论上不会影响其质心算法的精度。在实际情况中,还是要使系统工作在一个比较宽的谱段,以降低衍射对光斑分布不均匀性的影响。所以,本方案的工作谱段选为 400~1000nm 的 CMOS 响应谱段,这样选择对太阳光能量的衰减要求更高,但是可以使得光斑分布更均匀。

系统对衰减滤光片的要求是使 CMOS 器件工作在接近饱和状态而绝对不能饱和。根据太阳的光谱辐照度分布和 CMOS 器件的光谱响应,对衰减滤光片的透过率进行计算,可以将太阳看作无穷远目标,则太阳光线通过方孔后,在 CMOS 器件中单个像元产生的电子数为

$$N = E_{\text{CMOS}} \cdot S_{\text{pixel}} \cdot t$$
$$= \frac{S_{\text{EP}}}{n} \int_\lambda M_{\text{sun}}(\lambda) \cdot \text{QE}(\lambda) \cdot \tau_{\text{optic}}(\lambda) \cdot t \cdot d\lambda \quad (5-3)$$

式中:E_{CMOS} 为像面照度;S_{pixel} 为像元面积;N 为光斑所占的像元数;$M_{\text{sun}}(\lambda)$ 为入瞳处太阳光谱辐照度;$\text{QE}(\lambda)$ 为 CMOS 传感器的光谱量子效率,可根据光谱响应曲线获得;τ_{optic} 为衰减滤光片的透过率;t 为积分时间。

经计算,得到系统工作谱段为 400~1000nm 时,积分时间为 1ms 的条件下,单个像元输出的电子数为 13.5×10^7 个,而 CMOS 像元的线性光电响应的峰值电荷数约为 135000 个。对于数字太阳敏的探测需求来说,需要使 CMOS 像元工作在接近饱和而不饱和的状态。所以,衰减滤光片透过率选为 0.3%。

3) 掩模板制作方案

由于本方案选择了方形通光孔,那么在实际装调中存在方孔的边与 CMOS 的 X、Y 轴平行的问题。所以本方案拟采用掩模板的掩模直接做成带透明十字线的。直接在掩模板制作时,将通光孔和十字刻线一起做好,这样在装调时,将刻线对准机械结构上的刻线即可完成方孔的对准装调。如图 5-90 所示,掩模板制作工艺要求边缘留 1mm 余量,刻划线长 4mm,宽 0.3mm;通光孔距离刻划线 2mm。刻划线的通光靠机械结构实现遮挡。

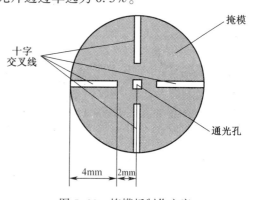

图 5-90 掩模板制作方案

4) 集成 0-1 太阳敏感器光学布局方案

0-1 太阳敏感器通过设定输出电流的阈值,使得太阳电池可以在一定的视场内检测到太阳,对于卫星太阳检测要求,通常为了覆盖半球视场(±90°×±90°),常用几个探头组成较大的视场,我们采取的方案是在四棱台的 5 个面贴上太阳电池如图 5-91 所示,四棱台的侧面与上表面各呈 60°,图中线条即为 5 个面的法向矢量,在图 5-91 中的 5 个面分别贴上太阳电池,为了覆盖半球空间视场,设定四棱台底面平面内与两底边合成 135°的角度入射太阳方向矢量为探测阈值,则此阈值对应的太阳方向矢量与两斜面法线矢量的夹角为 52.24°。也就是说,如果要使 5 片太阳电池组成的 0-1 太阳敏感器能够覆盖半球空间,其每一个探测器的视场要达

到 104.5°。

5 个太阳电池片各对应一个圆锥区域,当太阳矢量位于某个单个圆锥区域时,太阳大致位置即在对应太阳电池方向,当太阳矢量位于多个圆锥区域交叠区域时,太阳大致位置即在对应电池的交叠区域。这样,通过采集不同太阳电池片输出的 01 信息,即可以得到太阳的大概方位。

5) 0-1/数字一体化太阳敏感器电子学设计

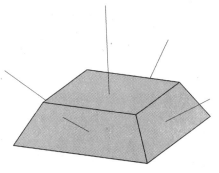

图 5-91 太阳能电池片的排布方式及其法向矢量

数字式太阳敏感器以 APS 为探测器,0-1 太阳敏感器以光电池为探测器,信息处理电路采用一体化设计,数字式太阳敏感器和 0-1 太阳敏感器共用一个信号处理电路。系统由光学系统、电池片、线路盒、探测板、信号处理板和电源板以及接插件组成。光学系统采用小孔滤光片和视场光阑组成;5 片电池片分布在太阳敏感器的 5 个面上,用于覆盖探测半球空间的太阳方位。探测板完成太阳光斑的光电转换、采集电池片输出电流;信号处理板驱动、采集太阳光在 APS 探测器面形成的光斑像,通过算法处理,求出太阳光斑像的"质心",同时通过 CAN 总线与姿轨控中心计算机交换数据;电源板为整个系统提供所需的各种电源。0-1/数字一体化太阳敏感器电路原理框图如图 5-92 所示。

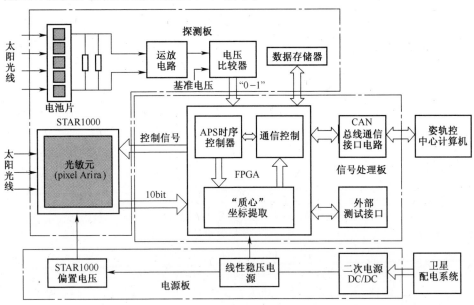

图 5-92 0-1/数字一体化太阳敏感器电路原理框图

具体功能模块如下：

（1）面阵探测器STAR1000：STAR1000是一款性能非常优异的CMOS APS图像传感器，在航天应用上已有成功经验，该器件可以全画面或者全窗口读出，具有抗光晕设置，视频信号经过采样放大，通过10bit的片上A/D转换后串行数字量输出。为了提高拍照响应统一性，独立的像素还包含多个二极管。该器件还具备了电子快门技术。设计时，将面阵APS直接安装在电子线路模块上，以有效降低APS与其驱动电路间的连线噪声干扰。

（2）太阳电池信号转换模块：首先将太阳电池输出的电流信号转换为电压信号，电压信号经过放大后，输入到电压比较器中与基准电压进行比较，大于基准电压时输出"1"，小于基准电压时输出"0"，然后将信号输入到FPGA中进行处理。

（3）一体化数据处理模块：以FPGA为控制核心，主要功能包括：光电池信号数据判读，APS驱动和控制时序的产生；进行视频信号处理，自动调节模式，结合外部寄存器的标定数据，通过能量质心算法确定太阳位置坐标；接收姿轨控制系统命令参数，做出工作响应，将太阳位置数据按一定通信格式输出。

（4）数据通信接口：采用CAN总线通信方式，在同一个姿轨控周期内，姿控系统发送指令码给太阳敏感器，太阳敏感器根据指令码来发送相应质心坐标数据。

（5）电源接口电路：在电源接口设计中为防止卫星母线输入电源的浪涌高压脉冲对电源模块的冲击损伤，采用吸收保护电路，即单机电源接口采用低欧姆电阻作为短路保护措施，以免造成电源损坏。同时，为最大限度降低电源带入的噪声，提高系统信号质量，对电源的输入输出进行滤波，同时保证电源模块输出地线的合理性布局。

（6）测试接口：为了在地面试验中可以进行闭环电路调试，在接口部分设置了与电子学仿真器连接的测试端口。

参 考 文 献

[1] 王家骐,金光,等.星载一体化概论[J].光学精密工程,2011,19(3):641-650.

[2] 闫勇,姚劲松.光学小卫星振动夹具设计及动特性分析[J].红外与激光工程,2014,43(S):43-48.

[3] 金光,谢晓光,谷松.卫星太阳帆板展开的动力学仿真分析与应用[J].光学精密工程,2014,22(03):745-753.

[4] Yan Yong, Gu Song, Jin Guang. Optimum design of the carbon fiber thin-walled baffle for the space-based camera[C]. SPIE,ISPDI2011.

[5] Xie Peng, Xing Li-na. The study on errors of prisms of a quarter-width camera system[C]. Advanced Optical Manufacturing Technologies,2012.

[6] 谢晓光,杨林.对地观测敏捷小卫星星载一体化结构设计[J].红外与激光工程,2014,43(S):53-58.

[7] Gu Song, Yan Yong, Jin Guang. Design of motion compensation mechanism of satellite remote sensing camera [C]. SPIE,ISPDI2011.

[8] 杨秀彬,金光.单框架控制力矩陀螺转子动不平衡对遥感卫星成像的影响[J].中国光学,2012,5(4):358-369.

[9] 陈茂胜,金光.积分反馈自抗扰控制力矩陀螺框架伺服系统设计[J].光学精密工程,2012,20(11):2424-2432.

[10] 边志强,程卫强,薛孝补,等.基于陀螺和星敏感器的卫星姿态确定算法[J].航天器工程,2011,20(2):29-34.

[11] Wie B, Weiss H, Arapostathis. A. Quaternion feedback regulator for spacecraft eigenaxis rotations[J]. J. Guidance, 1989, 12(3), 375-380.

[12] Wie B, Barba P M. Quaternion feedback for spacecraft large angle maneuvers[J]. J. Guidance, 1985, 8(3), 360-365.

[13] 刘海颖,王惠南,程月华.纯磁控微小卫星姿态控制研究[J].空间科学学报,2007,27(5):425-429.

[14] 侯增祺,胡金刚.航天器热控制技术—原理及其应用[M].北京:中国科学技术出版社,2007.

[15] 窦强,庞贺伟,等.航天器虚拟热试验平台的软件架构及其应用[J].航天器环境过程,2007,24(6):77-82.

[16] Zhang S H, Mike V, Paul B, et al. Evaluation and finite element modeling for new type of thermal material annealed pyrolytic graphite (APG)[J]. Thermochimicaacta, 2006, 6(9): 6-9.

[17] Richmond J A. Adaptive Thermal modeling architecture for small satellite [D]. Massachusetts Institute of Technology, Department of Aeronautics and Astronautics, 2010.

[18] Montesano M J. Annealed Pyrolytic Graphite [J]. Advanced materials & Processes, 2006, 7.

[19] Montesano M J. Spacecraft thermal management solutions using Annealed Pyrolytic Graphite [C]. 49th AIAA/ASME/ASCE/AHS/ASC Structures, Structural Dynamics, and Materials Conference, Schaumburg, 2008.

[20] 潘清,廖育荣,等.快速响应空间概念与研究进展[M].北京:国防工业出版社,2010.

[21] 姜东升,张沛,刘鹏,等.卫星电源系统在轨故障分析及对策[J].航天器工程,2013,22(3):72-76.

[22] 金光,谢晓光,谷松,等.卫星太阳帆板展开的动力学仿真分析与应用[J].光学精密工程,2014,22(3):745-746.

[23] 张晓峰,张文佳,郭伟峰.国外SAR卫星电源系统分析与启示[J].航天器工程,2015,24(3):107-110.

[24] 吴小华,袁野,李伟明.新型空间电源控制器的设计与实现[J].电源技术,2011,35(10):1259-1262.

[25] 王涛,黄晓,郝志伟.低轨道微小卫星电源系统研究[J].电源技术,2012,36(7):1011-1014.

[26] 石海平,付林春,张晓峰.立方体卫星电源系统及关键技术[J].航天器工程,2016,25(3):115-117.

[27] 程海峰,张岩,焦荣惠.一种整星低频电缆网自动测试仪的功能实现[J].航天器环境工程,2015,32(5):500-503.

[28] 徐向波,房建成,李海涛,陈彦鹏.控制力矩陀螺框架系统的谐振抑制与精度控制[J].光学精密工程,2012,20(2):305-312.

[29] 张激扬,周大宁,高亚楠.控制力矩陀螺框架控制方法及框架转速测量方法[J].空间控制技术与应用,2008,34(2):23-28.

[30] 陈茂胜,金光,穆欣.自抗扰控制力矩陀螺框架角位置伺服系统设计[J].光学精密工程(增刊),2013.

[31] 杨海涛,苏涛.基于FPGA的高速大容量固态存储设备设计[J].国外电子元器件,2007,5(5):68-72.

[32] 华斌,黄杰文,周章伦,孙建涛,张平.基于FPGA的高速大容量固态存储设备数据ECC的设计与实现[J].科学技术与工程,2010,10(18):4410-4416.
[33] 赵鹏,白石.基于随机游走的大容量固态硬盘磨损均衡算法[J].计算机学报,2012,35(5):972-978.
[34] 王红睿,李会端,方伟.航天太阳敏感器的应用与发展[J].中国光学,2013,6(4):481-489.
[35] 何丽,胡以华.太阳敏感器的原理与技术发展趋势[J].电子元件与材料,2006,25(9):5-7.

第6章
高分多光谱卫星空间环境适应性及可靠性、安全性设计

6.1 卫星剩磁设计

卫星剩磁矩和地磁场相互作用产生的磁力矩是影响卫星姿态的干扰力矩[1]。根据高分多光谱卫星姿态控制分系统的设计要求，降低卫星的永久磁矩和由电流回路引起的杂散磁矩是减少磁干扰力矩的关键。

6.1.1 磁指标分配

根据高分多光谱卫星姿态控制分系统要求，卫星剩磁指标确定为小于 $1A \cdot m^2$。卫星本体剩磁小于 $0.6A \cdot m^2$；太阳电池阵的电路设计应在任何一电路失效情况下，保证其剩磁小于 $0.2A \cdot m^2$。

为了实现对卫星剩磁的有效控制、满足卫星磁矩指标，对卫星主要单机设备磁性设计给出控制指标作为设计依据，对继承性为 A、B 类的设备，原则上按被继承设备的实测值给定磁指标。

6.1.2 磁源控制

通过布局、材料、布线、配对等设计措施，将设备和卫星的剩磁控制在指标范围内：
（1）对卫星内磁矩较大的设备采用配对的方法使其合成磁场相互抵消。
（2）在结构和机械部件的设计中，用钛、铜、铝、不锈钢作为卫星或器件材料，用非磁性材料来代替有磁性的材料。
（3）设备内部实施电源线和信号线分开，电源正、负线走向平行并尽量靠拢，屏蔽线单端接地等方法。
（4）采用双绞线、设备之间连接电缆尽量缩短等措施减小卫星供电回路的面积。

(5) 太阳电池阵中电流产生的磁矩是卫星重要的杂散磁来源,设计中采用对称布局、通过板内及板间的布线抵消回路电流产生的磁矩,采用电缆S形走线等措施达到控制太阳电池阵杂散磁源的目的。

6.1.3 剩磁测试

为确保卫星磁设计合理,整星剩磁满足姿控系统要求,卫星出厂前需进行整星剩磁测试,高分多光谱卫星磁测试及补偿相关内容将在7.2.7节描述。

6.2 卫星EMC及空间静电放电防护设计

高分多光谱卫星的EMC设计充分继承了以往型号的成熟经验,主要考虑抑制设备内的无用电磁发射,使它不产生对其环境构成不能承受的电磁干扰;同时加强屏蔽、输入滤波,使自身具备较强的抗干扰能力,从而保证设备在规定的电磁环境下正常工作[2]。

6.2.1 接地与屏蔽

高分多光谱卫星接地原理框图如图6-1所示。

卫星通过将一次电源地、二次电源地、单机机壳地、结构地统一接到汇流排上,使卫星内部设备整体等电位。

对卫星结构及暴露于卫星外表面的金属构件、非金属材料采取搭接、接地等措施,使卫星外表面设备、部件与卫星实现等电位。

在星罩组合体转运及卫星发射阶段,卫星与运载器通过两个弹簧片实现星箭等电位。

对于系统间传输的信号,采用双绞线互连,减小电流产生的磁场干扰;对于某些工作频率较高的信号,如有效载荷数据信号及时钟信号的传输,除双绞线外再加屏蔽。

对于工作在射频的系统,如测控系统、GPS接收机等,为了减小辐射干扰,采用局部屏蔽措施,屏蔽采用屏蔽盒方案,屏蔽盒壳体接地。

其余星上设备采用了铝合金的壳体对电场或平面波有较好的抑制作用,可增大干涉损耗;同时金属材料具有足够的厚度,确保其在全频段提供良好的电场屏蔽。外壳的连接处均采用止口搭接,具有良好的密封性,屏蔽效能更加合理。

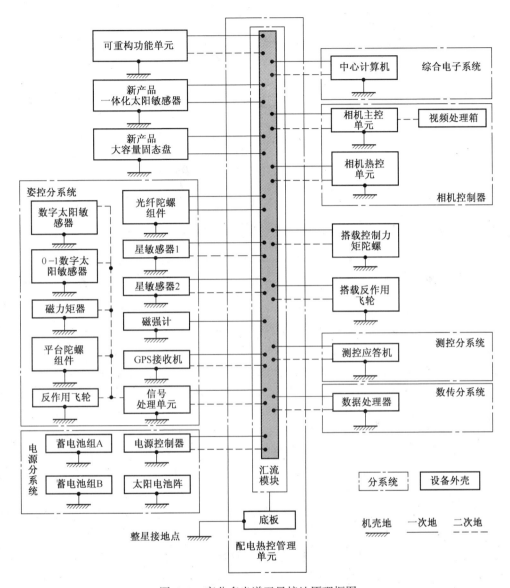

图 6-1 高分多光谱卫星接地原理框图

6.2.2 卫星射频系统天线布局与工作频率分析

根据高分多光谱卫星任务要求,卫星需要安装 6 副不同类型的天线,包括测控天线 2 副、数传天线 2 副、GPS 天线 2 副。6 副天线分布在卫星不同的安装面上:测控天线与 GPS 天线安装在 $-Z$ 向单机安装板外表面及相机遮光罩顶部,分别指向于星体坐标系$-Z$向与$+Z$向；数传天线通过支架安装在$+Z$向单机安装板外表面。

星内X波段数传发射机两套，A、B机可同时工作，发射机两个工作频点间相差400MHz以上，通过滤波器设计减少相互影响，使两套发射机可同时工作；S波段的测控应答机、GPS接收机与X波段数传发射机工作在不同的频段上，频率相隔在400MHz以上，相互间不存在干扰，通过频率滤波可以实现较好的相互隔离[3,4]。

安装在$+Z$面上数传天线、安装在$±Z$面上的GPS接收机天线、安装在$±Z$面上的测控天线在空间布局上距离超过300mm，可以有效地实现空间隔离。

6.2.3 接地与搭接

高分多光谱卫星接地设计包括单机机壳地和整星结构地设计。单机机壳地的接地设计仅指低频接地设计。通过合理的一次电源母线接地、二次电源母线接地、单机机壳接地设计（P-GND）、卫星整体接地设计使卫星整体等电势。

对于太阳电池阵的空间静电放电防护需要特别注意。太阳电池阵基板表面粘贴有聚酰亚胺膜，它和所有导电的金属面与太阳电池、二极管和板间电缆绝缘，其绝缘电阻不小于$10MΩ$。太阳电池板基板、电连接器外壳、电缆固定夹等与卫星结构之间高阻接地，接地电阻为$75kΩ$。铰链与卫星结构直接接地。

卫星主承力结构采用环氧树脂基碳纤维复合材料，具有较好的导电性，各安装板上的接地桩通过导线汇流到整星接地点。

1. 卫星整体接地设计

为了使整星有一个良好的接地平面，在整星结构上放置了7个圆形接地桩，整星其他设备的外壳（结构地）就近分别接到接地桩上。整星上所有设备的一次电源回线、二次电源回线均通过电连接器接到配电热控管理单元内的汇流排上，汇流排与配电热控管理单元单机外壳上的接地桩直接相连。配电热控管理单元单机外壳上的接地桩为两个镀金M3×4螺栓，接地桩与电连接器及设备各面的搭接电阻小于$10mΩ$。此外，在整星底板上靠近脱落插座支架旁安装一个接地桩以便整星测试时与地面接地点连接，该接地桩就近连接到其余的6个接地桩上。整星接地桩相互并联后和配电热控管理单元上的接地桩相连，如图6-2所示。

2. 设备的搭接情况

高分多光谱卫星装配完毕后，各设备实测搭接电阻预计将均小于$10mΩ$，满足建造规范的要求。

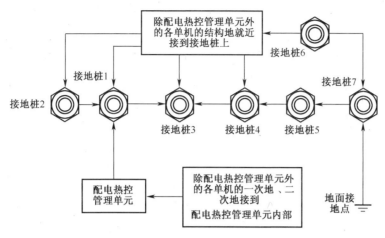

图 6-2 高分多光谱卫星整星接地

6.3 可靠性设计

6.3.1 可靠性指标分配与预计

高分多光谱卫星的可靠性框图如图 6-3 所示。

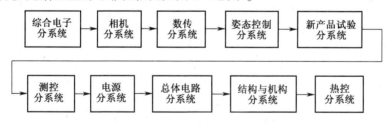

图 6-3 高分多光谱卫星的可靠性框图

各分系统的可靠性来自系统中各单机的可靠性,单机的可靠性来自各元器件的可靠度。进行可靠性预计时,按以下方法处理:

(1) 电子元器件的可靠性预计采用元器件计数法。

(2) 预计使用的失效率数据来源:国产元器件的基本失效率来源于 GJB/Z 299B—1998《电子设备可靠性预计手册》;进口元器件的基本失效率来源于 MIL-HDBK-217F《美国电子设备可靠性预计》;非电部件的基本失效率来源于 NPRD-95《非电部件可靠性数据分析手册》[5,6]。

(3) 电子元器件和参加预计的机械零件的失效分布均假设服从指数分布。

基于各分系统的可靠性预计,卫星各系统3年设计寿命可靠性指标如表6-1所列。

表6-1 高分多光谱卫星各分系统3年设计寿命可靠性指标

分系统名称	可靠性指标
综合电子分系统	0.97
测控分系统	0.99
姿态控制分系统	0.94
电源分系统	0.97
结构与机构分系统	0.9985
热控分系统	0.985
总体电路分系统	0.99
数传分系统	0.96
相机分系统	0.95
新产品试验分系统	0.95
合计	0.72

6.3.2 系统/单机冗余设计

高分多光谱卫星各分系统/单机从提高系统可靠性的角度出发进行冗余设计,所采取冗余设计措施见表6-2。

表6-2 高分多光谱卫星冗余设计措施

分系统	设备(部件)名称		冗余形式
姿态控制分系统	信号处理单元	处理器	双机冷备
	星敏感器	电路	双机冷备
		镜头	双机热备
	0-1太阳敏感器	电路板	双机冷备
	GPS接收机	定位模块	热备份
	反作用飞轮		四取三热备份
	光纤陀螺组件		四取三热备份
	平台陀螺组件		四取三热备份
综合电子分系统	中心计算机	TSC695F处理器	热备份

(续)

分系统	设备(部件)名称		冗余形式
测控分系统	测控应答机	接收机	双机热备
		发射机	双机冷备
	遥测遥控处理单元	解调模块、译码模块	双机热备
		遥测编码模块、调制模块	双机冷备
	微波网络		双机热备
	测控天线		热备份
数传分系统	数据处理器	压缩编码、固存	热备份
		SDC、数传下位机	热备份
		AOS 编码	既可单路工作,也可双路工作
	编码调制器		
	X 波段滤波器		
	行波管放大器		
	行波管电源		
	双工器		无
	数传天线		双天线
电源分系统	锂离子蓄电池组		热备份
	太阳电池阵	太阳电池电路	热备份
	电源控制器	放电调节电路	热备份
		充电控制电路	冷备份
电源分系统	电源控制器	电源模块	热备份
		电源下位机	冷备份
总体电路分系统	配电热控管理单元	继电器	并联备份
		处理器	双机冷备
		电源模块	热备份
		参数采集电路	热备份
	低频电缆网	大电流回路	多点多线
相机分系统	相机下位机	相机控制器	冷备份
		主热控控制器	冷备份
		备热控控制器	冷备份
	CCD 视频处理器		有 4 片独立 CCD 图像采集系统
热控分系统	加热带控制电路		热备份
	热控回路		冷备份

6.3.3 裕度设计

对电源控制器分流能力、电源控制器放电调节能力、锂离子蓄电池充电能力、火工品点火电流、姿态控制分系统、帆板展开力矩进行功能裕度设计,分别对单机安装板、上/下底板及太阳电池阵进行强度裕度分析。

6.3.4 软件可靠性设计

软件可靠性设计主要考虑软件运行流程的正确性,综合电子学系统异常对软件异常造成的影响,软件间数据通信的准确性,存储器的设计冗余以及软件测试覆盖性等方面。具体包括:

(1) 软件采用模块化设计,按功能划分为若干个文件。

(2) 软件代码的加载带校验,并且有多个备份的存储。存储三个版本实现相同功能的软件,保证软件存储的可靠性,软件加载时对软件代码进行校验,放弃校验不通过的软件代码,保证软件加载的可靠性。

(3) 软件具有在轨更新功能,卫星在轨运行过程中,中心计算机应用程序提供软件在轨升级的功能。通过分块修改 EEPROM 中的程序,系统软件可以在轨更新,在全部数据包上注完毕后,通过指令启动更新的应用程序。

(4) 对重要参数使用三取二机制。

(5) 数据交换的可靠性设计,处理器之间进行数据交换及数据通信时,对通信数据的每个字节均采用强制奇偶校验位进行校验,对每次通信的数据包均采用校验和机制进行校验,以保证数据交换的可靠性。

(6) 存储器可靠性设计,为了防止因单粒子、电磁干扰等造成的存储器错误,存储器设计时使用了 EDAC 电路,同时软件空闲时通过不断刷新 SRAM 防止单错累计,保证软件运行的可靠性,此外在软件确认测试中将针对 EDAC 功能进行专项测试。

(7) 看门狗电路设计。使用看门狗电路设计监视软件运行流程中出现的异常,当程序"跑飞"或走死或访问非法空间时,通过看门狗强制软件复位。

(8) 中心计算机的切机逻辑测试与验证,在中心计算机正样交付前,总体及研制单位联合进行中心计算机的切机逻辑测试与验证。

(9) 完整的软件测试。在软件开发过程中,对软件单元测试、组装测试、确认测试及系统联试,并通过软件测试覆盖性设计来保证测试的完整性。

6.3.5 故障隔离和接口可靠性设计

高分多光谱卫星中各分系统单机接口电路中使用的熔断器如表 6-3 所列。

表 6-3 高分多光谱卫星各分系统单机接口电路中使用的熔断器

分系统	仪器名称	使用形式	使用数量
姿态控制	信号处理单元	双熔断器并联	2
	反作用飞轮×4 路	双熔断器并联	8
	GPS 接收机	双熔断器+电阻并联	2
	光纤陀螺组件	双熔断器+电阻	10
	平台陀螺组件	无	0
	星敏感器电路盒	无	0
综合电子	中心计算机 TSC695F 处理器	双熔断器+电阻	2
测控	测控应答机	双熔断器+电阻并联	2
电源	电源控制器	双熔断器+电阻	2
热控	加热带×14 路	熔断器	14
总体电路	配电热控管理单元	无	0
数传	数据处理器	双熔断器+电阻并联	2
相机	相机控制器	双熔断器+电阻	4
	相机热控控制器	双熔断器+电阻	4
	CCD 视频处理箱	双熔断器+电阻	4

配电热控管理单元为各分系统单机提供一次电源,各直供电负载和继电器供电通路均在负载端进行保护,配电器内不设置保护电路,除进口的平台陀螺和星敏感器外,负载端的保护电路为熔断器加电阻的保护形式。

锂离子蓄电池通过配电热控管理单元为各分系统设备提供一次电源,为太阳电池阵火工品提供+(26±2)V 供电。配电热控管理单元向各分系统设备提供单一的+(30±1)V 的一次电源,各设备所需的二次电源均通过各自的 DC/DC 模块变换产生。卫星采用继电器可控和不可控两种供配电方式。

地面测试母线和星上母线通过四个并联的隔离二极管将地面输入的一次母线和星上输入的一次母线进行隔离,也可以实现通过地面输入的一次母线对星上蓄电池进行充电。

6.4 安全性设计

6.4.1 星箭分离及帆板展开安全性设计

星箭分离信号通过中断信号和 GPIO 与中心计算机连接。中心计算机软件通过查询星箭分离状态和 GPS 绝对时间执行后续飞行程序。星箭分离及帆板已开指令执行流程如图 6-4 所示。

中心计算机软件周期性检测 GPIO 星箭分离信号,检测周期为 100ms;中心计算机上电后,检测"帆板展开状态"以及"星箭分离信号状态",若"帆板展开状态"为未展开状态且连续 3s(30 次)检测到 GPIO 输入状态均为"分离状态",则认定星箭分离状态为分离。

中心计算机在轨运行过程中如受单粒子影响进而复位,则中心计算机除了检测星箭分离状态外,还检测帆板展开状态,中心计算机上电后,若检测到帆板展开状态为"展开状态",则不再执行帆板展开操作。

同时,中心计算机软件设计安全分离时间门限(该门限可通过指令修改),该门限为 GPS 绝对时间,中心计算机软件当前时间未达到该门限时间,则不执行飞行程序,当计算机当前时间超过该门限时间后,才进行星箭分离信号状态的检测。

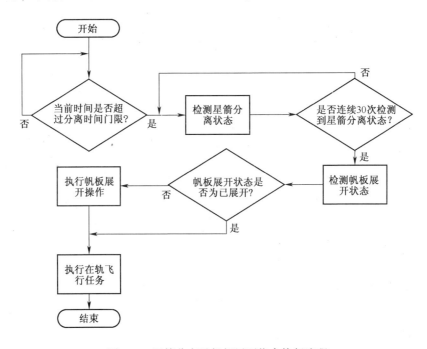

图 6-4　星箭分离及帆板展开指令执行流程

在飞行程序中增加安全分离时间门限可有效避免火工品误起爆。即在飞行程序中首先判读当前时间是否超过安全分离时间门限,再进行 30 次连续检测星箭分离信号,避免了行程开关误接通直接导致火工品误起爆。

6.4.2　锂离子蓄电池安全性设计

若高分多光谱卫星电源分系统中锂离子蓄电池设计或使用不当,将存在蓄电池电解液泄漏或爆破等危险,因此电源分系统在锂离子蓄电池组的安全性设计方面采取了多项有效措施,确保电源分系统安全稳定地工作。

1. 防电解液泄漏

对蓄电池壳的密封、蓄电池盖与蓄电池壳密封、极柱与蓄电池盖密封以及蓄电池整体密封情况,通过氦质谱检漏验证,从设计上保证了锂离子蓄电池单体不会出现电解液泄漏问题。

2. 防单体开路

进行严格的质量控制,确保极柱铆接处的极耳不紧绷,从而确保在发射冲击过程中蓄电池极耳不被撕开。蓄电池单体电堆采用叠片式结构设计,单体正极 66 片,负极 67 片,每片正极和负极都有独立极耳设计,即使发生极耳断裂,断裂一片极耳,容量损失约 0.30A·h,对蓄电池单体整体容量损失影响不大。

3. 防单体内短路

内短路故障主要是由于蓄电池单体内部存在多余物或隔膜、电极存在缺陷或过充电过程中负极形成的锂枝晶刺破隔膜等因素造成的。通过采用聚丙烯聚乙烯复合微孔隔膜作为正、负极之间的隔膜,使聚丙烯膜在温度高达 165℃ 时仍然具有良好的机械稳定性,从而保证了隔膜在较宽的温度范围内都存在较高的耐穿刺强度。锂离子蓄电池采用的是正极限容设计,即由正极容量决定蓄电池的容量,负极容量比正极容量多 20%,即使发生过充电故障,正极不会由太多的锂在负极表面形成锂枝晶。过放电时可能在正极表面形成铜枝晶,可通过蓄电池过充电过放电保护电路提供保障。

4. 电性能衰减

当蓄电池充电电压过高、放电电压过低、放电深度太大、蓄电池使用温度过高或过低时,都会导致正、负极活性物质结构破坏,使活性物质失效,造成蓄电池容量衰减。因此在蓄电池的使用上,应严格控制充放电电压、放电深度以及蓄电池温度等因素。

5. 锂离子电池电压地面测量安全性

锂离子电池电压地面测量线,电源控制器引出端口有 1kΩ 保护电阻,可防止引出测量电缆短路危急锂离子电池。

6.4.3 CAN 总线安全性设计

高分多光谱卫星共设计有三条 CAN 总线,每条 CAN 总线均为双备份,当总线上的各下位机连续 6s(3 个周期)未收到轮询指令则自动进行总线切换避免与中心计算机间无通信。此外,当 CAN 总线某一节点异常、始终占用总线、会使 CAN 总线瘫痪,影响卫星安全,因此中心计算机软件设计中每周期检查各下位机通信数据量,若一个周期内数据量超过额定数据量的 5 倍,则认为该周期下位机通信超量,若连续 3 周期下位机通信超量,则执行下位机切换或重启操作以隔离故障。

6.4.4 双机切换安全性设计

高分多光谱卫星中心计算机采用双机热备份工作方式,由仲裁模块根据中心计算机工作状态的不同来划分主从工作模式,仲裁模块提供 CPUA、CPUB 的主从关系划分和相应的切机控制功能。

中心计算机在轨运行段,当主机 CPUA 出现故障而卫星又不在可控范围内时完成处理器间自主切机,即由 CPUB 工作完成中心计算机的飞行任务,并且只能从 CPUA 切换到 CPUB 处理器,不能从 CPUB 处理器切换到 CPUA,避免切机乒乓操作。切机手段为软件切机和看门狗切机。

软件切机:在切机期间,处理器定期对设备自身完成自检,当自检不通过时,会进入相应的故障处理程序,该处理器准备好信号无效,由仲裁判断切机。

看门狗切机:如果在执行主任务期间主机程序"跑飞",导致看门狗连续"咬"多次,看门狗电路将发出硬件切机指令将备机打开。

6.4.5 系统用电安全性设计

为确保整星的安全性,中心计算机在轨实时监控整星电源系统工作状态,包括电量、电流及电压等。具体的用电安全控制策略如下:

(1) 当整星电量低于 40% 时(电量安全门限下限),中心机控制卫星进入安全模式。

(2) 当整星电流高于 20A 时(电流安全门限上限),中心机控制卫星进入安全模式。

(3) 当整星电压低于 28V 时(电压安全门限下限),中心机控制卫星进入安全模式。

电量安全门限下限、电流安全门限上限以及电压安全门限下限均作为可设置参数存储至中心机中,可通过地面指令进行调整和修改。

当卫星出现失控状态,整星未得到及时充电时,电源系统会根据锂离子电池的电压情况自动切断放电开关以保护锂离子蓄电池,当光照区太阳帆板充电且中心计算机处于工作状态下,仅当整星母线电压高于 29V 且温度高于 0℃ 时,中心计算机自主接通锂离子蓄电池放电开关,其他情况下则持续为电池充电,放电开关不接通。

6.4.6 关键部件安全性设计

高分多光谱卫星采用控制力矩陀螺进行整星快速敏捷机动,机动角速度达

2.1(°)/s,若控制力矩陀螺故障,则将引起整星姿态翻转,威胁整星安全[2,3],因此针对高分多光谱卫星利用 CMG 进行敏捷机动控制时,设计由如下措施确保整星安全:

(1) 当 CMG 组件自检失败后,中心计算机对 CMG 组件断电;断电 5s 后,中心计算机对 CMG 组件重新上电。

(2) 当 CMG 组件性能测试失败后,根据遥测参数信息,决定对 CMG 组件断电或发送起旋指令(CMG 组件工作正常,略低于判定成功精度)。

(3) 当 CMG 组件起旋失败后,根据遥测参数信息,决定对 CMG 组件发送消旋+断电指令或发送自主稳定模式指令(CMG 组件工作正常,略低于判定成功精度)。

(4) 当 CMG 组件自主稳定失败后,根据遥测参数信息,决定对 CMG 组件发送消旋+断电指令或发送工作模式设置指令(CMG 组件工作正常,略低于判定成功精度)。

(5) 当中心机连续 5 次发送广播帧收不到 CMG 组件返回工程参数,对 CMG 组件断电;在确认框架机构转速和飞轮转速为零情况下,通过遥控指令对 CMG 组件重新上电。

(6) 当中心机通过工程参数帧连续 5 次检测到某任一框架机构出现异常时,中心计算机对 CMG 组件断电;框架机构异常情况包括主备份编码器均失效和电流传感器失效,导致无法对 CMG 框架机构进行速度和位置控制。

(7) 当中心机通过工程参数帧连续 5 次检测到某一飞轮转子出现异常时,中心计算机应对 CMG 组件发送消旋指令;当未失控转子转速低于 100r/min 时,对 CMG 组件断电。

(8) 当中心机通过工程参数帧连续 5 次检测到两台套飞轮出现异常时,中心计算机应对 CMG 组件发送消旋指令,并于 30s 后对 CMG 断电。

(9) 当中心计算机需要 CMG 组件快速停止工作时,在 CMG 组件的框架机构和飞轮未发生异常情况下,中心计算机应对 CMG 组件发送应急指令。

参 考 文 献

[1] 都亨,叶宗海. 低轨道航天器空间环境手册[M]. 北京:国防工业出版社,1996.
[2] 凯瑟. 航空航天系统的电磁干扰控制[M]. 喻显荣,等译. 北京:宇航出版社,1989.
[3] 航天系统电磁兼容性要求:GJB3590—99[S].
[4] 航天系统电磁兼容性要求:JQ2260—92[S].
[5] 徐福祥. 卫星工程[M]. 北京:中国宇航出版社,2002.
[6] 胡昌寿. 可靠性工程-设计、试验、分析、管理[M]. 北京:宇航出版社,1988.

第7章
高分多光谱卫星总装、测试及试验

高分多光谱卫星的总装是将组成卫星的由各分系统研制的单机产品或仪器设备按照卫星的总体结构方案布局,通过电缆、导管、紧固件等连接起来,形成质量特性、精度及综合性能等都满足总体要求的整星产品,并进行电性能综合测试、极性测试、质量特性测试、力热试验、太阳能电池阵展开及光照试验等一系列的卫星综合测试与试验,保证卫星能够在地面阶段、发射阶段、在轨阶段等各种环境下正常工作。

7.1 卫星总装

随着计算机技术的发展,计算机辅助设计被广泛地推广应用。高分多光谱卫星的总装在设计阶段充分利用计算机辅助设计,对各分系统研制的产品、卫星选用的所有电连接器、紧固件以及其他总装过程中需要使用的器件进行三维建模,并通过计算机辅助设计进行模拟装配,检查在安装过程中是否存在干涉、是否留有足够的安装空间。卫星初步布局方案确定后,进行总装计算机辅助设计,根据设计结果对卫星布局方案进行修正,并在此基础上进行管路、电缆等的安装布局,确保卫星布局的总装可行性[1-3]。

根据总装设计要求,由工艺人员完成工艺装备研制与工艺设计,将验收合格的所有部件、组件和仪器设备按照总装设计与工艺要求,由总装工艺技术人员和操作工人组装成为卫星的过程称为总装实施。总装实施的质量情况将直接影响卫星产品的性能。在总装实施中应严格按照工艺文件、设计文件及相关保证文件进行操作。在高分多光谱卫星研制过程中,形成了《卫星正样总装工艺流程》《卫星正样低频电缆网总装技术要求》《卫星仪器设备安装精度要求》《卫星质量特性测试技术规范》等一系列的工艺文件,作为总装实施的质量保证依据,并在总装过程中安排有关键点检查环节,由质量师负责监督检查,以确保卫星总装过程质量受控。总装实施过程中,总装实施安全、总装过程中多余物控制、防静电、工作场地、吊装、操作人员操作规范等都应有明确的文件要求;对总装工装、工量具定期进行检验;电连接器的插拔应严格按照规范执行,每次插拔必须做记录。

7.1.1 总装技术状态与流程

高分多光谱卫星总装分为以下几部分工作:总装技术状态确认,包括分系统产品验收、各单机板结构验收、技术文件准备、工艺装备准备;结构部件组装及精度检测;热控实施,包括制作热控包覆层与包扎、热管安装与捡漏;仪器设备与传感器安装;电缆敷设与安装;质量特性检测;整星结构精度检测;卫星的停放、翻转、吊装、运输工作;靶场再组装;转运至发射区;发射区总装等[4-7]。

卫星交付总装前卫星的对接环、各向单机安装板与组件、遮光罩组件、板间连接梁等结构组件已经过检测,验收合格并完成试装。在精度满足总装结构件装配要求的前提下,在正样装配时利用销钉复位。-Z向单机安装板组件与+Z向单机安装板组件在交付总装前已试装完毕并成为一体件进行交付。高分辨相机交付总装前已经完成了相机的装调、测试、热控实施、环境试验与相机总检,具备交付卫星总装状态。其他单机在交付总装前,完成了各单机的热控实施(包含加热片、热敏电阻、热电偶的粘贴)、测试及环境试验。卫星总装技术流程如图7-1所示。结构装配过程中,按照卫星加工技术要求对各部分的最终装配精度逐项进行了实际测量,测量项目包括各单机安装板及边框与下平面垂直度、+Z板与下平面平行度、相机支腿与对接环平行度、对接环底面平面度、外轮廓尺寸等,各项检测值均满足设计值要求。

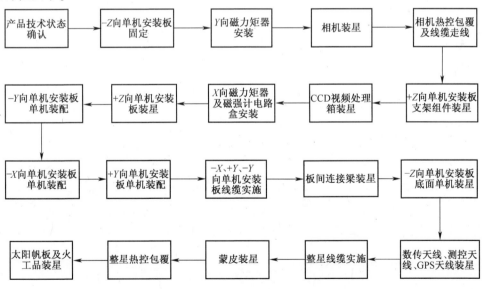

图7-1 卫星总装技术流程

高分多光谱卫星总装过程安排有以下关键点检查环节：相机安装和精度测量、$X/Y/Z/S$ 向飞轮及新产品试验反作用飞轮安装方位检查和精度测量、平台陀螺安装方位检查、控制力矩陀螺安装方位检查和精度测量、0-1 太阳敏感器安装方位检查、数字太阳敏感器安装方位和精度测量、新产品试验太阳敏感器安装方位和精度测量、$X/Y/Z$ 向磁力矩器安装方位检查、星敏感器 A/B 镜头安装方位检查和精度测量、磁强计安装方位检查、光纤陀螺安装方位和精度测量、锂离子蓄电池组绝缘安装及高阻接地检查、$-X/+Y/-Y$ 向单机安装板合舱前单机及电缆状态确认、光学相机防护、太阳电池阵火工品安装检查、太阳电池阵安装及高阻接地检查、太阳翼展开空间干涉检查等。

7.1.2 单机安装与电缆网铺设

单机安装遵循高分多光谱卫星构型布局设计和高分多光谱卫星总装工艺规程的要求。所有单机、总装直属件及辅助材料装星前都应进行称重并记录；单机安装前，应用无水乙醇纱布清洁单机与结构安装面；有涂导热硅脂要求的单机，应在单机的安装面和相应的安装面板表面上各均匀的涂一薄层导热硅脂，使导热硅脂充满两表面间隙，安装后，用浸有无水乙醇的纱布清除单机周围的导热硅脂；单机安装紧固件拧紧时，应对称地紧固拧紧，在同一安装面上按照先中间后周边的原则；总装用紧固件均应按照要求力矩，拧紧力矩按照规定执行；单机拆装前后应仔细检查单机与结构表面校核；产品拆装超过 6 次时，必用 8~10 倍的放大镜检查紧固件，如果表面发生损伤，必须更换新紧固件；防松胶黏剂使用时，胶点在单机和支架安装螺钉的头部或螺母上，涂抹后应光滑、无毛刺。在使用前应检查胶黏剂有限期，确认胶黏剂在有效期后方可上星使用[8,9]。

单机安装结束后，按总装工艺文件要求，用力矩扳手对所有安装螺钉进行复测，各单机安装力矩均满足技术要求。对所有单机接地电阻进行检查并记录，除天线和锂离子蓄电池组（高阻接地）外，所有单机接地电阻要求小于 25mΩ。

高分多光谱卫星正样低频电缆网根据卫星正样低频电缆网总装技术要求和卫星正样低频电缆网总装工艺要求执行。低频电缆要根据配电系统提供的电缆连接原理图、仪器设备安装布局图、模装的结果和卫星的特点，制定电缆安装方案。高分多光谱卫星采用了模板法，即由电缆生产单位在现场根据模型直接进行电缆模板取样，以保证生产的电缆长度与分支准确。在进行电缆铺设实施时，首先安装位于 5 块单机安装板上的电缆卡箍，然后完成各单机安装板上的电缆网的敷设，并由设计人员进行了电缆连接关系及状态的检查和确认，保证结果符合设计要求。此外，必须通过采用各种搭接措施，保证星体构成一个等电位体，为此电缆网必须接地，任意两个搭接点之间的接触电阻应小于或等于 10mΩ；接地搭接点处电阻应小于或等于 25mΩ。在接地时要进行单点或多点接地，在金属结构面上设有接地桩，非金属结构应粘贴导电铜箔,单机要有单独的接地点。

电缆网敷设前,应对所用电缆应进行导通、绝缘检查;电缆过孔或靠近零部件的棱角或锐边时,应采用保护措施,不得使电缆受损及影响活动部件的正常工作;电缆走向一般应沿着结构表面敷设,对同一方向的电缆敷设应逐一理顺,与仪器设备、零部件之间的距离,一般不小于10mm;在电连接器的插拔端,电缆应留有余量,便于插拔和检测;电缆敷设应避开高温源,如加热片等热控元件,以防止损伤电缆外层绝缘;电缆在总装、存放过程中,严禁用力拉伸导线,避免导线受到外力损伤;正样电缆只限于在星上使用,一般不允许借用进行实验室单机测试和分系统联试;拆卸其他仪器设备或电缆要避免磕碰星上电缆和单机设备;靠近低温源、舱外和活动部件等特殊部位的电缆敷设时还应满足总体设计针对型号提出的相应特殊要求。对火工品装置和活动机构的电缆应严格遵守独立分支走向的原则,并要安全和可靠;低频电缆网的弯曲半径一般不得小于电缆外径的4倍,不得出现弯折死角;高频电缆敷设时,和低频电缆分开;柔性高频电缆安装时,在靠近插头根部的直线段长度一般不小于20mm,其内弯曲半径不得小于电缆外径的5倍。电缆的绑扎和固定应在总装工艺文件中进行明确要求,低频电缆固定点间距一般不大于300mm,柔性高频电缆固定点间距一般不大于250mm,半刚性高频电缆固定点间距一般不大于400mm,电缆上星敷设后对总装设计在结构上预留的电缆固定点间距进行检查,如不满足要求,由工艺人员与设计人员协调后在结构上粘贴补充电缆固定座;电缆绑扎固定时,一般不能以管路、阀门及有精度要求的仪器和支架支撑;低频电缆绑扎固定点采用10层以上热缩布包覆,用尼龙扎带扎紧,固定后电缆不能横向移动为准;高频电缆在绑扎固定点先包裹2~3层厚1mm工业毛毡,毛毡上星前先用3M胶带包裹严实,以免毛毡产生的多余物污染星体,固定时再采用10层以上热缩布包裹;进行绑扎操作时应由电装人员用手拉住尼龙扎带尾端,钳子夹住靠近扎带锁紧部位的尼龙扎带进行手工扎紧操作,用力不得过大,固定后电缆不能横向移动为准,严禁用钳子拉住尼龙扎带进行纵向拉伸,避免钳子打滑后磕碰星体;电缆绑扎用平口钳在使用前需用白胶布包裹钳口金属部位,避免平口钳金属部分对星体造成磕碰伤害。

按《高分多光谱卫星构型与布局图》和《高分多光谱卫星总装工艺规程》的要求,完成单机和相关结构件产品的装配,装星产品状态符合总装文件规定的各项要求。

单机安装结束后,按总装工艺文件要求,用力矩扳手对所有安装螺钉进行复测,各单机安装力矩均满足技术要求。除天线和锂离子蓄电池组(高阻接地)外,所有单机接地电阻不大于25mΩ。

高分多光谱卫星的总装过程如图 7-2 所示。

（a）高分辨相机主体安装

（b）上载荷板数传系统安装

（c）单机安装板安装

（d）太阳帆板安装

图 7-2 卫星总装过程

7.1.3 总装过程热控实施

总装热控实施前,对所用测温传感器、电加热器的电阻值用万用表检测,电加热器还应检测绝缘电阻；对热管应进行传热性能试验；检查多层隔热材料镀铝薄膜，外观应有银白色金属光泽，无明显腐蚀斑点，对卫星壳体及仪器表面热控涂层的太阳吸收率、半球向发射率的数值及涂层分布部位按热设计文件进行检验；检测结果如有异常应更换或修复后方可进行热控总装实施[10],[11]。

粘贴实施前，用无水乙醇纱布擦去所有安装面的灰尘、油污。粘贴测温传感器时，粘贴位置应避免靠近仪器及部件上发热元件，涂胶尺寸一般应控制胶结点的直径比传感器头部直径约大6mm；粘贴薄膜型热控涂层时，必须对卫星各舱段及仪器、部件采取防护措施，保护表面不受污染；粘贴薄膜型电加热器的胶黏结，通常采用GD414室温硫化硅橡胶，若要求流动性好可用101号聚氨酯胶黏剂，电加热器黏结后应适当加压以提高粘贴强度，加压方式可根据热控表面形状的不同，采用如重物、缠绕捆绑及气袋抽真空等，加压时，不允许损伤或污染电加热器及仪器表面[12,13]。

多层隔热材料镀铝薄膜和隔离层允许搭接，重叠宽度为10~15mm，用不干胶薄膜或涂一层胶黏剂，将搭接处粘合在一起，镀铝薄膜与隔离层依次交替铺好，按设计图样进行下料，如镀铝薄膜与隔离层采用搭接的，各层接缝应交错摆放，多层隔热层包覆的接缝，允许采用将隔热层分成多个单元(一层镀铝薄膜及一个隔离层为一个单元)为一组，按组进行交替搭接，搭接宽度大于15mm，外表面的接缝用宽约为40mm的镀铝薄膜粘贴，多层隔热层包裹的松紧度，一般应控制在每厘米25~30个单元。膏状导热填料的粘稠度应合适，调匀后方可使用，在安装面上均匀地涂覆一薄层膏状导热填料，仪器或器件与安装面重合后，轻微用力前后推移，有阻力感为止，使导热填料充满接触面间粗糙不平的间隙，仪器或器件安装完成后对安装面周围溢出的导热填料，用无水乙醇纱布擦拭干净。

总装热控实施后，按照卫星热设计文件的要求，检查多层隔热层及电缆、管路的镀铝薄膜包覆层的接地与不接地，检测热敏电阻的阻值，在断电状态静置12h以上，无明显对流和阳光直接照射星体的条件下，检测各点温度与舱内空气温度差小于1℃，热敏电阻为正常。检验电加热器的外观，粘贴应平整、牢固、无气泡、无褶皱，用万用表检测各加热回路电阻，阻值应满足热设计文件要求。

高分多光谱卫星采用被动热控与主动热控相结合的热控措施。整星外表面除散热面及舱外仪器设备等有特殊要求的表面外，其余表面均需包覆多层隔热组件，多层隔热组件最外层采用单面镀铝聚酰亚胺薄膜，非镀铝面朝外。五处单机安装板上各单机安装面及单机支架的安装面均按照热控设计方案要求填充导热硅脂。+Z单机安装板上的测控应答机、电源控制器、配电热控单元和锂离子电池安装面须先粘贴一层聚酰亚胺薄膜，再填充导热脂；-Z单机安装板上的星敏感器、光纤陀螺与相机安装支架使用聚酰亚胺垫隔热后再安装；对接环与星体间使用聚酰亚胺垫隔热安装。在热控实施完成后，进行所有单机的热控线缆接线表核查，并对线缆阻值、热控器件与星体的绝缘性能进行测试。

7.1.4 总装后精度检测

为保证各仪器设备及光学相机的几何安装精度要求,在总装设备安装的过程中必须对星敏感器 A、星敏感器 B、光纤陀螺、X 向反作用飞轮、Y 向反作用飞轮、Z 向反作用飞轮、S 向反作用飞轮、一体化反作用飞轮、力矩陀螺组件、一体化太阳敏感器及相机的实际安装角度进行标定。

几何精度包括壳体结构精度和有精度要求的仪器设备的安装精度,总装期间需要多次进行精度测量,并与振动试验后的测量数据进行对比,如果变化超差,必须重新进行调整。由于出场运输过程中也可能会影响精度,所以在靶场再总装时,必须进行全面的精度复测和调整,直到所有精度指标都达到要求。

精度测量的方法是测量安装在这些仪器上的光学立方镜或平面镜的法线与基准棱镜的法线之间的实际夹角,测量通常采用电子光学经纬仪,测试软件及计算机构成的三维测量系统进行测量。

精度测量时要求使用能进行准直测量的精密经纬仪或选用能进行几何测量的其他测量仪器,测量中使用的专用测量软件,要求经过综合审查并检验验证后方可使用,测试设备的测量总误差不大于被测仪器设备安装误差的1/4。对不同的待测产品,必须根据其特点确定测量基准。用光学方法测量时,必须在被检测的仪器和设备上设置光学基准,只要把被测产品测量特性转化为一个平面反射镜的标定,就可以实现用光学方法进行精度测量。高分多光谱卫星通过在被测设备上安装基准棱镜,通过对基准棱镜的标定来实现各关键部件的精度测量。

作为总装测量和安装基准的主基准棱镜安装在 $-Z$ 向单机安装板的下表面;相机、数字太阳敏感器、光纤陀螺、星敏感器、一体化太阳敏感器、力矩陀螺上均布置基准棱镜,分别标定一体化太阳敏、光线陀螺、星敏感器、力矩陀螺的基准棱镜与相机基准棱镜的角度关系,相机、数字太阳敏感器的基准棱镜与卫星主基准棱镜的角度关系,实现相机、数字太阳敏感器、光纤陀螺、星敏感器、一体化太阳敏感器、力矩陀螺相对于卫星的精度检测,如图 7-3~图 7-5 所示。$-Y$ 向单机安装板上装有辅助基准棱镜,$-Y$ 单机安装板上的设备(X 向反作用飞轮、Y 向反作用飞轮、Z 向反作用飞轮、S 向反作用飞轮、一体化反作用飞轮)上均布置基准棱镜,通过分别测量 $-Y$ 单机安装板上设备的基准棱镜与 $-Y$ 单机安装板上辅助基准棱镜的角度关系,实现 $-Y$ 向单机安装板上设备的精度检测,如图图 7-6~图 7-8 所示;$-Y$ 向单机安装板与卫星安装完成后,可进行 $-Y$ 单机安装板上辅助基准棱镜、Y 向反作用飞轮底部棱镜与卫星主基准棱镜的标定,实现 $-Y$ 向单机安装板及其上设备相对于卫星的精度检测,如图 7-9 所示。

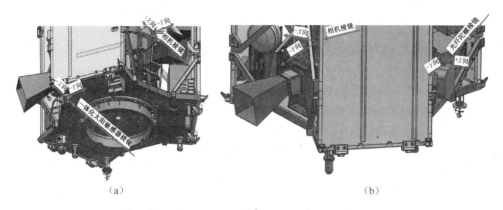

图 7-3 一体化太阳敏感器和光纤陀螺棱镜与相机棱镜测量

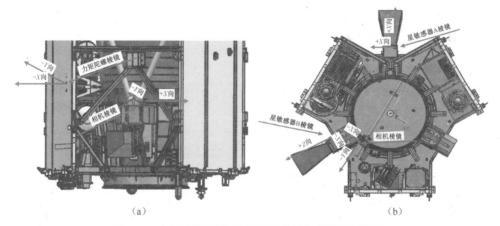

图 7-4 力矩陀螺棱镜、星敏感器棱镜与相机棱镜测量

图 7-5 相机棱镜、数字太阳敏感器棱镜与主基准棱镜的测量

283

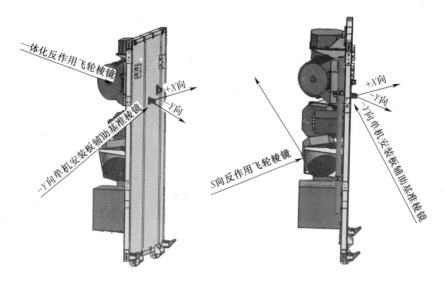

图 7-6　一体化反作用飞轮和 S 向反作用飞轮棱镜与-Y 向单机安装板辅助基准棱镜测量

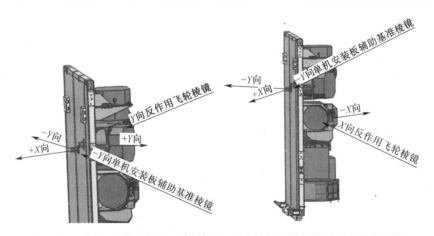

图 7-7　Y 向和 X 向反作用飞轮棱镜与-Y 向单机安装板辅助基准棱镜测量

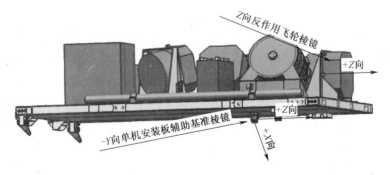

图 7-8　Z 向反作用飞轮棱镜与-Y 向单机安装板棱镜辅助基准棱镜测量

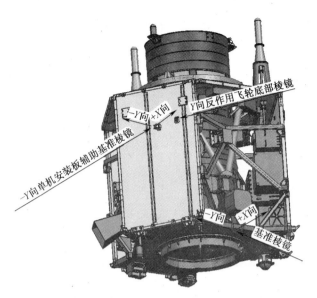

图 7-9 -Y 向单机安装板辅助基准棱镜、Y 向反作用飞轮底部棱镜与主基准棱镜测量

高分多光谱卫星在总装过程中对星敏感器、光纤陀螺、平台陀螺、0-1 太阳敏感器、数字式太阳敏感器、磁力矩器、飞轮、磁强计等设备有安装精度测量要求,根据卫星姿控部件安装精度要求和卫星姿控部件安装精度检验任务书规定,分别标定了振动试验前后、在基地再组装以及振动后相机棱镜与基准棱镜的相互角度关系、一体化太阳敏感器棱镜与相机棱镜的相互角度关系、数字太阳敏感器棱镜与基准棱镜的相互角度关系、星敏感器 A 棱镜与相机棱镜之间的相互角度关系、星敏感器 B 棱镜与相机棱镜之间的相互角度关系、光纤陀螺棱镜与相机棱镜之间的相互角度关系、力矩陀螺 A 棱镜与相机棱镜之间的相互角度关系、力矩陀螺 B 棱镜与相机棱镜之间的相互角度关系、-Y 向单机安装板辅助基准棱镜与基准棱镜之间的相互角度关系、-Y 向单机安装板辅助基准棱镜与相机棱镜的相互角度关系。经对测试数据比对,各设备安装精度变化量均满足设备安装精度要求。

7.2 卫星综合测试与试验

高分多光谱卫星正样综合测试经历包括桌面联试、总装综合测试、环境试验过程中综合测试三个阶段,依照进行顺序主要包括电性能综合测试、整星极性测试、整星质量特性测试、力学试验、太阳翼展开及光照试验、热试验以及整星磁测试及补偿等。其主要目的是检查各分系统(单机)的功能和性能指标是否符合任务书要求,并考核稳定性;检验各分系统(单机)相互间电气接口的正确性和匹配性;检查整星各种信息传输、频率配置、电平分配的正确性、合理性和兼容性,以及各种抗干扰措施的有效性;发现并排除可能存在的隐患和缺陷;验证星上控制软件的正确性、协调性;模拟卫星在空间的飞行程序,检验飞行程序的可行性和正确性;检验星上信息通道传递的可靠性、准确性;检验星地接口的兼容性,检验测试文件的正确性;检查电气系统连接的正确性、可靠性,确保总装各单机正确连接、各单机/分系统装配完成后的状态与方案设计一致;按照环境试验大纲要求进行卫星系统的状态设置;检验环境试验过程中卫星系统工作的可靠性、查找发现卫星系统在环境试验中的缺陷或者异常、将卫星在空间运行中可能存在的问题在地面解决,确保卫星在轨运行可靠。

7.2.1 电性能综合测试

卫星各分系统通过设备级、分系统级验收和联试合格后,总装在卫星本体上,在统一供配电条件下,对卫星规定的性能和功能做全面的检测,对各分系统之间电气接口的匹配性和电磁兼容性进行多项复杂的综合检查,通常称为电性能综合测试简称电测。卫星电测的目的是检验卫星各电系统(包括机电、光电、热电)的正确性和兼容性;检测卫星是否达到所要求的电性能技术指标,特别是卫星经受各种地面模拟环境考验后,其性能是否恶化,通过电测使不符合技术条件的性能、不完善的功能、不匹配的电气接口以及设计缺陷都得到暴露,加以改进,完善其功能,确保卫星工程品质。

卫星的电性能测试,一般是通过上行链路对被测对象进行控制和激励,通过下行链路对其响应情况进行采集,并对仪器、设备输出的数据进行处理和分析,从而达到测试的目的。电性能综合测试方案与卫星方案制定同时进行,根据卫星的方案、电性能要求、卫星的各种测试环境,包括所采用的运载工具、总装厂、大型试验设备及其环境、卫星发射中心的技术区和发射区等方面约束条件制定。在制定卫星电性能测试系统方案时,首先制定总控设备方案,确定与各分系统专用测试设备的接口要求、通信协议等。在确定各分系统测试方案的基础上,制定专用测试设备和综合测试方案[14,15]。

根据高分多光谱卫星的实际情况,电性能测试采用以下两种环路:

(1) 有线环路:包括脱插有线测试环路和高频有线测试环路。

脱插有线测试环路:地面综合测试设备通过脱插电缆与卫星连接,链路上主要包括卫星状态监视信号、卫星供配电控制信号、卫星供电输出及星上总线信号。

高频有线测试环路:主要用于测试卫星射频天线入口前的高频性能(天线本身的性能测试在前期特定的条件下进行),使用此测试环路可以减少微波辐射对现场测试人员的人身伤害。高频有线测试环路包括测控有线环路和数传有线环路。

(2) 无线环路:是卫星测试的主环路,各分系统测试和整星测试时尽量采用该环路,这种测试环路接近卫星在轨运行状态,控制台、前端机、遥测终端机也主要负责处理这个环路的数据。通过 CORTEX 提供解调出的遥测信号传输到遥测前端,并将遥控前端送来的信号调制到载波最终传输到卫星。

高分多光谱卫星电气综合测试系统主要由总控设备和分系统专用测试设备组成。电性能综合测试系统连接框图如图 7-10 所示。

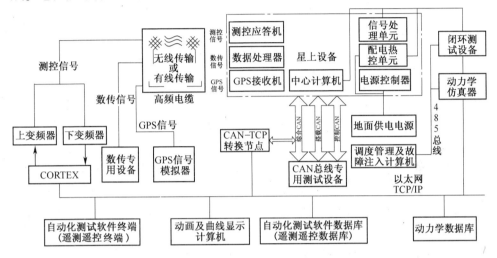

图 7-10　电性能综合测试系统连接框图

1. 卫星桌面联试

高分多光谱卫星从各单机陆续交付后开始进入桌面联试,开展了全系统桌面联试、整星模飞测试、与测控及运控系统的专项对接试验。在桌面联试过程中,进行了综合电子系统测试、姿态控制系统测试、电源分系统测试、热控分系统测试、测控分系统测试、数传分系统测试、相机分系统测试、新产品试验分系统测试和系统联试等。高分多光谱卫星桌面联试如图 7-11 所示。

图 7-11　高分多光谱卫星桌面联试

全系统桌面联试主要包含接口测试、电源分系统测试、综合电子系统测试、姿控分系统测试、总体电路分系统测试、测控分系统测试、数传分系统测试、相机分系统测试、新产品试验分系统测试、CAN总线测试、非CAN总线接口测试、全系统测试。

接口检查是在桌面联试开始阶段进行,多采用万用表、示波器、CANoe或者单机专检设备进行检查,综合电子系统、姿控分系统、电源分系统、热控分系统、测控分系统、数传分系统、相机分系统及新产品试验分系统等接口符合设计要求。

电源分系统测试项目包括母线电压检查、负载电流测试、遥控指令检查、遥测参数检查、光照期供电测试、光照期充电控制测试、联合供电测试、地影期蓄电池组放电测试、电源下位机功能测试等测试项。测试表明,电源分系统在整个电测过程中工作稳定,与其他分系统及地面设备接口匹配、协调。供电母线电压稳定,电源下位机功能正常,充放电功能和控制精度达到设计指标要求。

综合电子系统测试项包括OC指令测试、CAN总线测试、PCM测试、校时功能测试、授时功能测试、双机切换功能测试、飞行程序测试、计算机软件在线升级功能测试、遥测参数组帧测试、星箭分离信号检查、LOG功能检查、实时遥测参数检查、延时遥测参数检查、延时遥测参数关闭与开启、系统校时、计算机与星上设备通信功能检查、计算机功耗与浪涌检查、计算机接收GPS秒脉冲功能检查、星敏感器校时功能测试、软件功能确认测试等,覆盖了任务书中的所有功能、性能、安全性、接口等要求,测试结果满足要求,综合电子系统与卫星其他分系统接口匹配、协调。

姿态控制分系统桌面电联试阶段主要分为部件测试和分系统测试两个部分。部件测试主要完成分系统各单机的功能及性能测试,包括信号处理单元、数字太阳敏感器、0-1太阳敏感器、平台陀螺组件、光纤陀螺组件、星敏感器、GPS接收机、反作用飞轮、磁力矩器测试。分系统的测试主要完成控制系统各飞行模式下的闭环测试以及控制软件模块的故障诊断测试的工作项目,包括对日捕获和对日定向模式、对日定向三轴稳定模式、对地定向三轴稳定模式、立体成像控制模式、条带拼接控制模式以及安全模式等。

姿态控制分系统桌面电联试阶段完成大纲规定的测试任务全面考核姿控分系统各单机软硬件的功能和性能,开展姿控分系统的系统测试,考核系统与卫星其他各分系统的兼容性、匹配性与协调性。测试结果表明,分系统运行稳定可靠、分系统的功能和各项技术指标满足姿控系统任务书的要求。

总体电路分系统测试项目包括星上电缆网导通与绝缘检查、星上接地检查、星上供电检查、地面供电检查、电源电路工作状态检查、火工品线路测试、指令检查、遥测参数检查、控温功能测试等内容,测试结果表明系统电气接口匹配、协调,遥测参数正常,各项功能、性能指标满足任务书要求,系统运行正常。

测控分系统测试项目包括测控下位机明密转换检查、测控下位机A/B机切换检查、解密模块复位指令检测、使用CAN总线接收遥测指令检测、应答机发射开关功能检测、应答机A/B相干/非相干切换检查、应答机A/B测距通断功能检测、综合CAN总线A/B通信情况检测、直接指令译码输出检查、上注密钥功能检查、上行频率检查、相干时下行频率检查、非相干时下行频率检查、相干时测距功能检查、上行指令接收检查、相干时下行遥测发送检查、非相干时下行遥测发送检查、遥测通道切换功能检查、CAN总线指令测试、遥控误码率检查、遥测误码率检查等内容。

经过测试，测控系统直接指令和间接指令均测试正常。测试结果表明，测控系统电气接口匹配、协调，遥控指令接收转发正确、遥测参数正常，测试项目覆盖测试大纲及细则规定的所有测试项目，各项功能、性能指标满足任务书的设计要求，系统运行正常。

数传分系统测试内容主要包括下位机切换功能、2∶1压缩功能、无损压缩功能、固存顺序记录功能、固存按文件记录功能、固存擦除功能、固存顺序回放功能、固存按文件回放功能、加密与加扰功能、LDPC编码功能、单通道回放功能、双通道回放功能、二次电源切换功能检查等测试项。经过测试，数传系统电气接口匹配、协调，遥控指令执行正确，遥测参数正常，功能正确，测试项目覆盖测试大纲及细则规定的所有测试项目，各项功能、性能指标满足任务书的设计要求，系统运行正常。

相机分系统测试项目包括遥控指令检查、温度模拟量遥测检查、相机热控控温门限设置、相机控温模式选择、相机热控控制器主备份功能检查、相机控制器加断电功能、相机控制器主备份功能检查、相机开环调焦、闭环调焦、调偏流测试、相机自校、相机参数设置、相机拍照等测试项。在电测过程中，多次对相机分系统的遥控指令进行了测试，均正确执行，未发现指令未执行、执行错误等情况，所有指令的测试内容均已经覆盖，测试表明相机分系统电气接口匹配、协调，遥测参数正常，测试项目覆盖测试大纲及细则规定的所有测试项目，各项功能、性能指标满足任务书要求，系统运行正常。

新产品试验分系统包括大容量固态盘、一体化太阳敏感器、新产品试验反作用飞轮以及控制力矩陀螺。测试项目包括遥控指令及遥测参数检查、CAN总线通信功能测试、控制力矩陀螺无刷直流(BLDC)驱动能力测试、控制力矩陀螺永磁同步电机(PMSM)驱动能力测试、大容量固态盘写入速度测试、大容量固态盘存储速度测试、一体化太阳敏极性测试、反作用飞轮极性测试及各新产品试验部件试验任务测试。

经过测试，未发现新产品试验系统指令未执行、执行错误等情况，测试项目覆盖测试大纲及细则规定的所有测试项目，各项功能、性能指标满足任务书要求，系统运行正常。

高分多光谱卫星共3路CAN总线(主备共6条)：综合CAN、控制CAN、新产品试验CAN。CAN总线检查包括匹配电阻测试、总线波特率测试、通信状态测试及通信线路负载测试。

高分多光谱卫星的 CAN 总线通信状态测试是在桌面联试过程中测试的,星表3 的匹配电阻连接,然后通过 CANoe 记录了 6 条 CAN 总线的通信状态。通过测试表明:整星 6 条 CAN 总线匹配电阻设计合理,CAN 总线占用率较小,接口协调匹配,通信正常,无错误帧。

高分多光谱卫星除 CAN 总线外,星上还存在其他通信信号,平台陀螺与中心计算机之间通过 RS-422 进行通信,星敏感器的校时信号,星敏感器与中心计算机之间为 RS-422 通信,新产品试验一体化太阳敏感器与可重构功能单元之间为 RS-422 通信等。通过测试表明:各 RS-422 通信信号特性良好,波特率满足要求。

整星全系统测试项目包括搭接电阻检查、整星供电接口检查、故障模式测试、在轨工作模式测试、任务测试、模飞测试等,测试项目覆盖了测试大纲和测试细则中规定的测试项目。测试结果表明:搭接电阻小于 $25m\Omega$;各单机浪涌均满足要求。故障模式测试包括总线切换测试、自主故障处理模式测试、姿控分系统单机故障测试等;在单机或者下位机出现故障时,系统可以正常工作;在轨任务模式测试包括运载段工作模式、初始入轨工作模式、在轨飞行工作模式、常规成像工作模式、立体成像工作模式、拼接成像工作模式、数传任务工作模式、准实时数传任务工作模式、多点拍照工作模式、存储器擦除工作模式以及安全模式等,在规定的条件下各工作模式可以正确转换;每个任务卫星均正确执行,控制精度满足要求。

2. 闭环模飞测试

闭环模飞测试是在姿控分系统闭环测试全部通过后进行的整星模拟卫星发射前准备、发射过程及在轨运行的不断电状态下的测试。模飞测试过程主要模拟从发射到星箭分离信号发出,整星自主从对日捕获和对日定向模式到对日三轴稳定模式,执行照相任务和数传任务等过程,主要事件包括运载段飞行、程序展开帆板、相机热控及敏感器加电、拍照、数据下传等工作内容。

模飞测试过程(按射前 4h 模拟)如下:

(1) 发射前的准备:蓄电池充电充满,GPS 接收机设置为开机。

(2) 模拟临射状态设置:发射前工作状态设置、提前 30min 钟转内电。

(3) 卫星初始状态:有效载荷(数传、相机)、星敏感器、光纤陀螺组件、平台陀螺、可重构单元均为关机状态。

(4) 模拟在轨运行段,按飞行程序及上注任务安排成像、数传及试验任务。

(5) 星箭分离后,CPUA 启动应用程序,星敏感器、平台陀螺及可重构单元程控加电。

(6) 根据卫星状态展帆。

(7) 根据时序程控相机热控控制器加电。

(8) 上注任务表包括成像任务(相机调偏流和平台调偏流)、数传任务(存储传输和准实时传输)、试验任务(新产品相关试验任务)。

(9) 模飞结束后恢复到模飞初始状态。

高分多光谱卫星闭环模飞测试共进行了 15 次常规对地成像任务、15 次立体成像任务、15 次条带拼接成像任务、4 次准实时数传任务、4 次多点拍照任务、16 次双通道数传任务、6 次单通道数传任务、8 次固存擦除任务。星上中心计算机能够自主正确执行预定的飞行程序;卫星姿控系统工作状态良好,星上任务分解时序执行正确;卫星机动时间、机动后照相前的姿态稳定度满足成像要求;利用控制力矩陀螺和反作用飞轮联合控制实现了整星立体及条带拼接成像控制;数传系统固存记录正确,通过数据回放至地面解密、解压缩系统正确;模飞测试过程中遥控指令星上正确执行、遥测参数地面解析正确;各相关分系统及部件状态得到了有效验证。

3. 总装过程综合测试

高分多光谱卫星总装分为 A、B 两个状态:A 状态为星上所有单机安装到整星结构上,正样电缆正确连接,但是太阳帆板、测控天线、数传天线未安装、太阳电池阵及火工品未安装,在 A 状态电测采用有线方式,供电电缆、CAN 总线监视电缆从脱落电连接器连接;B 状态为在 A 状态基础上安装太阳帆板、测控线、数传天线、太阳电池阵及火工品,B 状态电测采用无线方式,供电电缆和 CAN 总线监视电缆从脱落电连接器连接。

总装 A 状态主要测试项目包括电缆导通绝缘及单机阻抗检查、总装搭接电阻检查、整星接地及供电检查、综合电子分系统测试、总体电路分系统测试、姿控分系统测试、测控分系统测试、电源分系统测试、数传分系统测试、相机分系统测试、新产品试验分系统测试。

电缆导通绝缘及单机阻抗检查:总装前对低频电缆、高频电缆(测控天线高频电缆、GPS 天线高频电缆、数传系统内部电缆)进行了检查与测试,电缆标志清晰正确、电缆外观无破损、电连接器外观无划痕。

总装搭接电阻检查:使用毫欧表逐一检查星上各单机与本单机所在结构板接地桩之间的搭接电阻,所有单机安装后搭接电阻是否满足设计要求。

整星接地、供电检查:检查整星接地情况,检测整星接地电阻、整星阻抗是否满足;整星供电采用太阳电池阵模拟器供电,检测输出电压、母线电压、锂离子蓄电池供电母线电压是否满足卫星设计要求。

综合电子分系统测试包括中心计算机切机控制、星箭分离信号检查、星敏感器通信功能测试、星敏感器校时信号检查、平台陀螺/光纤陀螺组件通信功能测试、PCM 通信测试、控制周期信号检查、中心计算机 CAN 总线通信功能检查、中心计算机 OC 指令信号检查、中心计算机接收 GPS 秒脉冲功能检查。

总体电路分系统测试项目包括星上电缆网导通与绝缘检查、星上接地检查、星上供电检查、地面供电检查、电源电路工作状态检查、火工品线路测试、指令检查、遥测参数检查、控温功能测试、总体电路 CAN 总线检查、热控下位机切换检查。

姿控分系统测试项目包括遥控指令检查、遥测参数检查、信号处理单元测试、星敏感器通信功能检查和状态检查、GPS接收机功能测试、数字太阳敏感器测试、0-1太阳敏感器检查、平台陀螺组件检查、光纤陀螺组件检查、反作用飞轮测试、磁力矩器测试、极性测试。

测控分系统测试项目包括上行接收灵敏度及下行发射功率测试、测控下位机明、密转换检查、测控下位机切换检查、解密模块复位指令检测、使用CAN总线接收遥测指令检测、应答机发射开关功能检测、应答机AB相干/非相干切换检查、应答机AB测距通断功能检测、综合CAN总线AB通信情况检测、直接指令译码输出检查、上注密钥功能检查、上行频率检查、相干时下行频率检查、非相干时下行频率检查、相干时测距功能检查、上行指令接收检查、相干时下行遥测发送检查、非相干时下行遥测发送检查、遥测通道切换功能检查、CAN总线指令测试。

电源分系统测试项目包括母线电压检查、负载电流测试、遥控指令检查、遥测参数检查、光照期供电测试、光照期充电控制测试、联合供电测试、地影期蓄电池组放电测试、电源下位机功能测试。通过测试验证电源分系统接口是否匹配,性能参数能否满足负载要求,充放电功能、电源下位机功能是否正常。

数传分系统测试,测试项目包括供电检查、遥控指令检查、遥测参数检查、下位机切换功能、二次电源切换功能检查、单机部件加断电功能检查、压缩功能检查、固存记录功能检查、固存工作表下传功能检查、固存回放功能检查、加密功能检查、A通道数传有线回放功能检查、B通道数传有线回放功能检查、双通道数传有线回放功能检查、A通道数传无线回放功能检查、B通道数传无线回放功能检查、双通道数传无线回放功能检查、固存擦除功能检查。

相机分系统测试项目包括遥控指令检查、温度模拟量遥测检查、相机热控控温门限设置、相机加热带测试、相机热控控制器主备份功能检查、相机控制器加断电功能、相机控制器主备份功能检查、闭环调焦、相机拍照。总装电测过程中,指令正确执行,未发现指令未执行、执行错误等情况,测试项目覆盖测试大纲及细则规定的所有测试项目,各项功能、性能指标满足要求,系统运行正常。

新产品试验分系统测试项目包括遥控指令及遥测参数检查、CAN总线通信功能测试、控制力矩陀螺BLDCM驱动能力测试、控制力矩陀螺PMSM驱动能力测试、大容量固态盘写入速度测试、大容量固态盘存储速度测试、一体化太阳敏通信测试、反作用飞轮极性测试及各新产品试验部件试验任务测试。

总装B状态是卫星完全装配完毕后的状态,主要的测试项目包括火工品阻值测试、测控无线测试、数传无线测试、帆板展开试验、光照试验等。数传无线测试在总装及环境试验过程中进行过两次,星上数传天线为两个,地检设备采用一个宽波束数传天线,可将数传系统工作的两个工作频点及带宽覆盖,在测试用数传天线后接功分器,一路接频谱仪进行下行信号强度的监视,另一路接可变衰减器后通过功分器功分,然后进行解调、解密、解扰、解压缩及快速图像显示。两次试验时,卫星和测试用数传天线对位置固定,地检设备参数设置相同,通过测控地检设备通过无线信道向星上发送数传任务指令数传地检统计接收的 AOS 帧格式的连续性以及图像数据的连续性,并在地面快检设备上监视图像的正确性,同时在地检频谱仪上监视输出信号值来比对星上输出的 EIRP 值。

通过总装综合测试,验证整星各单机状态,安装及连接的可靠性,各分系统/单机接地的可靠性,各分系统接口是否正确、协调、匹配,进而保证整星功能性能正常、工作稳定。

4. 环境试验过程综合测试

高分多光谱卫星环境试验包括力学试验、热试验(包括热真空试验和热平衡试验)和磁测试等,在各试验前后分别进行电测。

力学试验前即试验准备工作完成后,首先进行一次电性能测试以确定总装后、试验前的整星状态。在整星完成验收级正弦试验后进行一次电性能测试,检验验收及正弦振动试验对整星电性能的影响。在整星完成验收级随机振动试验后进行一次电性能测试,检验验收级随机振动试验对整星电性能的影响。在振动试验过程中依据振动试验大纲要求对星上相应单机设备进行加断电操作,同时监视星上遥测数据。

高分多光谱卫星正样力学试验过程中的测试项目包含振动试验前状态设置、振动过程中各单机/部件状态监测、每个正弦振动和随机振动后指令检查、振动前后主要遥测参数对比。

在真空热试验开始时,卫星按运载段飞行状态设置单机的加断电状态,当真空容器压力为 $6.67 \sim 0.667 Pa(10min)$,卫星进行电性能检查(通液氮前),确认卫星上各系统是否正常。低气压放电时:CPUA、CPUB 都加电,CPUA 当班;光纤陀螺组件、星敏、平台陀螺、可重构单元、新产品试验系统、数传系统、相机系统全部断电;其他单机为上电默认状态且设置为主份;姿控模式为测试模式。热平衡试验高温阶段按照轨道光照与阴影时间完成太阳电池阵列输出的切换,一轨照相任务,另一轨数传任务,照相任务在光照段完成,数传任务在阴影段完成,当达到平衡时进行指令测试和新产品系统测试。热平衡低温与低温拉偏阶段按照轨道光照与阴影时间完成太阳电池阵列输出的切换,在未平衡时不做任务,平衡时做一轨任务,光照时照相,地影区数传,然后进行指令测试和新产品试验分系统测试。

高分多光谱卫星正样热平衡试验过程中的测试项目包含真空微放电及热平衡试验过程中的状态设置、真空微放电及热平衡试验过程中遥测参数检查、真空微放电及热平衡试验过程中指令检查、热平衡单机温度遥测。

热真空试验在四个高温和低温电测试,回温复压后进行卫星电测试。真空试验包括四个循环,每个循环包括一个低温区(8h)和一个高温区(8h),在每个高温区和低温区都进行电测试。第一个循环所有单机设置为主份、A 总线状态。第二个循环所有单机设置为备份、B 总线状态。第三个循环所有单机设置为主份、A 总线状态。第四个循环所有单机设置为备份、B 总线状态。高温区每一轨都做任务规划,数传和照相任务交替执行,进行一次指令检查。低温区做一轨照相任务,做一轨数传任务,一次指令检查。状态设置在进入高温区或者低温区时进行,其他电测试项目安排在高温区或者低温区稳定4h以后。高分多光谱卫星正样热平衡试验过程中的测试项目包含低气压放电状态设置与监视、高温转低温工况设置、低温转高温工况设置、指令测试、任务测试、试验前后主要遥测参数对比。

测试期间高分多光谱卫星加电超过1000h,发送指令超过10000条,执行任务超过500次,主要包括照相任务、数传任务、准实时数传任务、擦除任务、新产品试验任务等,所有指令和任务正确执行,电性能测试表明卫星所有单机/分系统功能和性能正常,整星功能和性能正常,验证整星安装及连接的可靠性、各分系统/单机的可靠性,进一步为整星入轨后能正常工作提供保障。

7.2.2 整星极性测试

整星极性测试的目的是检查及确认高分多光谱卫星各敏感器及执行机构安装极性的正确性。卫星各单机板已完成总装,执行机构及敏感器安装紧固到位,三块单机安装板已合拢并完成与上下板的对接,蒙皮板未安装。

极性测试主要包含敏感器极性测试和执行机构极性测试两个方面。

1. 敏感器极性测试

敏感器极性测试包括平台/光纤陀螺极性测试、0-1太阳敏感器极性测试、数字太阳敏感器极性测试、新产品试验太阳敏感器极性测试、新产品试验太阳敏感器极性测试、磁强计极性测试、星敏感器极性测试。具体方法如下:

平台/光纤陀螺极性测试是以手动方式并配合液压车轻轻转动星体给出正角速度输入,然后反向转动,观察陀螺输出响应遥测数值及方向。0-1太阳敏感器极性测试是使用新闻灯模拟太阳分别照射0-1太阳五个区,观察0-1太阳敏感器输出响应遥测状态。数字太阳敏感器极性测试是使用新闻灯模拟太阳照射数字太阳敏敏感区,观察数字太阳敏X轴(DSS1)和Y轴(DSS2)角度输出、全开码及见太阳状态,测试过程中同时检查新闻灯照射角度与遥测输出之间的关系,检查极性是否正确。新产品试验太阳敏感器极性测试参考0-1太阳敏和数字太阳敏极性测试。磁强计极性测试是参考当地地磁场方向的同时,用标准磁强计辅助测量并与磁强计本体极性定义对比,判断极性的正确性。星敏感器极性测试是星敏感器采用安装角度确认和利用星模拟器测试两种方法进行检查,判断极性的正确性。

2. 执行机构极性测试

执行机构极性测试包括反作用飞轮极性测试、磁力矩器极性测试、新产品试验反作用飞轮极性测试、新产品试验控制力矩陀螺极性测试。具体方法如下:

反作用飞轮极性测试是按照总装图纸、接口数据单及线缆连通关系进行确认;在零转速下发遥控指令,施加正电压,飞轮正向加速,施加负电压,飞轮反向加速。

磁力矩器极性测试是在每个磁力矩器远离电连接器端平置指南针。对磁力矩器施加控制电压，观察指南针的 N 极和 S 极指向，然后施加反向控制电压，观察指向并判断极性的正确性。新产品试验反作用飞轮极性测试参照反作用飞轮进行测试方案。新产品试验控制力矩陀螺极性测试是按照总装图纸、接口数据单及线缆连通关系进行确认；在装星前，将控制力矩陀螺安装在单轴气浮转台进行极性测试，在装星后，对其按照装星前极性标定结果进行复核。

7.2.3 整星质量特性测试

整星质量特性测试的目的是获取高分多光谱卫星在发射状态下的质心位置及转动惯量等，为卫星姿态控制和星箭分离提供参数；复核和验证卫星质心位置、转动惯量的理论计算结果。

卫星质量特性测量时整星帆板已安装完毕、热控多层包覆完毕，与真实发射状态一致，测试在太阳电池阵收拢状态下进行，展开状态下的质量特性数据可通过收拢状态下的结果计算获取。

卫星通过垂直工装和水平工装（L 形）安装在质量特性测试台上进行三个轴向的质心和转动惯量测量，使卫星测试轴与质量特性测试台同轴，工作台面由空气静压轴承支撑，阻尼极小，施加力矩使试件转到一初始位置，在弹性恢复力矩作用下，系统做扭摆振动，通过选择翻转工装上的转台，测量卫星测试轴每旋转 15° 时的转动惯量。质量特性测试台数据处理系统计算出被测系统的转动惯量。整星的惯性积采用测转动惯量计算惯性积法。质心计算坐标系为高分多光谱卫星本体坐标系，转动惯量计算坐标系为高分多光谱卫星质心坐标系[16,17]。

卫星质量特性测试如图 7-12 所示。

(a)　　　　　　　　　　　　(b)

图 7-12　卫星质量特性测试

高分多光谱卫星正样质量特性测试结果表明:高分多光谱卫星总质量(含配重),满足设计质量指标的要求,帆板收拢状态时的横向质心位置与设计值偏差满足要求,帆板收拢状态转动惯量与计算值相比,也在误差范围以内。

7.2.4 力学试验

卫星在运输、发射、入轨、返回等过程中经历振动、冲击、噪声、加速度等各种恶劣的空间力学环境。由地面运输、火箭发动机工作、运载火箭结构与液体推进系统的共振频率耦合等产生低频正弦振动,由火箭发动机点火、关机和级间分离等突发性载荷产生瞬态振动,推进系统推进时的地面反射噪声、最大动压时的气动噪声引起宽带随机振动。

为保证卫星能够承受可能遇到的动力学环境而正常工作,进行充分的力学环境试验,研究卫星在空间力学环境下的动态响应是必不可少的。高分多光谱卫星主要通过扫频、正弦振动和随机振动试验,验证卫星结构与机构和星上产品承受发射运载段振动环境的能力;暴露卫星可能潜在的元器件、材料、制造和装配质量方面的缺陷;获取卫星结构、部组件及各单机处的加速度响应。

在卫星振动试验前,卫星质量特性测量时整星帆板已安装完毕、热控多层包覆完毕;太阳电池阵已完成手动展开试验;有精度要求的部件已完成精度检测;两个分离开关处于压紧状态;卫星太阳电池阵未安装;火工品供电不连接。振动试验过程中单机加电状态依据实际发射时运载段状态进行设置,由蓄电池供电,外电从脱落连接器供电;CAN总线监视从脱落电连接器引出,同时从测控无线通路进行遥测数据下传和遥控指令上注;CPUA、CPUB均加电,CPUA当班,运载段加电单机均在振动试验前加电。振动试验过程前后及过程中对卫星进行综合电性能测试,振动试验后进行火工品解锁试验[18]。

高分多光谱卫星分别沿三个轴向进行 $0.1g$ 扫频,得到卫星三个方向的基频,初样通过了鉴定级正弦振动和随机振动试验,正样星通过了验收级正弦振动和随机振动试验。高分多光谱卫星正样振动试验振动试验流程如图7-13所示。振动试验共布加速度响应测点16个(三向),合计48个通道,得到了磁力矩器、磁强计电路盒、调制解调器、行波管放大器电源、行波管放大器、滤波器、数传天线、CCD视频处理箱、数字太阳敏感器、一体化太阳敏感器、0-1太阳敏感器、光纤陀螺、星敏感器、数据处理器、相机下位机、力矩陀螺组件、力矩陀螺电路盒、飞轮安装板、GPS接收机、信号处理单元、中心计算机、平台陀螺、测控应答机、固态存储单元、配电热控单元、电源控制器、蓄电池组、测控天线、GPS天线、磁强计、主承力结构、次镜支撑环等的正弦和随机振动响应数据。测试数据结果表明,高分多光谱卫星的基频及响应值均满足研制力学环境条件要求。试验前后扫描试验中各测点的加速度响应表现出较好的一致性,表明整星结构正常,没有异常现象发生。在振动试

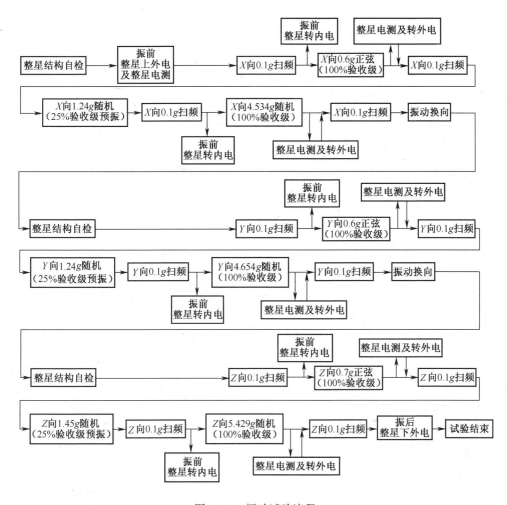

图 7-13 振动试验流程

验结束后对卫星结构及各单机进行了外观检查,无异常现象,检查结果正常;对电池片进行了外观检查,在振动过程中没有发生裂片现象;进行星上精度单机的精度测量,有精度要求的单机振前振后的变化量较小,满足精度要求;对卫星进行电性能的测试,考核星上所有的开关机部件、机构部件、活动部件都经受了整星振动试验后的性能。

卫星振动试验如图 7-14 所示。

7.2.5 太阳翼展开与光照试验

卫星的可展开太阳电池翼板在地面和发射段处于收拢状态,卫星入轨后,用火

(a) X/Y向　　　　　　　　　　　　　　(b) Z向

图 7-14　卫星振动试验

工品释放,太阳电池翼展开并转向太阳,给卫星供电,以保证卫星各系统的正常工作。太阳翼地面展开试验是太阳翼最主要的试验项目,太阳翼的展开与否是直接关系到卫星任务成败的关键问题。太阳翼展开及光照试验的目的是验证太阳翼在经受各种试验及测试后的展开性能以及展开的可靠性。太阳翼的展开性能主要指点火后,太阳翼可以完全释放和展开;展开时连接架及各太阳翼板的运动基本保持同步,不发生互相碰撞;展开时和展开后不产生碎片和污染物;展开后各锁链均完全锁紧,保证太阳翼有足够的刚性。在每次太阳翼展开试验后,检查和测量太阳翼上电气部分的各种电性能,通过光照试验检查太阳翼展开对太阳电池阵电路性能的影响。

太阳翼展开及光照试验主要包括太阳翼展开测试、火工品起爆控制电路测试、火工品起爆试验对卫星系统总线的影响测试以及太阳电池阵光照响应测试。太阳翼展开测试是对太阳电池阵结构、机构的功能和性能进行测试,检验太阳电池阵机构的解锁、展开和锁定功能;火工品起爆控制电路测试是检验火工品供电电路和起爆控制电路的正确性,对其功能和性能进行测试;通过监视火工品起爆瞬间的卫星系统总线的工作状态,检验起爆过程对其他分系统设备是否产生影响;检查太阳电池片是否存在裂片,检验展开及锁定冲击过程是否对太阳电池片产生影响;太阳电池阵光照响应测试是利用碘钨灯分别对三块太阳电池阵进行照射,通过星上电源系统遥测参数采集太阳电池阵的电流及电压判断太阳电池阵是否工作正常。高分多光谱卫星太阳电池阵展开试验如图7-15所示。

(a) 展开前　　　　　　　　　　　　(b) 展开后

图7-15　太阳电池阵展开试验

高分多光谱卫星太阳翼展开及光照试验表明,太阳电池阵压紧释放和展开锁定功能正常,平均展开时间为4.2s,展开过程顺畅、无卡滞且太阳电池片无裂片产生;火工品供电电路和控制电路功能和性能满足设计要求,起爆过程中总线工作正常,对其他分系统无影响;利用蓄电池组完成了对火工品的起爆,满足了火工品对起爆电流的要求;太阳电池阵回路状态无异常。

在高分多光谱卫星总装与试验完成后,再次进行相机成像及数传功能测试,确保整星完成全部地面环境试验后相机能够正常工作。至此,卫星正样完成了与相关系统间的对接试验,试验结果表明接口协调匹配;通过各项环境试验与测试考核,系统工作正常。

7.2.6　热试验

卫星发射入轨进入轨道飞行阶段后,长期处于高真空和超低温环境,同时受到空间外热流环境的影响。为了验证卫星热设计的正确性,保证卫星长期可靠地工作,在研制卫星的过程中必须在模拟真空冷黑和空间外热流条件下对整星进行热平衡试验,在规定的压力及极端温度条件下开展热真空试验。高分多光谱卫星在真空罐中的试验状态如图7-16所示。

1. 热平衡试验

热平衡试验是检验高分多光谱卫星正样热设计的正确性;考核真空放电对卫星设备的影响;考核热控分系统维持卫星组件、分系统和整星在规定工作温度范围的能力;为验证和修正整星热网络数学模型提供地面试验数据,供在轨温度预测参考;为热真空试验提供温度循环的最高、最低温度控制值。

卫星空间外热流的准确模拟是提高热平衡试验精度的关键因素之一,其常用

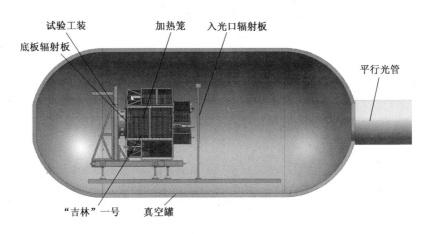

图 7-16 卫星在真空罐中的试验状态

模拟方法有入射热流模拟和吸收热流模拟两种。入射热流模拟法是模拟入射到卫星表面上的太阳辐射、地球反照和地球辐射的辐照度、光谱分布和角度的方法。吸收热流模拟方法主要是模拟卫星在空间运行时表面吸收的太阳辐射、行星反照和行星辐射的方法。高分多光谱卫星采用后者。卫星采用红外加热笼、辐射板和体贴加热片组合的形式模拟空间外热流。加热笼主要用于卫星本体周向外热流模拟，辐射板用于相机入光口及底板外热流模拟，体贴加热片主要用于辐射板和加热笼难以模拟的地方，如星敏感器、数传天线等星外部组件。

热平衡试验时整星除太阳电池阵不参加试验，数传天线采用模拟件外，其余产品均为正样产品，且已经过总装、电性能综合测试满足设计指标要求。测控及数传采用有线方式进行测试、GPS采用无线方式进行测试。红外加热笼共分为19个加热区，试验中根据外热流仿真结果，通过对应的热流计进行闭环温度控制；卫星−Z板和入光口外热流通过辐射板进行外热流模拟，入光口辐射板通过电机可以进行升降控制，从而不影响相机进行成像任务，−Z方向辐射板共分为4个外热流分区；体贴加热片主要用于加热笼、辐射板不能控制区域的外热流模拟。为获取整星的温度数据，本次试验中共设置209路温度传感器。卫星平台共61路热敏电阻测温回路，用于卫星主要单机、平台主动热控控温点的温度测量；高分相机共36路热敏电阻测温回路用于相机主动热控控温点的温度测量；此外还粘贴112路试验用热电偶测温回路，用于卫星各单机板、预埋热管、外敷热管、舱外单机及外热流、参试设备的温度测量；对重要的部位，同时采用热电偶和热敏电阻测温，并进行比对。

热平衡试验主要包括低温工况和高温工况。热平衡低温工况时，卫星对日定向，寿命初期，夏至，星体吸收外热流最小，高分相机控温门限19~21℃，数传不工作，相机不工作，飞轮上电不工作，电池按阴影/光照35min/63min进行内外电转换，星上其他单机设备按最小功耗模式配置。热平衡高温工况时，卫星对日定向，寿命末期,冬至,星体吸收外热流最大,高分相机控温门限19~21℃,相机第一轨光照区工作400s,数传第二轨阴影区工作400s,飞轮维持2500r/min,电池按阴影/光照33min/65min进行内外电转换,星上其他单机设备按最大功耗模式配置。在此试验过程中,当真空度达到2kPa时,卫星运载段单机开机,进行真空微放电测试,当真空度低于10^{-3}Pa时,星上单机下电,结束该测试。

高分多光谱卫星热平衡试验过程中罐体热沉温度低于100K,真空度优于$6.65×10^{-3}$Pa,外热流模拟系统、热电偶测温系统工作正常;卫星主要单机温度均维持在合适温度范围,且有较大余量,部分单机在低温工况下,由于长期不工作,温度余量相对较小,所有单机温度均满足要求;高分相机光机结构主体温度均维持在19.8~20.3℃,温度波动小,温度一致性高,满足相机热控要求;平台主动热控均正常工作,控制点温度均在门限温度范围,占空比合理,余量较大,平台主动热控功耗满足要求;相机主动热控均正常工作,主动控温下,控制点温度波动优于±0.5℃,所有加热器占空比维持在13.3%~53.2%,相机主动热控功耗满足要求;焦面电箱热控措施合理,焦面CCD温度维持在11.6~13.9℃,CCD温差优于2℃,焦面热管性能良好,在400s成像时间内,CCD温升小于2.5℃,且通过焦面热管,在非成像时间内,焦面热量不会累积;单机板预埋热管性能优良,除顶板预埋热管受重力影响,未能发挥效能外,其他预埋热管测温点温差均小于1.2℃,大部分优于1℃。高分多光谱卫星热平衡试验验证了整星及相机的热控设计合理,热控实施过程可靠,整星热控效果满足要求。

2. 热真空试验

热真空试验是考核卫星整体及各分系统承受在轨热真空环境的能力,检验性能指标是否满足设计要求,仪器设备在极端环境下能否正常工作;在规定的压力与温度条件下,暴露卫星可能潜在的元器件、加工工艺和材料等制造质量缺陷,提高卫星可靠性。

热真空试验主要模拟高真空环境和热环境两个参数,高真空环境是为保证热传递方式以辐射为主,压力低于10^{-2}Pa时,气体对流和传导换热只有辐射换热的万分之一,因此,模拟真空环境压力只要低于10^{-2}Pa即可;密封仪器舱内的仪器主要模拟仪器与舱壁的换热,密封仪器舱外的仪器主要考核仪器承受温度与真空联合作用的能力。

热真空试验时,卫星外表面的外热流采用红外加热笼和辐射板组合的形式,外热流值按轨道周期平均外热流模拟,外热流模拟方法与热平衡试验相同。热真空试验共进行了四个循环,每个循环高温保持8h,低温保持8h;各仪器舱及单机低温循环低温下拉5~10℃,高温循环高温上拉5~10℃;高分相机低温循环控温门限14~16℃,高温循环控温门限24~26℃。

在整个热真空试验四个温度循环过程中,单机设备的温度得到拉偏,拉偏范围上下基本在10℃左右,热循环的温度范围都在30℃左右,锂电池的温度范围较窄,热循环的温度范围不超过17℃,相机主体包括反射镜及桁架结构,其对等温性要求较高,通过控制门限范围,使其温度变化范围达到了10℃。热真空试验的4个高低温循环过程中,进行各单机主备份、A/B下位机、主备总线等的组合测试,每个组合至少经历一次高温区和一次低温区,在每个循环的高低温区分别进行一次数传和一次拍照任务,高温区和低温区分别进行一次指令检查,所有指令执行正确,4个循环过程中对遥测参数进行监视,遥测参数均正常,测试表明热真空试验过程中整星功能和性能指标满足要求,各单机部件正常、任务执行正常。

从试验效果上讲,仪器设备在热真空试验中热循环的变温范围越宽越好,国内整星热真空试验时,主要仪器设备的变温范围达到40℃的比较少,一般能达到30~35℃,甚至20~25℃,这主要由试验方法和试验设备限制所致。高分多光谱卫星热真空试验主要仪器设备的变温范围满足GJB1027A—2005《运载器、上面级和航天器试验要求》,能够较好地起到考核作用,起到进一步暴露潜在的制造质量缺陷的作用。高分多光谱卫星热真空试验结果表明,卫星各系统、单机设备在热真空环境中相互匹配、工作正常,表明卫星在拉偏的温度状态下正常工作,可以承受卫星在轨运行的热真空环境。

7.2.7 整星磁测试与补偿

为避免弱磁场环境与卫星的剩磁矩相互作用产生干扰力矩改变卫星运动状态,保证卫星在轨的正常飞行,必须研究太空中的弱磁场环境,并在地面可控制的磁试验设备中检测和分析卫星的磁特性。整星磁测试的目的是考核整星的剩磁矩是否符合设计要求,根据测试结果进行必要的磁补偿以满足卫星的磁设计指标,使整星的剩磁矩对卫星姿态的干扰降低到允许的程度;测量卫星在不同工况下对自身的星载磁强计产生的影响。

卫星的磁矩是由偶极子矩和多极子矩叠加而成,在与轨道磁场相互作用中,只有偶极矩才能产生干扰力矩,利用磁场反演法,根据测量磁场数学反演计算出剩磁矩,把影响干扰力矩的磁偶力矩分离开来。目前测试精度高且易行的磁场数学反演法是赤道作图法。

赤道作图法是在卫星的一定距离处测量包围卫星赤道平面上的磁场,再通过数学反演获得卫星磁矩[19]。

将四台三轴磁强计放置在卫星东向呈一字排列,如图7-17所示。

剩磁测试中,每一状态的测试需要卫星绕竖直轴逆时针转动360°,每20°记录一次四磁强计的三分量数据,共19组数据,代入数学公式反演计算便可以获得该状态下卫星两水平轴方向和竖直方向的磁矩。

适当布置磁强计传感器,在卫星东侧布置4个三轴磁强计。在满足"0.4<卫星直径/测试半径<1.4"的前提下,尽可能地在距离上靠近,使测得的磁场信号足

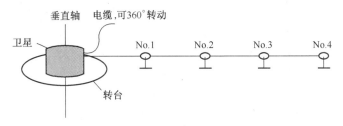

图 7-17 磁测试布局

够强,以减小环境引起的误差。若卫星磁场分布复杂,局部磁场偏心严重,则可以适当加大测试半径,但仍需要满足"0.4<卫星直径/测试半径<1.4"。

图 7-18 为高分多光谱卫星磁测试布局,高分多光谱卫星剩磁矩指标要求不大于 $1.5A \cdot m^2$,太阳电池阵的电路设计应在任何一电路失效情况下,其剩磁矩不大于 $0.2A \cdot m^2$;星上剩磁对磁强计的干扰小于 1000nT。

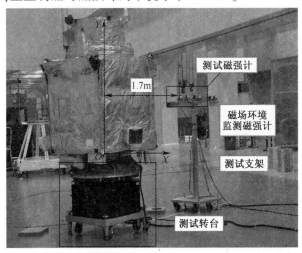

图 7-18 磁测试布局

整星磁测试时,太阳电池阵剩磁矩采用计算方式得到;磁测试过程中,卫星固定在转台上,通过脱插与地面供配电、遥测遥控计算机等设备连接,遥测遥控采用无线方式;凡是铁磁性工装等物件需放置在测试区域外。卫星地面供配电及测控设备均放置在电测厂房,通过长电缆向卫星加电,凡是铁磁性工装等物件须放置在过渡间起吊范围以外的区域。

高分多光谱卫星在轨飞行过程中,根据构型和布局,采取长期对日定向、任务载荷工作时短期对地定向的工作模式;根据对地定向所执行的任务不同,又可将对地定向模式划分为对地照相、对地数传两种具体任务。对地数传任务对姿态控制要求不高,可不考虑剩磁对卫星姿态的影响。分别对卫星平台不加电;卫星平台加电,对日定向模式,设置部件加断电状态,模拟蓄电池放电过程;卫星平台加电,对日定向模式,设置部件加断电状态,模拟太阳电池阵供电、蓄电池充电过程;卫星平台加电,对日定向模式,设置部件加断电状态,模拟太阳电池阵供电、分流器工作过程;卫星平台加电,对地照相模式,设置部件加断电状态,模拟太阳电池阵供电、分流器工作过程五种工况进行测试。为保证磁强计在轨测试精度,需保证卫星本体剩磁对磁强计干扰在可接受的范围内,因此在星载磁强计所在平面内,在星载磁强计所在平面内,以星载磁强计为中心,距其5mm的前、后、左、右四个位置处放置测试磁强计,测试卫星本身及不同工况下剩磁对星载磁强计的影响。

磁补偿试验分装配补偿和最后补偿两种。装配补偿是根据被测试件的磁矩大小和方向,安排有利的装配位置,使试件的磁矩相互抵消,对磁性大的试件也可加一个大小一定而方向相反的永磁体,以抵消其磁矩。最后磁补偿是在整星装配后,在整星磁矩方向加一个大小一定、方向相反的永磁体,进行补偿抵消,使整星的磁特性满足设计要求。综合考虑到帆板对剩磁的影响,高分多光谱卫星进行最后磁补偿,补磁后卫星在各个工况下的剩磁矩明显降低,满足设计指标值要求。

参 考 文 献

[1] 徐福祥. 卫星工程概论[M]. 北京:中国宇航出版社,2003.
[2] Wertz J R ,Larson W J. 航天任务的分析与设计[M]. 王长龙,等译. [M]. 北京:航空工业出版社,1992.
[3] 熊涛,孙刚,等. 数字化技术在卫星总装中的应用[J]. 航天器环境工程,2008,25(1):80-83.
[4] 柯受全. 卫星环境工程和模拟试验[M]. 北京:中国宇航出版社,1993.
[5] 可靠性鉴定和验收试验:GJB 899A-2009[S].2009.
[6] 卫星环境试验研究:GJB 1027-90[S].1991.
[7] 李祖洪. 卫星工程管理[M]. 北京:中国宇航出版社,2007.
[8] 卫星总装通用规范:GJB 2204-94[S].1994.
[9] 卫星总装安全要求:QJ 2574-93[S].1993.
[10] 卫星产品洁净度及污染控制要求:GJB 2203-94[S].1994.
[11] 航天产品多余物预防和控制:QJ 2850-96[S].1996.
[12] 卫星总装工艺装备通用规范:Q/W486-93[S].1993.
[13] 何传大.美国载人航天的热真空试验简况[J]. 环境技术,1990,1(2):11-16.
[14] 张翰英. 卫星电测技术[M]. 北京:中国宇航出版社,1999.
[15] 易旺民,李琦,等. 卫星总装过程静电防护研究[J]. 航天器环境工程,2008,25(4):95-95.
[16] 卫星质量特性实验方法:QJ2258-92[S].1992.
[17] 杜晨. 三轴稳定卫星质测配重程序的改进[J]. 航天制造技术,1999,5:31-36.
[18] 闫勇,姚劲松. 光学小卫星振动夹具设计及动特性分析[J]. 红外与激光工程,2014,43(S):43-48.
[19] 周美丽,戴路,徐开,等. 针对微小卫星的磁力矩器设计及测试[J]. 光学精密工程(增刊),2013:13-18.

第8章 极清视频卫星总体与分系统设计

8.1 视频星总体设计

与传统光学推扫成像卫星仅能获取静态图片产品不同,视频星是一颗100kg量级的光学遥感微小卫星,可获取米级分辨率的4K极清视频遥感影像数据,能够极大地增强动态实时对地观测方面的能力,具有重要的应用价值。

8.1.1 卫星指标及技术特点

视频卫星技术指标如表8-1所列。

表8-1 视频卫星主要技术指标

参 数		指 标
轨道	轨道类型	太阳同步轨道
	轨道半长轴/km	7027.004(656km轨道)
	轨道倾角/(°)	98.04
	标称降交点地方时	10:30
相机	星下点地面像元分辨率/m	1.13
	成像带宽/km×km	4.6×3.4
	焦距/m	3.2
	相对口径	1/10
	成像谱段	彩色
	图像灰度量化等级/bit	8
	平均信噪比/dB	≥20
综合管理	总线及星上通信速率/(kb/s)	CAN总线,500
	星上时间基准	GPS时间
	时间精度/ms	0.1(GPS校时有效);10(地面均匀校时)

(续)

参　　数		指　　标
测控	测控频段及应答机类型	S频段(标准USB体制应答机,辅以GPS定轨)
	上、下行码速率/(b/s)	2000(上行); 4096(下行)
	调制方式及码类型	PCM/PSK/PM(NRZ-L)(上行); PCM/DPSK/PM(NRZ-M)(下行)
	误码率	$\leqslant 1\times10^{-5}$
	遥控指令加密	不加密
数传	数传波段	X波段
	数传码速率/(Mb/s)	130
	调制方式	QPSK
	误码率	$\leqslant 1\times10^{-7}$
	固放输出功率/W	$\geqslant 2$
	有效发射功率(EIRP)/dBW	$\geqslant 20$(单通道)
	数据压缩方式	JPEG2000
	星上存储能力/Gbit	1600
姿控	三轴姿态确定精度/(°)	$\leqslant 0.03(3\sigma,三轴)$
	三轴姿态指向精度/(°)	$\leqslant 0.1(3\sigma,三轴)$
	三轴角速度控制精度/((°)/s)	$\leqslant 0.005(3\sigma,三轴)$
	机动能力　机动角度/(°)	±45
	机动角速度/((°)/s)	2
	GPS定轨精度/m	$\leqslant 10(1\sigma,三轴)$
电源	太阳帆板有效面积/m²	0.6(主阵); 0.1(副阵)
	蓄电池组	锂离子电池11A·h(在轨初期15A·h)
	电池阵输出功率/W	148.8(寿命末期)
尺寸	包络尺寸	1120mm×470mm×1050mm
	对接环尺寸	包带300接口
质量与功耗	入轨质量/kg	$\leqslant 95$
	长期功耗/W	56
目标定位精度(无控制点)/m		优于300
地面站网		总装航天测控站网
卫星寿命/年		$\geqslant 1$

灵巧视频卫星具备如下技术特点：

(1) 质量轻,功能密度大,并采用必要冗余设计。

(2) 灵巧视频卫星的质量不到95kg,但可以实现米级分辨率的4K极清视频成像,并且具备100Mb/s的同级别卫星最高速数传能力,极大地提高了卫星的实用性。

(3) 灵巧视频卫星虽然是100kg以下微小卫星,但仍采用了冗余备份设计,对中心计算机、飞轮、星敏感器、陀螺、GPS、测控等关键部件进行了备份,提高系统可靠性。

(4) 大量采用工业级或军级元器件、部件,以降低成本。

(5) 利用卫星具备对目标"凝视"功能,采用窄波束数传天线,降低数传系统的功耗和成本,使小卫星具备百兆每秒数传能力。

8.1.2 低成本极清视频设计理念

目前人类获得的中高分辨航天光学遥感数据以各个谱段的静态图像为主,由卫星利用线阵CCD相机以推扫的方式获得。这种方式的优点是可一次性获得大片区域的高分辨图像;而其缺点也较为明显,再次获得该地区的图像就受到卫星重访周期的限制。如果提高对目标区域观测的时间分辨率,就只能通过构建代价高昂的星座或静止轨道卫星的方式解决[1]。

静态图像虽然能够满足人类对遥感信息的大部分需求,但某些时候一些地区的动态过程信息更有价值,例如火山喷发、森林大火、洪水、海啸、大规模山体滑坡和泥石流等自然界变化,以及人群聚集、运输工具(汽车、舰船、飞机)的移动速度与方向等人为变化。传统的静态遥感图像对这些动态信息的判读便无能为力[2]。

新型的视频小卫星由于携带的是可以拍摄动态图像的摄像机,可以完成对目标区域短时间的连续图像,对于该地区动态信息的判读极为有利。

针对热点和重点地区的动态实时监测在突发事件快速响应、环境监测、灾害态势感知与监视、海洋生态与环境保护等方面具有重要的作用,已引起国内外有关部门的高度重视,正在作为重点开展该领域的研究工作。

与传统对地观测卫星相比,视频卫星能够对目标进行长时间的动态实时监测,且由于具有敏捷快速的机动能力,能够根据地面情况迅速改变观测地区和观测重点,通过视频图像直接下传给用户,显著缩短了用户响应时间,因此,更有利于地面突发事件的快速响应和灾害实时监视等,在国民经济生活的诸多方面应用前景广阔。

视频卫星的技术优势表现在以下几个方面：

(1) 提供连续变化的视频图像,能够直接观测快速变化的目标和现象(如部队调动、海上和空中目标运动以及环境污染、森林火灾、泥石流与火山喷发等)。

(2) 由于具有紧急事态下快速的响应能力,视频卫星将成为应急事件处理的有效工具。

(3) 视频图像信息能够直接用于视频编辑系统,并能够同其他地理信息数据一起融合处理,提取更高性能的应用信息。

视频卫星的设计理念如下:

(1) 提出并验证视频卫星低成本设计与研制技术。在低成本设计与研制方面,数字化设计、虚拟试验和面向有效载荷的一体化优化设计以及商用器件、工业级器件的应用是重要的技术途径,我国与国外同类技术相比尚有较大差距。视频卫星在总体方案论证和原理样机研制中采用上述技术,为我国各类小卫星的低成本研制开创和探索出一条有效的技术途径。

(2) 突破敏捷小卫星快速机动与稳定控制技术。对于100kg量级的视频卫星,基于国内目前的硬件水平,实现快速敏捷机动和高稳定度目标跟踪控制在国际上属先进水平,本项目将率先实现我国该项技术的空间应用。

(3) 突破视频图像数据高压缩比压缩处理的工程实现技术。国内在低轨卫星视频图像压缩方面没有飞行经验,在100kg以下卫星平台上实现米级高分辨率视频图像大于100Mb/s传输速率是工程实现技术难点,同时系统的小型化也是必须突破的技术难题,本项目研究成果将显著提高我国该项技术的总体水平和工程应用能力。

8.1.3 凝视视频成像原理

视频卫星的"凝视"成像模式是指卫星在沿轨道进动过程中,虽然目标区域和卫星的相对位置关系不断变化,但通过调整卫星的姿态角度和姿态角速度,可使卫星中的光学有效载荷的光轴始终动态指向地球上的指定景物区域,从而实现光学有效载荷对景物区域内的连续成像,因此视频卫星具备较高的时间分辨率,同时视频卫星能够提供的积分时间较长,有益于提高信噪比,可同时观测全视场内发生的现象,成像效率高[3]。

8.1.4 视频星整星构型与布局

1. 坐标系定义

坐标系定义如图8-1所示。

原点 O:卫星对接环与运载器过渡段对接平面圆心。

OZ:在卫星对接环与运载器过渡段对接面内,指向光学相机。

OX:垂直于卫星对接环与运载器过渡段对接面,与卫星飞行方向同向。

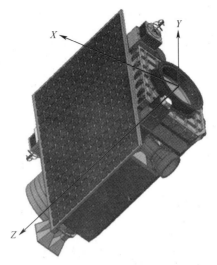

图 8-1 视频卫星坐标系定义

OY：按右手法则确定。

$O\text{-}XYZ$ 为笛卡儿坐标系,并与星体固连。

2. 构型

视频卫星整星为长方体形状,整星质量不大于 95kg。卫星采用体贴式太阳帆板,整星构型如图 8-2 所示;整星外包络尺寸为 1120mm×470mm×1050mm,如图 8-3 所示。飞行状态与发射状态相同。

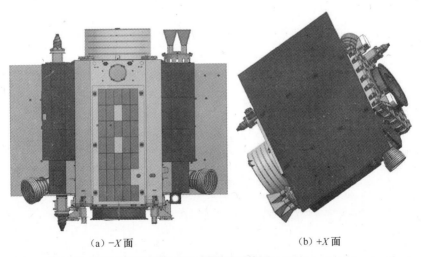

(a) $-X$ 面   (b) $+X$ 面

图 8-2 视频卫星构型

视频卫星采用星载一体化构型方式,光学相机遮光罩与卫星主承力结构共用。为了提高空间利用率,所有单机和仪器均安装于以相机遮光罩为主体的主承力框

309

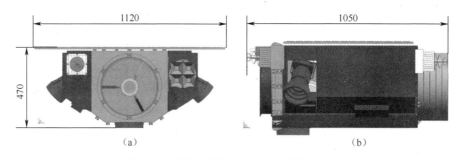

图 8-3 视频卫星外包络尺寸(单位:mm)

架上,包括有电源、综合管理、姿控、测控与数传等各分系统的相关设备,卫星的后端对接环与运载器的过渡段相连。

3. 总体布局

视频卫星在总体布局上采用了以载荷为中心的星载一体化设计方案,相机遮光罩与卫星主承力结构共用,单机直接安装在相机遮光罩上,大大提高了卫星结构的功能密度。

视频卫星总体布局分解如图 8-4 所示。

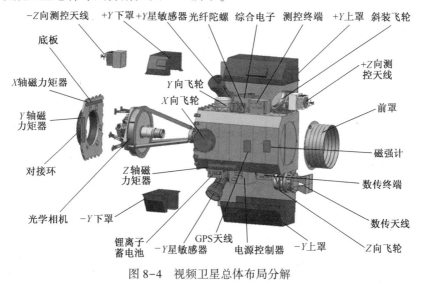

图 8-4 视频卫星总体布局分解

8.1.5 整星工作模式

视频卫星在轨无任务时为对日工作模式,通过测控分系统接收相机成像或数传任务指令。成像任务时间到达时,姿态控制分系统控制卫星姿态,将相机的光轴实时对准拍照区域;中心计算机控制相机开机、拍照;相机电子学将视频数据记录在星上固态存储器。数传任务时间到达时,姿态控制分系统控制卫星姿态,将数传天线实时对准数传地面站;相机电子学开机并实时压缩存储数据,并下传至地面运控系统。

根据上述工作过程,含初始入轨阶段在内,视频卫星共设计了5种工作模式。初始入轨阶段的工作模式有阻尼模式和寻日模式,在轨工作阶段包括了正常模式(对日三轴稳定)、成像/数传模式[4]。此外,为应对突发的异常情况,设计了安全模式。视频卫星整星工作模式切换关系如图8-5所示。

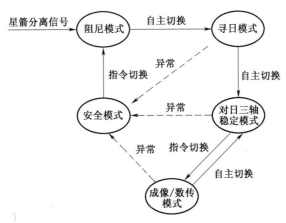

图8-5 视频卫星整星工作模式切换关系

1. 阻尼模式

该模式是星箭分离以后的第一个模式。任务是消除星箭分离产生的星体初始角速度偏差,使卫星能够在惯性空间内稳定,为快速捕获太阳并建立卫星的初始姿态提供保障。

2. 寻日模式

本模式是在速率阻尼完成之后,或任务需要时对日定向姿态,并对日定向三轴稳定,保障卫星的能源供应。

3. 对日三轴稳定模式

当对日捕获完成后,转入对日三轴稳定模式,从而建立正常工作姿态;本模式是在对日捕获定向及在轨任务完成后,将卫星转到对日定向三轴稳定姿态,进行对日定向三轴稳定控制。

4. 成像/数传模式

成像/数传模式时需要卫星经过目标(数传地面站)区域上空时通过实时调整三轴姿态,使载荷光轴(卫星 Z 轴)始终稳定对准目标区域进行连续视频成像或数传。

5. 安全模式

当视频卫星姿态严重异常,丢失基准时,启动本模式。该模式的特点:卫星具有姿态机动能力,进行太阳捕获和对日定向,以保证卫星上能源供应。

8.1.6 整星热设计与分析

1. 卫星热设计
1）工作模式设计

整星共设计 8 路加热器，锂电池备份加热器在锂电池温度偏低时打开，主份加热器默认状态为打开。

在轨热控分系统通过安装在卫星各处的热敏电阻遥测监测卫星温度，通过电加热器的开关状态遥测监测加热器的工作状态。

2）被动热控措施

等温化设计措施主要有高发射率热控涂层、仪器安装底面填充导热脂等。

根据整星单机布局进行散热面设计，仅在卫星+Y 蒙皮、-Y 蒙皮设计了散热面，散热面均涂覆 S781 白漆。

多层设计方面，卫星除散热面、敏感器入光口、相机入光口外，其余外表面均包覆多层隔热组件，多层组件均为 20 层隔热单元，帆板背部与星体间填充 10 单元多层隔热单元。

3）主动热空措施设计

电加热器设计采用聚酰亚胺薄膜型电加热片，电加热器共包含 8 路，其控制方式有两种：通过人工判别温度数据，地面发射直接或间接指令，控制电加热器开关，共 1 路；其余加热器通过电源控制器进行闭环温度控制。

2. 卫星热分析
1）高温工况分析

根据外热流的计算结果，整星寿命末期、冬至时散热面吸收外热流最大。计算结果显示，电源控制器、综合电箱温度较高，但所有单机温度均满足要求，且距离上、下限余量较大。

高温工况热控使用约 9.8W 补偿功耗。寿命末期热控长期功耗满足 15W 指标要求。

2）低温工况分析

根据外热流的计算结果，整星寿命初期期、夏至时散热面吸收外热流最小。计算结果显示，底板单机（Z 向飞轮、焦面组件、$X(Y)$ 向磁棒、新产品试验陀螺）温度较低，但所有单机温度均满足要求，且距离上、下限余量较大，需要开启对应的补偿加热器。

低温工况热控使用约 13.7W 补偿功耗。寿命末期热控长期功耗满足 15W 指标要求。

热分析计算结果表明：卫星寿命末期星上仪器设备的温度能够满足指标要求，卫星寿命初期热控分系统通过开启星体补偿加热器能够满足卫星温度指标要求。

8.1.7 整星供配电设计

视频卫星通过电源分系统为整星提供一次电源供电和二次电源供电。一次电源用于热控、数传系统、测控系统和反作用飞轮。二次电源供电主要包括中心计算机、相机电子学、图像处理单元、姿控组件、GPS、星敏感器、电源下位机、CMOS 相机电机驱动及编码器。

视频卫星配电需求如表 8-2 所列。

表 8-2 视频卫星配电需求

设备名称		输出功率/W	配电方式	工作电压/V
中心机	计算机(ARM)	2.5	中心机与电源下位机协同控制	3.3
	电机编码器驱动板	2	中心机控	12
测控系统(2 路不同时加电)		9	中心机控	21~29.4
CMOS 相机		6	中心机控	12
相机电子学		14	中心机控	5
图像处理单元		10	中心机控	5
数传		30	中心机控	21~29.4
星敏感器 A		1.5	中心机控	5.2
星敏感器 B		1.5	中心机控	5.2
姿控组件	光纤陀螺组 3+	10	中心机控	5V
	太阳敏感器+	10	中心机控	5V
	磁强计+磁力矩器×3	5	中心机控	12V
GPS		5	中心机控	21~29.4
反作用飞轮 1		30	中心机控	21~29.4
反作用飞轮 2		30	中心机控	21~29.4
反作用飞轮 3		30	中心机控	21~29.4
反作用飞轮 4		30	中心机控	21~29.4
热控		25	中心机控	21~29.4
电源及配电		3	常加电	21~29.4

1. 直接供电设计

直接配电方式是不进行控制,整星加电后即可加电的直接配电。该方式适用于被供电设备内部有供电控制,或者电源使用功率大的形式。不可控制加电直通供电单机仅有电源控制器,其中电源下位机可以通过中心计算机进行主备切换。

2. 控制供电设计

控制供电方式采用继电器控制配电,该方式适用于被供电设备内部没有供电控制时,这种供电方式的单机包括中心计算机、相机电子学、图像处理单元、姿控组件、GPS、星敏感器、电源下位机、CMOS相机电机驱动及编码器。

一次母线配电由母线直接供电,采用继电器控制的形式,通过控制继电器的通断实现单机加断电操作,二次母线配电由DC/DC变换模块变换后通过继电器控制的形式实现加电和断电操作。

另外,针对所有继电器开关设计了配电开关状态,表示继电器的通/断状态。

8.2 视频星分系统设计

灵巧视频卫星以视频相机分系统为核心,辅助以各功能分系统,形成高分辨视频成像能力。卫星还包括中心计算机、姿态控制、结构热控、电源、测控和数传等其他分系统。

8.2.1 视频相机

1. 视频相机组成及技术指标

视频卫星的有效载荷为一台CMOS传感器的视频相机,可实现4096×3072分辨率的超高清彩色动态视频成像,符合4K电视的标准制式,实现动态视频获取、存储、压缩以及数据打包传输功能。

视频相机的主要技术指标如下:

(1) 焦距:3200mm。
(2) 相对孔径:1:10。
(3) 像元尺寸:$5.5\mu m \times 5.5\mu m$。
(4) 分辨率:4096×3072。
(5) 功耗:10W。
(6) 质量:24kg。
(7) 存储:1600Gbit。

视频相机包括相机光学镜头、相机电子学系统两部分,相机电子学包括一台CMOS传感器工业相机、相机成像控制单元和调焦单元,实现动态视频获取、存储、动态视频压缩以及数据打包传输功能。

2. 视频相机设计
1) 光学系统

根据地面像元分辨率(GSD)计算方法,结合所采用CMOS器件的像元大小为

5.5μm,可计算得到相机的焦距为3200mm。

同时,该 CMOS 探测器的分辨率 4096×3072,探测器有效感光区域为 22.528mm×16.896mm,为了不造成探测器的浪费,光学系统设计的视场应包括整个感光区域。

如图 8-6 所示,光学系统设计的视场应为探测器有效感光区域的外接圆,线视场的大小为此外接圆的对角线长度 l。

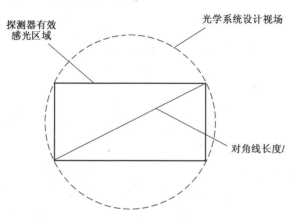

图 8-6 光学系统设计视场与探测器有效感光区域的关系

根据探测器有效感光区域的尺寸计算得到对角线长度 l 为 28.16mm,则根据光学系统焦距与视场大小的关系,计算得到视频相机光学系统的全视场角为 1.2°。

通过比较选择,视频卫星光学系统采用加校正镜组的卡塞格林系统较为适合,如图 8-7 所示,由两个反射镜和四片透镜组成,主反射镜为凹抛物面镜,口径为 320mm,次反射镜为凸的双曲面。

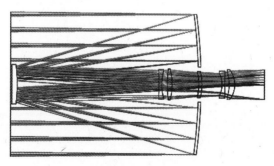

图 8-7 视频相机光学系统结构

2) 结构

相机结构分系统主要包括主镜组件、次镜组件、透镜组件、桁架组件、主承力板、调焦机构和焦平面组件等。有效载荷的结构如图 8-8、图 8-9 所示。

视频相机具有大相对孔径和轻质量的要求,相机结构具有以下特点:

(1)采用碳纤维桁架结构作为次镜支撑结构,具有质量小、刚度高、温度稳定性好的优点。

(2)钛合金主承力板作为相机的安装基准,各光学组件均直接与其相连,同时也是与卫星平台的接口。

(3)选用钛合金作为主承力板的材料,并通过优化设计的拓扑结构,既降低了主承力的结构质量,也保证了相机的整体刚度。

(4)取消了相机的遮光筒,将其与卫星结构一体化设计,实现了功能的集成,减小了相机的质量。

图 8-8 视频相机三维样机

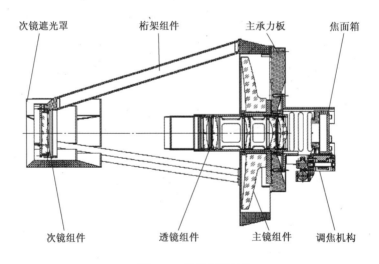

图 8-9 视频相机结构

3) 电子学

视频相机电相关系统连接框图如图 8-10 所示,主要包括 CMOS 传感器工业相机、调焦单元和成像控制单元三部分。CMOS 相机、调焦电机、调焦位移传感器位于相机光学焦面,完成光电转化以及数字图像产生。相机电子学包含成像处理板和固态存储板,负责完成后续图像的处理、压缩、存储以及数传打包。

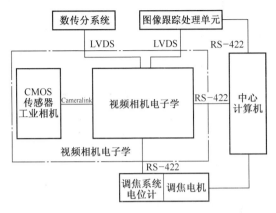

图 8-10 视频相机相关系统连接框图

相机电子学主要完成 CMOS 传感器工业相机的成像控制、图像存储、图像压缩、打包传输。其功能框图见图 8-11 所示。

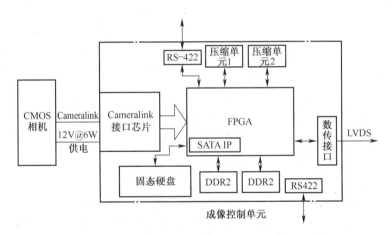

图 8-11 视频相机电子学功能框图

为了实现上述功能,选用了 Xilinx Virtex5 FPGA 作为主控制器,完成成像系统的控制。

压缩单元完成图像数据 JPEG2000 压缩。JPEG2000 是基于小波变换的图像压缩算法,由于其多尺度的压缩原理,避免了传统的基于离散余弦变换(DCT)压缩算法的方块效应,能够提供良好的率失真特性和主观视觉质量。同时没有采用带有帧间冗余的视频压缩算法,避免帧间信息在压缩过程中丢失。数据存储采用了 SATA 接口的军级固态硬盘,在 FPGA 内实现了文件系统的管理。

8.2.2 结构分系统

1. 组成及技术指标

结构与机构分系统主要保持卫星的外形和内部空间,为任务载荷与各种仪器设备提供安装面和安装空间,承受在地面、发射和在轨工作阶段的各种力学载荷,保证其在地面、发射和在轨工作时构形的完整性,满足卫星在地面停放、翻转、安装、总装、操作、测试和运输阶段的各种要求,保证与运载器过渡段、整流罩前罩及整流罩后罩的可靠连接和分离。

整星结构质量不超过22kg,最大外包络尺寸满足火箭对卫星的可用包络尺寸要求。为了避免卫星和火箭的动态耦合,在卫星固支状态下,卫星整体结构的频率满足:一阶横向基频大于或等于28Hz;一阶纵向基频大于或等于60Hz;一阶扭转基频大于或等于60Hz。

卫星结构由底板、中心承力筒、相机安装支座、对接环、太阳电池阵基板及总装直属件等部分组成,卫星结构分解如图8-12所示。星上单机直接安装在中心承力筒上,整体结构具有良好的开敞性,支持并行AIT,能够满足各类设备的安装要求。星箭对接方式采用包带连接,对接环采用300型标准接口,对接环高度为61mm,卫星对接环上与卫星适配器及包带接触面采用本色阳极氧化处理。

卫星采用体贴式太阳帆板,帆板基板的外形尺寸为1120mm×660mm。

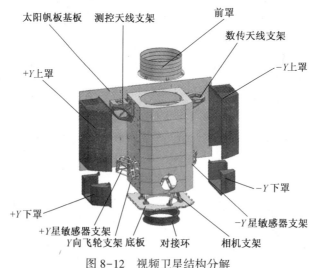

图8-12 视频卫星结构分解

2. 结构与机构分系统设计

结构设计上采用了卫星中心承力筒与相机遮光罩共用的方式。在中心承力筒+Y及-Y侧布置两个仪器舱,所有仪器均直接安装在中心承力筒的箱壁上。中心承力筒下端与底板相连,形成封闭箱形结构,通过对接环承受并传递各种载荷,并构成卫星的整体。卫星传力路径如图8-13所示。此种卫星结构设计的优点在于充分发挥星载一体化技术优势,传力路径简洁、整星结构质量占比小,空间利用率高。

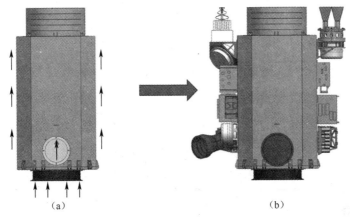

图8-13 视频卫星传力路径

卫星中心承力筒采用碳纤维材料,壁厚为3mm;卫星前罩主要功能为相机遮光罩,同时可以作为电子学单机安装平台,前罩采用碳纤维材料,壁厚为0.8mm,单机安装面采用铝合金预埋件加强。

外罩安装在中心承力筒上,与承力筒一起形成封闭的仪器舱。根据布局位置的不同,外罩分为+Y上罩、+Y下罩、-Y上罩及-Y下罩。外罩采用碳纤维材料,壁厚为1mm。

根据相机结构特点,采用三个相机支架,考虑整星结构与相机结构的热匹配设计,相机支架采用热膨胀系数较小的TC4材料。数传天线、Z向飞轮支架、测控天线与斜装飞轮支架采用铝合金材料,支架质量为1.4kg。底板为卫星主要承力结构,中心承力筒、光学相机均通过底板与对接环直接相连。相机安装结构如图8-14所示。

图8-14 相机安装结构

卫星外表面设备主要分布于+X、-X、+Y、-Y 表面,如图 8-15 所示。

+Y 面安装单机有斜装飞轮、测控应答机、X 向飞轮、综合电控箱、光纤陀螺组件、星敏感器 B、+Z 向测控天线、-Z 向测控天线;-Y 面安装单机有数传天线、蓄电池、数传端机、电源控制器、星敏感器 A、Y 向飞轮、GPS 接收机;-X 面安装单机有磁强计和图像处理单元;+Z 面安装单机有 GPS 天线 2 副;-Z 面安装单机有 GPS 天线 2 副。

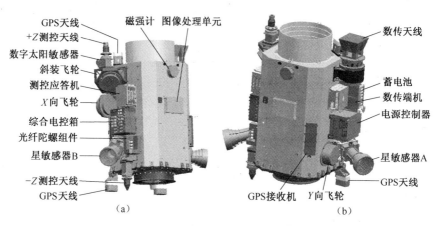

图 8-15 卫星外表面安装布置

8.2.3 综合管理分系统

1. 综合管理分系统组成及技术指标

综合管理系统的主要构成部分为中心计算机,是视频卫星中的核心控制部件,负责所有星上部件的协调与控制,完成卫星平台的星务管理、姿态控制,并辅助完成有效载荷的管理与控制。

(1) 姿态控制:中心机采集各姿态敏感器数据,并执行姿态控制算法,控制姿态执行机构,完成整星姿态控制。

(2) 有效载荷管理与控制:中心机接收地面指令,设置相机系统成像参数;根据遥控指令控制调焦电机进行在轨开环调焦。

(3) 星务管理:收集处理整星数据,包括姿态信息、位置信息、各部件参数及状态等,并打包发送至测控应答机。

综合管理系统由中心计算机和功率驱动板构成,功率驱动板主要完成调焦电机驱动功率放大以及调焦位移传感器位置信息采集。

综合管理系统技术指标如表 8-3 所列。

表 8-3 综合管理系统主要技术指标

	参数名称	参数
处理器	内核	ARM9
	工作主频/MHz	90
存储器	Flash(代码)	2M×16bit
	Flash(代码和数据)	16M×16bit
	SRAM	4M×16bit（EDAC）
对外接口	RS-422/路	24
	CAN 总线/路	2
	秒脉冲输入信号/路	1
	OC 输出/路	12
	星箭分离信号/路	2
电源	输入电源/V	5.0
	功耗/W	3

2. 综合管理分系统设计

1）中心计算机

中心计算机系统结构及与其他部件的接口关系如图 8-16 所示。

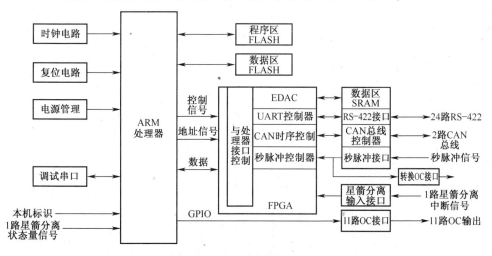

图 8-16 中心计算机系统及与其他部件的接口关系

目前国内大型卫星平台为提高系统可靠性大多选用了具有抗辐照指标的中心计算机控制器 CPU，早期使用如 8051 单片机、8086、I386EX 等，ATMEL 公司生产的 SPARC V7 内核的 TSC695 和 SPARC V8 内核的 TSC697 占据了大量航天高可靠控制份额。

但这些 CPU 通常价格高昂且性能低。以 TSC695F 为例,其降额工作在 10MHz 频率下仅能实现约 10 兆条指令/s 的运算能力,虽然在过去相当一段时间内满足了卫星控制的要求,但对于视频卫星的多模式凝视视频控制还是有些力不从心。且其高昂的价格也违背了整星低成本设计的原则。考虑到视频型在轨寿命短、轨道低,拟采用以 ARM 核心 ATMEL 生产的工业级器件 AT91RM9200。

AT91RM9200 处理器核心为 ARM920T。它提供了一个完善的高性能嵌入式子系统,主要有以下特点:

(1) 高性能:工作于 180MHz 时性能高达 200 兆条指令/s,视频卫星中降额使用于 90MHz,完全满足性能需求。

(2) 低功耗:VDDCORE 电流仅为 30.4mA。

(3) 内置 16KB SRAM,128KB Flash。

(4) 可扩展性强:支持 SDRAM、SRAM、Burst Flash、CompactFlash、SmartMedia。

(5) NAND Flash。

(6) 内置看门狗监控机制。

AT91RM9200 处理器的运算性能和对外接口各方面特性均符合星载计算机系统的要求,在此基础上只需增加接口电路和相应的逻辑电路。但该产品工业级产品,并不具备抗辐照能力,尤其对于单粒子问题。为缓解单粒子反转问题,采用 Flash 型 FPGA 在 CPU 与 SRAM 间实现了 EDAC 校验模块,完成检 2 纠 1 的能力。

2) 功率驱动板

视频卫星功率驱动板是综合电控箱的电源输入板,同时负责完成调焦电机的驱动、位移传感器信号的采集,以及测控、数传、主备电源通信和 OC 接口输出等功能。视频卫星功率驱动板系统框图如图 8-17 所示。

8.2.4 测控分系统

1. 测控分系统组成及技术指标

卫星测控分系统用于完成测距、测速、遥控、遥测,卫星测控应答机接收地面发射信号经过应答机的接收,相干转发,实现测距、测速;应答具备遥控数据解调和遥测数据调制功能。其主要性能指标如下:

(1) 发射功率:不小于 25dBm。

(2) 测控体制:标准 USB。

(3) 调制方式:下行遥测 PCM/DPSK/PM、上行遥控 PCM/PSK/PM。

(4) 波束宽度:全向。

(5) 星上天线极化方式:右旋圆极化。

(6) 单天线增益(含网络及馈线):≥-4dBi(星下点±70°波瓣宽度内);≥-6dBi(其他方向)。

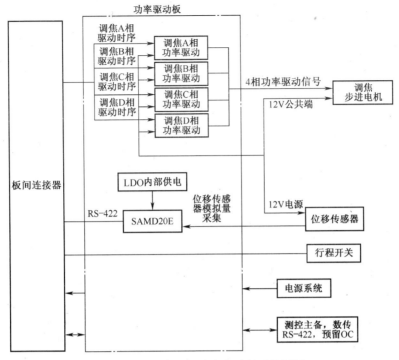

图 8-17　视频卫星功率驱动板系统框图

卫星测控分系统设备由测控天线与测控应答机组成。测控应答机由信道设备、测控终端、电源转换单元组成，如图 8-18 所示。测控应答机、测控天线采用双机备份方式。

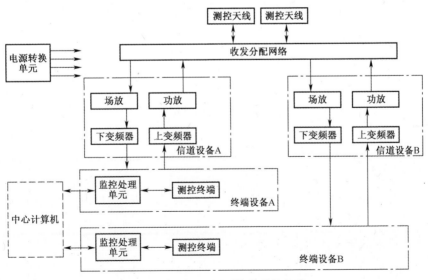

图 8-18　视频卫星测控分系统组成

323

信道设备射频前端、上变频器、下变频器为一个屏蔽盒,测控终端和监控处理单元组成的测控终端设备为 A、B 两个屏蔽盒,电源转换单元为一个屏蔽盒。

与主要采用模拟电路设计的高分多光谱卫星测控分系统相比,视频卫星测控分系统采用了软件无线电的设计思想,主要通过 FPGA 器件的软件设计实现信号的处理,其具有很强的灵活性和开放性,可以通过增加或修改软件模块,很容易扩展系统的功能。

2. 测控分系统设计

射频前端包括上行接收通道和下行发射通道。上行接收通道将天线接收信号通过双工器滤波、低噪放放大后输出给下变频器;下行发射通道将上变频器送来的小信号经功放放大以及双工器滤波作用后,经天线发射出去。测控应答机射频前端原理框图如图 8-19 所示。

上变频器采用二次变频设计。上变频器的主要功能是将中频输入信号上变频为系统所需的射频信号,并对信号进行滤波放大处理,给功放提供足够大的激励电平。为了便于为对其工作状态进行实时监控和故障定位,上变频器将上报工作/静默状态以及本振锁定状态等参数给终端监控处理单元。

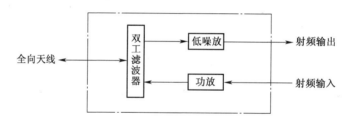

图 8-19 测控应答机射频前端原理框图

测控应答机射频上变频器原理框图如图 8-20 所示。

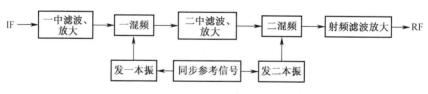

图 8-20 测控应答机射上变频器原理框图

终端送来的基带信号经中频滤波、放大进入一混频得到二中频信号,再经滤波器滤除在混频过程中产生的高次谐波、载漏及各种交调产物得到较为纯净的信号,进入二中频放大,经滤波、放大后的二中频信号进入二混频,经混频产生射频信号,同样,将射频信号经滤波、放大后输入给功放。一、二本振均采用集成频率综合器,以终端提供的同步信号为参考,同步锁定本振信号。

下变频器主要功能是将经过射频前端预选滤波、低噪声放大的 S 波段射频信号下变频至中频信号,再经过滤波处理,AGC 放大后送给终端调制解调器。为便于对其工作状态进行实时监控和故障定位,下变频器将上报接收AGC、本振锁定状态等参数给终端监控处理单元。

下变频器主要由隔离器、滤波器、混频器、中放及AGC放大器等组成,组成框图如图8-21所示。

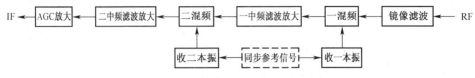

图8-21 测控应答机下变频器组成框图

8.2.5 数传分系统

1. 数传分系统组成及技术指标

数传分系统完成视频卫星有效载荷相机的星地数据传输。数传分系统受中心计算机控制管理,接收来自有效载荷相机的图像数据(包括图像辅助数据),实现符合CCSDS规范的格式编码,并完成数据的加扰、信道编码、载波调制、功率放大及传输,可以适应地面移动站和固定地面站。数传分系统包括数传终端、天线和线缆。而数传终端由编码调制器、X波段滤波器、功率放大器组成。

数传分系统主要技术指标如下:

(1) 数传通道发射频率:X波段。
(2) 调制方式:QPSK调制。
(3) 数传原始信息速率:≥112Mb/s。
(4) 数传系统误码率:$<1\times10^{-7}$。
(5) 固放输出功率:≥4W。
(6) 天线增益:≥15dBi。
(7) 数传天线传输角度:$-5°\sim+5°$。

2. 数传分系统设计

X波段数传分系统原理框图如图8-22所示。

编码调制器模块包括基带处理单元、模拟单元、电源单元三部分组成,基带处理单元接收有效载荷相机的130Mb/s的数据,并完成加扰、编码、映射、组帧等功能,同时完成CAN总线的数据传输功能,模拟单元主要由成型滤波器、本振、QPSK调制器组成,完成信号的模拟调制功能,电源单元供电为+28V一次电源,产生基带处理单元和模拟单元所需的二次电源,并转出+28V内部供电给X波段固放,接收开关机控制指令完成数传分系统的开关机控制。X波段固放输出为4W,供电为+28V内部电源。带通滤波器主要对带外杂波进行抑制,防止对测控系统或其他部分造成干扰。天线完成信号的发射。

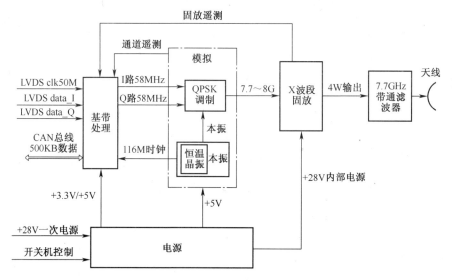

图 8-22 X 波段数传分系统原理框图

8.2.6 姿态控制分系统

1. 姿态控制分系统组成及技术指标

姿态控制分系统在卫星入轨后,保证卫星姿态在一定的精度内指向给定(或事先规划)的方位,使卫星姿态控制具备以下能力[5]:

(1) 具有姿态捕获及稳定能力。
(2) 具有姿态与轨道的确定能力。
(3) 具有对地/对日三轴稳定控制能力。
(4) 具有大角度姿态机动能力。
(5) 具有按照规划路径跟踪特定指向的能力。
(6) 具有故障诊断和一定程度上的应急控制能力。

姿态控制分系统由如下四部分组成:

(1) 测量部件:数字太阳敏感器、0-1 太阳敏感器、磁强计、平台陀螺、光纤陀螺、星敏感器、GPS 接收机。
(2) 执行部件:反作用飞轮、磁力矩器。
(3) 信号处理单元:信号处理板 A、B、C。
(4) 中心控制单元:中心计算机。

视频卫星姿态控制分系统组成如图 8-23 所示。

视频卫星姿态控制系统在对地稳定成像、视频成像期间的三轴姿态控制满足达到以下精度:

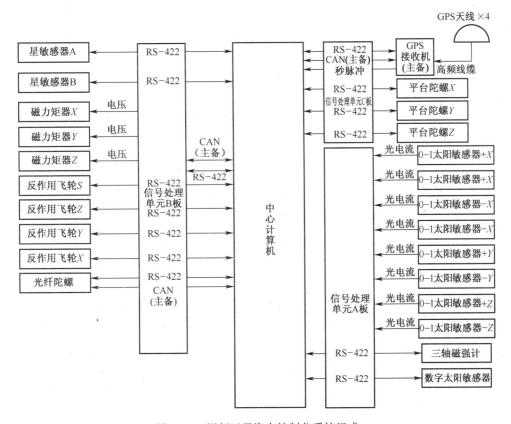

图 8-23 视频卫星姿态控制分系统组成

(1) 三轴姿态确定精度：≤0.03°(3σ)。
(2) 三轴指向精度：≤0.1°(3σ)。
(3) 最大姿态角速度：≤2(°)/s。
(4) 三轴角速度跟踪精度：≤0.005(°)/s(3σ)。

2. 姿态控制分系统设计

姿态控制分系统采用的测量部件包括星敏感器，为卫星提供三轴姿态信息；光纤陀螺用于提供卫星三个方向的角速度信息。为满足速率阻尼、寻日及对日定向以及安全模式的要求，配置了磁强计、0-1 太阳敏感器、数字太阳敏感器、GPS 接收机。

在正常工作期间，采用反作用飞轮为主的执行机构，星敏感器和光纤陀螺组合确定卫星姿态，磁力矩器提供反作用飞轮的卸载力矩。

姿态控制分系统的信号处理板负责将除磁力矩器和 0-1 太阳敏感器之外的其他部件通信信号线及部分电源线转接至连接中心计算机的板间接插件上，以实现中心机及配电单元对部件的通信及加断电控制；同时负责 0-1 太阳敏感器信息采集和磁力矩器的驱动控制。

姿态控制分系统与综合电子系统共用中心计算机,该计算机除需完成数据管理、遥测遥控等任务外,还需进行敏感器、执行机构数据采集、姿态和轨道的确定与控制等任务的调度。

姿态控制分系统工作原理是采集各种姿态敏感器输出的测量信号和 GPS 接收机提供的轨道测量信息,结合其他系统的输出,根据控制命令要求设计控制信号,然后向控制执行机构发出控制指令,生成相应的控制力矩。视频卫星姿态控制分系统算法流程如图 8-24 所示,姿态控制数据流框图如图 8-25 所示。

凝视视频成像的卫星姿态控制主要通过在轨姿态实时规划与高精度跟踪控制实现。凝视姿态规划函数在每一控制周期计算出卫星的期望姿态信息,作为姿态控制的数引律。凝视成像模式的姿态控制算法主要采用 PD 控制加耦合力矩补偿及数引前馈补偿的方式:

$$u = \mu [w \times] H - Dw - Kq_{ev} - Q\dot{w}_p$$

式中:μ 为抵消陀螺耦合力矩的控制力矩因子,当 $\mu=1$ 时,表示对陀螺耦合力矩的完全抵消;q_{ev} 为误差四元数的矢量部分;H 为整星的角动量;w 为偏差角速度;K、D 分别为比例和微分控制系数;Q 为前馈系数;w_p 为数引姿态角速度;$[w \times]$ 为矩阵

$$\begin{bmatrix} 0 & w_3 & -w_2 \\ -w_3 & 0 & w_1 \\ w_2 & -w_1 & 0 \end{bmatrix}。$$

视频卫星与运载火箭分离后进入轨道,此时姿态控制分系统在综合管理分系统的管理和调度下,通过地面遥控或由星上自主实现卫星的运行控制。为满足长期在轨运行以及任务载荷的试验需求,需要姿控分系统实现不同的姿态指向和控制精度要求[6]。

在轨飞行过程中,根据视频卫星的构型和布局,采用长期对日定向、执行任务期间对地定向的工作模式,使热控、电源等系统适应宽窗口发射条件。为满足飞行任务的需要,设计几种基本的控制模式,将这些控制模式进行适当组合和衔接,可满足系统的需要。

视频卫星的控制模式主要包括:
(1) 速率阻尼模式(星上自主完成);
(2) 对日捕获和定向模式(星上自主完成);
(3) 对日三轴稳定模式(星上自主完成);
(4) 视频成像工作模式(接收指令后,星上自主完成);
(5) 数传工作模式(接收指令后,星上自主完成);
(6) 安全模式。

姿态控制过程中,每个模式使用的控制部件不同,如表 8-4 所列。

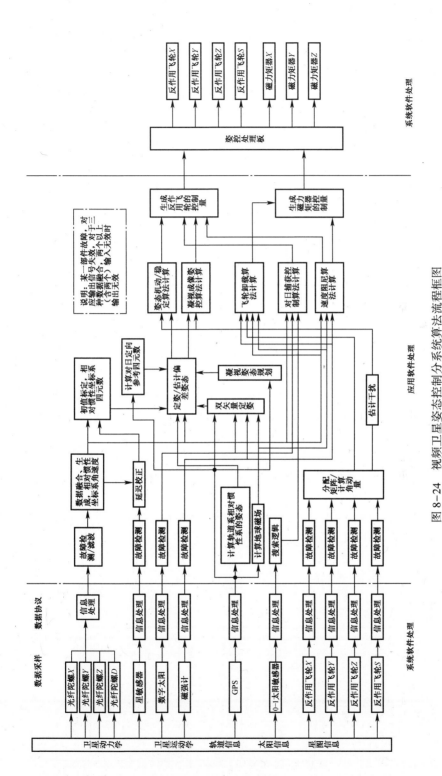

图 8-24 视频卫星姿态控制分系统算法流程框图

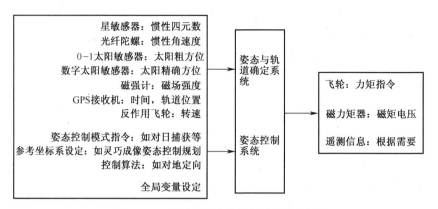

图 8-25 视频卫星姿态控制数据流框图

表 8-4 视频卫星姿态控制方案

序号	控制模式	基本敏感器	执行机构	控制算法	姿态确定和导航算法	备注
1	速率阻尼模式	平台陀螺 磁强计	飞轮 磁力矩器	反馈控制	无	飞轮在角速度降到 1.5(°)/s 后开机
2	对日捕获和定向模式	平台陀螺 0-1太阳敏感器 数字太阳敏感器 GPS	反作用飞轮	逻辑+反馈控制	组合定姿与递推算法 轨道测量与递推算法	
3	对日定向三轴稳定模式	平台陀螺 星敏感器 数字太阳敏感器 GPS 磁强计	磁力矩器 反作用飞轮	前馈/反馈控制 卸载控制	组合定姿与递推算法 轨道测量与递推算法	
4	视频成像工作模式	平台陀螺 光纤陀螺 星敏感器 GPS	反作用飞轮	跟踪控制 前馈/反馈控制	组合定姿与递推算法 路径提前规划算法 轨道测量与递推算法	
5	数传工作模式	平台陀螺 星敏感器 GPS	反作用飞轮	跟踪控制 前馈/反馈控制	组合定姿与递推算法 路径提前规划算法 轨道测量与递推算法	
6	安全模式（针对所有正常工作敏感器）	平台陀螺 光纤陀螺 0-1太阳敏感器 数字太阳敏感器 星敏感器 GPS 磁强计	磁力矩器 反作用飞轮	前馈/反馈控制 卸载控制	组合定姿与递推算法 轨道测量与递推算法	

8.2.7 电源分系统

1. 姿态控制分系统组成及技术指标

电源分系统主要为灵巧验证卫星各分系统提供供电及配电,具体功能包括:

(1) 在地面测试及各种地面试验期间,为卫星提供一次电源。
(2) 在轨运行期间,为卫星提供一次电源,保证各仪器设备的正常工作。
(3) 电源分系统在日照期利用太阳电池阵发电,对卫星各设备供电,并对蓄电池充电;在地影期由蓄电池对卫星各设备供电。
(4) 实施在轨运行期间的电源管理和控制,包括对蓄电池充放电的控制等,并提供所需的遥测、遥控接口。
(5) 在卫星发射前,由太阳电池阵模拟器为蓄电池充电。
(6) 接收执行中心机间接指令和测控直接指令。
(7) 为分系统单机设备或部件提供配电。
(8) 一次电源及二次电源回线与机壳表面接地桩良好搭接,实现整星接地。
(9) 实现整星温度测量及加热带控制。
(10) 电源控制器与中心计算机实时通信,如果一定时间内没有有效通信,电源控制器就为中心机断电重新启动。

电源分系统性能指标如下:

(1) 母线输出电压:21~29.4V。
(2) 纹波:≤400mV。
(3) 太阳电池片转换效率:≥30%。
(4) 寿命末期电压输出:≥31V。
(5) 寿命末期电流输出:≥4.6A。
(6) 质量:8.7kg。
(7) 锂离子蓄电池组额定容量:12A·h。
(8) 单次蓄电池组最大放电深度:80%。
(9) 寿命:1年。

视频卫星电源分系统由太阳电池阵、锂离子蓄电池组和电源控制器组成,如图8-26所示。

太阳电池阵采用三结砷化镓电池,统一大并联设计,分为主、备两块,分别贴在卫星的+X与−X面,主太阳电池阵为正常在轨运行时使用,备太阳电池阵可保证卫星故障引起姿态翻转时能够满足卫星基本能源供应。主太阳电池阵总面积约为$0.6m^2$,备太阳电池阵面积约为$0.2m^2$。

锂离子蓄电池组由额定容量为2.2A·h的单体电池,经6并7串组成蓄电池组。蓄电池组是星上储能元件,在光照期储存能量,提供阴影期和脉冲负载功率。

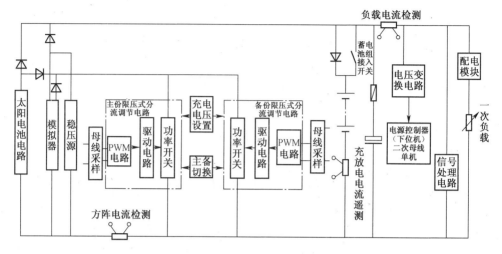

图 8-26 视频卫星电源分系统原理框图

2. 姿态控制分系统设计

1) 太阳电池阵主阵设计

太阳电池阵设计参数如表 8-5 所列。

表 8-5 太阳电池阵设计参数

项目		设计参数值
电压/V		29.5
二极管、导线压降/V		2
组合损失因子	电压	0.99
	电流	0.98
电性能测试误差因子	电压	0.99
	电流	0.99
辐照衰减因子	开路电压	0.99
	短路电流	0.99
	最佳工作电压	0.99
	最佳工作电流	0.99
	最大功率	0.98
紫外辐射损失因子	电压	1.00
	电流	0.98
温度系数	电压	$-6.2 \sim -6.7 \text{mV}/\text{℃}$
	电流	$0.01 \sim 0.014 \text{mA}/(\text{cm}^2 \cdot \text{℃})$
光强因子	夏至	0.9673
	冬至	1.0327
	春分、秋分	1.000

依据主帆板尺寸,主帆板可布置10并18串的40mm×80mm的三结砷化镓太阳电池电路,如图8-27所示。

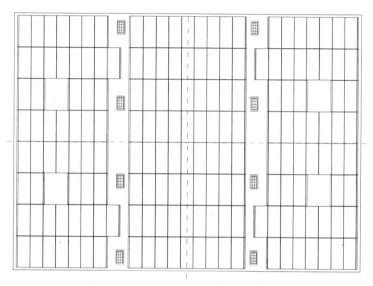

图8-27 视频卫星主帆板布片

2)太阳电池阵副阵设计

依据太阳电池阵副阵面积不大于$0.2m^2$,以及预计的工作温度80℃的输入条件,开展了电路设计。整板可布置电池的16串2并40mm×80mm电池的电路。电路连接隔离二极管后输出到控制器,分别为供电端和分流端,详细电路设计方案如图8-28所示。

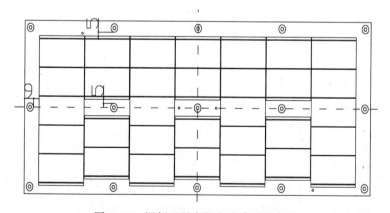

图8-28 视频卫星太阳电池阵副阵布片

3)锂离子蓄电池组设计

蓄电池单体为ICR1865,18650锂离子蓄电池由正极、负极、隔膜、电解液、电池外壳、电池上盖等部分组成。ICR1865 型单体电池壳体为铁镀镍材质,为电池的负极;电池盖为复合结构,可实现密封、集流(电池正极端子)及防爆结构,壳体与电池盖采用压缩密封方式,外形尺寸 $\phi18\times65mm$,如图 8-29 所示,蓄电池组结构采用套筒式结构。

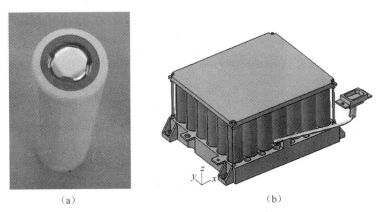

图 8-29　视频卫星锂离子蓄电池结构剖面及电池组外形

4) 电源控制器设计

电源控制器主要由分流电路、信号处理电路、温度测量电路、配电电路和电源下位机电路等组成。为保证产品可靠性,下位机模块采用双机(主、备机)冷备份冗余设计,某一个下位机失效时,可通过整星直接指令进行主备机切换。每个下位机模块均由最小系统模块、指令输出驱动模块、遥测采集模块和主备份切换控制电路及下位机软件组成。下位机原理框图如图 8-30 所示。

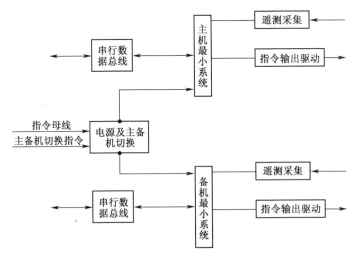

图 8-30　下位机原理框图

8.2.8 热控分系统

1. 热控分系统组成及技术指标

视频卫星热控分系统通过合理的设计、措施,保证卫星在整个飞行过程中星上仪器设备及部件均工作在规定的工作温度范围内,确保卫星飞行任务的圆满完成。

热控分系统由如下部件构成:

(1) 热控涂层:铝合金黑色阳极氧化涂层,$\varepsilon_h \geq 0.85$,主要用于仪器设备表面;ERB-2B 黑色热控涂层,$\varepsilon_h \geq 0.85$,主要用于舱内壁板及部分设备表面;S781 白色热控涂层,$\alpha_s = 0.17 \sim 0.4$,$\varepsilon_h = 0.85$,用于散热表面;S853 白色热控涂层,$\alpha_s = 0.18 \sim 0.45$,$\varepsilon_h = 0.87$,主要用于天线表面;F46 单面镀铝膜,$\alpha_s = 0.13 \sim 0.32$,$\varepsilon_h = 0.69$,用于太阳照射面多层外表面及部分仪器设备表面。

(2) 多层隔热材料:用于除散热面及仪器设备安装面外其他卫星外表面的包覆、星敏感器遮光罩外表面的包覆、部分星体外安装仪器设备的包覆等。

(3) 电加热器件:康铜箔加热片作为蓄电池组、相机等的电加热器件,通过电源控制器对其进行自动控温。

(4) 电源控制器:负责星上的温度信号采集;根据采集的温度信号,对加热器分别进行主动温度控制。

(5) 热敏电阻:作为温度敏感器,用于仪器设备的温度测量。

热控分系统的主要性能指标如下:

(1) 舱内温度:$-10 \sim 45$℃。
(2) 锂离子蓄电池组温度:$0 \sim 30$℃。
(3) 星敏感器温度:$-50 \sim +30$℃。
(4) 相机主体温度:$0 \sim 30$℃,轴向温差不高于 6℃。
(5) 太阳电池阵温度:$-95 \sim 135$℃。
(6) 测控天线温度:$-90 \sim 120$℃。
(7) GPS 天线温度:$-90 \sim 120$℃。
(8) 质量:≤3kg(不含电源控制器热控部分)。
(9) 功耗:≤15W(在轨长期功耗)。
(10) 可靠性:0.985(1 年末)。

2. 热控分系统设计

由于视频卫星采用星载一体化设计技术,卫星平台和有效载荷高度耦合,同时卫星大量采用碳纤维复合材料,其导热性能较差,另外,卫星热控资源极其有限,且卫星工作模式较多,这些都为热控系统的设计带来较大困难。因此视频卫星的热控分系统主要继承了其他卫星使用过的成熟技术,采用以被动式热控措施(热控涂层、多层隔热组件)为主,对某些温度范围小及有特殊要求的仪器设备(锂离子蓄电池组、相机等)采用电加热方式的主动热控技术为辅的热控方案。

卫星仪器舱内主要仪器均发黑处理或喷涂 ERB-2B 黑漆,提高表面发射率,根据卫星内部仪器功耗设计散热面;同时为减小卫星在轨温度波动,除散热面、入光口等其余卫星表面均包覆 20 单元多层隔热组件,星外设备使用聚酰亚胺垫隔热安装。

1) 散热面

散热面起着把星上内仪器设备的发热量向外空间发散的作用,其布局、大小及散热效率等直接影响到仪器设备的温度控制,所以散热面的设计是热设计所必须考虑的首要问题。

考虑到卫星的布局、仪器设备的功率等,根据上述外热流的计算结果,由于帆板的遮挡作用,主要仪器舱在轨飞行过程中,各仪器舱表面不仅吸收的外热流密度小,其吸收的外热流密度在一个轨道周期内变化也较小,根据性能仪器的布局和功耗,将+Y、-Y 蒙皮设为散热面,散热面面积分别约为 $0.25m^2$、$0.15m^2$。散热面上喷涂 S781 热控白漆,以提高散热面的散热效果和热性能稳定性。

2) 舱内仪器设备热控

舱内设备有 $X(Y、Z、S)$ 向反作用飞轮、$X(Y、Z)$ 向磁力矩器、平台陀螺组、综合处理电箱、锂电池、电源控制器等。单机设备均安装在铝合金框架上。根据等温化的设计原则,为加强舱内各仪器设备之间辐射热交换和传导热交换,改善各仪器设备之间温差,采取了如下热控措施:

(1) 舱内所有仪器设备及设备支架的外表面均采用发黑处理或喷涂 ERB-2B 黑色热控涂层,使其 $\varepsilon_h \geq 0.85$;在仪器设备安装面与安装板之间填充导热填料。

(2) 为满足绝缘安装要求,锂电池安装面粘贴 $25\mu m$ 聚酰亚胺压敏胶带,锂电池表面包覆 20 单元多层隔热组件,多层最外层使用 $25\mu m$ 单面镀铝聚酰亚胺薄膜,镀铝面朝外,同时为保证锂电池的工作温度,表面粘贴加热片和热敏电阻,对其进行闭环温度控制。

(3) 舱外部件热控

安装于卫星外表面的设备主要包括 GPS 天线、测控天线、太阳敏感器、星敏感器镜筒、数传天线等。其热控设计如下:

(1) GPS 天线:支架包覆 20 单元多层隔热组件,多层最外层使用 $25\mu m$ 防静电单面镀铝聚酰亚胺薄膜。

(2) 数字太阳敏:除感光区域外,其余表面和支架外表面均粘贴 $50\mu m$ 防静电 F46 薄膜镀铝二次表面镜。

(3) 星敏感器镜筒:星敏感器镜筒表面均粘贴 $50\mu m$ 防静电 F46 薄膜镀铝二次表面镜。

(4) 测控天线、0-1 太阳敏感器、数传天线:不做特别的热控处理。

(5) 对接环:对接环内表面包覆 20 单元多层隔热组件,多层最外层使用 $25\mu m$

防静电聚酰亚胺薄膜镀铝二次表面镜。

（6）帆板：体贴帆板与卫星本体采用厚 5mm 聚酰亚胺垫隔热安装；为减小帆板辐射对星体温度的影响，在帆板和蒙皮间使用 10 单元多层隔热组件。

4）相机热控

（1）相机主镜罩外表面包覆 20 单元多层隔热组件，多层最外层使用 $25\mu m$ 防黑色聚酰亚胺薄膜。

（2）次镜后端外表面包覆 20 单元多层隔热组件，多层最外层使用 $25\mu m$ 防黑色聚酰亚胺薄膜。

（3）相机支腿与相机连接处使用厚 10mm 聚酰亚胺垫隔热安装，相机支腿包覆 20 单元多层隔热组件，多层最外层为 $25\mu m$ 单面镀铝聚酰亚胺薄膜，非镀铝面朝外。

（4）相机主镜、次镜、主背板及支架使用热敏电阻和加热器组成主动加热回路。

参 考 文 献

[1] 刘韬.国外视频卫星发展研究[J].国际太空,2014,9:50-54.
[2] 郭宇琨,王衍,王建宇."高分四号"卫星凝视相机视频电路设计[J].航天返回与遥感,2016,37(4):49-54.
[3] 刘兆军,陈伟.面阵凝视型成像空间应用技术[J].红外与激光工程,2006,35(5):542-545.
[4] 李宪圣,任建岳,任建伟,等.空间相机在轨成像模式的简历[J].光学精密工程,2015,23(7):1852-1855.
[5] 梁加红,李石磊,吴冰,等.小卫星姿控系统设计、分析与仿真测试一体化平台开发[J].系统仿真学报,2008,20(1):165-168.
[6] 邢斯瑞,范国伟.小卫星姿控系统地面测试平台设计[J].中国光学(增刊),2014.

第9章
技术验证卫星总体与分系统设计

9.1 技术验证星总体设计

技术验证卫星是用于新型遥感技术及部组件的技术演示验证的光学遥感微小卫星,其验证项目包括:

(1) 低成本高性能卫星制造技术。技术验证星中心机、测控、数传等部件采用具有飞行经历的货架式产品,姿控部件采用合作研发方式,GPS、磁强计等选用军级产品进行加固,以上措施都有效地降低了卫星的制造成本。

(2) 灵巧成像技术[1]。在相机自主像移补偿的基础上,通过卫星与相机的协同控制实现灵巧成像,可获取非沿轨的任意形状成像条带,大大提高卫星使用效能。

(3) 宇航级 CMOS 图像传感器。宇航级 CMOS 图像传感器 G400 具有极高的灵敏度、动态范围和信噪比。测试结果显示其感光灵敏达到了世界最高水平,其图像信噪比超过了同类 CMOS,CCD 甚至 EMCCD 器件。

(4) 多模式成像模式。具备数字域 TDI 推扫,以及面阵凝视成像、灵巧成像、微光成像、立体成像、条带拼接成像、惯性空间稳定成像六种成像模式。

(5) 新型展开与支撑机构。采用了基于带状弹簧支撑的展开机构,提高帆板展开后的基频。

9.1.1 卫星指标与技术特点

技术验证卫星技术指标如表 9-1 所列。

表 9-1 技术验证卫星主要技术指标

参 数		指 标
轨道	轨道类型	太阳同步轨道
	轨道半长轴/km	7027(656km 轨道)
	轨道倾角/(°)	98.04
	标称降交点地方时	10:30

(续)

参　数		指　标
相机	星下点地面像元分辨率/m	≤4.7(全色)
	成像带宽/km	≥4.7
	焦距/m	1.55
	相对口径	1/22.2
	成像谱段/nm	500~800(全色)
	图像灰度量化等级/bit	8
	静态传函	≥0.15
星务管理	星上时间基准	GPS 时间
	时间精度/ms	0.1(GPS 校时有效); 10(地面均匀校时)
测控		UHF 频段半双工,上行 2400b/s,下行 4800b/s
数传	数传波段	S 波段
	数传码速率/(Mb/s)	2
	星上存储能力/GB	120
姿控	姿态确定精度/(°)	≤0.05(3σ)
	姿态稳定度/((°)/s)	≤0.01(3σ)
	机动过程稳定度/((°)/s)	≤0.05(3σ)
	指向精度/(°)	≤0.1(3σ)
	定轨精度/m	≤50(3σ)
	最大姿态机动角速度/((°)/s)	2
	机动过程平稳度/((°)/s)	0.05(3σ)
	机动过程指向精度/(°)	0.15(3σ)
电源	蓄电池容量/(A·h)	10
	太阳电池片效率/%	≥28.0
	太阳电池片面积/m²	0.503
	太阳阵寿命末期输出功率/W	≥50
	太阳阵寿命末期输出电压/V	≥33
尺寸	发射状态包络尺寸	670mm×540mm×495mm
	对接环尺寸	包带 ϕ300 接口
质量与功耗	入轨质量/kg	≤60
	长期功耗/W	≤35
卫星寿命		≥6 个月

技术验证卫星具备如下技术特点：

（1）采用了自主高性能CMOS传感器芯片，为突破核心关键器件瓶颈奠定基础。

（2）相机自主实时像移补偿，与卫星姿控协同工作，可实现机动过程中非沿轨灵巧成像的新模式。

（3）采用数字域TDI推扫算法，使卫星兼具面阵凝视和线阵推扫功能。

（4）基于带状弹簧的新型帆板展开及支撑机构。

9.1.2 智能仪器设计理念

技术验证星采用"智能仪器"设计理念[2]，卫星功能密度高，力求以最简洁的系统设计实现技术验证的目的。因此，灵巧验证大量采用了成熟货架式产品。在确保可靠性的前提下，通过软件优化卫星安全策略，最大程度地减少系统的硬件备份。主要部件采用CUBESAT具有飞行经历的产品，采用I^2C总线和接口转换板实现中心计算机与各部件的连接。

根据卫星使用要求，对卫星的姿态和轨道、发射窗口、测控弧段、飞行程序、能量预算、寿命与可靠性等方面进行任务适应性分析如下：

（1）轨道：要求适应光学成像需求，以降交点地方时为9:00至15:00之间的太阳同步轨道为佳。

（2）姿态：要求三轴稳定控制，机动能力优于2(°)/s，机动过程中稳定度优于0.2(°)/s。

（3）测控弧段：在单站测控的情况下，要求每天至少2个测控圈次，满足遥测下传和指令上注需要。

（4）飞行程序：具备对星上设备故障诊断和加断电解除闩锁功能，在异常复位情况下可自主恢复卫星姿态至三轴对日，同时，关键控制参数可通过遥控指令上注修改。

（5）寿命：卫星寿命与可靠性满足技术验证需求，预期可达6个月以上，寿命末期可靠性优于0.8。

9.1.3 技术验证星成像模式与原理

1. 微光CMOS探测器性能及特点

低照度相机探测器选用GSENSE400型CMOS图像传感器，其像素数达到400万，像素尺寸为$11\mu m \times 11\mu m$，具有高动态范围、低噪声等特点，GSENSE400型CMOS图像传感器支持HDR模式和STD模式。HDR模式是低照度成像的主要模式，该模式可以提高探测器的动态范围，在HDR模式下探测器的动态范围可达

96dB。G400 型 CMOS 探测器具有高灵敏度,灵敏度达到 27V/(lx·s),电荷转移因子为 120μV/e-,可计算出其信号灵敏度为 225e-/(lx·s),是普通 CCD 的 10 倍。G400 型 CMOS 探测器具有世界最高水平的极低系统读出噪声,采用成像性能全面优于现有科学级 SCMOS 及 ICCD、EMCCD 等常用微光成像焦面传感器,获取同等信噪比所需的光能量大大减小,使得光学系统相对孔径大大减小,再加之 CMOS 光电传感器的低功耗,可完成对载荷的全面"瘦身"。在同样的功能、性能指标条件下,采用 G400 型探测器的载荷体积、质量及功耗方面占有绝对的优势,从而使微小卫星上获得高分辨微光图像成为可能。GSENSE400 型 CMOS 探测器技术指标如表 9-2 所列。

表 9-2 GSENSE400 型 CMOS 探测器技术指标

参 数	指 标
分辨率	2048(H)×2048(V)
像素尺寸	11μm×11μm
快门类型	电子卷帘快门
读出噪声	$1.5e^-$
灵敏度/(V/(lx·s))	27(600nm)
动态范围/dB	96
暗电流	$<1e^-$/s/pix(0℃)
满阱	$116ke^-$
帧频/(帧/s)	48
量化输出位宽/bit	12
功耗/mW	<500
数据输出形式	8 LVDS 串行输出

2. 成像模式

基于微光 CMOS 探测器,技术验证卫星设计有数字域 TDI 推扫、灵巧成像、面阵凝视视频成像(含微光成像)和惯性空间稳定成像四种模式。

凝视视频成像模式下需调整的参数包括增益、级数、曝光时间、调焦、调偏流和侧摆角等;数字域 TDI 推扫成像模式下,相机成像需调整的参数包括增益、级数、调焦、调偏流和侧摆角等;灵巧成像及惯性空间稳定成像下相机成像需调整的参数包括增益、级数、调焦、调偏流、侧摆角、俯仰角和横滚角等。

3. CMOS 数字域 TDI 成像原理

为使 CMOS 能够更适合空间高分辨力成像,需使其在面阵成像基础上具备 TDI 功能以提高图像的信噪比,目前借助于 FPGA 强大的逻辑处理能力,该功能已经能够通过采用逐行叠加的卷帘数字域 TDI 算法得以实现。具体实现算法如下:

以 3 级积分为例,逐行叠加的卷帘数字域 TDI 算法原理如图 9-1 所示。当进行推扫成像时,在第一个行周期,CMOS 传感器输出像素矩阵 P_1,FPGA 控制前 3 行数据写入存储器 M 中;经过一个行周期,传感器沿推扫方向移动一个像元宽度,并输出第二帧图像 P_2,此时线阵 1 对应的景物与前帧线阵 2 对应的景物相同,因此 FPGA 控制 P_2 前 3 行数据与 P_1 对应数据叠加后存入存储器;同理,第三个行周期,存储器 M_1 中存储的是当前帧线阵 1、前 1 帧线阵 2 以及前 2 帧线阵 3 对同一景物成像数据的叠加,存储器 M_2 中为当前帧线阵 2 和前 1 帧线阵 3 成像数据的和,M_3 中暂存当前帧线阵 3 的成像数据。每个行周期 M_1 数据叠加完成后,在 FPGA 控制下输出,此时 3 级积分输出信号为

$$N_{\text{signal}}(3) = P_3(1) + P_2(2) + P_1(3)$$

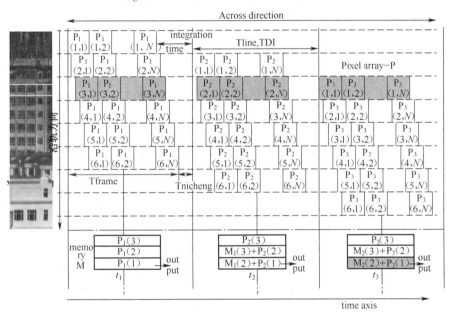

图 9-1 数字域 TDI 算法原理

因此,可以推导出 M 级数字域 TDI 算法输出信号灰度值计算公式:

$$N_{\text{signal}}(k,M,j) = P_k(1,j) + P_{k-1}(2,j) + \cdots$$
$$+ P_{k-(M-2)}(M-1,j) + P_{k-(M-1)}(M,j) \quad (1 \leq j \leq N)$$

为了避免饱和溢出失真,当叠加值超过最大量化值时取最大量化值:

$$N'_{\text{signal}}(k,M,j) = \begin{cases} N_{\text{signal}}(k,M,j), & N_{\text{signal}}(k,M,j) \leq 2^n - 1 \\ 2^n - 1, & N_{\text{signal}}(k,M,j) > 2^n - 1 \end{cases}, 1 \leq j \leq N$$

式中:$N'_{\text{signal}}(k,M,j)$ 为第 k 个行周期经过 M 级数字域积分的输出信号值;$P_k(i,j)$ 为第 k 个行周期,APS 输出像素矩阵的第 i 行、第 j 列信号;n 为量化位数;N 为每行像元数。

另外,通过面阵和TDI间的灵活切换,可满足静态实时调焦和动态扫描成像两方面的需求,大幅提高成像系统的灵敏度和信噪比,利用FPGA也可实现CMOS相机级数连续可调,解决了TDI CCD级数只能在固定几个数字内选择,往往得不到合适灰度的欠缺。

4. 灵巧成像原理[3]

灵巧成像是一种地面成像推扫轨迹可以灵巧地沿着地面曲线方向的一种新型遥感成像方式,如图9-2所示。传统成像遥感卫星只能在沿卫星轨道前进方向进行推扫成像,在一个轨道周期内,不能一次获得与卫星飞行方向非平行的目标区域图像。但是有很多地面目标分布为曲线形,如海岸线、铁路、公路甚至城市群等,利用传统卫星对这些目标实施全覆盖需要多次过境成像,时效性非常低。而采用新型的灵巧成像技术后,将可以实现一个轨道周期内,一次获得这些曲线分布的长条带目标图像,将大大提高卫星的工作效率。

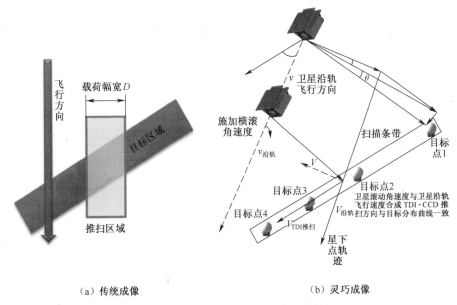

(a) 传统成像 (b) 灵巧成像

图9-2 传统成像与灵巧成像的比较

参考传统摆扫成像方式的分析结果,如图9-3所示,为使成像条带不沿轨道方向的同时,还要借助卫星偏航角的调整补偿合成像移速度,所以需首先使相机光轴沿滚动轴摆动对准目标区域起始位置的同时,将偏航角调整至能够使合成像移速度与TDI-CCD列方向尽量平行的方向;然后沿滚动轴初始机动相反方向产生相应的滚动角速度,使相机光轴扫过斜线分布或曲线分布的目标区域,并且推扫方向与星下点轨迹的夹角越大,所需的滚动角速度就越大,同时需要提前机动的偏航角也就越大。从图9-3可以看出,由滚动角运动产生的姿态像移速度方向与整星偏航角相关、像移速度幅值与滚动角速度相关,所以对这两个状态值进行规划和实时

343

控制,可以使合成像移速度最主要的两个分量"基本像移速度"和"姿态像移速度"的矢量和对准 TDI-CCD 的列方向。由于附加像移速度的幅值相对于前两种像移速度较小,所以对偏流角和行转移时间引起的变化量较小,可以通过相机焦平面进行自行调整。这样通过卫星姿态和相机焦平面的协同工作,就可以使合成像移速度与 TDI-CCD 偏流角和行转移时间匹配。

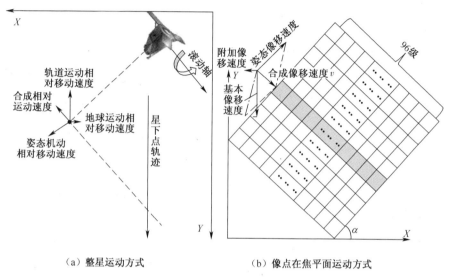

图 9-3 灵巧成像模式基本原理

现阶段,国外的敏捷成像侦察卫星,利用多次平行于轨道方向推扫成像,拼接成曲线侦察区域。但这种途径对卫星姿态控制能力提出了极高的要求,并且受卫星过境时间限制,同轨拼接成像条带数目有限,最多 6 次,拼接幅宽小于 200km;而且敏捷卫星大角度快速姿态机动技术在我国仍处于研制阶段,应用尚不成熟,也无法从根本上解决长条带非沿轨连续地面目标的成像需求。采用灵巧成像技术,能使卫星沿目标的分布方向进行推扫成像而无需严格依照轨道方向成像(图 9-2),并且可依据现有的卫星姿态控制系统技术,通过控制相机焦平面组件实时偏流角补偿,一次过境即可实现对上述目标的快速成像。在这种技术途径下,灵巧成像技术针对曲线分布的目标完成一次成像,重点在于基于长条带目标曲线特征进行像移速度匹配分析,设计卫星推扫角速度和卫星的姿态角度,利用卫星姿态角度补偿大偏流角;通过像移补偿方案设计实时偏流机构调整传感器各片的残余偏流角误差,最终使相机与卫星姿态控制系统协同配合完成推扫成像的姿态摆动及实时像移补偿。这种途径能够在现有的姿态控制技术水平下实现灵巧成像能力,尽早提高我国遥感卫星工作效率,适应越来越复杂的遥感需求。

技术验证星具有"卫星相机协同灵巧成像"和"小型化高分辨"的特点,适应搭载发射,其在轨演示成果将为后续型号任务的研究奠定坚实的技术基础。

5. 面阵凝视视频成像(含微光成像)

现有的多数对地观测卫星仅能够获取过顶区域、固定时间点的单幅静态图像，难以捕捉地面动目标，更无法获知目标短时间段内变化情况。此外，针对某一区域的观测须提前精确规划，降低了用户的响应时间。与传统对地成像模式相比，凝视视频成像模式能够对目标进行长时间的动态实时监测，且由于具有敏捷快速的机动能力，能够根据地面情况迅速改变观测地区和观测重点，通过视频图像直接下传给用户，显著缩短了用户响应时间，因此，更有利于地面突发事件的快速响应和灾害实时监视等，在国防和国民经济生活的诸多方面应用前景广阔。

凝视视频成像模式是对地面某一固定目标或区域进行连续动态摄像的成像方式。"凝视"主要通过卫星姿态的实时机动，保证相机成像区域不变来实现。凝视视频成像的卫星姿态控制主要通过在轨姿态实时规划与高精度跟踪控制实现。在每一控制周期，凝视规划函数根据卫星在轨位置及目标点的经纬度信息，实时计算出卫星相机光轴指向目标区域的三轴姿态角及姿态角速度信息，姿态控制系统根据各个敏感器的测量信息，计算与期望姿态的偏差，并实时生成驱动执行机构的控制指令，完成对期望姿态的闭环跟踪控制。通过不断重复该过程，以实现对特定目标点或区域的凝视成像。此外，通过对相机的参数设置，可实现对特定目标的面阵凝视成像或微光成像。

6. 惯性空间稳定成像

惯性空间稳定成像模式是对惯性空间中的某一目标进行摄像的成像方式，如空间中的天体或卫星等。该成像模式主要通过卫星姿态对给定目标的精确指向和高稳定控制来实现。与传统对地成像模式相比，该模式是真正实现在惯性空间的"静止"。在每一控制周期，姿态控制系统根据上注的期望三轴姿态信息及敏感器的测量信息，实时计算与期望姿态的偏差，通过不断驱动执行机构以达到减小且消除偏差的目的，进而完成对惯性空间中目标的精确指向。

9.1.4 整星工作模式

在轨飞行过程中，根据技术验证星的构型和布局，采用长期对日定向、执行任务期间对地定向的工作模式，使热控、电源等系统适应宽窗口发射条件。为满足飞行任务的需要，设计几种基本的控制模式，将这些控制模式进行适当组合和衔接，可满足系统的需要。

技术验证星共设计了6种工作模式。初始入轨阶段的工作模式有阻尼模式和寻日模式，在轨工作阶段包括了正常模式、成像模式和数传模式。此外，为应对突发的异常情况，设计了安全模式。整星工作模式之间的切换关系如图9-4所示。

阻尼模式是星箭分离以后的第一个模式。任务是消除星箭分离产生的星体初始角速度偏差，使卫星能够在惯性空间内稳定，为快速捕获太阳并建立卫星的初始

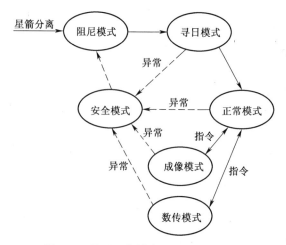

图9-4 整星工作模式之间的切换关系

姿态提供保障。

寻日模式是在速率阻尼完成之后,或任务需要时对日定向姿态,并对日定向三轴稳定,保障卫星的能源供应。

正常模式下,卫星工作在低精度轮控对日三轴稳定状态,此时,相机和数传系统均不开机,卫星处于一种低能耗状态,以保证整星能量的快速补充。同时,当有任务需要时,卫星将启动高精度轮控模式,并转入相应的任务模式。

成像模式包括常规推扫、凝视视频、灵巧机动推扫、立体成像四种状态。卫星需要将姿态由三轴对日状态快速调整为各成像模式需求之姿态。该模式完成后卫星由指令回到正常模式。

数传模式下,卫星姿态调整至数传天线对地指向状态,将相机获得的遥感数据通过数传系统向地面站发送。

当卫星突然失去姿态、角速度偏差超过设计限制或诊断到其他严重异常情况时进入安全模式,该模式下,考虑电源电量情况,对正常工作的姿态部件进行加断电,使卫星尽快完成惯性空间稳定、然后重新捕获太阳,建立初始姿态,并保持对日定向直到异常解除。

9.1.5 整星构型与布局

1. 坐标系定义

坐标系定义如图9-5所示。

原点 O:卫星对接环与运载器过渡段对接平面圆中心。

OZ:垂直于卫星对接环与运载器过渡段对接面,指向光学相机。

OX:在卫星对接环与运载器过渡段对接面内,与卫星飞行方向同向。

OY:按右手法则确定。

$O\text{-}XYZ$ 为笛卡儿坐标系,并与星体固连。OZ 是卫星在地面垂直停放时的垂直向上方向。

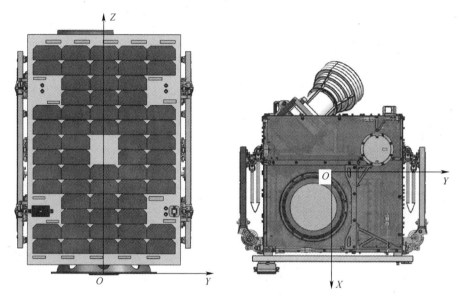

图 9-5 卫星坐标系定义

2. 卫星构型

技术验证星采用星载一体化的构型方式,考虑到被动热控需求和各单机组件的安装需要,采用全铝合金外蒙皮包裹,在卫星的中心布置有光学相机;为了提高空间利用率,所有单机和仪器均安装于以相机为主体的主承力框架上,包括有电源、综合电子系统、姿控、测控与数传等各分系统的相关设备,卫星的后端对接环与运载器的过渡段相连。

技术验证星在发射状态的外形尺寸为 670mm×540mm×495mm,如图 9-6 所示。

为提高定位精度,技术验证星姿态测量元件星敏感器、光纤陀螺安装在相机载荷板上,GPS 天线、测控天线(主、备)与数传天线安装在+Z 面、-Z 面及-X 面蒙皮上,数字太阳敏感器安装于对日太阳能电池阵面上。

在星体的+X、+Y 和-Y 三个方向均安装有块太阳电池阵,以保障卫星在各种工作模式下的供电需求,+X 方向太阳能电池阵为体贴式,+Y 和-Y 太阳能电池阵为展开式。当卫星入轨以后,展开式太阳帆板展开,所有太阳帆板均朝+X 方向,对日方向太阳能电池阵可贴片面积达到 $0.5m^2$。

3. 卫星总体布局

技术验证星在总体布局上采用了以载荷为中心的星载一体化设计方案,以卫星主承力框架作为仪器和有效载荷安装面,相机结构与主承力结构有机结合在一

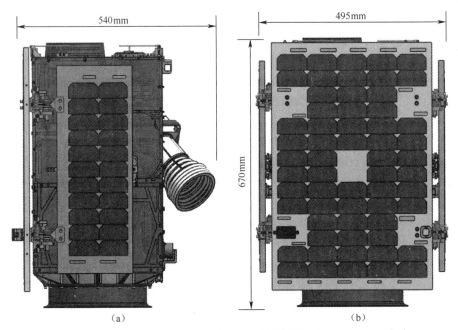

图 9-6 技术验证星发射状态构型

起,利用了相机外壳的高刚度加强了主承力框架的刚度;在主承力框架外包裹铝蒙皮,这样既能满足卫星被动热控和防辐射的要求,又能减少主承力板、仪器板等结构,减小了卫星质量。卫星内部空间充分利用,提高了卫星结构的功能密集程度。

技术验证星总体布局分解如图 9-7 所示。

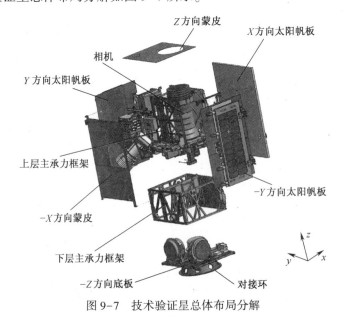

图 9-7 技术验证星总体布局分解

9.1.6 整星热设计与分析

1. 整星热设计

1) 工作模式设计

在轨热控分系统通过安装在卫星各处的热敏电阻遥测监测卫星温度,通过电加热器的开关状态遥测监测加热器的工作状态。

2) 被动热控措施

(1) 等温化设计。措施主要有高发射率热控涂层、仪器安装底面填充导热脂等。

(2) 散热面设计。由于整星功耗较小,仅在卫星+Y蒙皮设计了散热面,散热面均采用S781白漆。

(3) 多层设计。卫星除散热面、敏感器入光口、相机入光口外,其余外表面均包覆多层隔热组件。

3) 主动热空措施设计

电加热器采用聚酰亚胺薄膜型电加热片。电加热器的控制方式有两种:一是通过人工判别温度数据,地面发射直接或间接指令,控制电加热器开关,共两路;二是其余加热器通过电源控制器进行闭环温度控制。

2. 卫星热分析

1) 高温工况分析

根据外热流的计算结果,整星寿命末期、冬至时散热面吸收外热流最大。计算结果显示,电源控制器、综合电箱温度较高,但所有单机温度均满足要求,且距离上、下限余量较大。

2) 低温工况分析

根据外热流的计算结果,整星寿命初期期、夏至时散热面吸收外热流最小。计算结果显示,飞轮组件、焦面组件温度较低,但所有单机温度均满足要求,且距离上、下限余量较大,需要开启对应的补偿加热器。

热分析计算结果表明:卫星寿命末期星上仪器设备的温度能够满足指标要求,卫星寿命初期热控分系统通过开启星体补偿加热器能够满足卫星温度指标要求。

9.1.7 整星供配电设计

卫星通过电源分系统为整星提供一次电源供电和二次电源供电。一次电源用于热控、飞轮和GPS供电。二次电源供电主要包括相机、光纤陀螺、太阳敏感器、磁强计、磁力矩器、电机及编码器、数传系统、CMOS相机、中心机、星敏感器。

灵巧卫星配电需求如表9-3所列。

表 9-3 灵巧卫星配电需求

名称		工作电压/V	配电功率/W	加电方式	说明
中心机	CPU 板	3.3	0.5	电源控	电源控制器未与中心机进行有效通信,则对其断电重新启动
	接口扩展板		2		
	测控板（冷备份）		5.5		
	电机驱动及编码器板	12	15	中心机控	调焦、调偏流不同时工作
CMOS 相机		12	3	中心机控	
相机电子学		5	9	中心机控	
电源控制器		5/±12	3	常加电	
GPS		25.2~29.2	5.5	中心机控	
数传		12	6	中心机控	
星敏感器		5.2±0.05	1.5	中心机控	
姿控组件	光纤陀螺（组件）	5	6.9	中心机控	磁力矩器磁强计交替工作（软件控制）
	太阳敏感器	5	0.036（待定）		
	磁强计	5	0.1(5V)		
	磁力矩器（组件）	5/±12	1(5V) 5(±12V)		
反作用飞轮 1		25.2~29.2	30	中心机控	3 个飞轮不同时工作
反作用飞轮 2		25.2~29.2	30	中心机控	
反作用飞轮 3		25.2~29.2	30	中心机控	
热控		25.2~29.2	2.5/路	电源控	

1) 直供电方式

直接配电方式是不进行控制,整星加电后即可加电的直接配电。该方式适用于被供电设备内部有供电控制,或者电源使用功率大的形式。不可控制加电直通供电单机仅有电源控制器,电源下位机也可由中心计算机进行复位重新启动。

2) 控制供电设计

控制供电方式采用继电器控制配电,该方式适用于被供电设备内部没有供电控制时,这种供电方式的单机包括相机、光纤陀螺、太阳敏感器、磁强计、磁力矩器、电机及编码器、数传系统、CMOS 相机、中心机、星敏感器。

根据任务要求,需配电供电电压的负载共四种,分别是母线 28V、3.3V、5V、12V、±12V。其中热控由母线通过三极管进行控制。

9.2 技术验证星分系统设计

技术验证星由灵巧成像单元、综合管理单元、姿控单元和供配电单元等组成，如图9-8所示。技术验证星以灵巧成像单元为核心，辅以各功能单元，重点开展自主CMOS传感器芯片性能验证、数字域TDI推扫技术验证、非沿轨灵巧成像技术验证、多成像模式验证及新型展开支撑机构验证等。

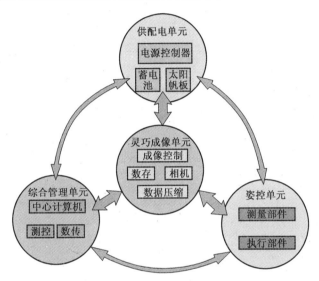

图9-8 分系统组成及关系

9.2.1 相机分系统

1. 概述

灵巧成像单元由光学镜头、结构和电子学组成。光学镜头是保证成像质量的关键，光机结构具有调焦功能，同时可实时偏流调节功能以适应灵巧成像要求，在保证焦距1550mm、口径127mm、分辨率4.7m(轨道高度656km)等光学指标的前提下，整机结构质量不大于9.5kg。

2. 光学设计

根据技术验证卫星任务要求，光学系统焦距为1550mm，相对口径为1∶12，全视场角为0.5°。按照此指标体系，此光学镜头属于中等焦距、大F数、小视场的有限共轭的望远物镜，宜采用Maksutov折反射混合式光学系统。这种光学系统的优点在于次镜与前校正镜共用，最大程度上减小了遮拦，这有助于大F数光学系统提高能量收集率。

为了提高系统的温度适应水平,采用双层融石英设计,即在前校正镜前在附加一块保护玻璃,两者同为融石英材料,在保证温度梯度水平的同时,提高了系统的抗辐照性能[4-6]。系统的光路如图9-9所示。

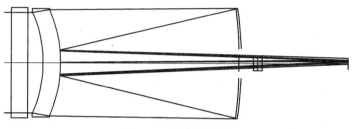

图9-9 系统的光路

系统的传递函数曲线和场曲畸变曲线分别如图9-10和图9-11所示。

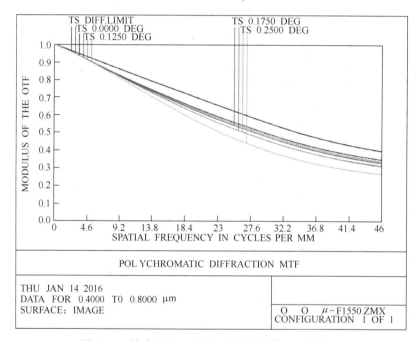

图9-10 技术验证卫星相机光学系统传递函数曲线

由图9-10和图9-11看到,系统的成像质量良好,全视场畸变控制在0.2%以内。

3. 结构设计[7]

相机结构主要由主镜组件、次镜组件、主承力镜筒、前遮光罩、调焦机构、调偏流机构及焦面组件等构成,相机如图9-12所示。

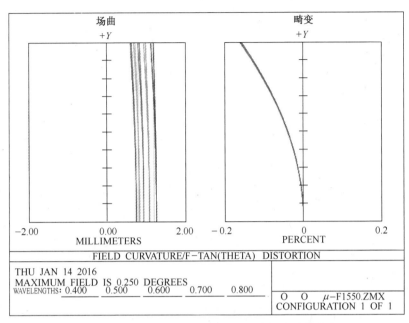

图 9-11 技术验证卫星相机光学系统场曲畸变曲线

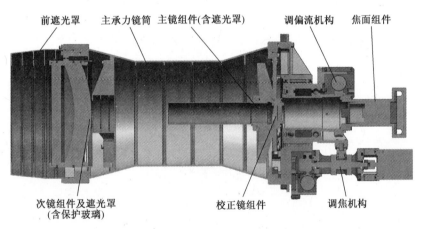

图 9-12 相机结构

调焦机构主要由调焦基座、调偏流基座、蜗轮蜗杆组件、凸轮组件和密珠轴系等组成,如图 9-13 所示。其质量约为 1.95kg。根据设计的传动规律可以算出实际每步调焦量必定小于 0.002mm,能够很好地满足光学系统要求。

调偏流机构偏流角范围±6°,偏流调整精度 3,主要由调偏流基座、焦面组件安装基座、蜗轮蜗杆组件和成对角接触球轴承等组成,如图 9-14 所示。其质量约为 1.6kg(含调偏流基座 0.25kg)。偏流机构采用步进电机进行驱动,步进电机通过减速比为 60∶1 的蜗轮蜗杆组件完成偏流调整,实现焦面组件的整体偏流运动。

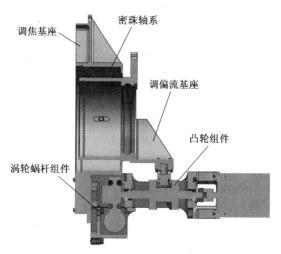

图 9-13 调焦机构

调偏流电机转动角速度固定为 3(°)/s, 调偏流过程中平台的角动量增量为 3.665×10^{-5} N·m·s, 对卫星平台的速度增量为 0.00122(°)/s。

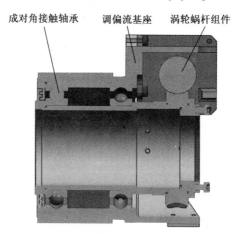

图 9-14 偏流机构结构

4. 电子学设计[8]

相机子系统电子学包含焦平面组件和成像处理组件两部分,如图 9-15 所示。焦平面组件包含 CMOS 相机、调焦电机、调偏流电机、调焦编码器和调偏流编码器,位于相机光学焦面,完成光电转化以及数字图像产生。成像处理组件包含成像处理板和固态存储板,负责完成后续图像的处理、压缩、存储以及数传打包。

相机子系统电子学实现图像的光电转换、数字化、数字域 TDI 积分、JPEG2000 压缩、大容量数据存储以及数传组帧发送,功能组成如图 9-16 所示。CMOS 相机采用 G400 型 CMOS 图像传感器,各功能模块描述如下:

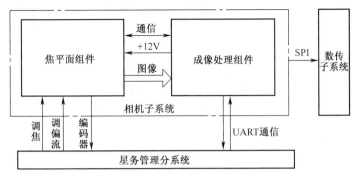

图 9-15　相机子系统电子学系统功能框图

（1）CMOS 传感器：用于将光学系统获得的光学图像转换为电子学的数字图像，CMOS 内部集成了 A/D 转换功能，在获取光电子电荷后，可以直接在内部转化为数字信号输出，具有外部电路简单、功耗低等优点。

（2）成像逻辑控制电路：产生 CMOS 图像传感器需要的驱动时序，并实现与 CMOS 图像传感器的通信，完成参数配置以及数字图像的缓存、发送。

（3）Camera Link 通信接口（发送端）：实现并/串转换，为成像处理系统提供标准的 Camera Link 接口输出，同时提供双向的 RS-422 通信链路。

（4）Camera Link 通信接口（接收端）：实现串/并转换，为后续处理单元提供友好的并行数据，同时提供双向的 RS-422 通信链路。

（5）控制指令接收：负责接收来自中心计算机的 UART 指令，串/并转换并进行指令译码，控制成像处理其他软件单元的工作，同时将信号转发给 CMOS 相机，完成 CMOS 相机的参数配置。

（6）遥测组帧与返参：将系统内部的关键点遥测量及系统运行状态打包，通过 UART 发送给中心计算机。

（7）数字域 TDI 积分：通过数字运算的方式，将高帧频视频图像进行时间延迟积分，得到 TDI 图像。

（8）推扫影像 JPEG2000 压缩：对数字域 TDI 产生的推扫图像进行 JPEG2000 压缩，获取压缩数据。

（9）视频图像缓存：在视频成像模式下，获取 CMOS 相机产生的视频数据，进行分帧、缓存后，送给视频图像 JPEG2000 压缩单元。

（10）视频图像 JPEG2000 压缩：对获取的视频图像进行 JPEG2000 压缩，获取压缩数据。

（11）压缩数据存储：将压缩后的图像数据与辅助数据组帧打包，并送入固态硬盘进行存储。

（12）数据回放：在数传模式下，将固态硬盘中的数据帧读出，按照数传的发送节拍，将数据帧发送给数传系统。

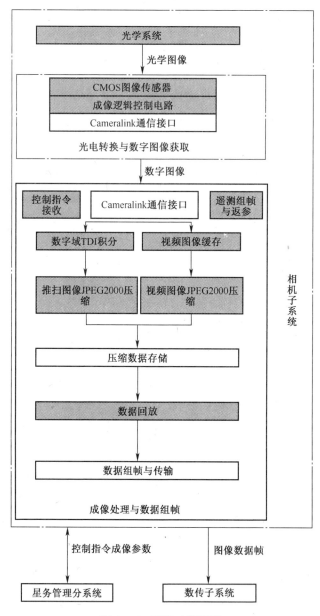

图 9-16 系统功能框图

焦平面组件由 CMOS 相机、调焦机构和调偏流机构构成,如图 9-17 所示。其主要完成以下功能:

(1) 将光学图像转换为数字电信号图像。

(2) 调焦。

(3)偏流角调整。
(4)测量偏流机构的当前角度位置。

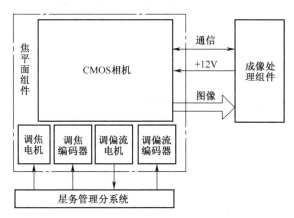

图 9-17 焦平面组件功能框图

成像处理组件采用 FPGA 作为系统的控制核心，SATA 固态盘完成图像数据的非易失性存储，专用的压缩解压芯片完成图像数据的压缩，通过 UART 通信方式与星务管理分系统中心计算机通信，通过 SPI 总线将图像数据发送给数传子系统，整个系统的+5V 供电以及 CMOS 相机的+12V 供电通过堆栈连接器提供。

9.2.2 结构分系统

1. 系统功能

结构与机构分系统的功能主要包括：
(1)保持卫星的外形和内部空间。
(2)为任务载荷与各种仪器设备提供安装面和安装空间。
(3)承受在地面、发射和在轨工作阶段的各种力学载荷，保证其在地面、发射和在轨工作时构型的完整性。
(4)满足卫星在地面停放、翻转、安装、总装、操作、测试和运输阶段的各种要求。
(5)保证太阳帆板的可靠展开与锁定。
(6)保证与运载器过渡段、整流罩前罩及整流罩后罩的可靠连接和分离。

2. 性能指标

(1)结构质量小于 15kg。外包络尺寸满足运载要求。
(2)卫星径向质心位置偏差不超过 2mm，垂直方向质心偏差不大于 3mm。
(3)卫星自由状态下发射状态基频满足运载要求。
(4)任务载荷、星敏感器、天线等视场无遮挡。

357

3. 主体承力结构设计

卫星的结构与机构分系统由主体承力结构、总装直属件等部分组成。卫星主体承力结构采用7A09超硬铝铝合金板拼接方式，拼接到一起的10块板既能起到被动热控、导热等作用，它也是卫星结构的一部分，起到主体承力的作用；一体两用，减少了构件，提高了卫星的功能密度集，减小结构质量[2]。主体承力结构，采用厚度8~15mm铝合金板加工，相机载荷板等个别部位加厚加强，这种封闭的箱体结构，刚度较高，稳定性较好，加工速度快，质量可控，较适合小卫星的批量化生产。卫星结构如图9-18所示。

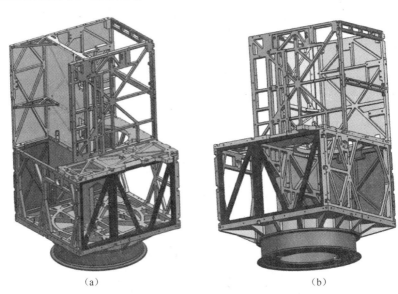

图9-18　卫星结构

卫星外表面设备主要分布于+X、-X、+Z、-Z表面。对视场有安装要求的姿控部件包括星敏感器和数传天线在整星布局时应保证，对于对视场有要求的天线，安装在卫星外表面的-Z与+Z面上，安装在-Z面上的设备包括对接环、GPS天线、星箭分离行程开关等。安装在+Z面上的设备包括数传天线、测控主/备天线。卫星+Z面设备安装如图9-19所示。数字太阳敏感器安装于卫星对日面，便于姿控分系统寻日，0-1太阳敏感器分布于+X及-X表面，另外卫星外表面的测控天线、星敏感器、脱落接插件安装于卫星-X面。

卫星内部单机设备和相机主要安装于主承力框架上。

主承力框架分为上层和下层，两层框架上载荷以及单机器件安装完成后，以下层-X向底板为基准进行总装，最后安装+Y向、-Y向、-X向、+Z向四个面蒙皮。星敏感器与光纤陀螺组件安装在上层相机载荷板上，与有效载荷共基准安装，提高了姿控系统定位精度，姿控部件及相机安装位置如图9-20所示。

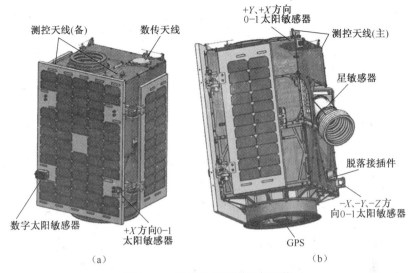

图 9-19 卫星外部仪器设备安装

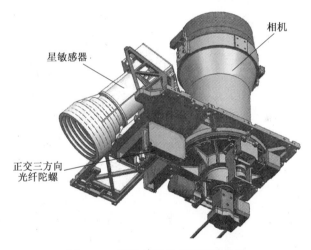

图 9-20 姿控部件及相机安装位置

主承力框架上层相机载荷板安装的设备包括相机、三个正交向的光纤陀螺、星敏感器、X 向磁力矩器、星表接插件等。其中相机的安装精度直接影响到整星的指向精度,为了保证其装配精度,防止平板的热变形导致的相机内应力分布,采用柔性支架连接相机和主承力框架上层 $+X$ 及 $-X$ 向安装板。

主承力框架上层载荷板的设备包括 Z 向磁力矩器、综合电子学电箱、测控中继电箱、Y 向磁力矩器、磁强计、蓄电池、电源控制器等。

为了减小飞轮等振动源单机对相机成像质量的影响,布局时将飞轮安装于远离相机载荷板的主承力框架底板上。主承力框架下层底板安装的设备包括三个正交方向飞轮、飞轮中转模块等。

将主承力结构上层及下层组合装配到一起,构成了结构紧密、空间利用率高、质量分布均匀的灵巧卫星结构布局,内部总体布局如图 9-21 所示。

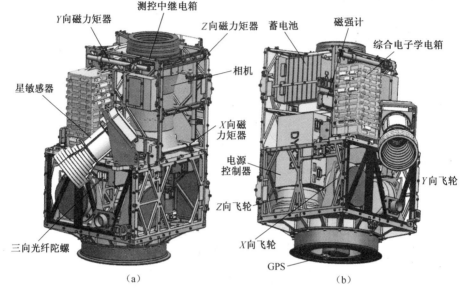

图 9-21 内部总体布局

9.2.3 综合管理分系统

1. 分系统功能

综合管理分系统[9]同样是技术验证卫星的核心控制部件,负责所有星上部件的协调与控制,完成卫星平台的遥测终端功能、姿态控制,并辅助完成有效载荷的管理与控制,以及完成星上综合信息管理等功能。主要功能如下:

(1) 测控终端:由综合管理单元直接接收测控应答机的数据并解释执行,同时直接将遥测数据发送给测控应答机下传。

(2) 姿态控制:采集各姿态敏感器数据,并执行姿态控制算法,控制姿态执行机构,完成整星姿态控制。

(3) 有效载荷管理与控制:接收地面指令,设置相机系统成像参数;同时根据当前姿态参数计算偏流角,控制调偏流电机;根据遥控指令控制调焦电机进行在轨开环调焦。

(4) 综合信息管理:收集处理整星数据,包括姿态信息、位置信息、各部件参数及状态等,并打包发送至测控应答机。

(5) 星务管理分系统对星上其他部件的通信接口以点对点全双工 RS-422 为

主。此外,还包括 RS-232、UART、I²C 总线、GPIO 等通信方式。

2. 分系统性能指标

星务管理分系统的总体技术指标如下:

(1) 在轨运行期间,通过控制各个部件工作并采集其参数,控制周期 500ms,各部件访问周期最大 3s。

(2) 星务管理分系统中心计算机与各部件主要通过点对点 RS-422、RS-232 或 UART 通信,通信码速率 38400b/s,1 位起始位,8 位数据为,1 位停止位。

(3) 时间精度:0.1ms(GPS 校时有效),10ms(地面均匀校时)。

(4) 遥控数据率:2400b/s。

(5) 遥测数据率:4800b/s。

3. 分系统设计

星务管理分系统由星务管理中心计算机板以及中心计算机接口扩展板组成。

1) 中心计算机

中心计算机系统结构及与其他部件的接口关系如图 9-22 所示。

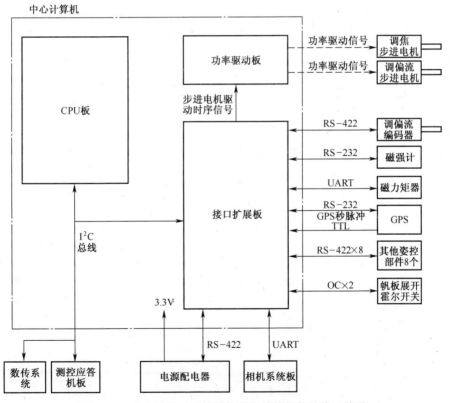

图 9-22 中心计算机系统结构及与其他部件的接口关系

2) 接口扩展

技术验证卫星中心机的计算性能可达到 48 兆条指令/s,完全满足星务管理的性能需求,但其对外通信接口相对较少,而系统中大量姿控部件以 RS-232、RS-422、UART 为主,无法满足应用需求,因此需要定制接口扩展板。其中,I^2C 总线通过板间接连接器与测控应答机、数传系统、接口扩展板通信。根据接口扩展板所需提供的对外接口类型和数量,接口扩展板框图如图 9-23 所示。

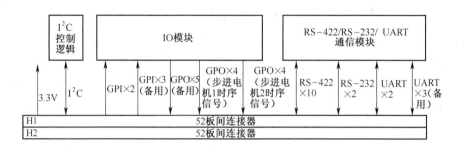

图 9-23 接口扩展板框图

9.2.4 测控分系统

技术验证卫星的测控分系统采用了业余无线电特高频(UHF)频段的半双工通信方式,即采用"请求+应答"的通信机制,有请求信号时,才进行应答回复,无请求信号时,系统则处于静默状态,同一时刻通信信道中不能同时出现请求信号与应答信号。

由于国外有很多微小卫星已在轨使用了 UHF 频段应答机,均获得了良好的通信效果,能提供可靠的星地通信链路。技术验证卫星的测控分系统由 1 台测控应答机与 4 根测控天线组成。

1. 测控应答机

UHF 频段测控应答机主要功能如下:

(1) 半双工 UHF 窄带 FM 收发器:设计工作频率为 435~437MHz,超外差解调接收,1200b/s 遥控速率下接收灵敏度高达 -125dB,发送功率为 30~34dBm。

(2) MSK 基带:上行,1200~4800b/s;下行,1200~9600b/s。

(3) CCSDS 帧格式:32bitASM 帧头,256B 帧长。

(4) 遥测量:PCB 及 PA 温度,电源电压,接收机的 RSSI 和 RF 误码。

(5) 空闲状态自主摩斯码信标。

(6) 与中心计算机 I^2C 接口速率达 400b/s。

由于为半双工机制,为了保证遥控指令的顺利上注,采用应答式遥测下传方式,星上仅在收到地面轮询指令后,才下传遥测数据。当星上系统收到上注指令后,即下传8帧遥测数据帧,然后进入等待状态。

中心计算机通过监听测控系统的上行指令来实现对主、备测控系统的切换,当超过一定时长未收到任何遥控指令(48h),中心计算机即判定测控系统当班机发生故障,控制电源系统对测控系统进行主备切换。

测控系统的可靠性直接关系到整星安全,为了进一步提高技术验证卫星的测控系统可靠性,测控应答机采用了主备份设计(图9-24),通过电源系统对主备份电源进行切换。

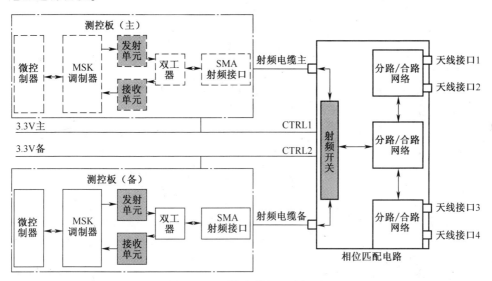

图9-24 测控应答机组成框图

2. 测控天线

测控天线采用热熔断展开的4根天线设计方式,形成一套收发一体的测控天线,天线形式为4相位天线,测控天线主要参数性能如表9-4所列。

表9-4 测控天线主要参数性能

序号	参数	参数值
1	工作温度/℃	−55~100
2	质量/g	30
3	尺寸(单根)/mm	163
4	工作频率/MHz	400~550
5	射频接口	SSMCX(孔)
6	最大功率/W	10

9.2.5 数传分系统

1. 系统功能及性能指标

数传分系统能够实现图像数据的信道编码及射频调制,最后以射频信号的形式将图像数据发送至地面。同时,数传分系统保持与综合电子学系统的通信,接收综合电子学的控制并返回遥测信息。

由于技术验证卫星的载荷数据量较小,发送的数据率最高为2Mb/s,所以数传分系统选择工作在S波段,国外航天领域有很多微小卫星使用了S波段的数传分系统,其能够提供可靠的数据传输链路,形成了规模化应用。

技术验证卫星的数传分系统由1台数传发送单元与1根数传天线组成。数传发送单元性能指标如表9-5所列。

表9-5 数传发送单元性能指标

序号	参数	参数值
1	射频功率/dBm	29~31
2	调制方式	BPSK 或 OQPSK
3	控制通信 I^2C/kHz	100~400
4	图像数据 SPI/(Mb/s)	2
5	数传发送单元尺寸/mm^3	95×90×12
6	质量/g	140
7	输出信噪比/dB	20
8	天线直径/mm	76
9	支架高度/mm	3.8
10	天线增益/dBi	8
11	波束宽度/(°)	60
12	极化方式	左/右圆极化

2. 系统组成

数传子系统由数传发送单元和数传天线两部分组成,图像数据通过SPI通信链路,由相机系子统发送给数传发送单元,数传子系统与星务管理分系统中心计算机之间采用I^2C总线通信,连接如图9-25所示。

3. 子系统设计

数传发送单元标准的堆栈式104针接插件实现基带信号及电源的连接,射频采用SMA同轴电缆进行连接。数传发送单元功能如图9-26所示。

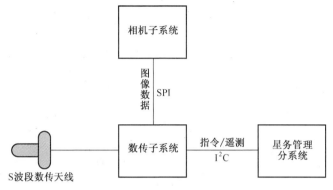

图 9-25 数传子系统连接

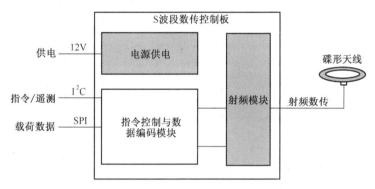

图 9-26 数传发送单元功能

9.2.6 姿态控制分系统

1. 分系统功能

姿态控制分系统在卫星入轨后,保证卫星姿态在一定的精度内指向给定(或事先规划)的方位,使卫星姿态控制具备以下能力:

(1) 具有姿态捕获及稳定能力。
(2) 具有姿态与轨道的确定能力。
(3) 具有对地/对日三轴稳定控制能力。
(4) 具有大角度姿态机动能力。
(5) 具有按照规划路径跟踪特定指向的能力。
(6) 具有故障诊断和一定程度上的应急控制能力。

2. 分系统性能指标

总体对分系统的指标在对地稳定成像、视频成像及灵巧成像期间的三轴姿态控制满足精度要求。具体要求如下:

(1) 三轴姿态确定精度:≤0.05°(3σ)。
(2) 三轴指向精度:≤0.1°(3σ)。
(3) 定轨精度:≤50m(3σ)。
(4) 三轴角速度确定精度:≤0.005(°)/s(3σ)。
(5) 三轴角速度稳定度:≤0.01(°)/s(3σ)。
(6) 三轴姿态角跟踪控制:≤0.15°(3σ)。
(7) 三轴角速度跟踪控制精度:≤0.01(°)/s(3σ)。

3. 分系统组成

姿态控制分系统由如下四部分组成:

(1) 测量部件:数字太阳敏感器、0-1 太阳敏感器、磁强计、光纤陀螺、星敏感器、GPS 接收机。

(2) 执行部件:反作用飞轮、磁力矩器。

(3) 信号处理板:信号处理板 A、B、C。

(4) 中心控制单元:中心计算机(与综合电子系统共用)。

技术验证卫星姿态控制分系统组成如图 9-27 所示。

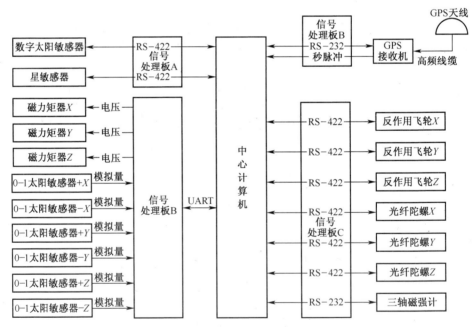

图 9-27 姿态控制分系统组成

4. 分系统设计

姿态控制分系统采用的测量部件包括星敏感器,为卫星提供三轴姿态信息;光纤陀螺用于提供卫星三个方向的角速度信息。为满足速率阻尼、寻日及对日定向以及安全模式的要求,配置了磁强计、0-1太阳敏感器、数字太阳敏感器、GPS接收机。

在正常工作期间,采用反作用飞轮为主的执行机构,星敏感器和光纤陀螺组合确定卫星姿态,磁力矩器提供反作用飞轮的卸载力矩。

姿态控制分系统的信号处理板负责将除磁力矩器和0-1太阳敏感器之外的其他部件通信信号线及部分电源线转接至连接中心计算机的板间接插件上,以实现中心机及配电单元对部件的通信控制及加断电控制;信号处理板还负责0-1太阳敏感器的信息采集和磁力矩器的驱动控制。

姿态控制分系统与综合电子系统共用中心计算机,该计算机除需完成数据管理、遥测遥控等任务外,还需进行敏感器、执行机构数据采集、姿态和轨道的确定与控制等任务的调度。

姿态控制分系统工作原理是采集各种姿态敏感器输出的测量信号和GPS接收机提供的轨道测量信息,结合其他系统的输出,根据控制命令要求设计控制信号,然后向控制执行机构发出控制指令,生成相应的控制力矩,姿态控制数据流如图9-28所示。

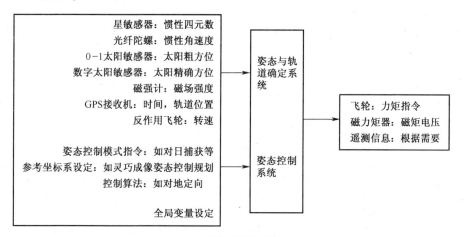

图9-28 姿态控制数据流框图

灵巧和凝视成像模式的姿态控制算法主要采用PD控制加耦合力矩补偿及数引前馈补偿的方式。

惯性空间稳定成像模式的姿态控制算法主要采用PD控制加耦合力矩补偿的方式:

$$u = \mu[w \times]H - Dw - Kq_{ev}$$

式中:μ为抵消陀螺耦合力矩的控制力矩因子,当$\mu=1$时,表示对陀螺耦合力矩的完全抵消;q_{ev}为误差四元数的矢量部分;H为整星的角动量;w为偏差角速度;K、D分别为比例和微分控制系数。

5. 分系统工作模式

技术验证卫星与运载器分离后进入轨道,此时姿态控制分系统在综合电子系统的管理和调度下,通过地面遥控或由星上自主实现卫星的运行控制。为满足长期在轨运行以及任务载荷的试验需求,需要姿控分系统实现不同的姿态指向和控制精度要求。

在轨飞行过程中,根据技术验证卫星的构型和布局,采用长期对日定向、执行任务期间对地定向的工作模式,使热控、电源等分系统适应宽窗口发射条件。为满足飞行任务的需要,设计几种基本的控制模式,将这些控制模式进行适当组合和衔接,可满足系统的需要。

技术验证卫星的控制模式主要包括:

(1) 速率阻尼模式(星上自主完成)。
(2) 寻日及对日定向模式(星上自主完成)。
(3) 对日三轴稳定模式(星上自主完成)。
(4) 安全模式。
(5) 对地三轴稳定/推扫成像/数传模式(接收指令后,星上自主完成)。
(6) 凝视成像/凝视数传模式(接收指令后,星上自主完成)。
(7) 灵巧成像模式(接收指令后,星上自主完成)。
(8) 惯性空间稳定模式(接收指令后,星上自主完成)。

姿态控制过程中,每个模式使用的控制部件不同,除常规模式外的控制方案如表 9-6 所列。

表 9-6 姿态控制分系统方案

序号	控制模式	基本敏感器	执行机构	控制算法	姿态确定和导航算法
1	惯性空间稳定成像	光纤陀螺 0-1 太阳敏感器 数字太阳敏感器 星敏感器 GPS 磁强计	反作用飞轮	带估计补偿器 PD 控制	组合定姿与递推算法 路径提前规划算法 轨道测量与递推算法
2	灵巧/凝视成像/凝视数传工作模式	光纤陀螺 0-1 太阳敏感器 数字太阳敏感器 星敏感器 GPS 磁强计	反作用飞轮	反馈加前馈控制	组合定姿与递推算法 路径提前规划算法 轨道测量与递推算法

分系统各控制模式之间的转换如图 9-29 所示。

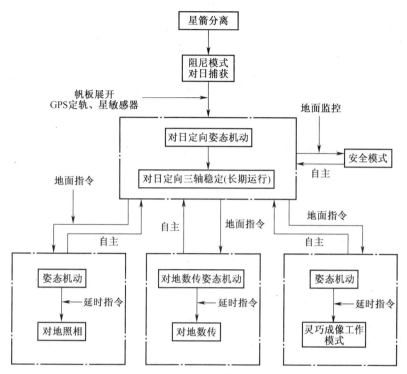

图 9-29　分系统各控制模式之间的转换

技术验证卫星与运载器分离后,进入在轨运行段。

9.2.7　电源分系统

1. 电源系统功能

电源系统主要完成的功能:

(1) 在地面测试及各种地面试验期间,为卫星提供一次电源。
(2) 为火工品起爆提供脉冲电流。
(3) 在轨运行期间,为卫星提供一次电源,保证各仪器设备的正常工作。
(4) 电源分系统在日照期利用太阳电池阵发电,对卫星各设备供电,并对蓄电池充电;在地影期由蓄电池对卫星各设备供电。
(5) 实施在轨运行期间的电源管理和控制,包括对一次电源母线电压的调节、对蓄电池充放电的控制等,并提供所需的遥测、遥控接口。
(6) 在卫星发射前,由地面稳压电源经配电器至电源控制器为蓄电池充电。
(7) 电源分系统应具备故障诊断及故障隔离功能,蓄电池应具备临近过放电情况下的自主切除及整星供电恢复后的自主接入功能。

(8) 接收执行间接指令。

(9) 为分系统单机设备或部件提供配电。

(10) 一次电源及二次电源回线与机壳表面接地桩良好搭接,实现整星接地。

(11) 为火工品电路提供安全控制通路及测试点。

(12) 提供地面稳压电源供电接口。

(13) 采集配电热控管理单元的功能参数。

(14) 采集部分单机的模拟量遥测信号。

(15) 实现整星温度测量及加热带控制。

2. 电源系统组成及方案

电源分系统由三部分组成:1台电源控制器,1组蓄电池组,3个太阳电池阵(1个体贴,2个展开)。

技术验证卫星电源分系统由太阳电池阵、锂离子蓄电池组和电源控制器组成。太阳电池阵沿+X方向展开,8块体装板组成,太阳电池阵总面积为$0.51m^2$,采用平均效率优于28.0%的三结砷化镓($GaInP_2/GaAs/Ge$)太阳电池片。

锂离子蓄电池采用额定容量为$10A \cdot h$的单体,由7只单体串联组成。

电源控制器是电源系统的控制核心,在不调节母线方式下,电源控制器由分流充电调节单元、放电调节单元、过放电保护单元、滤波供电单元、配电热控控制单元、二次电源变化单元、电源下位机等组成。其主要通过对蓄电池组的充放电调节控制、太阳电池阵输出多余功率的分流调节,完成电源系统一次电源变换控制,保持一次母线和各分系统供电的稳定,满足星上各负载的供配电要求,同时还完成电源系统各主要性能参数的遥测变换和控制。

技术验证卫星电源分系统工作原理框图如图9-30所示。

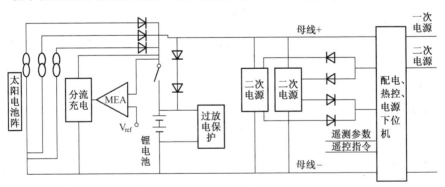

图9-30 技术验证卫星电源分系统工作原理框图

卫星电源分系统采用能量直接传递(DET)系统控制方式的不调节直流母线结构,电源分系统输出一条不调节直流母线。

不调节母线的输出电压不经调节。无论是光照期还是阴影期,供电母线输出均被蓄电池组充放电电压钳位为 24.5~29.4V，根据锂离子电池的特性充电时设置最高充电电压限制。

电源分系统有三种工作模式，即充电、分流和联合供电。

在光照区，母线电压变化范围为 24.5~29.4V。电源控制器采用限压式的充电方式，把太阳供电与充电阵功能合一，使太阳电池阵输入功率得到最大的利用。整个太阳电池部分设置两个分阵，在为负载供电的同时对蓄电池组进行充电。在光照区，太阳电池阵利用恒流特性为蓄电池组和为负载供电，一旦负载功率超过太阳电池阵的输出功率需求时，这时呈与蓄电池组联合供电工作模式。

在阴影区，蓄电池组直接对负载进行供电。

当光照期母线负载工作时，如果太阳电池阵的输出功率不能满足负载功率需求，这时蓄电池组为母线补充供电，母线均呈与太阳电池阵联合供电工作模式。在短期负载结束后，分流充电调节单元可继续对蓄电池组充电，使蓄电池组达到放电/充电能量平衡，同时还完成电源系统各主要性能参数的遥测变换和控制。

3. 太阳电池阵设计

根据总体要求，太阳电池阵采用体贴方式进行安装，$GaInP_2/GaAs/Ge$ 单体太阳电池设计参数如表 9-7，损失因子如表 9-8 所列。

表 9-7 $GaInP_2/GaAs/Ge$ 单体太阳电池设计参数

参数名称	参数值
电池结构	n/p 型三结 $GaInP_2/GaAs/Ge$ 太阳电池
电池尺寸	40.0mm×80.0mm（缺两角），电池面积 30.18cm²
吸收率 α_s	≤0.91
半球向辐射率 ε_h	0.85±0.02
开路电压 V_{oc}/mV	2667
短路电流密度 J_{OC}/(mA/m²)	16.8
工作电压 V_{mp}/mV	2371
工作电流密度 J_{mp}/(mA/m²)	16.1
平均光电转换效率/%	28（AM0，135.3mA/cm²，28℃）

表 9-8 $GaInP_2/GaAs/Ge$ 太阳电池损失因子（1年末）

损失因子	K_I	K_V	K_P
组合损失	0.98	1	0.98
紫外损失	0.98	1	0.98
温度交变损失	0.98	1	0.98
温度系数	+0.009mA/(cm²·℃)	−6.80mV/℃	−0.29%/℃
辐照损失		0.95	0.931
电性能测试误差因子	0.99	1	0.99

在标准光强、整星对日、太阳入射角为0°,太阳电池阵工作温度为130℃情况下,对应太阳电池阵输出端电压为33V时,对母线输出的有效功率为:4并22串,在对日模式下,有2组并联与太阳成0°角,有2组并联与太阳成45°角。另外,为了保证在姿态失控的条件下电源系统也能产生能量,在背光面也有2并22串太阳电池片。

寿命初期:不小于63W(不含背面电池片)。

寿命末期:不小于57W(不含背面电池片)。

4. 锂离子蓄电池设计

锂离子蓄电池组由7只额定容量为10A·h的矩形锂离子蓄电池单体串联组成,锂离子蓄电池组主要功能为:电源分系统锂离子蓄电池组从技术验证卫星转内电开始至入轨后太阳电池阵展开正常发电为止,提供负载所需的全部电能。在轨飞行期间,电源分系统锂离子蓄电池组在阴影区提供负载所需的全部电能;在光照区储存电能,可以通过放电补充负载的峰值功耗。

主要技术指标:

(1) 额定容量:10A·h。

(2) 工作温度范围:0℃~30℃。

(3) 工作电压范围:24.5~29.4V。

(4) 质量:不大于3.2kg。

5. 电源控制器设计

电源控制器是电源系统的控制核心,在不调节母线方式下,电源控制器由分流充电调节单元、放电调节单元、过放电保护单元、滤波供电单元、遥测遥控单元、配电控制单元、热控控制单元、二次电源变化单元、电源下位机等组成。其主要通过对蓄电池组的充放电调节控制、太阳电池阵输出多余功率的分流调节,完成电源系统一次电源变换控制,保持一次母线和各分系统供电的稳定,满足星上各负载的供配电要求,同时完成电源系统各主要性能参数的遥测变换和控制,如图9-31所示。

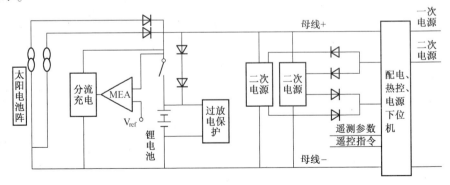

图9-31 电源控制器原理框图

9.2.8 热控分系统

灵巧试验卫星是近地太阳同步轨道卫星,热控分系统[10]应为星上各个仪器提供所要求的工作温度,确保卫星正常运行。但该卫星在轨飞行过程中,姿态变化频繁,仪器设备工作模式多,使得星体吸收的空间外热流以及仪器设备的发热功率变化大。而且,星上资源紧张,整体布局非常紧凑,尤其是个别仪器设备(如H2-Ni蓄电池组、CMOS相机等)要求更小的控温范围。根据这些特点,并借鉴国内外有关卫星热控尤其是微小卫星热控的成功技术和经验,对该卫星使用以被动热控措施(如热控涂层、多层隔热组件等)为主,附加电加热主动热控技术的热设计方案,并采取多种措施,增强星体内各仪器设备之间的热交换,优化功耗组件布局。经分析计算表明,这种热控设计是可行的,能满足灵巧试验卫星的控温要求。

1. 热设计的基本原则

通过合理的热控设计、热控措施,严格的热控实施过程,保证卫星在整个飞行过程中,星上的仪器设备及部件均在规定的工作温度范围内,确保卫星飞行任务的圆满完成。具体原则如下:

(1) 整星热控尽量采用被动热控方式,对蓄电池组、CMOS相机等精密控温设备预留电加热器,提高系统可靠性。

(2) 采用一体化设计方法,统筹结构布局、热设计,实现全局的优化设计,减小整星进出阴影区的温度波动。

(3) 优化散热面面积和布局,使得用于热控的电加热功率最小,热控质量小。

(4) 对于相机遮光罩及星敏感器遮光罩等采取隔热措施,降低其与星体间的热耦合。

(5) 热设计时对温度的控制能力(如控温范围、电加热功率等)留有一定余量,以提高热设计可靠性。

2. 分系统性能指标

(1) 舱内温度:$-10 \sim 45$℃。

(2) 锂离子蓄电池组温度:$10 \sim 30$℃。

(3) 星敏感器温度:$-50 \sim +34$℃。

(4) 相机主体温度:$12 \sim 24$℃,轴向温差不大于4℃。

(5) 太阳电池阵温度:$-95 \sim 135$℃。

(6) S波段天线温度:$-15 \sim 35$℃。

(7) 质量:≤1kg(不含电源控制器热控部分)。

(8) 功耗:≤5W(在轨长期功耗)。

(9) 可靠性:0.985(1年末)。

3. 分系统组成

(1) 热控涂层:铝合金黑色阳极氧化涂层,$\varepsilon_h \geqslant 0.85$,主要用于仪器设备表面;ERB-2B 黑色热控涂层,$\varepsilon_h \geqslant 0.85$,主要用于舱内壁板及部分设备表面;S781 白色热控涂层,$\sigma_s = 0.17 \sim 0.4$,$\varepsilon_h = 0.85$,用于散热表面;S853 白色热控涂层,$\sigma_s = 0.18 \sim 0.45$,$\varepsilon_h = 0.87$,主要用于天线表面;F46 单面镀铝膜,$\sigma_s = 0.13 \sim 0.32$,$\varepsilon_h = 0.69$,用于太阳照射面多层外表面及部分仪器设备表面。

(2) 多层隔热材料:用于除散热面及仪器设备安装面外其他卫星外表面的包覆、星敏感器遮光罩外表面的包覆、部分星体外安装仪器设备的包覆等。

(3) 电加热器件:康铜箔加热片作为蓄电池组、CMOS 相机等的电加热器件。通过电源控制器,对其进行自动控温。

(4) 电源控制器:负责星上的温度信号采集;根据采集的温度信号,对加热器分别进行主动温度控制。

(5) 热敏电阻:作为温度敏感器,用于仪器设备的温度测量。

4. 分系统设计

由于技术验证卫星采用星载一体化设计技术,卫星平台和有效载荷高度耦合,同时卫星大量采用框架结构,其导热性能较差,另外,卫星热控资源极其有限,且卫星工作模式较多,因此技术验证卫星的热控分系统主要继承了其他卫星上使用过的成熟技术,采用以被动式热控措施(热控涂层、多层隔热组件)为主,对某些温度范围小及有特殊要求的仪器设备(锂离子蓄电池组、相机等)采用电加热方式的主动热控技术为辅的热控方案。

卫星仪器舱内主要仪器均发黑处理或喷涂 ERB-2B 黑漆,提高表面发射率,根据卫星内部仪器功耗设计散热面;同时为减小卫星在轨温度波动,除散热面、入光口等其余卫星表面均包覆 20 单元多层隔热组件,星外设备使用聚酰亚胺垫隔热安装。

1) 散热面

散热面起着把星上内仪器设备的发热量向外空间发散的作用,其布局、大小及散热效率等直接影响仪器设备的温度控制,所以散热面的设计是热设计所必须考虑的首要问题。

考虑到卫星的布局、仪器设备的功率等,根据上述外热流的计算结果,由于帆板的遮挡作用,主要仪器舱在轨飞行过程中,各仪器舱表面不仅吸收的外热流密度小,其吸收的外热流密度在一个轨道周期内变化也较小,根据性能仪器的布局和功耗,将+Y 蒙皮设为散热面,散热面面积约为 $0.2m^2$。散热面上喷涂 S781 热控白漆,以提高散热面的散热效果和热性能稳定性。

2) 舱内仪器设备热控

舱内设备有 $X/Y/Z$ 向反作用飞轮、$X/Y/Z$ 向磁力矩器、平台陀螺组、综合处理电箱、锂电池、电源控制器等。单机设备均安装在铝合金框架上。根据等温化的设

计原则,为加强舱内各仪器设备之间辐射热交换和传导热交换,改善各仪器设备之间温差,采取了如下热控措施:

(1) 舱内所有仪器设备及设备支架的外表面均采用发黑处理或喷涂黑色热控涂层;在仪器设备安装面与安装板之间填充导热填料。

(2) 为满足绝缘安装要求,锂电池安装面粘贴聚酰亚胺胶带,锂电池表面包覆多层隔热组件;同时为保证锂电池的工作温度,表面粘贴加热片和热敏电阻,对其进行闭环温度控制。

3) 舱外部件热控

安装于卫星外表面的设备主要包括 GPS 天线、测控天线、太阳敏感器、星敏感器镜筒、数传天线等。其热控设计如下:

(1) GPS 天线:支架包覆多层隔热组件。

(2) 数字太阳敏感器:除感光区域外,其余表面和支架外表面均粘贴 F46 薄膜镀铝二次表面镜。

(3) 星敏感器镜筒:星敏感器镜筒表面均粘贴 F46 薄膜镀铝二次表面镜。

(4) 测控天线、0-1 太阳敏感器、数传天线:不做特别的热控处理。

(5) 帆板:体贴帆板与卫星本体采用聚酰亚胺垫隔热安装。

4) 相机热控

(1) 相机镜筒外表面包覆多层隔热组件。

(2) 相机镜筒使用热敏电阻和加热器组成主动加热回路。

9.2.9 太阳帆板展开机构分系统

技术验证星以国际前沿理念为目标,讲究快捷、灵活、高效的对敏感目标成像,能根据需求不断进行姿态控制,前后摆、左右摆、快速摆、准确摆不停地对感兴趣的目标进行观测,与传统的推扫卫星相比,大大提高了运行效率,绕地一周能够采集的图像范围更广,是未来对地观测卫星的发展方向。由于灵巧微小卫星的姿态不停的变化,调姿频率非常高,这就对太阳帆板的基频提出了更高的要求,如何提高太阳帆板整体的刚度,提升基频,是敏捷微小卫星能否做到"敏捷"的关键环节之一。

为了避免卫星帆板展开状态固有频率与姿控频率接近引起动态耦合现象,且姿态调整后产生扰动的太阳帆板能快速恢复平稳,太阳帆板展开后固有频率应大于规定值。传统帆板连接形式只靠铰链连接帆板与星体,形成悬臂板结构,连接刚度较低,一般情况下基频很难达到使用要求,因此国际上许多新一代敏捷机动型卫星均采用了不同形式的帆板展开机构,可使展开帆板的固有频率提高 1 倍以上,阻尼比也大幅提高,满足姿控分系统需求。

在帆板展开机构中应用带状弹簧支杆是一种好的设计方案。带状弹簧是将支撑与锁定功能集于一身的构件,应用其屈曲变形前组件的抗弯刚度高的特点,来支撑太阳帆板展开,提高太阳帆板展开系统刚度和基频。国际上在此领域理论研究较深入并有应用实例,而国内在此领域内鲜有研究和应用。图9-32是灵巧微小卫星展开状态。

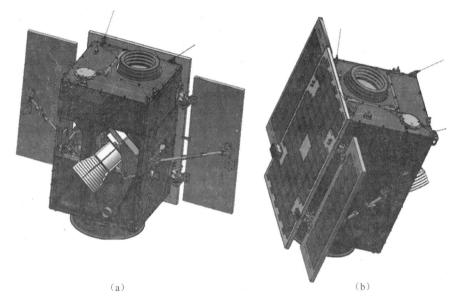

(a)　　　　　　　　　　　　(b)

图9-32　灵巧微小卫星展开状态

为提高展开帆板的固有频率,打破国外技术壁垒,自主研发了一种基于带状弹簧的新型太阳帆板展开机构,新型机构在收拢时与帆板一起折叠,展开后可作为帆板支架,支杆与帆板根部两个铰链构成了稳定三角形的结构形式,这将大幅提高帆板刚度。

1. 设计指标

依据技术验证星总体要求,结构与机构分系统的主要任务包括:

(1) 保持卫星的外形和内部空间。

(2) 能承受复杂的发射环境及空间环境,±100℃高低温条件下展开可靠性高,展开驱动力矩的静扭矩裕度大于1。

(3) 带状弹簧材料选择与参数优化,保证带状弹簧在恶劣太空条件下可靠工作。

(4) 帆板展开时间小于1s,展开机构展开瞬间冲击载荷较小,不能对星上部件造成损害,且不对姿态控制系统造成较大影响。

(5) 保证太阳帆板展开后在规定位置锁紧,展开瞬间产生的震荡能够在较短时间内平稳,结构阻尼比大。

(6) 灵巧微小卫星展开太阳帆板基频不小于50Hz。

（7）展开与支撑机构总质量不大于 1kg。

基于带状弹簧的太阳帆板展开机构如图 9-33 所示。

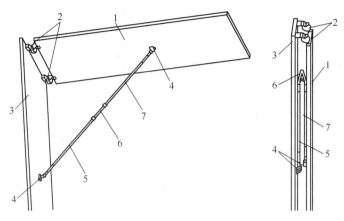

(a) 太阳帆板展开状态　　　(b) 太阳帆板收拢状态

图 9-33　基于带状弹簧的太阳帆板展开机构

2. 带状弹簧组件

带状弹簧组件的主要功能是连接上支杆与下支杆，构成一个可以弯折 180° 的铰链机构，由于带状弹簧的正向弯曲特性和反向弯曲特性差别很大，为了保证带状弹簧组件正向弯曲与反向弯曲性能一致性，设计采用两片带状弹簧正向弯曲面相对的方式，如图 9-34 所示。

图 9-34　带状弹簧组件结构

作为机构的关键部件，带状弹簧材料的选择、热处理工艺的确定直接关系到该部件的质量与可靠性。带状弹簧为厚度很薄且带有一定弧度的薄片，厚度为 0.1～0.2mm，在初步试验过程中通过对 7 种不同材料进行试验发现，一些弹性材料在加工成薄片后经过热处理，性能不稳定，薄片的外形容易出现缺陷，弹性无法达到设计需求，有的材料弯曲后甚至无法回弹；在 ±100℃ 高低温下弹性性能差别很大，易发生冷脆折断。

经性能对比，确定采用某型号镍基恒弹合金材料，经过调整热处理温度、保温时间、升降温梯度等工艺指标，最终确定了合适的工艺方法来制造带状弹簧。

镍基恒弹合金属于 Fe-Ni-Cr-Ti 系铁磁性沉淀强化型弹性合金，固溶处理后，塑性良好,硬度偏低,易加工成型。固溶或经冷应变后时效处理,可获得强化和良好的恒弹性性能。该种合金具有小的弹性模量温度系数,高的机械品质因数,良好的波速一致性,较高的强度和弹性模量,较小的弹性后效和滞后,线膨胀系数低,加工性能好,耐腐蚀性能优良等优点。经过热处理,该材料抗拉强度 σ_b 可达到 1400~1600MPa,疲劳强度 σ_{-1} 可达 350~500MPa,扭力状态下的疲劳强度可达 130~180MPa。通过实验发现,加工成型的带状弹簧高低温弹性稳定,耐腐蚀,不易发生蠕变,屈服极限、弹性模量都很高,满足本卫星设计机构的使用。

3. 分离解锁机构设计

技术验证星 +Y、-Y 展开帆板压紧方式为通过一个压紧点压紧,用火工品连接。火工品采用技术成熟的顿感电起爆器,起爆电流不低于 5A,不高于 10A。该种火工品冲击较小,无多余飞溅物。

由于起爆方向正对帆板贴片面,设计上在金属接触面加两层硫化橡胶垫,衰减冲击,防止太阳电池片震碎。经计算,在火工品冲击达到 2000g 时,太阳电池片贴片表面应变值小于 2000με,可保证太阳电池阵安全。

参 考 文 献

[1] 杨秀彬,林星辰.低轨凝视卫星动态跟踪目标对成像的影响分析[J].红外与激光工程,2014(B12):203-208.
[2] 谢晓光,杨林.对地观测敏捷小卫星星载一体化结构设计[J].红外与激光工程,2014(S1):53-58.
[3] 陶淑苹,金光.实现 CMOS 相机数字域 TDI 自适应曝光成像[J].中国光学(增刊),2014.
[4] 解鹏,徐明林.某小型空间相机光机结构设计[J].中国光学(增刊),2014.
[5] Xie Peng,Xing Li-na.The study on errors of prisms of a quarter-width camera system[C].Advanced Optical Manufacturing Technologies,2012.
[6] Liu Chun-yu,Jin Guang.Design of light condenser optical system based on membrane mirror with high power condenser ratio[C].SPIE,2012.
[7] Xing Li-na,Xie Peng.Design and analysis of supporting structure of cubic prism for three-frame in high-speed multi-frame camera[C].Advanced Optical Manufacturing Technologies,2012.
[8] Piao Yong-jie,Xing Li-na,AN Yuan.Low cost high speed solid state mass storage system for small satellite[C].The 4s Symposium,2014.
[9] 郑晓云,王绍举.SRAM 型 FPGA 单粒子翻转模拟系统研究[J].红外与激光工程,2014(S1):164-168.
[10] 王栋,姚劲松,金光.轻型空间相机支撑桁架的精确控温[J].光学精密工程,2014,22(3):712-719.

第10章 卫星在轨测试与应用领域

10.1 高分多光谱卫星在轨测试

1. 地面像元分辨率

图 10-1 为高分多光谱卫星拍摄的某靶标的全色和多光谱细节图,图中框内为定标场所在地,根据计算得到高分多光谱卫星地面像元分辨率。

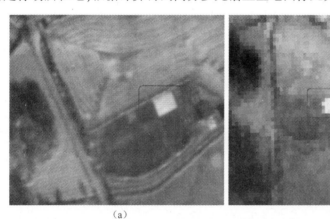

(a) (b)

图 10-1 (见彩图)定标场全色和多光谱细节图

对于全色影像,在 0 级图像产品中选取 1 景图像;在视场中心处沿卫星飞行方向和垂直于飞行方向分别选取两个地面控制点,组成地面控制点对;计算地面控制点在卫星飞行方向和垂直于飞行方向所占的像元数;利用大比例尺地形图精确测量出地面控制点的实际坐标;计算地面控制点对在地面上的距离,并除以其在所占的像元数,为该景图像的地面像元分辨率;取几景图像的平均值,计算出相机的地面像元分辨率。

对于多光谱影像,地面布设专用高对比度辐射状分辨率靶标,最低空间频率满足多光谱相机分辨率 2.88m 的需要,通过分辨极限位置定位、靶标设计参数、地面测量结果综合分析得到相机分辨率。

对于全色图像测试结果:

沿轨方向:(10173.9527-10159.6727)/20=0.71(m)

垂轨方向:(1025.1535-1010.9553)/20=0.71(m)

对于多光谱图像测试结果:

沿轨方向:(2613.0068-2604.4268)/20=2.86(m)

垂轨方向:(1025.0135-1016.4635)/20=2.85(m)

满足全色分辨率优于0.72m、多光谱分辨率优于2.88m技术指标。

2. 成像幅宽

选取5景相机拍摄图像,分别计算出单景图像水平方向上两端位置差,得到成像幅宽;再通过对该5组成像幅宽求平均值的方法,得到相机的等效星下点成像幅宽,如表10-1和表10-2所列。

表10-1 全色成像幅宽测试结果

序号	景编号	侧摆角/(°)	幅宽/km	等效星下点幅宽/km
1	20151014	-11	12.07	11.84
2	20151021	1	11.63	11.63
3	20151030	-4	11.69	11.66
4	20151102	8	11.86	11.74
5	20151123	-14	12.35	11.98

表10-2 多光谱成像幅宽测试结果

序号	景编号	侧摆角/(°)	幅宽/km	等效星下点幅宽/km
1	20151014	-11	12.08	11.85
2	20151021	1	11.64	11.64
3	20151030	-4	11.70	11.67
4	20151102	8	11.87	11.75
5	20151123	-14	12.36	11.99

3. 在轨传递函数

以高分多光谱卫星拍摄的芬兰定标场为例,该靶标点示意图如图10-2所示。

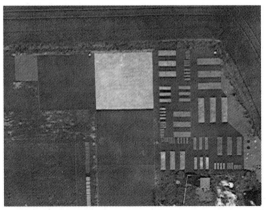

图10-2 Google地图的芬兰定标场

高分多光谱卫星拍摄该定标场时,设定成像积分参数为72,增益为1,获取1∶1、1∶4比例图像分别如图10-3和图10-4所示。

图10-3　芬兰定标场1∶1显示(2%线拉)

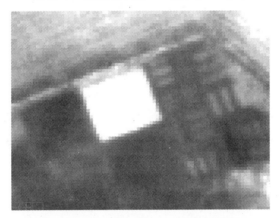

图10-4　芬兰定标场1∶4显示(2%线拉)

通过辐射定标软件分析可知,该靶场刃边黑白响应差异较小,约50个数字码值,详细情况如图10-5所示。

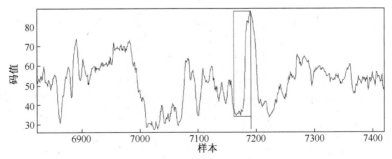

图10-5　芬兰靶场刃边差异结果

高分多光谱卫星全色相机在轨 MTF 测量结果如图 10-6 所示,考虑到大气透过率对刃边法调制传递函数测量的影响,引入平均大气透过率因子 0.8,因此,调制传递函数的测量结果为(0.1449+0.0712)×0.8/2=0.086,满足技术要求。

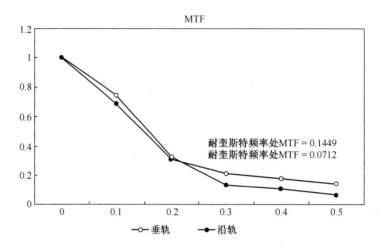

图 10-6　高分多光谱卫星在轨 MTF 测试结果

考虑到所选定标场太阳高角较低,在轨传函测试结果受噪声影响比较大,因此对高分多光谱卫星入轨初期的其他可用于传递函数分析图像中的地物也进行了分析,其垂轨及沿轨方向的传递函数测量典型结果如图 10-7 和图 10-8 所示,其测得的 MTF 分别为 0.0975、0.0632。考虑到大气透过率对刃边法调制传递函数测量的影像,引入平均大气透过率因子 0.8,因此,调制传递函数的测量结果为(0.0975+0.0632)×0.8/2=0.064,满足技术指标中 MTF 优于 0.05 的要求。

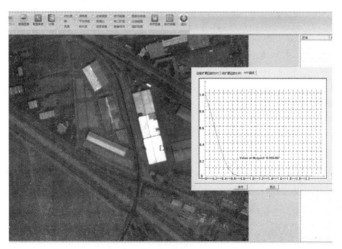

图 10-7　高分多光谱卫星在轨 MTF 测试用图 1

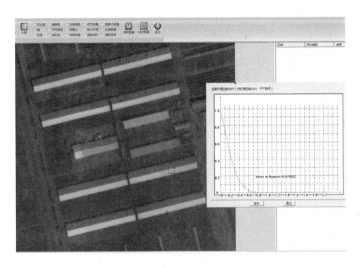

图 10-8　高分多光谱卫星在轨 MTF 测试用图 2

4. 信噪比

以高分多光谱卫星拍摄的某 L1 级产品数据为分析对象,全色图像成像参数的积分技术为 16、增益为 2;多光谱图像三个谱段的成像参数的积分级数分别为 8、4、4,增益均为 2,全色相机信噪比测量结果如表 10-3 所列。

表 10-3　全色相机信噪比测量结果

序号	响应码值范围	信噪比 S/N	噪声码值
1	0~44	199.148	0.552353
2	44~76	163.0671	0.674569
3	76~108	153.1247	0.718369
4	108~140	133.0956	0.826473
5	140~153	133.287	0.825287
6	153~408	125.4292	0.876989
7	408~663	266.9931	2.266558

测试结果表明,在全色相机所测试的动态范围内影像信噪比达到 41.9dB 以上,满足技术指标要求。

多光谱相机三个谱段的信噪比测量结果如表 10-4 所列。

表 10-4 多光谱相机信噪比测量结果

谱段	响应码值范围	信噪比 S/N	噪声码值
B1 谱段	0~56	184.1397	0.401869
	56~88	172.1698	0.429808
	88~120	122.3552	0.604797
	120~129	120.6428	0.613381
	129~384	109.0432	0.67863
	384~639	79.4328	1.905377
B2 谱段	0~42	346.3572	0.268509
	42~74	364.5301	0.255123
	74~106	224.5919	0.414084
	106~134	178.8091	0.520108
	134~389	189.4499	0.490895
	389~644	265.4605	1.91795
B3 谱段	0~30	619.1846	0.264864
	30~62	505.5505	0.324399
	62~94	410.6688	0.399349
	94~126	313.1126	0.523773
	126~158	239.458	0.68488
	158~190	222.3272	0.737651
	190~193	228.0803	0.719045
	193~448	251.3469	0.652485
	448~703	229.7435	1.948225

测试结果表明,多光谱相机动态范围响应主要的三个谱段信噪比分别在40.7dB、45.0dB 和 47.6dB 以上,满足技术指标。

10.2 极清视频卫星在轨测试

1. 视频成像

01 星成像规划如表 10-5 所列,地面接收图像如图 10-9 所示。

表 10-5 01 星成像任务规划

开始拍照时间	2015-10-23-01:42:28(北京时间)
目标点	杜兰戈(Durango),经纬高(104.6532°,24.0277°,1866.1m)
侧摆角/(°)	-2.311
太阳高角/(°)	51.691
成像时长/s	60
数字增益	2048(2 倍)
ADC 增益	×1
积分时间/μs	1725

图 10-9 (见彩图)视频 01 星在轨图片(墨西哥杜兰戈)

02 星成像规划如表 10-6 所列,地面接收图像如图 10-10 所示。

表 10-6 02 星成像任务规划

开始拍照时间	2015-10-23-01:42:28(北京时间)
目标点	波斯湾(Bosiwan),经纬高(51.1245°,27.7180°,-50.2m)
侧摆角/(°)	-12.454
太阳高角/(°)	49.821
成像时长/s	60
数字增益	2048(2 倍)
ADC 增益	×1
积分时间/μs	3450

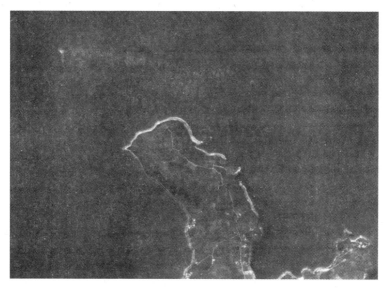

图 10-10 (见彩图)视频 02 星在轨图片(波斯湾)

2. 调焦功能

视频 01 星最佳焦面位置位于 -1.25mm 处,调焦前后图像对比如图 10-11 所示。

(a)   (b)

图 10-11 (见彩图)调焦前后图像对比
(a)调焦前;(b)调焦后。

3. 地面像元分辨率

星下点模式下的视频沿轨分辨率约为1.12m(图10-12)。

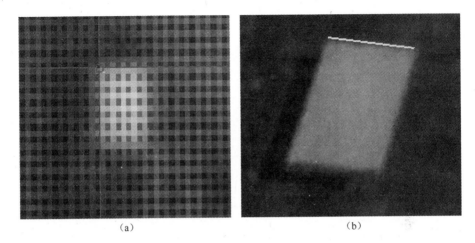

图10-12 地面靶标

4. 成像幅宽

图10-13(a)为墨西哥杜兰戈视频图像,图10-13(b)为参考图像(图源来自Google);实际计算结果影像幅宽为:东西向4.64km;南北向3.44km。

图10-13 (见彩图)墨西哥杜兰戈

5. 在轨传递调制函数

测试数据为视频卫星拍摄的墨西哥杜兰戈数据,如图10-14所示,MTF靶标为图像框所示。

其垂轨及沿轨方向的传递函数测量典型结果如图10-15和图10-16所示,分别为0.073662和0.052945。考虑到大气透过率对刃边法调制传递函数测量的影像,引入平均大气透过率因子0.8,因此,传递函数的测量结果为$(0.073662+0.052945)\times 0.8/2=0.051$。

图 10-14 MTF 靶标

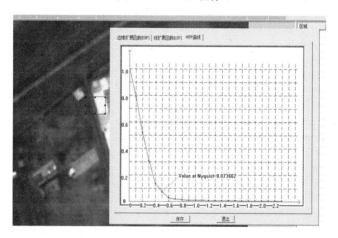

图 10-15 垂轨方向传递函数曲线

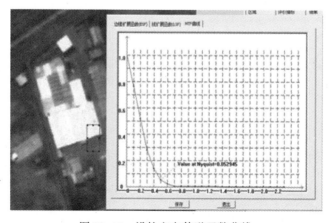

图 10-16 沿轨方向传递函数曲线

6. 信噪比

三个谱段信噪比如表 10-7 所列。

表 10-7　三个谱段信噪比

	响应码值范围	信噪比 SNR	噪声码值
波段 1	0~67	85.04429	1.152341
	67~99	86.32836	1.135201
	99~131	74.01257	1.324099
	131~163	50.1828	1.95286
	163~164	44.89673	2.182787
	164~255	44.80804	2.187108
波段 2	0~64	85.19703	0.903787
	64~96	82.18611	0.936898
	96~128	63.43745	1.213794
	128~140	46.66148	1.650183
	140~255	39.2641	1.961079
波段 3	0~49	53.88007	0.890868
	49~81	57.62381	0.832989
	81~96	38.31247	1.252856
	96~246	30.32439	1.582884
	246~255	82.10883	0.58459

测试结果表明,视频星响应在主要动态范围内影像三个谱段信噪比分别为 33.1dB、31.8dB、29.5dB,满足指标要求。

10.3　技术验证卫星在轨测试

1. 常规成像

技术验证卫星采用数字域 TDI 技术,将面阵 CMOS 图像通过数字处理办法,形成 TDI 积分效果,提高信噪比,适用于推扫成像。北京门头沟影像如图 10-17 所示。

地点:北京门头沟。

拍照时间:2015 年 10 月 19 日。

图 10-17 北京门头沟影像

2. 灵巧成像模式

技术验证卫星具备灵巧成像模式,可进行大角度的非沿轨斜向成像,图 10-18 中为美国亚特兰大成像影像,成像点轨迹与星下点轨迹夹角呈 41°,图像层次丰富,纹理清晰。该模式特别适合东西走向的目标区域成像,可大大提高卫星效能。

图 10-18 美国亚特兰大影像

地点：美国亚特兰大。

拍照时间：2015年10月29日。

成像模式：TDI推扫。

技术验证卫星具备灵巧成像模式，能够根据用户要求，规划非沿轨的成像路径。图10-19中为密西西比河流域S形成像路径获取的部分影像，影像细节清晰，层次丰富，说明灵巧成像模式下成像质量良好。该模式特别适用于边境线、海岸线等特殊形状目标带的成像。

图10-19　密西西比河流域S形成像路径获取的部分影像

3. 凝视成像模式

技术验证卫星具备凝视视频模式,可对目标点进行长达120s的视频影像成像,由于图像序列涵盖了一系列连续的视角影像信息,获取的视频影像可用于三维地图的生产、动态目标监测、动态变化检测等领域,具有广泛的应用前景和研究价值。美国盐湖城影像如图10-20所示。

地点:美国盐湖城。

拍照时间:2015年10月14日。

图10-20 美国盐湖城影像

4. 夜间微光成像模式

技术验证卫星具有夜间微光成像能力,可以在夜晚对地成像,获取灯光及道路信息,夜间灯光图像可以用于调查人类活动规律,可应用于社会学、经济学等研究领域。美国丹佛影像如图10-21所示。

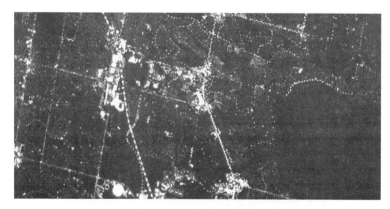

图10-21 美国丹佛影像

地点:美国丹佛。

拍照时间:北京时间2015年10月17日13点10分18秒(当地时间23时10

分 18 秒)。

成像模式凝视,曝光时间 100ms,增益 72 倍,F 数 12。

印度新德里影像如图 10-22 所示。

地点:印度新德里。

拍照时间:2015 年 10 月 19 日。

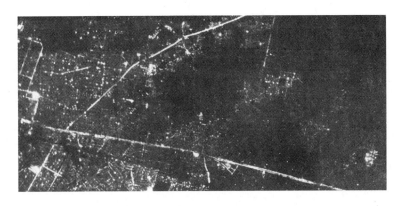

图 10-22　印度新德里影像

5. 地面分辨率

技术验证卫星进行星下点成像获取的图像表明,卫星像元分辨率为 4.655m,设计指标要求优于 4.7m,卫星成像幅宽为 9.534km,设计指标要求优于 4.7km,满足设计指标要求,如图 10-23 所示。

图 10-23　星下点影像

6. 信噪比

信噪比计算选用均匀地物(图10-24)进行,初步计算结果(表10-8)均优于42dB,满足设计要求。

(a) (b)

图10-24 均匀地物成像

表10-8 信噪比计算结果

序号	均值	均方差	选取总像素	信噪比
1	92.12	0.64	238	43.16348
2	138.7	0.98	40	43.01701
3	95.92	0.71	182	42.61302
4	121.03	0.56	30	46.6941

10.4 卫星遥感数据示例与应用领域

高分多光谱卫星获取的高分辨率可见光影像和多光谱影像可为国土资源普查、城市规划、灾害监测等相关行业应用提供遥感数据服务,极清视频卫星主要用于高分辨率视频成像,互联网业务运营;技术验证卫星主要进行中国科学院长春光学精密机械与物理研究所自主CMOS传感器在轨验证及新型成像模式的在轨试验,为后续在轨试验项目提供平台支持。各型卫星所获取的遥感数据应用示例如图10-25~图10-33所示。

图 10-25 （见彩图）大型建筑(阿布扎比在建航站楼,高分多光谱卫星)

图 10-26 （见彩图）城市规划(埃尔帕索生活区,高分多光谱卫星)

图 10-27 （见彩图）农林管理（北京郊区田地，高分多光谱卫星）

图 10-28 （见彩图）城市交通（阿布扎比某交通环岛，高分多光谱卫星）

图 10-29 （见彩图）旅游景区（法拉利主题公园，高分多光谱卫星）

图 10-30 （见彩图）车流监视 1（墨西哥杜兰戈，极清视频卫星）

图 10-31 (见彩图)车流监视 2(墨西哥杜兰戈,极清视频卫星)

图 10-32 CMOS 增强影像(某机场,技术验证卫星)

图 10-33 灵巧影像(某城镇,技术验证卫星)

内 容 简 介

本书在结合国际高分辨光学遥感卫星技术发展现状及趋势的基础上,以实际卫星工程为背景,从应用实践角度出发,系统地阐述了高分多光谱卫星、极清视频卫星以及技术验证卫星的总体设计理念及分系统设计,突出平台载荷一体化卫星设计的系统性和工程实用性,是"星载一体化"卫星工程设计及相应理论方面的专著。

本书可供从事卫星和载荷的研发、设计和制造的技术人员使用,也适合更广泛专业领域的研究技术人员阅读和参考;此外,还可供高等学校学生、研究生、教师参考。

Based on the development status and trend of the international high resolution optical remote sensing satellite technology, from the point of view of, application practice, this book systematically expounds the overall design concept and sub-systems designs of the high resolution multi spectral satellite, high resolution staring video satellite and technology verification satellite. The book highlights the systematicness and engineering practicality of the platform and load integration satellite design. It is a monograph about engineering design and the corresponding theory of high resolution optical remote sensing satellite with platform and payload integration.

Readers of this book would be technical staffs who are engaged in research, design and manufacture on satellite and payload. Meanwhile this book is also suitable for a wider range of professional research and technical personnel to read and consult. In addition, it could be provided to college students, graduate students and teachers for reference.

图 3-4　卫星运行 3 天的地面轨迹

图 3-5　标准轨道 1 天内具备侧摆 45°对重点地区的覆盖

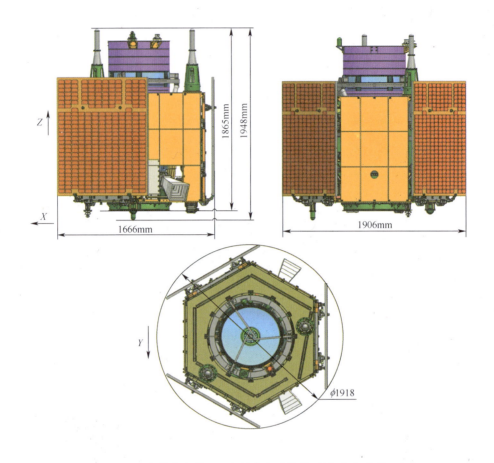

图 3-9 高分多光谱卫星发射状态总体构型图(帆板收拢)

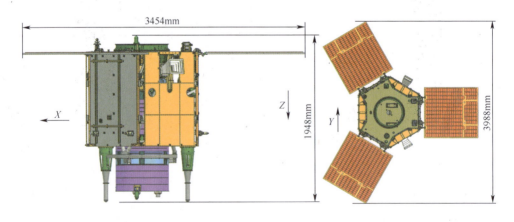

图 3-10 高分多光谱卫星在轨状态总体构型图(帆板展开)

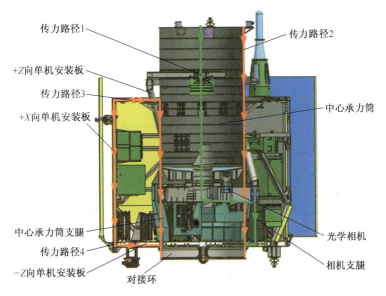

图 3-28　高分多光谱卫星的传力路径 1 至传力路径 4

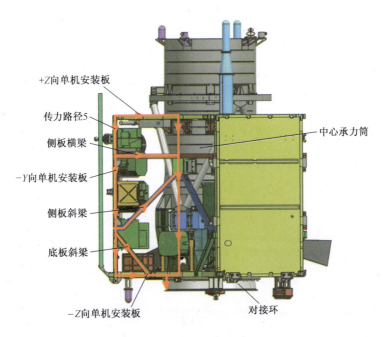

图 3-29　高分多光谱卫星的传力路径 5

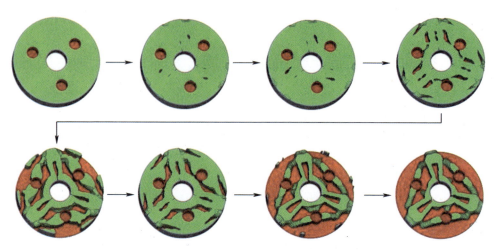

图 4-44　高分辨相机光学反射镜组件示意体拓扑优化流程图

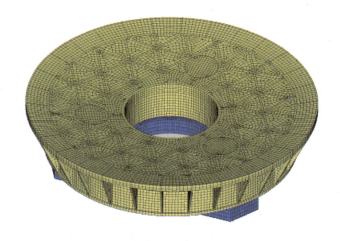

图 4-46　主镜组件有限元模型

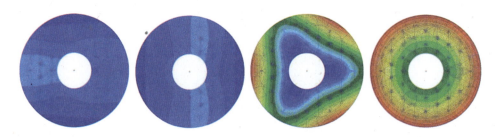

图 4-47　X、Y、Z 方向自重与温度变形分析结果

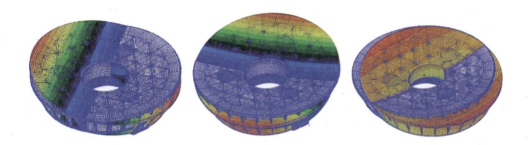

图 4-48　主镜组件模态前三阶振型

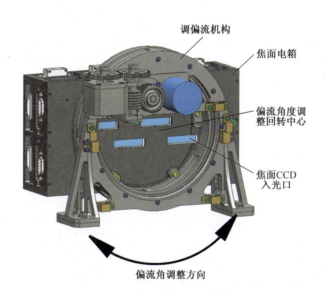

图 4-52　调偏流机构三维模型

图 4-53 桁架结构简图

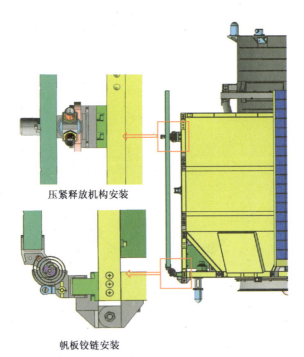

压紧释放机构安装

帆板铰链安装

图 5-3 压紧释放机构与展开锁定机构安装结构

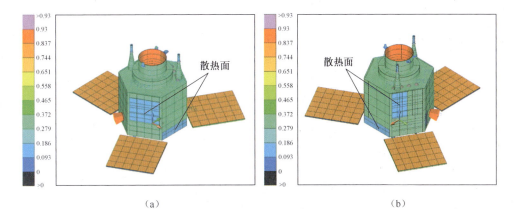

(a) (b)

图 5-44 散热面的位置分布

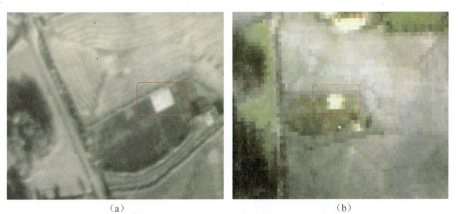

(a) (b)

图 10-1 定标场全色和多光谱细节图

图 10-9 视频 01 星在轨图片(墨西哥杜兰戈)

彩Ⅶ

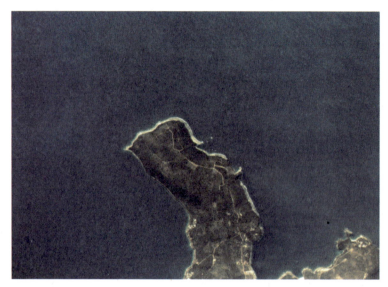

图 10-10 视频 02 星在轨图片(波斯湾)

(a)   (b)

图 10-11 调焦前后图像对比

(a)调焦前;(b)调焦后。

图 10-13 墨西哥杜兰戈

图 10-25 大型建筑(阿布扎比在建航站楼,高分多光谱卫星)

图 10-26 城市规划(埃尔帕索生活区,高分多光谱卫星)

图 10-27 农林管理(北京郊区田地,高分多光谱卫星)

图 10-28　城市交通(阿布扎比某交通环岛,高分多光谱卫星)

图 10-29　旅游景区(法拉利主题公园,高分多光谱卫星)

图 10-30　车流监视 1(墨西哥杜兰戈,极清视频卫星)

图 10-31　车流监视 2(墨西哥杜兰戈,极清视频卫星)